U0170570

国家出版基金项目
NATIONAL PUBLICATION FOUNDATION

中国传统建筑
解析与传承

新疆卷
Xinjiang Volume

THE INTERPRETATION AND INHERITANCE OF
TRADITIONAL CHINESE ARCHITECTURE

Editorial Committee of the Interpretation and Inheritance
of Traditional Chinese Architecture: Xinjiang Volume

《中国传统建筑解析与传承 新疆卷》编委会 编

中国建筑工业出版社

审图号：新S（2017）054号、新S（2017）059号、新S（2017）060号、新S（2016）148号
图书在版编目（CIP）数据

中国传统建筑解析与传承．新疆卷／《中国传统建筑解析与传承·新疆卷》编委会编．—北京：中国建筑工业出版社，2019.12
ISBN 978-7-112-24383-9

Ⅰ．①中… Ⅱ．①中… Ⅲ．①古建筑-建筑艺术-新疆 Ⅳ．①TU-092.2

中国版本图书馆CIP数据核字（2019）第248638号

责任编辑：胡永旭　唐　旭　吴　绫　张　华
文字编辑：李东禧　孙　硕
责任校对：赵听雨

中国传统建筑解析与传承　新疆卷
《中国传统建筑解析与传承　新疆卷》编委会　编
*
中国建筑工业出版社出版、发行（北京海淀三里河路9号）
各地新华书店、建筑书店经销
北京锋尚制版有限公司制版
北京富诚彩色印刷有限公司印刷
*
开本：880×1230毫米　1／16　印张：20　字数：590千字
2020年9月第一版　2020年9月第一次印刷
定价：226.00元
ISBN 978-7-112-24383-9
（34856）

本卷编委会

Editorial Committee

目　录

Contents

第三章　共存的栖居 · 新疆区域经济文化以及传统聚落和建筑的历史特点

第四章　诗意的栖居 · 新疆传统建筑的空间艺术与生态智慧

第十章　新疆当代建筑传承与创新的蓬勃时期（1986~1999年）

第十一章　新疆当代建筑传承与创新的升华时期（2000~2018年）

前 言

Preface

新疆位于祖国西北边陲，地处中亚腹地，166万平方公里的疆土由于特殊的地理位置，形成了典型的温带大陆性气候，大多呈干热荒漠性特征。“早穿皮袄午穿纱，围着火炉吃西瓜”即是人们生活的生动写照。然而人类生存在这片土地并不那么轻松，1700多年前，尼雅、楼兰先后从人类栖居地沦为遗址、古城，交河、高昌古城也不例外，说明大自然的严峻，人类必须逐水而居，离开沙漠，聚居在沙漠边缘的绿洲。

世世代代生活在这里的各族居民，随南北疆气候的差别，因地制宜建造居所，风格各异。和田地区沙暴日多，“阿以旺”式民居内中庭布局可防风沙；喀什地区土地紧凑，群聚式高密度小庭院模式耗材、耗能少，是必然的选择；俗称“火洲”的吐鲁番的土拱民居带半地下建筑，其上建风干葡萄用的晾房，兼做隔热顶，庭院建高架棚，是生态“被动式”建筑的杰作。北疆尤以伊犁地区民居为典型，住房均带院落，果树飘香，渠水叮咚，春红夏绿，好一派塞外江南风光。对于新疆民居聚落，林则徐在《回疆竹枝词》中概括说：“厦屋虽成片瓦无，两头榱角总平铺。天窗开处明通溜，穴洞偏工作壁橱。”“亦有高楼百尺夸，四周多被白杨遮。圆形爱学穹庐样，石粉团成满壁花。”

新疆这片神奇的土地，自汉武帝建元三年（公元前138年）张骞出使西域以来，通过天山南北丝绸之路，沟通了东西方陆路交通，古老的四大文明在这里交汇，留下了多彩文明的不朽印记。自19世纪末以来，不乏国外探险者和国内学者纷纷驻足、研究，探寻在这古丝绸之路要冲，散落在石窟、寺院、陵墓、古城中的奥秘。

中华人民共和国成立以后，新疆城市建设百业待兴。为解决住房燃眉之急，当时主持新疆工作的王震将军教导设计人员向民间学习。1950至1951年间刘禾田建筑师、贺献莹工程师受新疆传统土拱建筑的启发，设计建造了一批经济适用的土坯窑洞建筑，新疆建筑传承自此起步。其后，老一辈的设计人员多次赴南北疆各地调研，特别是对交河故城、香妃墓等做了实地测量，其成果引起了国内外生土建筑界的关注。1957年由新疆建工局组织军区和地方的两院设计力量以及乌鲁木齐市城建局联合调研组28人，对南疆传统建筑进行了较大规模的调查。这些工作为日后新疆建筑的传承与创新奠定了非常重要的基础。

改革开放后，从中科院、中国建筑学会到新疆建筑界，加紧了对这块土地尤其是传统建筑的调查与研究，并陆续出版了一些著作。1985年，由新疆建筑学会组织、刘禾田先生等编著了《新疆丝路古迹》；1995年，由新疆土木建筑学会组织，严大椿、陈震东先生会同朱云宝、张胜仪等先生集中编著了《新疆民居》；1999年和2009年，张胜仪先生等相继编著了《新疆传统建筑艺术》和《新疆民族建筑艺术》；2009年陈震东先生编著了中国民居建筑丛书《新疆民居》分册，2011年继而出版了《新疆建筑印象》；2014年，王小东院士主编了《喀什高台民居》专著等。这些著作对系统研究新疆传统建筑做出了各自重大的贡献。

如今，作为住房和城乡建设部“中国传统建筑解析与传承”，本书在新疆住房和城乡建设厅的组织下，由著名建筑师范欣领衔并担任主编，一批学者和建筑师参与其中，从立意、规模到组织实施，应该说是空前的。

该《新疆卷》全书分为上篇和下篇。上篇鲜明地以栖居为主题，以解析为手段，从气候的独特性着手，通过绿色生态的理念、社会人文、地方材料等层层展开，深入解析，处处散发着传统建筑的民间智慧，富有新意，而非时间、类型的简单罗列，给人以耳目一新之感。下篇，主要通过半个多世纪以来的建筑实践，以代表性建筑案例，总结在建筑设计传承环节上的起步、活跃、蓬勃和升华等几个阶段的内容，使人感到新疆建筑血液里多少流淌着传统建筑的基因，曾经被优秀的传统建筑激活过。

总之，该书的撰写，得到《中国传统建筑解析与传承　新疆卷》编委会的支持以及新疆住房和城乡建设厅的关注，不仅又一次系统地展示了新疆原生态建筑文化的瑰宝，做出了科学的解析，而且重在传承和创新。但愿以此书为契机，在当今“一带一路”倡议下，又一次焕活新疆传统建筑文化的活力，不仅在当今新时代发扬光大，而且世世代代传承下去。

第一章　绪论

新疆，古称西域，它位于祖国的西北边陲，远离海洋，深居亚欧大陆的中心腹地。新疆是伟大祖国不可分割的一部分，新疆各民族是中华民族血脉相连的家庭成员。

新疆地域辽阔，总面积166万平方公里，是中国陆地面积最大的省区，占祖国国土的六分之一。绵延5400公里的国境线，占我国陆地边境线总长度的四分之一，沿线分布着平行山地和众多山口，接壤印度、巴基斯坦、阿富汗、塔吉克斯坦、吉尔吉斯斯坦、哈萨克斯坦、俄罗斯和蒙古八个国家。在高大纵横的山脉之间，广布着草原、绿洲和沙漠。雄奇壮丽的自然景观，造就了新疆摄人心魄的大美。

由于地处丝绸之路要冲的特殊条件和地缘优势，以及与外界特别是祖国内地在贸易、经济、文化上的长期频繁往来，加之众多民族在此共同生存聚居，使新疆形成了多元一体的开放包容、兼收并蓄的文化特征，多种宗教和多元文化并存，具有明显的地域性与国际性。

地理位置之特殊，地域之广袤，气候之极端而多变，历史人文之瑰丽多彩，民族之众多，赋予了新疆独一无二的魅力。

第一节 历史沿革

新疆灿烂的文明之光，可以追溯至远古的石器时代。在新石器时代，氏族部落生活的足迹就已遍布天山南北和伊犁河谷等地。

汉武帝建元三年（公元前138年）派遣张骞出使西域。汉武帝太初四年（公元前101年），西汉政府在西域设置了使者校尉。汉宣帝神爵二年（公元前60年），西汉政府设置西域都护府，西域正式列入中国版图。自东汉到北魏，尽管内地出现了多次王朝更迭，但西域各地始终从属于中央政权。前凉王朝首次在西域施行郡县制，在今吐鲁番一带设置了高昌郡。

唐代中央政权在天山以北的今吉木萨尔设置庭州，天山以南的高昌设置西州，在龟兹设置安西大都护府，其后又在庭州设置了北庭大都护府。元代在西域实行行省制，分别在今霍城一带设置阿力麻里行中书省，在今吉木萨尔设置别失八里行中书省，管理天山南北地区。

明清时期中央政权对西域的统辖关系更趋于完善。明成祖永乐四年（1406年）建立了哈密卫。清朝统一天山南北之后，设立了总统伊犁等处将军。清光绪十年（1884年），新疆建省。

1949年9月新疆和平解放，1955年10月1日新疆维吾尔自治区成立。

第二节 古丝路的要冲

人类社会的文明进步离不开文化间的彼此交流与融合，丝绸之路对古代世界文明进程的影响无疑是巨大的。早在三四千年前，新疆的古代居民就已与祖国内地有了密切的交往。汉代凿通丝绸之路后，这条连接东西方的蜿蜒古道以繁华的都城长安为起点，经过河西走廊，自敦煌分支为南、中、北三线，穿越西域苍茫的沙漠戈壁和葱郁的绿洲，一路向西，直达遥远的地中海和黑海，开启了空前的繁荣和交流局面。作为重要的桥梁和纽带，丝绸之路不仅将古代世界的几大文明体系连接起来，同时极大地促进了东西方文化、贸易和科学技术的交流和交往，成为贯穿亚欧大陆的历史文化大动脉。

新疆处于古丝绸之路必经之地的要冲，丰富多彩的东西方文化在此交汇和沉淀。自汉唐始，这里的经济文化取得了空前的发展，同时奠定了中华民族的团结，古老的中国也不再是一个封闭的国家。

第三节 新疆传统人居聚落的主要成因和特点

新疆传统人居聚落的形成受自然环境、民族迁徙、多元文化、宗教信仰、区域经济以及军事政治变革等多种综合因素的影响，同时也反映了特有的自然生态观念、社会伦理道德观念和生活习俗。

地理位置的特殊性和自然地貌的跌宕起伏，是新疆境内多样性气候的成因。由南至北，新疆跨越了暖温带干旱荒漠大陆性、温带干旱荒漠大陆性和寒温带半干旱大陆性三个气候区，形成了南北差异大、极端而多变的气候特征。干旱荒漠气候下催生的绿洲生态系统是新疆传统人居聚落赖以生存的自然载体。

早在先秦时期，天山以北的人们逐水草而居，以“行屋”（毡帐）为居所，以氏族为群组形成了移动的村落。天山以南由于河流引水较稳定，人们依水定居，以水系和耕地联系成片而形成了早期的绿洲农业，聚落（村）呈现散布状态。随着经济发展、交换的扩大以及阶级的产生，氏族制管理模式逐渐向政权的形式转变，加之受沙漠的阻隔，出现了诸多聚落并存、城邦小国林立的格局。从事游牧业为主的北疆也逐渐形成了以伊犁河谷为中心的流动性多聚落格局。

西汉初期，在天山以南，大体形成了以城邦的治城为中心的绿洲型城镇村体系。至唐代后期，绿洲城镇村落群基本稳定，城市呈现出一定的规模。而在以游牧生活为主的天山以北，除了在丝绸之路北道沿线逐渐形成了一系列城镇外，其他地区直到清政府在北疆置衔设防，大兴建设，城镇体系方得以日渐完善。

新疆传统人居聚落的形成与区域经济具有密切的关系。新疆的区域经济受地理位置、自然条件以及文化、政治等的影响，总体呈现南农北牧、相辅相成的特点，北疆经济从以牧为主逐渐转变为农牧并举，南疆经济以农为主兼营畜牧业。区域经济结构直接影响着新疆传统人居聚落组织的形式。同时，商贸和屯垦戍边等活动也是新疆区域经济和传统人居聚落组织的重要影响因素。

另外，对自然的依赖和顺应是新疆传统人居聚落的基本成因和本质特征，体现为依水而居，以绿洲作为基本生存场所。沙进则人退，水竭则人移，多少曾经繁华的古老城邦，如尼雅古城、安迪尔古城等，最终都湮没于滚滚黄沙之下，留下浩如烟海的千古之谜。在强大的自然面前，新疆人民始终保持着敬畏之心，秉持自然、朴素的生态观和价值观，也由此决定了新疆传统人居聚落和建筑独特的模式和形态。出于对基本生存的要求，面对严寒、干热少雨、大风沙暴等气候，人们想方设法地适应特殊的自然生态环境，并充分利用自然条件，适地适生，创造了具有鲜明地域特色的建筑形态和建造方式。例如，和田“阿以旺”传统民居的浑厚内敛，喀什密集式小庭院传统民居的自由丰富，吐鲁番土拱高棚架传统民居的朴拙厚重，北疆花园式传统民居的舒展亮丽，均突出地体现了新疆传统建筑以生态审美为根系的这一基本属性。

新疆的传统人居聚落主要有以下特点：

1. 以农业为主的地区，传统人居聚落（村）依循渠系、水源自由地星罗棋布（图1-3-1），民居注重庭院绿化。交通距离相对较近的聚落（村）之间以集市（巴扎）为中心，形成成片的绿洲（图1-3-2）。

2. 以牧业为主的地区，主要以毡帐为居所，通常以血亲为纽带组成基本组织单元，如哈萨克族的“阿吾勒”（牧村），从而形成流动的聚落。也有少数半定居村落，但结构较为松散。

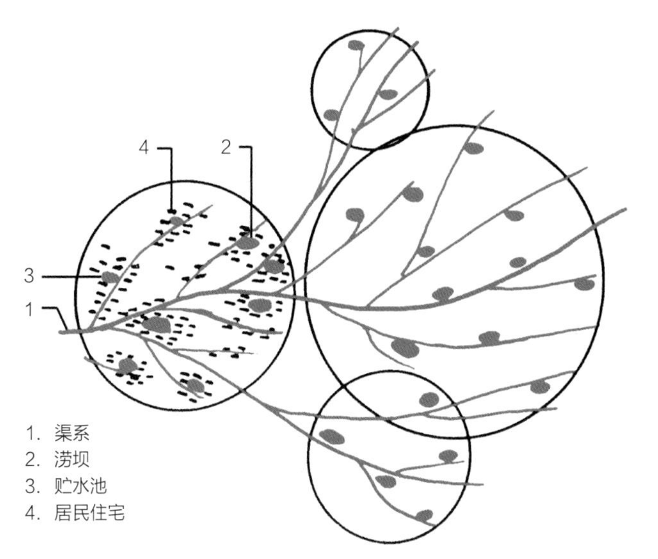

图1-3-1　居住组群与渠系关系示意图（来源：《新疆民居》，范欣改绘）

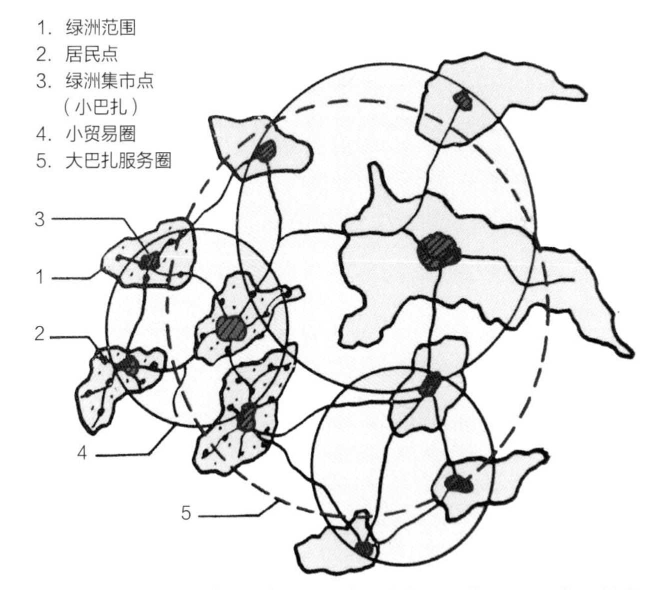

图1-3-2　农村集市（巴扎）结构示意图（来源：《新疆民居》，范欣改绘）

3. 以军事防御和屯垦戍边为主要功能的聚落，深受内地模式的影响，如伊犁的霍城县惠远古城、察布查尔锡伯族的移民聚落等。居住区集中布置，体现了方正规整、注重中轴对称等的格局特点。

4. 城市聚落以一个或多个政治、经济、文化等职能为核心进行布局，街巷则因循地势自由延伸，各户均设置绿化庭院。

第四节 新疆传统建筑解析与传承的意义和路线

本书的创新在于改变了通常只叙不议的方式，更为注重撰写内容的思想性和原创性，旨在方法论的挖掘与总结，找到传统建筑的本原所在，从而更好地继往开来，将传统建筑文化中的精髓世世代代传承下去。

“生存和栖居”是人类永恒的主题。新疆传统建筑具有一个共同的特征，即应对特殊的地域气候条件，与自然和谐共处，因地制宜地创造灵活多变的生存空间，以满足人们对物质、精神生活的需要，不同地域的传统建筑也因此被赋予了各自的鲜明特点。在特殊的自然条件下，对基本生存的需要是新疆传统建筑追求的核心本质。新疆各族人民经过长期的生产生活实践，不断尝试、探索、检验和积淀，凝聚成智慧的星河，它深植于民间，尤其是集中反映在传统民居建筑中。自然属性、生长性活态以及诗性是新疆传统建筑的灵魂。

因此，在解析新疆传统建筑时，笔者并没有采用常规的以地域或民族分类以及罗列建筑形式的架构，而是创新地从新疆独特的自然与气候出发，以历史背景、区域经济、人居聚落组织与人文伦理观念、空间艺术与生态智慧等作为解析的逻辑框架，以“栖居”为主线，通过全新的视角展现建筑的活态，剖析其独特性和共性，力求诠释新疆传统建筑之“魂”，即：对生命的理解、生存的智慧、天人合一的宇宙观以及独特的文化性格等。

历史在推进，时代在发展，“回望历史、立足当代、放眼未来”是本书对“解析与传承”的意义之理解。如何在错综复杂、纷繁多样的传统建筑宝库中理出脉络、辨析基因，找到新疆传统建筑的本原以及空间创造中的原理和方法论，从而为传承提供更具价值和生命力的线索，是本书的写作初衷和目标。

因此，在解析新疆传统建筑的过程中，有必要重点理清以下几个关系：

一是人和自然的关系。建筑是一种人工行为，不同程度地影响着自然环境，反过来，环境对人的生存居所也起着关键性的影响作用，二者应是和谐统一的关系。这一关系，在新疆传统建筑特别是传统民居中得到了突出的体现，这对当今及未来的建筑传承与创新具有非常重要借鉴价值和指导意义。

二是特性和共性的统一关系。新疆是多民族地区，各民族和谐共处，互相借鉴，互相吸收，你中有我，我中有你，形成了新疆独特的多元一体的地域文化，这种特性和共性的统一，正是新疆多姿多彩的文化之魅力所在。另外，在新疆的不同区域，既存在着共性，同时由于气候等的差异，也存在各自的特性。

三是新疆传统建筑与内地传统建筑的关联性。新疆是祖国大家庭的重要成员，在漫漫的历史长河中，新疆与内地有着剪不断的千丝万缕的联系，新疆传统建筑因此受到内地传统建筑基因的影响，在天山南北的许多地方，至今仍可看到不少实证。

四是新疆建筑的传统解析和世代传承的关系。解析和传承二者应具有有机联系，不能割裂为两张皮。现代建筑究竟要从传统建筑中传承什么？既不能直接拿来复制，更不能局限于建筑形式、符号的简单归纳和堆砌。时代是建筑的重要背景，建筑应反映时代的基因，必须有所创新。如果仍然一味照搬原来的东西，没有发展进步和提升，不能适合现今人民日益增长的物质和精神生活的需要，就不能说是很好地继承了传统，更谈不上对传统的发扬光大，历史记忆的链条也将会因此发生断裂。

我们希望本书能比较系统和准确地回答出：什么是新疆传统建筑？它的特点是什么？本质内涵是什么？新疆建筑的传统既不是某一个民族的传统，更不是某种宗教的传统，它的特色体现了多元一体的属性，即多样性和兼容性的并重，以及和多元文化多种宗教的并存。在人与自然长期共生中，逐渐形成了新疆独具特色的建筑艺术审美观念和传统建筑文化特征。

第五节 本书的整体架构及主要内涵

本书在整体架构和章节内容的设定上，遵循了“回望历史，立足当代，放眼未来”的核心思想。

本书分为上篇和下篇。上篇为“灿若繁星的民间智慧·新疆传统建筑的解析”，下篇为“多元创作的时代华章·新疆当代建筑的传承与创新”，有三个关键词，即“民间智慧”“时代”和“创新”。其中蕴含了三重含义：一是，新疆传统建筑的精髓源于民间；二是，时代性是城市和建筑重要的历史线索，是建筑的本质属性之一；三是，从传统中汲取养分，在传承中创新，为传统注入新的活力，是时代进步的体现。

上篇解析篇的架构及主要内涵：

上篇（第二章至第七章）新疆传统建筑的解析篇在撰写架构上进行了创新，突出了新疆的独特性，阐述了特有的地理、气候、历史、经济和社会人文等因素对新疆传统建筑的深刻影响。

新疆幅员广阔、民族众多，传统建筑风格纷繁多样，但都具有一个共同的特征，即因地制宜，顺应天地四时，特别是在干旱、荒漠性的气候条件和严酷的自然环境中，创造灵活多变的生态性宜居场所。这一特征赋予了新疆传统建筑鲜明的地域特色，尤其在传统民居中体现得最为突出。

上篇解析篇的撰写内容主要侧重于对新疆传统建筑特别是民间生存智慧的挖掘，尤其是对今天的城市建设、当代生活中具有传承价值的那些精华。在新疆传统建筑纷繁的因子中，剥茧存丝，取舍有度，重点突出。强调客观地理解传统，建筑应立足于普通人的生活，体现对生态环境的高度尊重和对人的深切关怀。

生存是人类的基本需要。上篇以“栖居”为主线将解析篇的几个章节有机联系起来，着重于挖掘、提炼新疆传统建筑在聚落组织、空间创造方式、应对气候条件以及对生态环境的尊重等方面的精髓。

第二章是“自然的栖居”。主要阐述并分析了新疆自然条件和气候的独特性及其对传统聚落和建筑的主要影响，提出了“特殊的自然条件和气候是新疆传统建筑的智慧源泉和地域性本原”的观点，揭示了新疆独特的绿洲生态系统与传统聚落之间密不可分的关系，以及新疆传统建筑“生态决定形态，客观决定主观”的本质特性。

第三章是“共存的栖居”。本章开宗明义，阐明了新疆历来是多民族共同生存聚居、共同发展的地区。一方面结合新疆“南农北牧、相辅相成”的区域经济特点的分析，进一步对新疆农民、牧民、商民等的聚落及其传统民居的特点予以阐述；另一方面结合新疆的古遗址、石窟寺和传统建筑等，对新疆传统聚落和建筑的历史成因及独特性进行了总体分析论述。

第四章是“诗意的栖居”，本章是解析篇的核心章节。新疆人民对生命和生活有着独到的、诗意的理解，传统建筑中处处体现出人们对生活仪式感的注重，散发着蓬勃的天性。新疆传统建筑的空间智慧首先是生态的智慧，人与自然、人与环境、人与人的和谐关系是新疆传统建筑所反映的民族审美观的核心。本章通过对新疆传统建筑的空间艺术与生态智慧之紧密关联性的深入剖析，巧妙地将看似碎片化的线索串联起来，萃取出新疆传统建筑中蕴含的原理和方法论，为现今和未来的传承提供了重要路径。

第五章是“艺术的栖居”。新疆传统建筑元素与装饰具有独特而鲜明的艺术形式和风格特色，这是新疆人民因地制宜、就地取材，在自然中发现美、创造美，并不断吸取多民族文化而创造的宝贵财富。

第六章是“朴素的栖居”。新疆传统建筑地方材料运用和建造体系突出体现了朴素的建造观念。坚持就地取材，因材施用，力求构造措施和施工的简便易行，创造了独特的地方性结构体系。本章分别从地方材料运用、建造体系与建造方式等方面进行了解析。

第七章“天地人合”是对整个解析篇的凝练和升华。力图透过新疆传统建筑的物质表象，激活并展现传统建筑中的活态，从而揭示出新疆人民亲和天地、尊重人性以及与自然和谐共生的生命价值观，将解析上升至对新疆传统建筑的

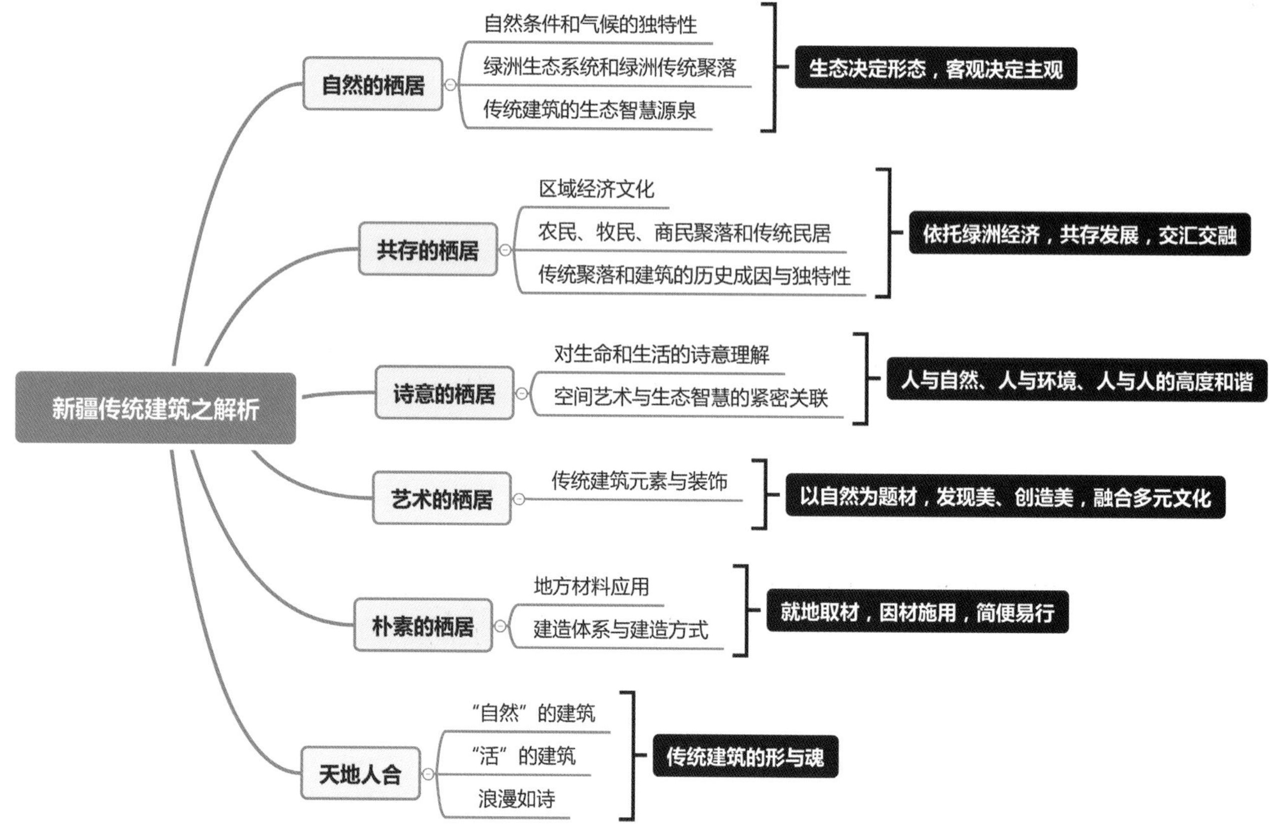

图1-5-1　新疆传统建筑的解析路线（来源：范欣 绘）

“形”与“魂”之关系的更深层次。理解“活”的历史，创造“真”的生活，是传承的意义所在，无论人类社会发展至何种阶段，都离不开这层意义。

通过思维导图可清晰地解读新疆传统建筑的解析路线（图1-5-1）。

下篇传承篇的架构及主要内涵：

新疆建筑的传统解析和世代传承二者应具有有机的联系，下篇传承篇（第八章至第十一章）从“总体布局、建筑空间组织及营造、建筑元素及装饰特色、建筑材料运用”等几个方面与上篇解析篇进行了衔接。

历史和时代背景是建筑的重要坐标。下篇传承篇以时间为主线，以建筑创作思想发展和变迁为界，梳理出自1949年新中国成立以来新疆当代建筑传承与创新的发展脉络。下篇将新疆当代建筑的传承与创新划分为几个典型的时代段落，即“起步（1949-1965年）与迟缓时期（1966-1977年）、活跃时期（1978-1985年）、蓬勃时期（1986-1999年）、升华时期（2000-2018年）”四个阶段，归纳总结了在一定社会、政治、经济的背景下，新疆当代建筑传承与创新理念发展的演进过程。

第八章是“新疆当代建筑传承与创新的起步时期（1949-1965年）和迟缓时期（1966-1977年）”。起步时期依托了知识青年支援新疆及中苏友好的政治背景和技术支撑，建筑传承与创新实践的主要特点一是受西方古典建筑风格与苏联建筑风格的影响，二是自主创新地探索地域民族建筑风格，三是解决住宅燃眉之急以及建成了一批工业建筑，等等。1966年至1977年，“文革”十年期间，新疆建筑业陷入迟缓时期。

第九章是“新疆当代建筑传承与创新的活跃时期（1978-1985年）”。这一阶段新疆建筑创作空前活跃，推陈出新，积极探索少数民族传统建筑形式与现代建筑的结合，创作出一大批优秀的地域建筑作品。

第十章是“新疆当代建筑传承与创新的蓬勃时期（1986-1999年）”。这一阶段建筑行业逐渐由计划经济转化为市场经济，新疆建筑设计领域百花齐放，焕发出蓬勃生机。一方面吸纳先进的建筑设计理念和新技术，另一方面体现了立足本土地域特色的建筑创作观。

第十一章是“新疆当代建筑传承与创新的升华时期（2000-2018年）”。这一时期的新疆地域建筑传承与创新实践厚积薄发，不断升华，涌现出一批可圈可点的地域建筑作品。在这些作品中，扩展和提升了对建筑地域性的认知，注重建筑与城市的对话，在建筑创作中体现了时代精神。

第十二章“结语”结合上、下篇，提出了对新疆传统建筑传承的思考以及对地域性的广义诠释。通过对未来的展望，阐明生态文明是一切文明的根本，可持续发展是人类社会进步的经久之路。

以下思维导图对新疆当代建筑传承与创新的发展脉络进行了梳理（图1-5-2）。

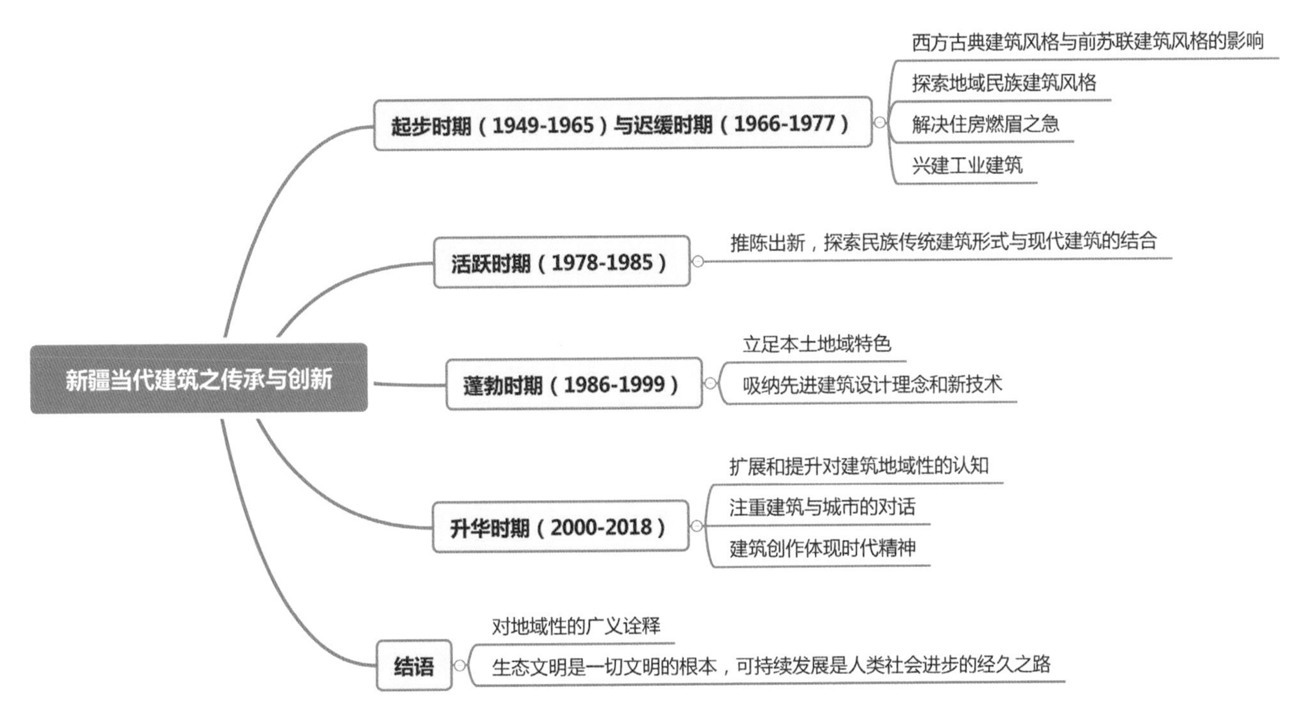

图1-5-2　新疆当代建筑传承与创新的发展脉络（来源：范欣 绘）

上篇：灿若繁星的民间智慧·新疆传统建筑的解析

第二章　自然的栖居·新疆自然条件和气候的独特性及其对传统聚落和建筑的主要影响

我走过多少地方

最美的还是我们新疆

牧场的草滩鲜花盛开

沙枣树遮住了戈壁村庄

冰峰雪山银光闪闪

沙海深处清泉潺潺流淌

当我走遍天山南北

到处都能闻到瓜果的飘香

……

——赵思恩，歌曲《最美的还是我们新疆》节选

山脉纵横，草场无际，沙漠戈壁苍茫浩瀚。蓝天高远，行云聚散，长风纵马一驰千里，凝成一种永恒的壮丽。这里，就是神奇的新疆大地。

166万平方公里的广袤土地，养育了世世代代在此生息繁衍的各族人民，也造就了新疆人民热情豪爽的性格、乐观朴实的生活态度以及对自然与生俱来的亲近和热爱。在特殊的自然条件和气候下，新疆人民因地制宜，以非凡的建筑智慧和创造力孕育了独树一帜、丰富绚丽的新疆传统建筑文化。

新疆传统建筑最突出的成就，是从地域的自身特点出发，充分尊重自然，关注建筑的气候适应性和地方建筑材料利用，人们的生活方式充分体现了人、建筑与自然的高度和谐。可以说，生态适应性是新疆传统建筑的基本起点，以生态决定形态，以客观决定主观，这使新疆传统建筑的形式具有必然性，在“自然的栖居”中，巧妙地实现了生态和艺术的完美融合。

第一节　新疆自然条件和气候的独特性

地处祖国西北边陲、深居亚欧大陆中心腹地的新疆，雄踞亚欧大陆桥桥头堡，是世界上离海洋最远的大陆。

新疆土地之大，以及她的神奇和独特，很难用一语概之。

占祖国版图六分之一的新疆东西长达2000公里，南北跨越约1600公里，占西北五省、区总面积的55%（图2-1-1）。这里有被誉为“华夏第一州”的中国面积最大的州——巴音郭楞蒙古自治州，总面积达48万平方公里；拥有20万平方公里土地面积的若羌县是中国面积最大的县；在世界最大的内陆盆地塔里木盆地中，有着世界第二大流动性沙漠、中国最大的沙漠塔克拉玛干沙漠，人们称之为“死亡之海”；被誉为“无缰野马”的中国最长的内陆河流塔里木河日夜奔流不息；北部的额尔齐斯河，是我国唯一流入北冰洋的河流；一望无际的中国最大的内陆淡水湖博斯腾湖面积达998平方公里；中国最大的冰川音苏盖提冰川长约42公里，冰舌长约4200米，面积382平方公里。

一、高差悬殊、跌宕起伏的自然地貌

万古奇雄的地理景观，无数美丽的传说，在世人心中映画出神秘奇幻的新疆。

新疆由于远离海洋，又有群山环绕纵横，沙漠戈壁广布，属于典型的干旱地貌。其自然地貌具有如下主要特征：

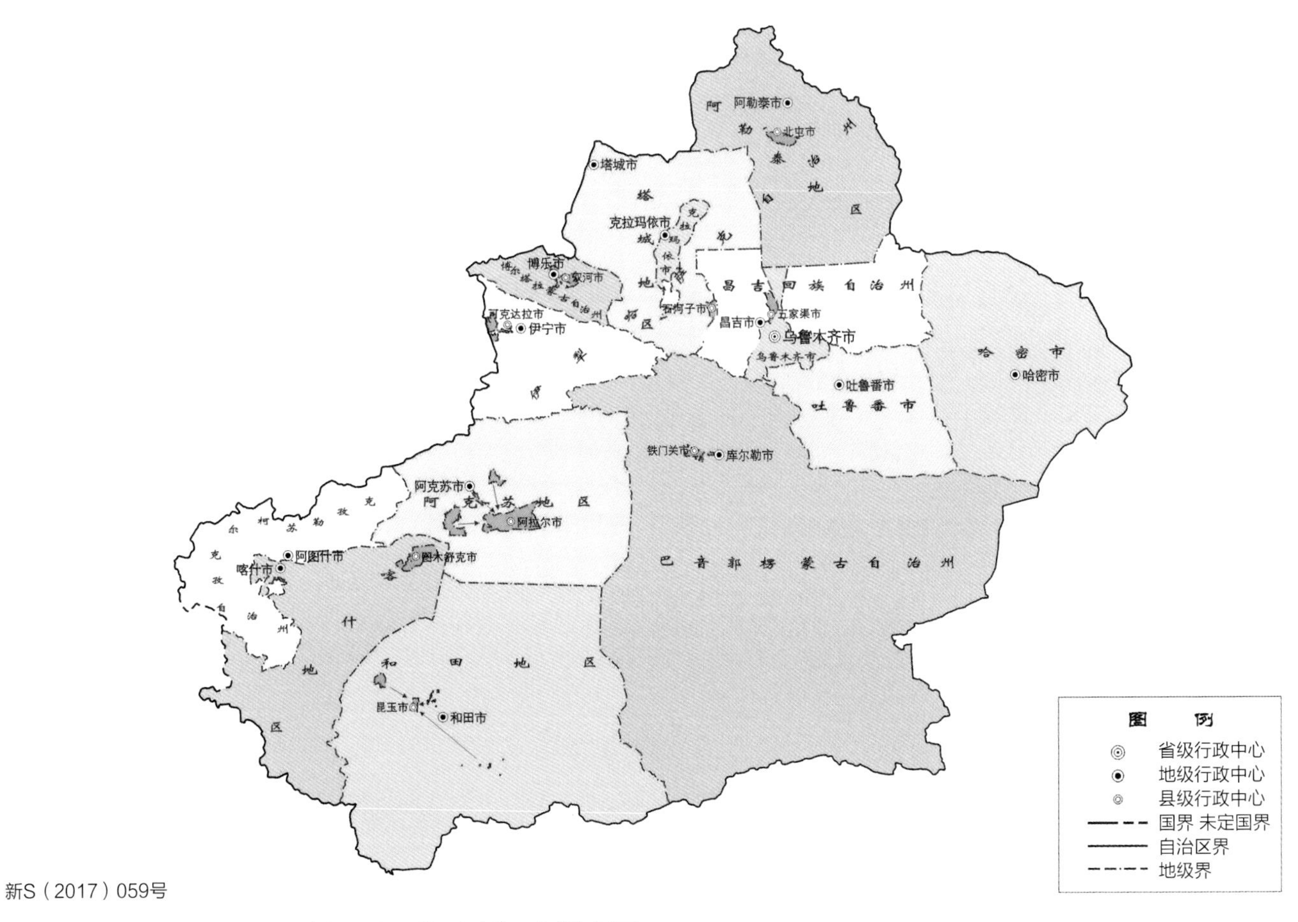

新S（2017）059号

图2-1-1　新疆地、州、市分布图（来源：新疆维吾尔自治区自然资源厅）

（一）三山夹两盆

新疆的自然地貌轮廓特征十分鲜明。其周边山体众多，分别是北部的阿尔泰山、西北部的塔尔巴哈台山、西南面的喀喇昆仑山、南面的昆仑山和阿尔金山。境内三座东西走向的主山脉阿尔泰山、天山、昆仑山与两片广阔的盆地相间排列，形成"三山夹两盆"的总体格局（图2-1-2）。山地和盆地构成了新疆的基本地貌类型，55.7%的面积是山地，44.3%为盆地。新疆的"疆"字右半边的"畺"很形象地体现了三山夹两盆的地貌特征，而左半边的"弓、土"则象征着新疆人"张弓守土"的神圣使命。

"一山横亘界南北，万古奇雄塞大荒"。天山，古名"白山"，因全年覆雪，故又名"雪山"。它是世界七大山系之一，于2013年列入世界自然遗产。宽大的天山横亘在中部，平均高度达4000余米，将新疆分成南疆和北疆两部分。"晻霭寒氛万里凝，阑干阴崖千丈冰"，唐代诗人岑参的边塞诗句生动地描画出天山的雄奇和壮丽。天山山脉（图2-1-3）由数列东西走向的山脉组成，最高的山峰托木尔峰海拔7435米。开阔的山脉之间分布着大小不等的山间盆地和谷地。天山山脉至西端渐落并分叉成为两支，自西而来的潮湿气流使这里的气候相对温湿，牧场成片，其间坐落着"天马"的故乡——美丽丰饶的"塞外江南"伊犁河谷。

最北部的阿尔泰山脉总长约2000多公里，中段位于新疆境内，平均海拔在2500至3500米左右。"阿尔泰"在维吾尔语中意为"金子"，曾是无数淘金者为之狂热的向往之地，也因此留下了许多传奇故事。

阿尔泰山脉与天山山脉之间是准噶尔盆地，面积约为22

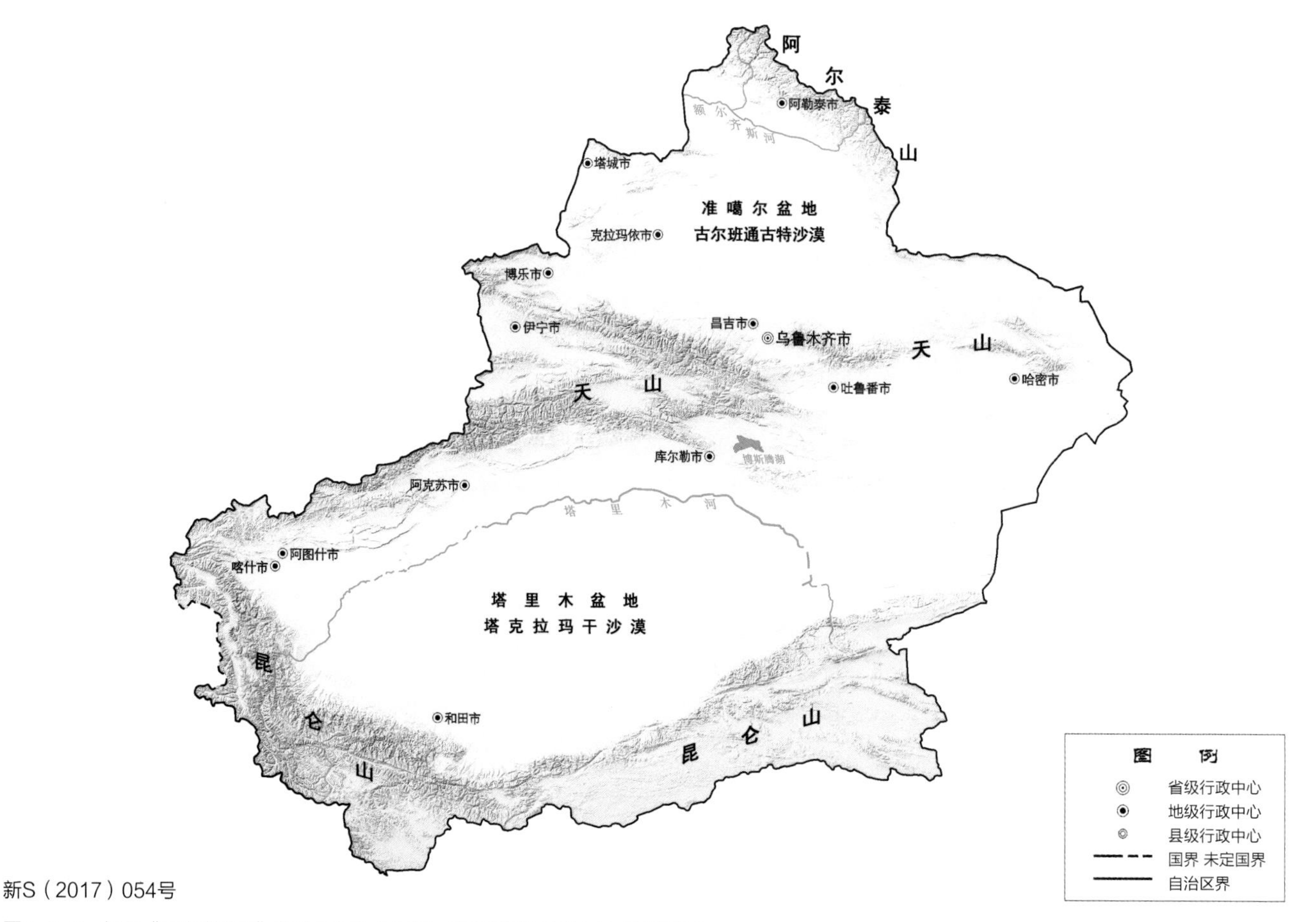

图2-1-2 新疆"三山夹两盆"的总体地形（来源：新疆维吾尔自治区自然资源厅）

图2-1-3　横贯新疆东西的天山山脉（来源：范欣 摄）

图2-1-4　月冰封初融的"瑶池"（来源：范欣 摄）

万平方公里，盆地中的古尔班通古特沙漠是中国的第二大沙漠。天山山脉以南是塔里木盆地，东西长约1500公里，南北宽约800余公里，面积70余万平方公里，是世界最大的内陆盆地，面积居中国盆地之首。塔里木盆地之中是面积达32.4万平方公里的塔克拉玛干沙漠，这片变幻莫测的"死亡之海"，占全新疆土地面积的22%。

"横空出世，莽昆仑，阅尽人间春色"，毛泽东主席曾以雄浑的笔墨书写昆仑山的苍莽绝伦。从塔里木盆地向南，和喀喇昆仑山并称"万山之祖"的昆仑山南枕青藏高原，平均海拔在6000米以上，巍峨耸立的主峰慕士塔格峰被冠以"冰山之父"的美誉。传说，昆仑山上居住着母系氏族领袖之神西王母。《山海经·大荒西经》中这样描述道："西海之南，流沙之滨，赤水之后，黑水之前，有大山名曰昆仑之丘。有神——人面虎身，有文有尾……有人，戴胜，虎齿有尾，穴处，名曰西王母。"就是这位威震昆仑的西王母，与万里西巡的周穆王相会于山巅，觞于瑶池（图2-1-4）之上，开启了西域与中原交往的旷世篇章。昆仑山在西缘与喀喇昆仑山、天山、喜马拉雅山等汇集为著名的"世界屋脊"帕米尔高原，交错纵横的山脉绵延数百里。这里古称"葱岭"，险峻奇伟，是古代丝绸之路南线的必经之地，见证着绵绵丝路的兴衰变迁。

在天山、阿尔泰山、昆仑山三大山系中除有许多小山脉外，还分布着戈壁、盐渍、泥漠、岩漠和山间盆地，具有典型的荒漠地质景观特征，如天山东段南面的吐鲁番盆地、焉耆盆地、哈密盆地（图2-1-5），以及准噶尔盆地西北边缘的和什托洛盖盆地等。

图2-1-5　哈密魔鬼城——戈壁瀚海中的雅丹地貌（来源：范欣 摄）

（二）境内高差悬殊

新疆的自然地形跌宕起伏，境内高差十分悬殊，达8765米。被称为"野蛮之峰"的最高点、世界第二高峰乔戈里峰（8611米）直入云霄，是地球上攀登难度最高的山峰。仅次于死海的世界第二洼地、中国大陆最低点吐鲁番盆地艾丁湖，湖面低于海平面154米。这样大的境内高差在我国的各省、区里是绝无仅有的。

（三）自然地貌类型丰富

新疆的自然地貌十分丰富，包括高山、草原、绿洲、沙漠四种类型。草场总面积12亿亩，遍及“三山”（天山、阿尔泰山、昆仑山）的坡、谷以及“两盆”（准噶尔盆地、塔里木盆地）的边缘，其中以阿尔泰山南坡、天山南坡的草场最为优质。

连绵高山上终年的积雪和冰川为新疆人民提供了生命之水。当天气转暖，积雪融化，雪水顺坡而下，汇作无数河流、湖泊、湿地，或渗入地下成为暗流，滋养着山体与盆地间地势平缓地带的土地，形成了一片片星罗棋布的绿洲。在这些绿洲之上，分布着城镇和乡村等大大小小的聚居点。由山麓向盆地中心的湖盆依次为洪积扇带、冲积平原、沙漠带、泥漠带和湖区，洪积扇顶部多被风塑造成砾漠。

正是由于新疆的自然地貌类型如此多样，造就了新疆神奇变幻、瑰丽多姿的大地图景（图2-1-6、图2-1-7）和自然风光（图2-1-8、图2-1-9）。

二、极端多变的气候

特殊的地理位置和独特的自然地貌，形成了极端多变的气候，也造就了新疆许多瑰丽的人间奇境。这里有中国最炎热的地方——吐鲁番盆地，也有中国第二寒极——富蕴的可可托海；有柔美如画的“塞外江南”伊犁，也有风沙肆虐的“玉都”和田；有冬季积雪可厚达2、3米的阿勒泰，也有年降水量仅6.9毫米的托克逊。

新疆的气候总体来说，冬季寒冷漫长，夏季炎热短暂，

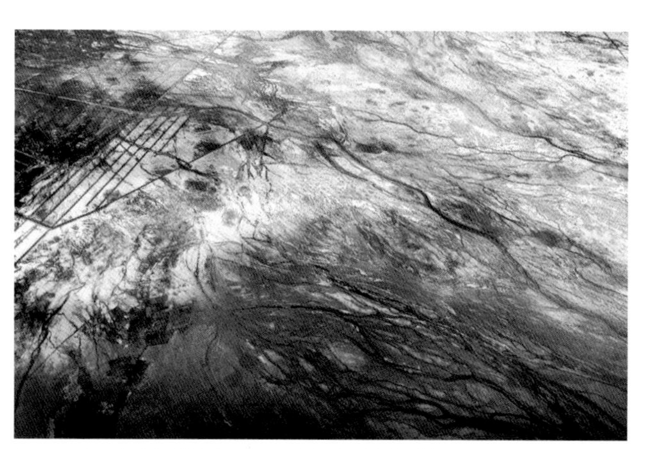

图2-1-6 阡陌纵横的大地图景（来源：范欣 摄）

图2-1-7 丰饶的绿洲（来源：范欣 摄）

图2-1-8 高山湖泊（来源：范欣 摄）

图2-1-9 天然牧场（来源：范欣 摄）

春秋季多大风、气候变化剧烈，属于典型的温带大陆性气候。根据中国建筑气候区划，新疆地区属严寒、寒冷地区（图2-1-10）。

由于幅员辽阔，南北纬度跨越大，加上地形跌宕复杂和天山的横贯，南北疆在同一时期的气温十分悬殊，如一月份南疆塔里木盆地的平均气温高出北疆准噶尔盆地10℃~12℃，七月可高出2℃~3℃。山区和盆地的气候差异则更加显著。因此，全疆由北至南大致可分为寒温带半干旱大陆性气候、温带干旱荒漠大陆性气候和暖温带干旱荒漠大陆性气候。东疆的吐鲁番盆地气候极为特殊，干热少雨，全年高于35℃的天数有100多天，高于40℃的有40多天，是名副其实的“火洲”。

新疆气候的极端和变幻莫测主要表现为以下特征：

（一）气温跨度大

新疆特殊的地形地貌，使其如同一只巨大的铁锅，每天伴随着太阳的升起和落下，热得快，冷得也快。因此，新疆境内的气温区间跨度极大，冷热变化十分悬殊。

1. 极热与极寒

在古典名著《西游记》中描写了这样一个故事，唐僧师徒四人在取经路上途经“无春无秋、四季皆热”的斯哈哩国，被八百里火焰阻住了去路，费尽周折三借芭蕉扇熄灭了熊熊烈火，才终得以继续西行。《西游记》中的斯哈哩国，正是位于新疆东部的吐鲁番（图2-1-11）。这里夏季的最热历史极端最高气温达49.6℃，“九月尚淌汗，炎风吹沙埃”，其热度远远超过中国著名的“四大火炉”。

新S（2017）060号

图2-1-10　新疆建筑气候区属示意图（来源：新疆维吾尔自治区自然资源厅。气候区属依据《建筑设计资料集》第一分册《建筑总论》）

图2-1-11 “火洲”吐鲁番（来源：范欣 摄）

图2-1-12 北疆五月飞雪（来源：范欣 摄）

冬季最冷的北疆可可托海历史极端最低气温达-53℃，滴水成冰、哈气成霜，冰坚似铁、堆雪如墙。在那里，人们每年至少有180天要生活在冰天雪地的白色世界中。据阿勒泰地区地方志记载：1967年1月初，气象专家在可可托海海子口曾观测记录到-63.5℃的极低温度。

作家池莉说：“冷也是一种童话。热透一次、冷透一次，人生也就不那么平庸了。”而在新疆，是最能体味到这种童话和不平庸的。

2. 同地大温差

说起新疆人的服装装备，其种类周全繁多在全国来说也是首屈一指的。要想抵御大温差，丝、棉、麻、毛、绒，从清凉衣装、短袖、长袖、薄厚外套，到薄棉衣、厚棉衣、呢大衣、羽绒服等等，缺一不可。尤其到了春夏交替和秋冬转换的时候，气温变幻莫测，新疆则进入了乱穿衣的季节。唐代边塞诗人岑参有诗云：“北风卷地白草折，胡天八月即飞雪”，描写的就是新疆气候的多变无常。在这里，出现5月甚至6、7月份飞雪的奇观并不罕见（图2-1-12）。

在新疆，即使在同一个地方，全年最热月和最冷月平均气温差别也很大，一般温度之差可达到35℃，在准噶尔盆地则可达40℃～45℃。

同一年内，同一个地方，夏季最热日最高气温可高达近40度，而冬季最冷日最低气温可低至-28℃，全年气温跨度近70℃。

同一天中，平均日温差为12℃～15℃，最大的可达20℃～30℃。“早穿皮袄晚穿纱，围着火炉吃西瓜”即是对这一特征最形象的比喻。

在新疆，夏日是全年最宜人的季节，几乎不需要用空调。在20世纪80、90年代之前，夏季的傍晚出门要穿外套，晚上睡觉需盖着大棉被。随着城市的扩张，热岛效应逐渐显现，即便如此，新疆仍是夏季避暑的绝佳去处。

（二）空气干燥，蒸发量远大于降水量

说到新疆是夏季避暑的胜地，除了日温差大外，还有一个特点就是空气干爽。天气再热，皮肤上也不会有黏腻的感觉，躲在阴凉的地方会顿觉凉快舒爽。

总体来说，流经新疆上空的水汽含量不多，表现为夏季干热、冬季干冷。由于太阳辐射充足，空气湿度小、流动速度快，因而蒸发量远远大于降水量，约为降水量的6～20倍。

全疆各地蒸发能力大体分布为：南疆大于北疆；东部大于西部；平原大于山区；盆地腹地大于边缘；风口、多风地区大于风速小的地区。

（三）降水资源分布不均匀

新疆境内的降水少且降水资源分布不均匀，属干旱地区。降水量分布总的特点是：北疆多于南疆，西部多于东部；山区多于盆地，盆地腹部稀少；山体的迎风坡多于背风坡，一般是西坡多于东坡、北坡多于南坡。

新疆的大部分地区全年的降水主要集中于夏季，而在北

图2-1-13　新疆的瓜果香又甜（来源：范欣 摄）

疆沿天山一带以春夏季为主，山区则集中在6～8月份。年降水量北疆为150～200毫米以上，南疆则不足100毫米，最少的托克逊县仅有6.9毫米。西部的伊犁地区的年降水量高于东部的哈密市及周边地区约5倍之多。山区的降水量是盆地的3～6倍，是新疆河流的主要水源。

（四）充足的太阳辐射量

新疆的太阳辐射量充足，光热资源十分丰富。太阳辐射总量居全国第二，仅次于青藏高原；年日照时数2550～3500小时，为全国之首。位于南疆阿克苏地区的历史文化名城库车是中国晴天日最多的市县。新疆是举世闻名的瓜果之乡，因日照时间长、气候干燥，这里的瓜果个个殷实饱满、肉厚味美、香甜多汁，具有绝佳的口感（图2-1-13）。

受云量和降水的影响，全疆的太阳辐射总体来说，南疆大于北疆，东南部大于西北部，天山地带减弱，昆仑山和阿尔金山北坡随海拔上升太阳辐射量呈增大趋势。塔里木盆地受浮尘风沙影响，太阳辐射量有所减少。

（五）多大风

由于大气环流的影响，新疆在春季多大风，夏季次之，冬季最少。风速因区域而变化，北疆风速大，南疆风速小；高海拔山区和高原风速大，中低山区、平原、盆地风速小；风口风速最大。

北疆西北部、东疆和南疆东部是大风的多发区，北疆沿天山一带大风不多。

唐代边塞诗人岑参在诗中这样描述新疆的大风：“轮台九月风夜吼，一川碎石大如斗，随风满地石乱走。”新疆著名的九大风区包括乌鲁木齐达坂城风区、阿拉山口艾比湖风区、哈密十三间房风区、吐鲁番小草湖风区、额尔齐斯河河谷风区、塔城老风口风区、哈密南北戈壁三塘湖一淖毛湖风区、哈密东南部风区、罗布泊风区。北疆的阿拉山口、达坂城全年大风日150天左右，是著名的“风城”。吐鲁番小草湖“三十里风区”、哈密“百里风区”全年大风日超过100天，瞬间风速可达40米/秒以上，风力可达12级。

大风造成的气候灾害主要有北疆冬季的“风吹雪”、南疆春夏的沙暴浮尘等（图2-1-14）。

图2-1-14　遮天蔽日的沙尘暴即将来临（来源：范欣 摄）

第二节　新疆独特的绿洲生态系统与绿洲传统聚落

水，是生命之源。有水的地方，总会绽放生命的奇迹。人们聚居在河流流经的土地上，耕种劳作，生息繁衍。世界上诸多伟大的文明都与“水”息息相关，诸如发源于黄河流域的华夏文明、美索不达米亚的两河文明、尼罗河流域的古埃及文明、印度河流域的古印度文明以及发源于爱琴海的古希腊文明，纵观世界五大古老文明，莫不如是。

水是新疆人居聚落得以存在的必备条件。

一、新疆独特的绿洲生态系统

远离海洋、“三山夹两盆”的特殊地理位置和自然地貌，是新疆典型的内陆荒漠性气候的主要成因。众多的山系为新疆的河流提供了丰富的水源，高山冰雪融化后顺陡坡急流直下，最终流入内陆盆地或山间封闭盆地的低洼地带，为干旱的新疆地区提供了生存的基本条件。除了流入北冰洋的额尔齐斯河之外，新疆的河流均是内陆河，它们的河尾最终消失于内陆和山间盆地的低处。在浩瀚的塔里木盆地和准噶尔盆地边缘的高山山麓地带，在广袤的沙海之中，众多河溪的两岸，滋养出大大小小的绿洲，新疆的城镇和村落即分布于这些绿洲之上。从新疆陆路交通格局中可清晰地辨析绿洲分布的这一特征（图2-2-1）。

在大自然的阳光、空气和水等诸多环境要素的作用下，新疆的绿洲上分布着大小不等的森林、草地、耕地以及生存其间的动植物群落。这些生物与非生物要素之间相互依存、相互作用、彼此适应，循环往复地进行着物质交换和能量的

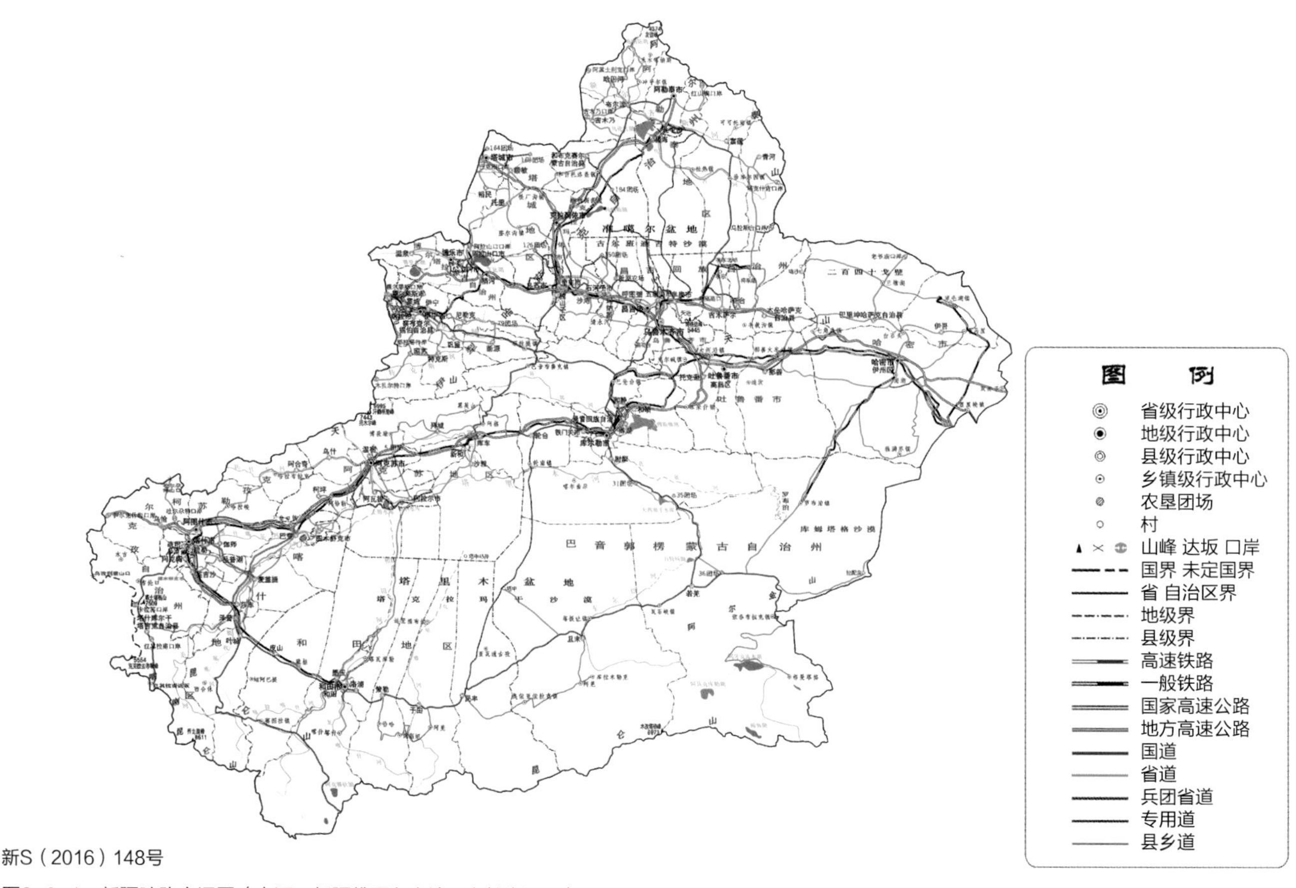

图2-2-1　新疆陆路交通图（来源：新疆维吾尔自治区自然资源厅）

流通转换，日渐形成相对稳定的绿洲生态系统。

新疆独特的绿洲生态系统是特殊自然条件和气候下的产物，它具有地理上相对封闭、地域上相对分散以及结构上相对单一等特点。在大自然严酷的干旱、风沙等作用下，绿洲生态系统也同时显现出十分脆弱的一面。

传说，在古西域于阗附近，曾有个叫曷劳洛迦的城邦，由于触犯天怒，遭受天降沙雨的惩罚，从此湮灭于流沙之中。这个曷劳洛迦，应该就是“KROLAYNA”（楼兰）的异译，其本意是城镇。《大唐西域记》中记载的这则故事，虽然具有神话色彩，但却展现出新疆自然界的神秘莫测，在强大的自然力量之下，人类显得那样的弱小和无助。

丹丹乌里克、喀拉墩、楼兰、尼雅，这些曾经繁盛一时的绿洲聚落和灿烂悠远的古老文明，都在漫漫流沙的覆盖下永远地消逝了。扼腕叹息之余，令人深切感到自然之力的无情和不可抗拒。

沙漠化和盐碱化时时威胁着绿洲生态系统，神奇的自然之手掌握着人类生存的命脉。而人类的活动，反过来也极大影响着生态系统的平衡。

二、新疆独特的绿洲传统聚落

绿洲，是新疆人民赖以生存之所，它承载着人们所有的生产和生活活动，反映了特殊自然条件和气候下的生存、生境和生态三者之间密不可分的关系。

在浩瀚的沙漠戈壁的包围中，绿洲适宜的小气候和自然生态环境为人们提供了相对稳定的基本生境。在新疆广袤无垠的土地上，绿洲仅约占总面积的4.3%，如同镶嵌于干旱荒漠中的“珍珠”。人们在这些绿色斑块之上建立了绿洲聚落，从事农牧业生产以及各类经济、文化等活动，逐步发展成为村落、乡镇和城市。

和绿洲生态系统一样，新疆的绿洲传统聚落是特殊自然条件和气候作用下的产物，其独特性主要体现在以下方面：

（一）自给自足，重视地域文化传统观念

由于沙漠的阻隔，交通相对不便，新疆绿洲传统聚落具有相对封闭的特点。聚落内部自给自足，在文化传统观念界定上则体现了较强的地域性。

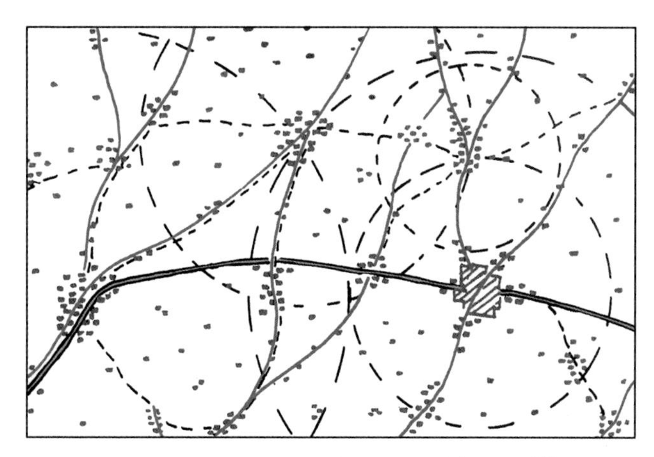

图2-2-2 新疆传统自然城镇与村落结构示意图（来源：根据《新疆民居》，范欣 改绘）

新疆的绿洲传统聚落深处内陆，由于绿洲之间相距较远，形成了以绿洲为基本单元的相对封闭的区域。各聚落依傍水渠系统布置，或是围绕涝坝扩展开来。集市位于聚落的中心位置，居民们在绿洲单元内部进行生产、交换、分配和消费等活动，形成了自给自足的经济模式（图2-2-2）。人们聚居共存，十分重视地域文化传统观念，相对的封闭性使同一绿洲单元的人之间的关系更为亲近，因此，新疆人常习惯于以某个地域来区分人群，如喀什人、和田人、伊犁人等等。

（二）开放包容，兼收并蓄，地域文化丰富多元、异彩纷呈

新疆的绿洲传统聚落散布于沙漠瀚海之间，在地域上相对分散。由于地广人稀，新疆人普遍热情爽直，待人诚挚大方，各地人彼此间没有隔阂，文化上相互包容。同时，通过丝绸之路这一纽带，加强了各绿洲聚落与外部的交通联系和交流交往，催生了丰富多元的地域文化。

据《汉书 · 西域传》记载，早在两千多年前，仅在今南疆地区，就已经星罗棋布着36个绿洲，即著名的“西域

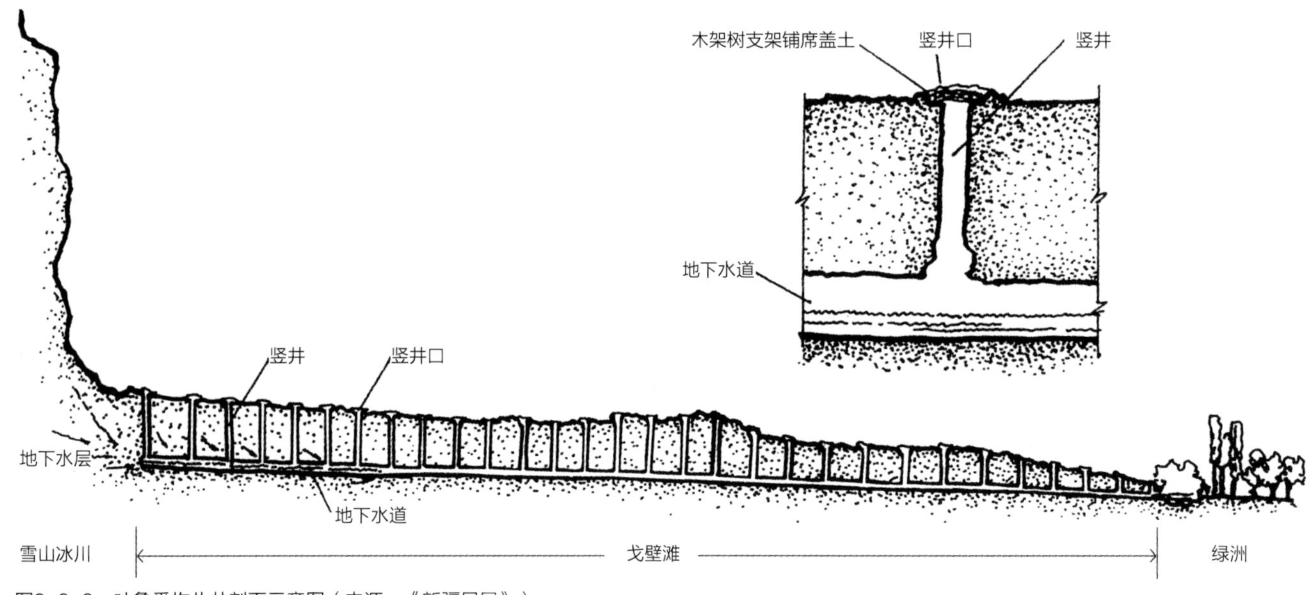

图2-2-3 吐鲁番坎儿井剖面示意图（来源：《新疆民居》）

三十六国”。而波澜壮阔的丝绸之路的畅通，加强了各绿洲之间，尤其是这些绿洲与中原和西方的交流和联系，进一步促进了新疆地域文化的丰富多元。世代聚居于绿洲的新疆各族人民创造的灿烂文明，体现了中华文化的共性，为中华文明增添了不可或缺的瑰丽篇章。

（三）感念天地，以非凡的生存智慧与自然和谐共生

和世界各地的干旱荒漠地区一样，新疆的绿洲传统聚落依水而居。聚落建筑总体格局为了适应特殊的地域气候，呈现出内陆干旱荒漠性地区的典型特征，如低层高密度聚落、内向型院落、庭院绿化以及种植抗旱、抵御风沙和耐盐碱的植物等。

适应自然的同时，新疆绿洲传统聚落的居民在严酷的自然生态面前，以非凡的智慧和艰苦奋斗的精神，书写了无数的生命奇迹。其中，“火洲”吐鲁番的坎儿井就是干旱荒漠地区绿洲居民生存智慧的典型代表。在极度干旱少雨的气候条件下，高山融雪顺着坡势流向山麓的冲积扇平原，渗入地下形成潜流。人们巧妙地利用地形坡度，引地下潜流用于农业灌溉和生活用水，创造了令世人惊叹的“坎儿井”水利工程（图2-2-3）。吐鲁番坎儿井全长约5000公里，总数多达1100余条，是数代人勤劳智慧的结晶，它与万里长城、京杭大运河并称为中国古代三大工程。

第三节 新疆传统建筑的生态智慧源泉

新疆传统建筑的形式产生之根本源头，是遵循大自然的基本规则，最大程度地适应地方的自然条件和气候。自然条件和气候制约着建筑，建筑依赖于自然的同时也改善并创造着自身的小环境，新疆传统建筑从“出生”到“死亡”的全生命过程，融入了自然界生态系统之“生产者、消费者和分解者”的链条中，形成循环往复的良性闭环。

特殊的自然条件和气候是新疆传统建筑的生态智慧源泉。建筑对待自然的态度，是充分地尊崇和顺应，而不是违背客观规律地改造和主宰，这是新疆传统建筑地域独特性的核心精髓。因此说，新疆传统建筑是典型的生态型建筑。

一、特殊自然条件和气候对新疆传统建筑的主要影响

新疆传统建筑的艺术性是基于生态适应性之上的，从而呈现出与自然极为和谐的融合之美，也因此具有了长久的艺术生命力。如果将新疆传统建筑的地域特征仅仅简单地理解为符号、图案，是十分肤浅的。从地方自然条件和气候出发而形成的建筑形式，是新疆传统建筑地域性最本质的特征。这一特征的本原性，是建筑符号所不能替代的。

新疆传统建筑应对特殊自然条件、气候的智慧来源于民间，非常贴近普通民众的生活和情感诉求，朴实真切，并在民间得以发扬光大和不断升华。新疆人民通过适宜、简单易行的综合手段，在创造宜居的生活环境的同时，最大限度地维护了生态平衡。新疆传统建筑中因地制宜的生态策略与现今世界所倡导的可持续发展理念有诸多的异曲同工之处。

新疆特殊自然条件和气候对传统建筑产生的影响主要体现在以下四个方面：

（一）空气温湿度的影响

自然气候条件决定了新疆传统建筑的形态。在新疆冬季严寒、夏季干热的典型温带大陆性气候作用下，建筑需要具备适应全年极端气候复杂性的能力。

建筑，是人类为了抵御气候等自然环境的不利影响而建造的“庇护所”，如果将衣服比喻为人的第二层皮肤，那么建筑则是人的第三层皮肤。在建筑的发展进程中，除了安全防卫，人们越来越注重通过建筑的室内外微气候的营造，来获得更加适合人类生活和健康需要的居住环境。

建筑的围护结构需要同时具备三方面的主要性能：一是，既要满足冬季防寒的要求，又要具备夏季隔热的性能；二是，改善夏季干热空气带来的人体不适感；三是，在气温变化悬殊的情况下，外围护墙体良好的热稳定性能有助于保持室内环境的热舒适度。

来自自然的生土是典型的地方性建筑材料。人们利用夯筑法、垛泥法、土坯砖垒砌或者树木枝条与生土结合等方法筑造建筑墙体，既保温隔热，还可以平衡室内湿度，是适应自然气候的理想建筑材料（图2-3-1、图2-3-2）。

同时，利用植物也可以取得夏季显著的降温、增湿的生态目的（图2-3-3），这主要是得益于土壤中水分蒸发、遮阳和存蓄冷量等综合因素的共同作用。

图2-3-1　土坯砖垒砌的建筑墙体（来源：范欣 摄）

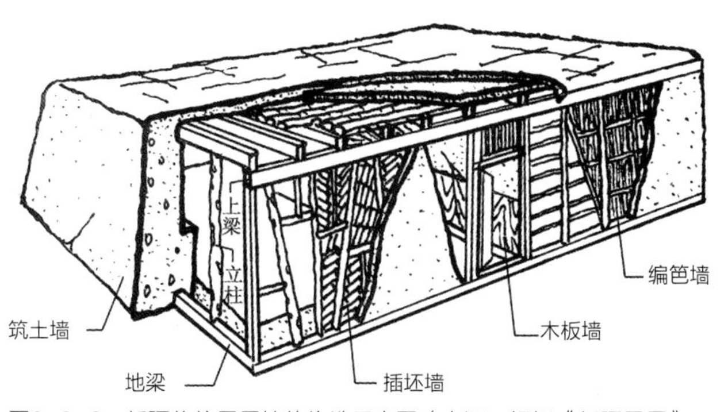

图2-3-2　新疆传统民居墙体构造示意图（来源：根据《新疆民居》，范欣 改绘）

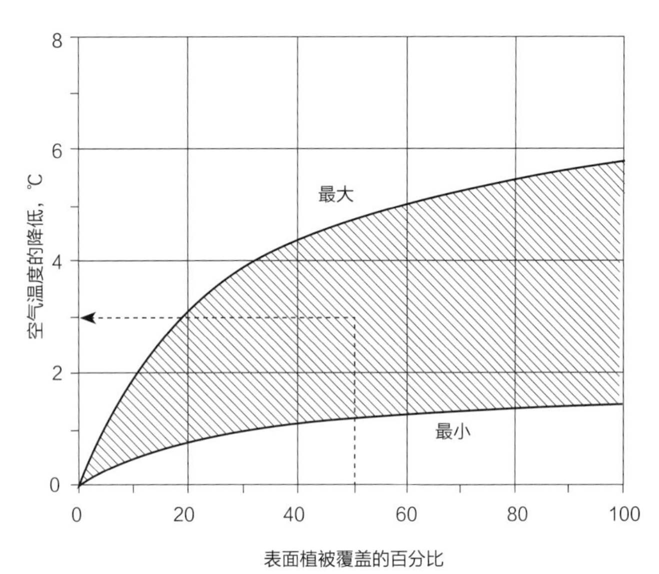

图2-3-3　植物覆盖产生的降温效果（来源：《太阳辐射·风·自然光》）

（二）太阳辐射的影响

太阳光，是人类赖以生存的生命源泉。日照除了满足人体健康的基本需要外，也影响着建筑室内外环境的温度和舒适度。

新疆是太阳辐射十分充足的地区。冬季的太阳辐射有利于补充室内的得热量，夏季的太阳辐射使室内温度升高而令人产生不适感，建筑需同时兼顾全年季候的太阳辐射影响。因此，在寒冷漫长的冬天，建筑要尽可能多地获得宝贵的太阳光；在干热的夏季，则需要设法避开太阳辐射带来的高温不适。

如何善加利用有利的日照，同时避开不利的太阳辐射，在新疆传统聚落格局和传统建筑空间元素中得到了显著的体现。例如，南疆地区利用“地毯式”高密度布局的传统聚落以及嵌植于聚落和庭院中的植物获得夏季大面积的遮阳，传统建筑中的檐廊、木板窗以及吐鲁番地区独具特色的高棚架等等，都是当地传统建筑应对夏季太阳辐射的典型生态特征（图2-3-4、图2-3-5）。另外，新疆传统建筑多采用南北向布局，也反映了特殊气候下人们对阳光的格外珍视。

（三）风沙的影响

在新疆多大风地区，避风是建筑的重要任务。街巷格局须考虑阻挡或减缓冬季风。

在沙漠边缘的绿洲地区，每当沙暴袭来，遮天蔽日，严重的几米内不可见物，好似一堵密不透风的沙墙横扫而来。在这些地区，沙暴浮尘是影响生活环境质量的主要因素，也是决定传统建筑聚落组合方式和单体形式的主因。

图2-3-4　新疆干热地区高密度布局的传统聚落以及镶嵌其间的植物（来源：左图王小东院士研究室 提供，右图范欣 摄）

檐廊　高棚架　檐廊和高棚架组合　木板窗

图2-3-5　新疆传统建筑应对夏季太阳辐射的生态策略（来源：范欣 摄）

南疆传统的低层高密度聚落具有阻避风沙的生态目的。南疆传统民居院落呈内向封闭式布局，建筑的外窗小且向庭院开设，另外，和田传统民居典型的以“阿以旺”空间为中心、封闭式内向布局等，均体现了应对多风沙气候的生态策略（图2-3-6、图2-3-7）。

（四）建筑材料的影响

地方性建筑材料是新疆传统建筑形式和建造体系最直接的决定因素之一。

新疆自然环境中能用于建筑的材料非常有限，尤其是适于建造房屋的木材十分缺乏。从新疆植被类型分布来看，从北至南分别为温带干旱半灌木、小乔木荒漠区域，温暖带西部极端干旱灌木、半灌木荒漠区域，以及昆仑山原、帕米尔高原高寒荒漠区域（图2-3-8）。这些自然条件影响并决定着新疆传统建筑的结构形式、建筑形态和建造方式。自然条件的客观局限性，反而激发出人们的聪明才智和创造力，成就了新疆传统建筑独有的特色。无论是干热地区的生土建筑和土木建筑，还是山区的石筑、木构建筑，都达到了人、建筑、自然三者的高度和谐共生。

二、与自然和谐共生的传统建筑观念

最难能可贵的是，在特殊的自然条件和气候下，新疆人民一方面努力适应着，创造并憧憬着美好的生活环境，另一方面又总是最大限度地减少和避免人工行为对自然的伤害和破坏。这种遵循天地法则、敬畏自然又爱护自然的观念，在新疆传统建筑特别是民居中充分得以体现，凝结为充满非凡创造力的伟大生态智慧。

（一）拥抱天地，自然的栖居

1. 就地取材，创造独特的建造体系。

在新疆的很多地区，建筑材料极度缺乏，人们总是想方设法地利用当地有限的材料，充分发挥聪明才智，创造出独具特色的建造体系。这些利用地方材料建造的房屋，舒适实用，既适应了气候，同时又达到了与自然环境的高度和谐。

在绿洲地区，缺少大规格的木料，人们利用小木材和次生林带木材创造出独特的木框架、编笆墙以及密小梁、密小椽、草泥顶的独特建造体系。在干热少雨的地区，人们则以

图2-3-6 喀什内向封闭式庭院型传统民居典型布局（来源：《新疆民居》，范欣 改绘）

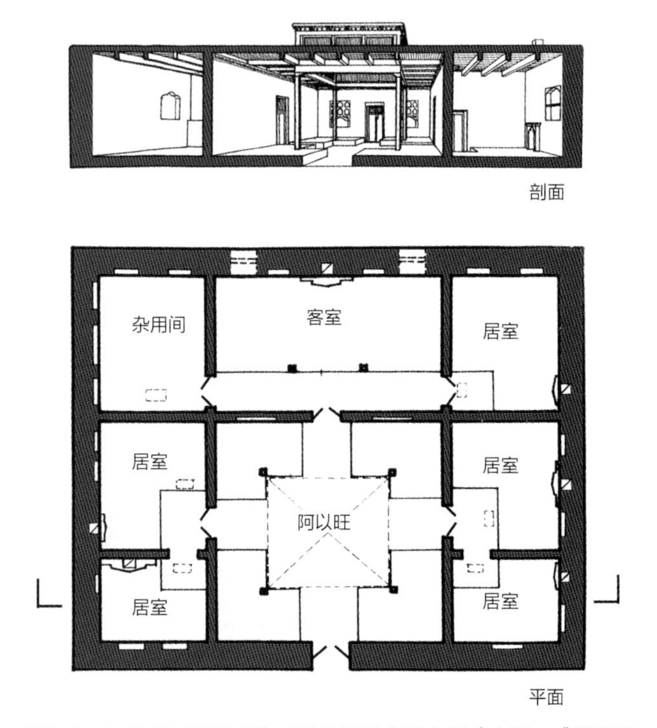

图2-3-7 和田“阿以旺”式传统民居典型布局（来源：《新疆民居》，范欣 改绘）

天然黏土为墙体材料，构筑成冬暖夏凉、坚固耐用的生土建筑（图2-3-9）。酷热干旱区，生土半穴居住房、半地下室都是从地方气候和自然条件出发而产生的特有建筑形式。

在树木茂密的山区，木材充足。人们利用坚韧挺拔的松、杉等搭建井干式木屋（图2-3-10）。在树木稀少的山区，人们则采集石块，垒石为屋（图2-3-11）。

在草原上游牧的人们，为了保证让羊、牛吃到最肥美的青草，长途跋涉转场是常有的。他们用树木枝干、毡片、羊毛绳等构建起暖和、轻便的毡房（图2-3-12），搬家时将“家”驮载在骆驼背上，非常便于迁移和搭拆。

2. 生态决定形态，客观决定主观，自然条件和气候是传统建筑之地域性本原。

特殊的自然条件和气候是新疆传统建筑的生态智慧源泉，也是其创造的起点。

新疆传统建筑从自然出发，无论是聚落整体格局，还

新S（2017）054号

图2-3-8　新疆植被类型分布示意图（底图来源：新疆维吾尔自治区自然资源厅。植被类型分布依据《建筑设计资料集》第一分册《建筑总论》）

图2-3-9　生土建筑（来源：《新疆民居》）

是单个建筑的空间构成和形态，都是由生态的客观性所决定的。即便是建筑的装饰细节，也多以自然为主题，反映了人们对大自然的热爱。新疆传统建筑因此呈现出明亮、敦厚和淳朴的自然之美，离开了新疆的土地，这种独特的美也就失去了其艺术魅力和存在的理由。

图2-3-10　井干式木屋（来源：《新疆民居》）

图2-3-11 石屋（来源：《新疆民居》）

图2-3-12 毡房（来源：范欣 绘）

吐鲁番土拱半地下室高棚架型

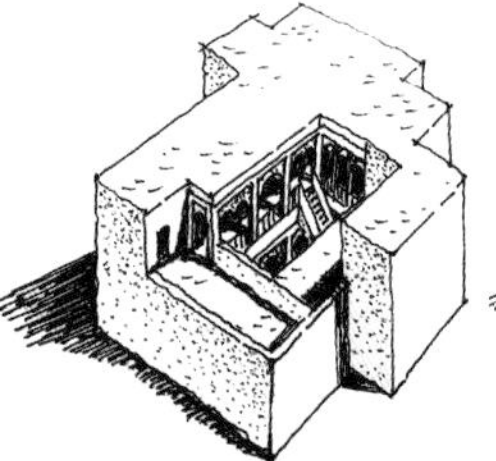

喀什密集内向封闭式庭院型

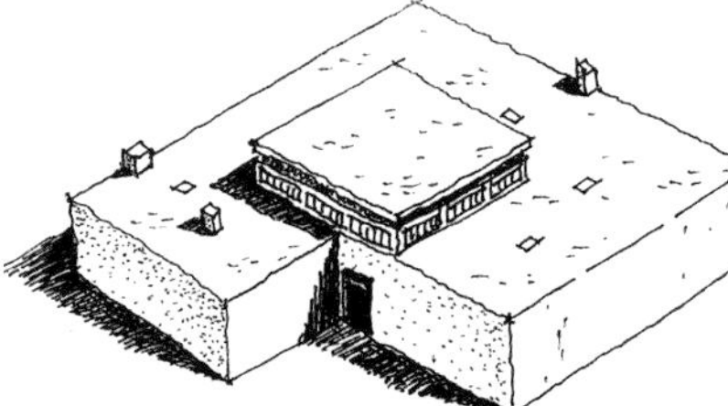

和田“阿以旺”型

伊犁开敞式庭院型

图2-3-13 不同气候条件下的新疆传统民居典型形态（来源：范欣 绘）

新疆传统建筑的聚落、街巷、庭院、建筑单体、环境营造等具有鲜明的地域特征，反映了新疆人民在适应自然条件下的生存状态。其中蕴含的生态智慧不胜枚举，产生了丰富多样、异彩纷呈的建筑类型。例如和田的“阿以旺”型、喀什的密集内向封闭式庭院型、吐鲁番的土拱半地下室高棚架型以及北疆的开敞式庭院型等传统民居，由于各地的气候差异，其建筑空间组织方式和形态也呈现出各自不同的特点（图2-3-13）。

（二）来于尘，归于土

新疆传统建筑特别是民居建筑所采用的生土、木材、石块、毛毡等建筑材料全部来自于自然（图2-3-14、图2-3-15）。倘若从今天的生态技术角度来评价，这些建筑材料无污染，可循环、可再生，是典型的绿色建材。

土坯、石块、木材等建造的建筑拆除后，可以重新回归自然，也可以再次利用于新的建筑，极少产生人工垃圾。在建筑的整个全寿命周期中，对环境所造成的负面影响非常之小，可谓是典型的资源节约、环境友好型建筑。人们在拆除传统建筑时，木料、门窗等常常被小心地保留下来（图2-3-16），以便再次利用于新居之中。

图2-3-14 来于尘、归于土的生土建筑（来源：范欣 摄）

新疆传统建筑来于尘、归于土，反映了新疆人民亲和天地、珍惜自然以及与自然和谐共生的生态价值观。

图2-3-15　来自于地方材料的木屋（来源：范欣 摄）

图2-3-16　建筑拆除时被保留下来的门（来源：范欣 摄）

第三章　共存的栖居·新疆区域经济文化以及传统聚落和建筑的历史特点

一碗清泉水
一块包谷馕
不分你和我
大家都来尝
狂风吹不散
暴雨摧不垮
各族儿女同根生
……

——李庆平/张熙，歌曲《世世代代情意长》节选

有限的绿洲，为处于干旱荒漠地区的新疆人民提供了宝贵的生产、生活基地，众多民族世代在此生息劳作，聚居共存。如果离开了绿洲，人们将无法生存。因此说，新疆的区域经济文化的发展和兴衰与绿洲生态的荣枯休戚相关，新疆的区域经济文化具有典型的绿洲经济特征。

在特殊的自然生态环境下，新疆传统聚落和建筑以绿洲经济为依托，同时受到多元文化、宗教信仰、生活习惯以及军事政治等诸多因素的影响，从产生到不断发展和演化，经历了漫长的历史过程，反映出其独树一帜的风貌特色。

第一节　新疆区域经济文化的特点

新疆地处亚欧中心，是四大文明的交汇之地，新疆的区域经济文化有着自己的明显特点：

第一个特点是多民族长期共存发展。

至少在距今六七千年左右的石器时代，天山南北就已经有人类活动。在漫长的历史长河中，新疆历来是多民族聚居、长期共存、共同发展的重要地区。这种状况，在汉宣帝神爵二年（公元前60年），新疆正式成为中国版图以后的两千余年的发展过程中，一直没有改变。

第二个特点是南农北牧，相辅相成。

由于自然生态条件的差异，新疆各地在经济结构上也有所不同。

一是以牧为主逐渐向农牧并举转变的北疆经济。

大量考古资料证明，距今3000年左右，北疆地区的畜牧业有了长足的发展，而收入不稳定的狩猎活动已退居次要地位。18世纪中叶清朝治理新疆以后，由于在天山以北大力发展农业生产，使这一地区以牧为主的生产格局发生变化，逐渐形成了农牧并举、同时发展的经济模式。这种转变不但使这一地区的生产形式和居民成分发生了历史性的变化，而且为今后新疆整个经济的发展奠定了坚实的基础。直至今日，农业生产和牧业生产仍然是北疆地区两大主要支柱产业。

二是以农为主兼营畜牧业的南疆经济。

考古发现，距今约3000年左右，新疆已经有了比较原始的农业生产。到公元前1世纪，汉朝中央政府治理新疆时，天山以南地区经济活动已经以农业生产为主了。据统计，当时南疆的大约26万居民中，从事农业生产的约21万人，另有5万人从事畜牧业生产。南疆地区这种以农业生产为主，兼营畜牧业的生产格局，一直到现代基本上都没有大的变化。

第三个特点是地处丝绸之路要冲，与祖国内地经济往来不断加强。

历史上新疆利用地处丝绸之路要冲的特殊条件和地缘优势，长期开展各种贸易活动，特别是与祖国内地不断加强的经济往来和文化交流，不但丰富了新疆各族人民的物质生活、精神生活，也带来了内地传统文化因子，与新疆的传统文化相融合，形成了新疆独特的地域传统文化。新疆地域文化与祖国主体文化一脉相承，是中华民族文化不可分割的重要组成部分。

自然生态环境决定了新疆人民以农牧业为主的传统生产方式，农耕文化和游牧文化既是新疆地域文化的两条主线，也是新疆传统建筑文化的重要线索。民居是组成人居聚落的基本细胞单元。在特殊的生态环境和经济文化作用下，新疆传统民居形成了鲜明的地域特色。

新疆的传统民居，由于气候条件、自然环境以及民族民俗的多样性，呈现出与之相应的民居类型，有共性的一面，更具有独特性的一面。就宽敞度、舒适度而言，商民要优于农牧民，农民又优于牧民。

第二节　新疆农民聚落（村）和传统民居的主要特点

在河流中游的冲积扇平原，由于具备充足的光热资源和丰富的水资源，加上干燥的气候，非常适合种植小麦、水稻、棉花、甜菜、瓜果等农作物，这些地区以农业为主要生产活动，逐渐发展为农业绿洲聚落。

农业绿洲聚落依水定居，具有布局自由、相对封闭的特点，各聚落以集市为中心彼此联系成片。聚落内部的总体布局则体现了高度适应干热气候的特点，街巷和建筑集聚度高，注重环境绿化。

一、维吾尔族

根据2014年统计数据，新疆维吾尔族1127.19万人，约占新疆总人口的48.53%。主要聚居在天山以南的喀什、和田、阿克苏、库尔勒等地区，其余散居在新疆各地。

维吾尔族主要从事农业生产，擅长种植棉花、园艺业。维吾尔族居住的传统民居，一般是土木结构的平顶方形平房。南疆气候相对温暖，少雨雪，传统房屋除顶棚使用少量木材外，四壁多用土坯砌成，房顶留有天窗。北疆气候寒冷，相对多雨雪，传统房屋多用砖石，顶微斜，屋周开窗，这类房屋既利于排雨雪，又比较坚固，保暖性能较好。

维吾尔族传统民居由兼作居室的客厅、餐室、后室和储物用的小间组成，少则三间，多则五六间。屋顶平台常加以利用，周围多设木栏。维吾尔族住宅多自成院落，一般包括庭院和住房两部分。

以住房为中心，面向庭院的屋室前多设较深的檐廊，廊下多设炕台，供人们夏天户外起居。室内砌土炕，用土筑成，约一尺多高，三面靠墙，面积一般很大，可睡一二十人，炕上铺上席子、毛毡或地毯，墙面多挂着色彩艳丽的墙围布或地毯，房内墙面多开壁龛，大小不等，构成各种图案，与整个墙壁浑然一体，用于放置被褥、器皿、食品等家庭日用品。住室修有壁炉，上为突出拱形，下面有炉台，用泥土靠墙筑成，为冬季烧柴取暖之用，并可烧水做饭。

维吾尔族民居的庭院一般分为前院、后院或侧院。房前屋后几乎都有一些果树和葡萄架，屋前多种葡萄，搭成凉棚。院门多用双扇，可容车辆进出，门面采用镶边、贴花、雕刻等手法组成各种图案。

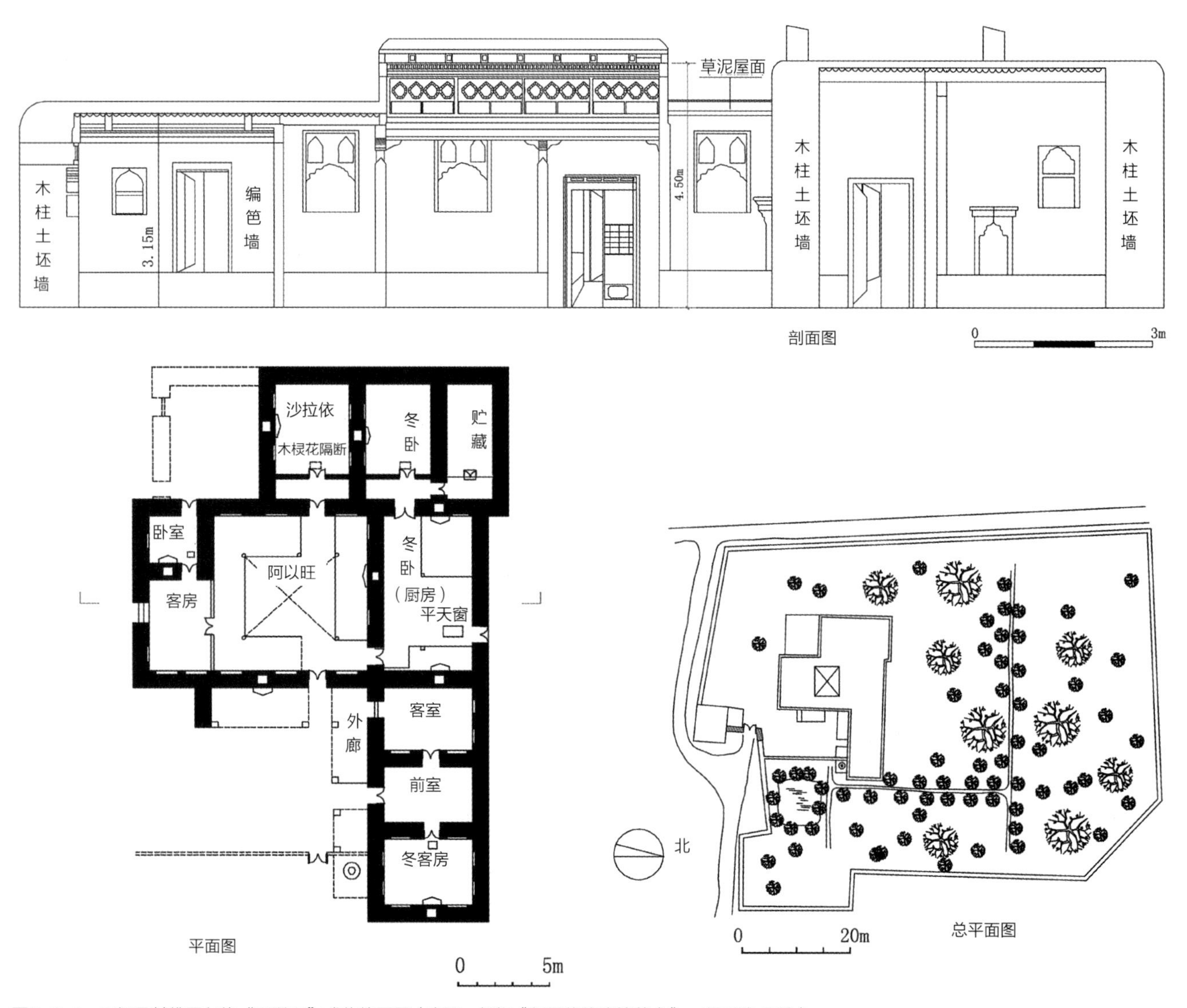

图3-2-1 于阗县某维吾尔族“阿以旺”式传统民居（来源：根据《新疆传统建筑艺术》，谷圣浩 改绘）

因地区气候和自然条件的差异，维吾尔族传统民居建筑类型呈现多样化，大致可分为以下几种类型：

1. 和田的“阿以旺”式

在多风沙、夏季干热的沙漠边缘的绿洲地区，人们创造了封闭、内向的“阿以旺”式传统民居，这种民居形式可考历史已有1700多年。维吾尔族在此定居后，也采纳了这种古老的民居形式，其中以和田的“阿以旺”式传统民居最为典型。大型的“阿以旺”，室内有四根粗大的顶梁柱，顶盖四周设木棂花侧窗，以通风采光。四柱之间平地上铺地毯或砖，四柱与四墙之间以高约半米的木板砌成类似土炕的高台，中间以土填实，上铺花毡毯，为全家夏天休息之所，也可用于接待客人、议事会议或举行小型“麦西来甫”舞会。门窗方木柱和木台都刻有各种花纹和图案，地方特色极为显著（图3-2-1）。

2. 喀什的密集庭院式

维吾尔族人口集中的喀什，多风沙、夏季干热，同时由于人口稠密，用地狭小，传统民居多发展为对外封闭、内向性的小庭院式住宅，建筑一般为一至三层。楼房、小庭院、过街楼是喀什民宅的特点。住房室内布置比较讲究，壁龛和壁炉常饰以石膏花，墙顶的带状石膏或木雕花与略施彩绘的顶棚连为一体，地面铺有色彩艳丽的地毯，营造出维吾尔族特有的居住气氛（图3-2-2）。

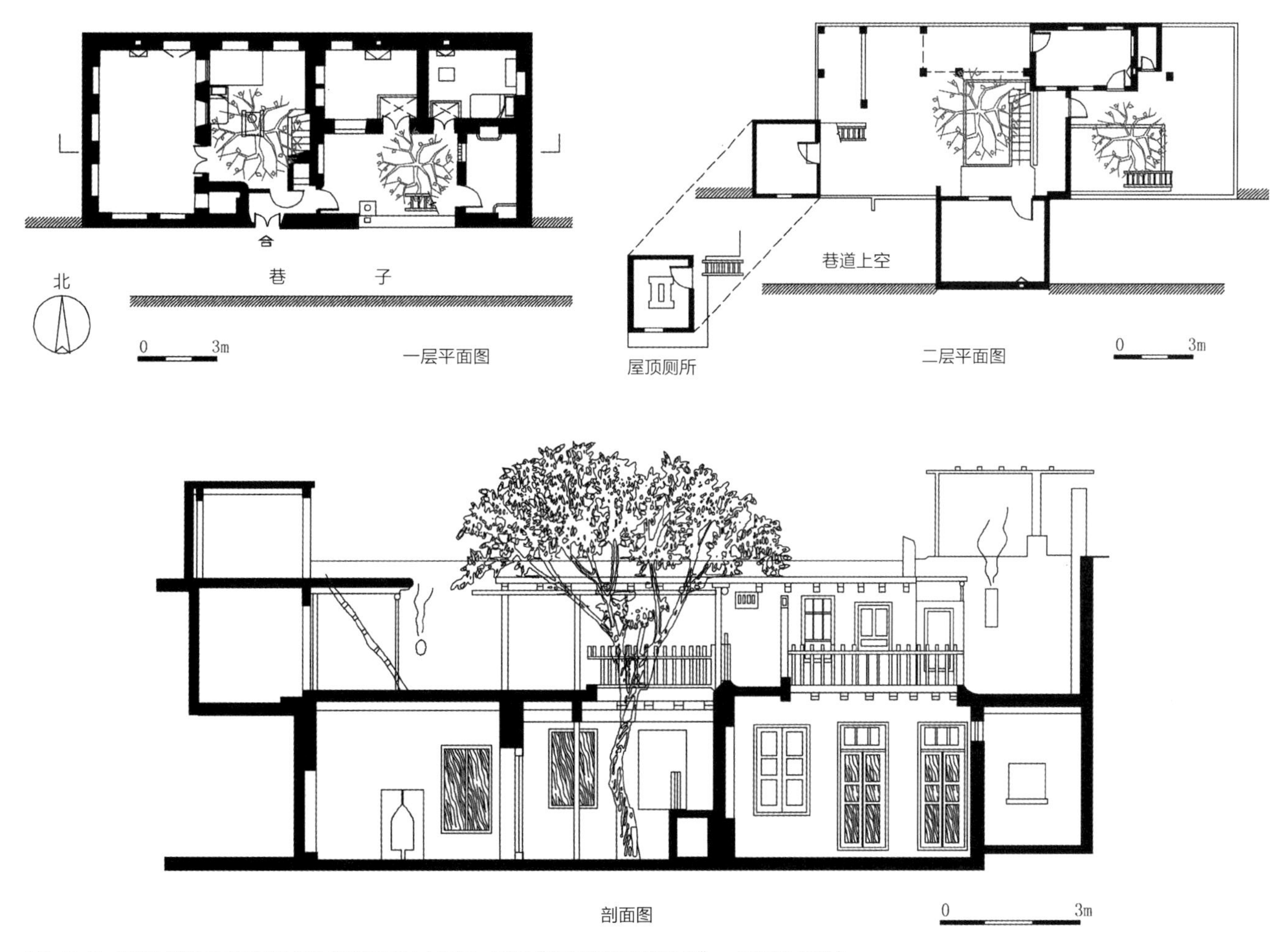

图3-2-2　喀什某维吾尔族密集庭院式传统民居（来源：根据《新疆传统建筑艺术》，谷圣浩 改绘）

3. 吐鲁番的土拱半地下室高棚架式（图3-2-3）

吐鲁番夏季炎热少雨，冬季寒冷，当地居民根据气候干燥、土质良好等特点，发展为地下室或半地下室的土拱平顶式样。民宅多带前后院，在装饰上主要利用土坯砖砌筑花墙或多种式样的拱门，门窗边框略加雕花。院中引进渠水，配种白杨、葡萄，显得朴实、清新。居室布置大致同南疆其他地区，只是地炕略高，炕前缘一边设有灶台。

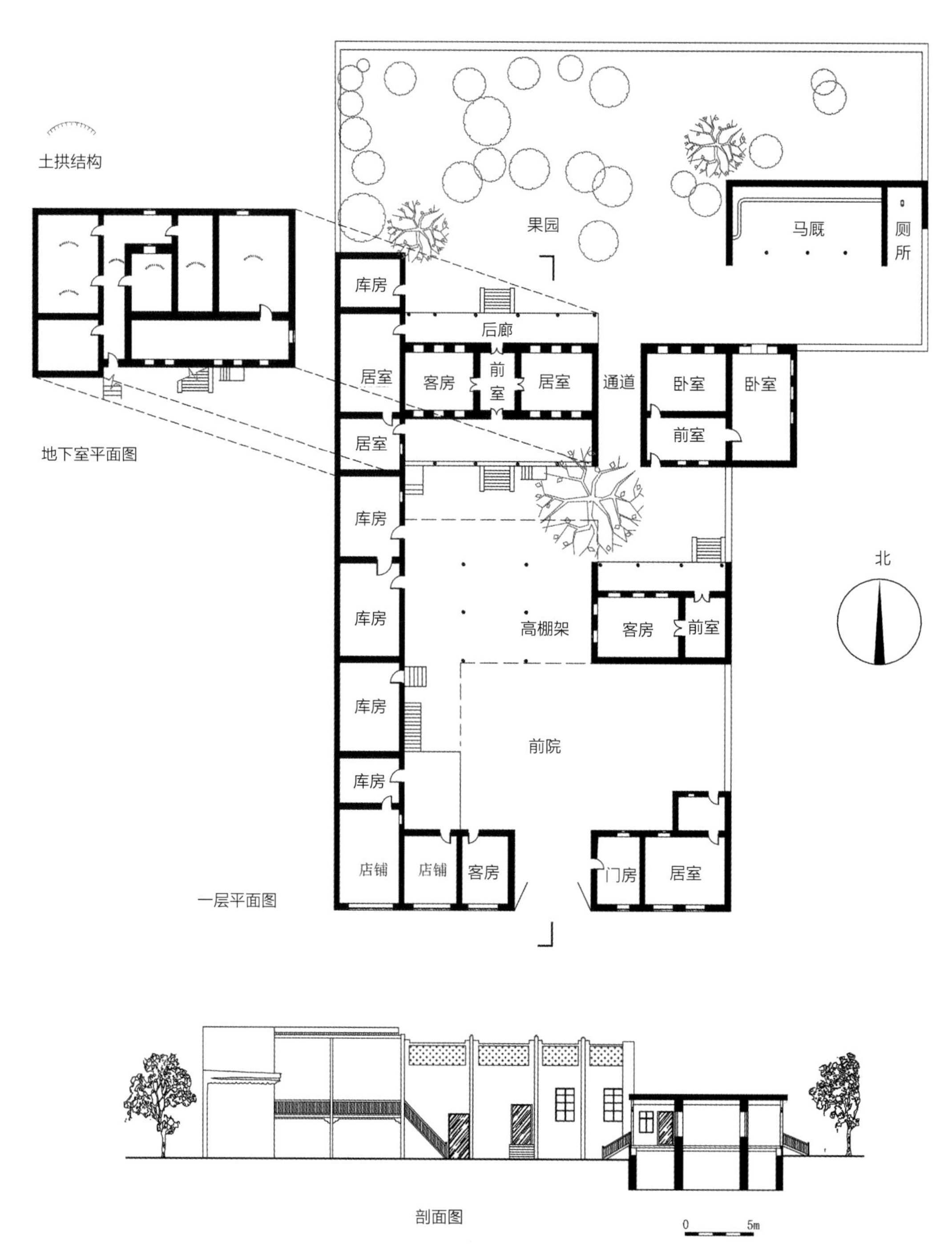

图3-2-3 吐鲁番某维吾尔族土拱半地下室高棚架式传统民居（来源：根据《新疆传统建筑艺术》，谷圣浩 改绘）

4. 北疆地区的开敞庭院式

北疆地区雨雪量较南疆为多，沙尘天气没有南疆那么频繁，因此院落布局相对舒展开敞。在伊犁、塔城等北疆地区的维吾尔族传统民居为微坡平屋面或坡顶平房，砖木或土木结构，庭院绿化较为突出，建筑物在果园花圃的衬托、掩映中显得明快、幽静。

总的来说，维吾尔族的传统民居，从建房选址、房屋装饰、室内布局，直到房屋着色等，始终都是围绕着自然主题。一般房屋外观常喜爱使用绿色、蓝色；室内装饰也喜欢选用绿色或天蓝色（图3-2-4、图3-2-5）。

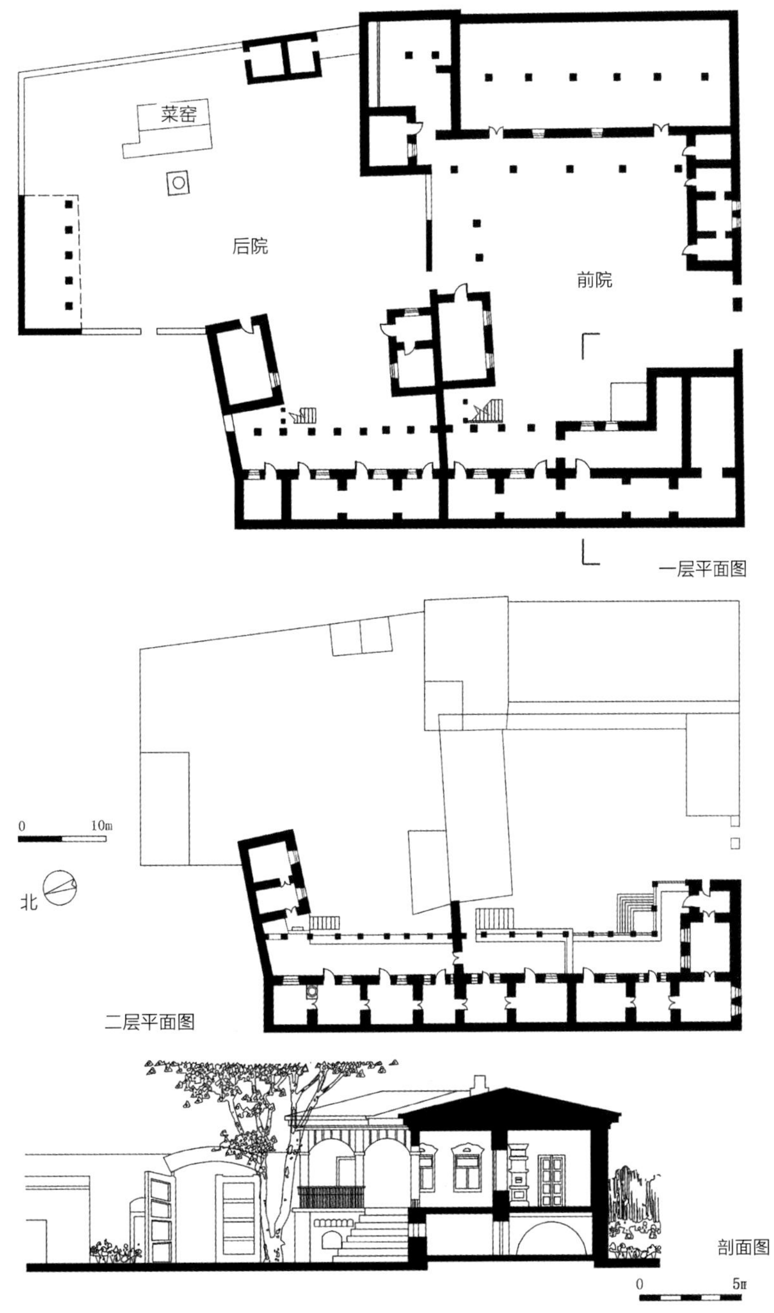

图3-2-4　塔城某维吾尔族传统民居（来源：根据《新疆传统建筑艺术》，谷圣浩 改绘）

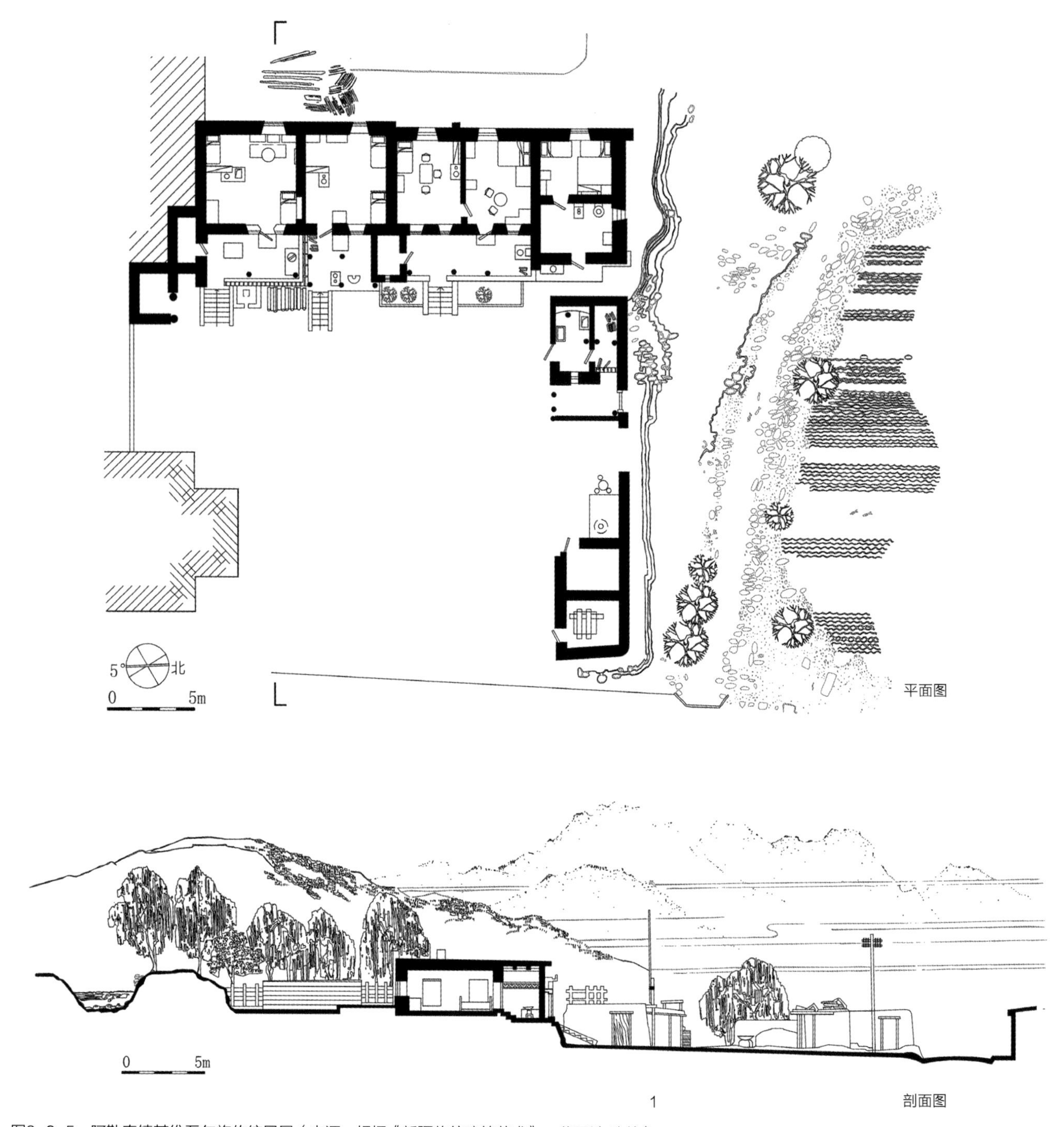

图3-2-5　阿勒泰镇某维吾尔族传统民居（来源：根据《新疆传统建筑艺术》，谷圣浩 改绘）

二、汉族

截至2014年，新疆汉族人口有859.51万人，约占新疆总人口的37.01%，分布在全疆各地，北疆地区的奇台、巴里坤以及生产建设兵团，城镇和工矿区所占人口比例较大。主要在农业、工业、商业、服务业等行业工作，职业分布广泛，经济活动多样。

清朝在新疆实行民族隔离政策，清八旗兵所到之处筑满城，汉军绿营兵所到之处筑汉城，后来的汉族移民城居者亦居于汉城之中，城中建衙立署，兴学校，立兵营，辟校场，修祠庙。惠远古城城楼高大雄壮，至今犹存。奇台东地关帝庙、城隍庙，皆建于乾隆年间，为当地商民捐资所修，建筑考究，有精美的壁画和砖雕，造型与内地无异。普通民居较内地差，多为土木结构，土坯、夯土围墙。

民国期间，北疆城镇汉族居民除少数有钱人家独门独院外，多为三至五家混住一院，农村用土打庄子，一家一庄或两三家一庄。经济条件较好的人家院落一般为坐北朝南的前后院，呈四合院布局（图3-2-6），北房一排为主要住房，东房、西房也可住人，南房多堆放杂物或辟为磨房、厨房。普通人家一户住房1～3间不等，多为里外套间或一明两暗。中屋为厨房，设灶做饭，两边为卧室，房内皆砌土炕，冬季寒冷时在炕洞内煨火取暖，除烧柴草外，还烧牛粪，后来采煤业兴起后，改烧煤炭。

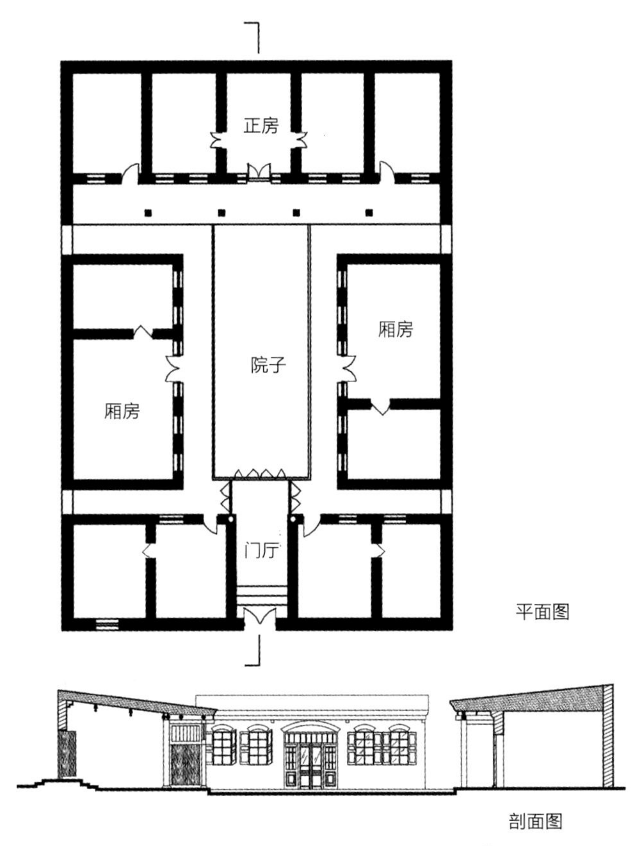

图3-2-6　乌鲁木齐市某汉族传统民居（来源：根据《新疆传统建筑艺术》，谷圣浩 改绘）

房屋多为一坡出水或平顶，木梁柱，土坯房。20世纪30年代前，奇台一带多沿用陕、甘房屋结构，先立木架，后砌墙，满面小格纸窗，前檐带拔廊，这种房屋，既费料又不保暖。30年代后，逐渐改为“新式”房屋，玻璃门窗，土坯砌墙，墙厚窗小，外抹草泥，白灰粉刷。房顶檩、椽上铺芦草、麦草，然后用草泥抹平，房内一般糊纸顶棚或无顶棚。山区多雨，屋顶覆以厚土。

三、回族

20世纪20至30年代，由甘肃、宁夏、青海地区的一些回族“走西口”来新疆谋生，大部分也留在新疆。截至2014年，新疆的回族人口有105.85万人，约占新疆总人口的4.56%，主要分布在昌吉回族自治州、焉耆回族自治县以及伊宁、霍城、乌鲁木齐、吐鲁番、鄯善等市县。新疆农村的回族，多为农牧兼营，城市回族以经营食品的小商贩为多，有部分以手工业为生。回族族亲观念浓厚，多聚居在一个村落。凡另立门户的儿女都要在附近择地盖新房，择地注重地势平坦、用水方便、阳光好、洁净之地。由于新疆气候干燥，雨量少，新疆回族传统民居形式大都是一面坡式土木结构平房。正房坐北向阳，东西两侧盖有偏房，正房多由老人和子孙居住，设有土炕。西边偏房一般供儿女多者成家后居住，也有用于储藏粮食、杂物、农耕工具等。回族户户过去都有土炕，炕中间有空心烟道，上面盖有结实的炕面。冬天用梭梭柴、牛粪或炭火，煨炕取暖，也可以和铁皮炉、火墙连在一起，炉子生火做饭、取暖，炉烟煨炕（图3-2-7）。

旧时回族盖房，地基多用石头垒砌；后墙多用泥土、干打垒，厚50厘米左右，用夯打实；中墙和前墙用土坯砌筑，墙内竖木立柱，立柱和大梁以榫卯连接，梁上搭檩，上铺设规则的木椽，并伸出屋檐；顶上铺扎好的苇把子或草席，并用和好发酵的草泥抹顶；窗户、门楣为木质，门楣和檐廊用雕刻花卉或几何图案装饰。

回族传统民居十分讲究屋内装饰与卫生。炕沿用长木板材镶边油漆，土炕边墙有花色鲜艳的布炕围，炕的边墙有被

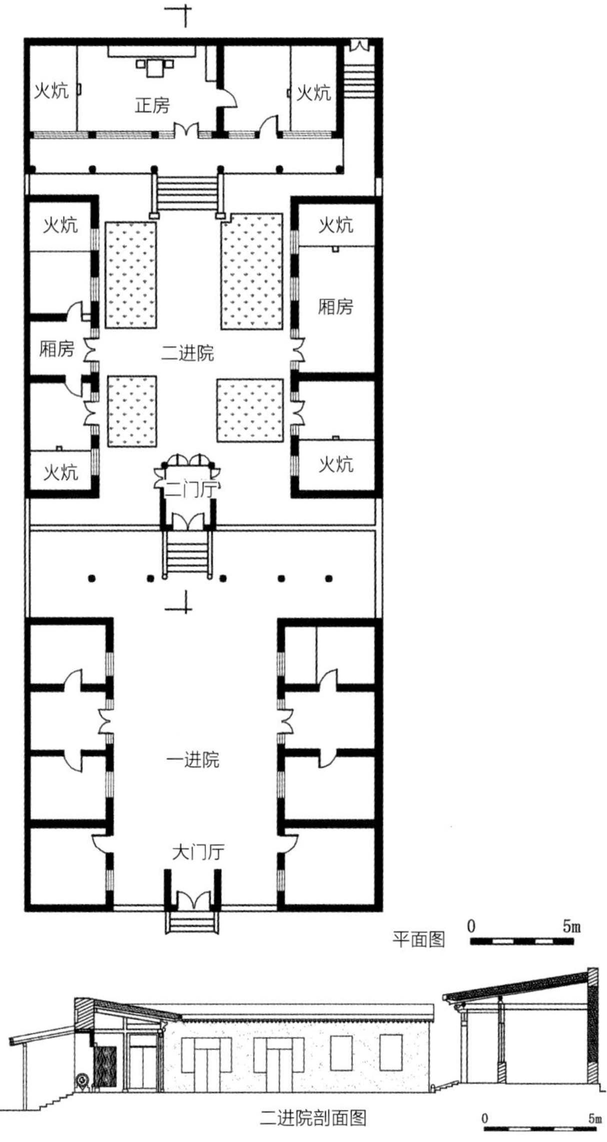

图3-2-7 乌鲁木齐市某回族传统民居（来源：根据《新疆传统建筑艺术》，谷圣浩 改绘）

褥柜，窗帘和盖被褥的布都要绣上自己喜欢的图案。所有木柜正面绘有花鸟图案。客厅大木柜上摆放花瓶、座钟、首饰盒及其他装饰品，整洁有序。

回族庭院十分整洁干净，有些人家在房屋檐廊下摆放月季、石榴、牡丹等各种花卉。有些人家在房前种植葡萄，夏日在葡萄架下纳凉、吃饭。奇台等县市的回族家庭大都有前后院，后院养殖牛、羊和家禽，前院除栽种苹果、葡萄、杏树等果木外，另辟花池种植馒头花、海纳花、鸡冠花、菊花、牡丹、海棠等多种花卉，美化环境，供人观赏。

四、锡伯族

根据2012年统计数据，新疆锡伯族人口有4.29万人，约占新疆总人口的0.19%，主要分布在察布查尔锡伯自治县，以及乌鲁木齐、伊宁、塔城、霍城、巩留、尼勒克、新源等市县。

新疆锡伯族主要从事农业生产，副业有养殖业、狩猎和捕鱼。

锡伯族传统民居的造型为人字形大屋顶房。先用木料搭起房屋的骨架，然后用土坯垒起墙体，抹泥、刷灰。斜顶房一般三间，房顶很陡。门窗都用精致的小格木制作，窗户上糊油光纸或蜡光纸。门一般很大，门槛有的高出地面30～40厘米，房前两侧，有一米多宽的挡风屏墙，称为“玛图”，房屋的檐廊和玛图并齐，可以避风遮雨，保护门窗不受风吹雨淋。20世纪20至30年代，锡伯族开始兴建“来兰皮”房屋。其方法是房屋墙体垒到一定高度后，把碗口粗的椽子，锯成两片，在墙上水平放七、九、十一（奇数）根，把剥皮的苇秆五、六根一把，用苇子扎在檩椽底下，在苇子上面抹粗麦叶子泥，等干后，再抹细泥上光，在“来兰皮”上垒山墙封顶。“来兰皮”房整洁光亮，冬暖夏凉（图3-2-8、图3-2-9）。

锡伯族以西为贵，西屋由长辈居住。传统民居都有火炕，常由三面环绕的南炕、西炕和北炕组成。南炕由祖父母或父母睡眠，北炕由客人睡卧，西炕山墙立佛龛供佛，一般客人和家人不能坐卧，只有贵客来临时请之坐卧。火炕高50~70厘米，造型特殊，由5个烟道组成，互相相通，没有高超的手艺是打不好的。

锡伯族的民居庭院都是长方形，由矮墙围成，四周有各种树木。前院一般都种有果树和各种花卉，紧靠住房的旁边一般都搭上固定棚，安锅灶，以便夏日天热时做饭用餐。后院比较宽大，种植果树、蔬菜、玉米等，牛羊圈、猪圈、鸡窝、菜窖等修在后院。

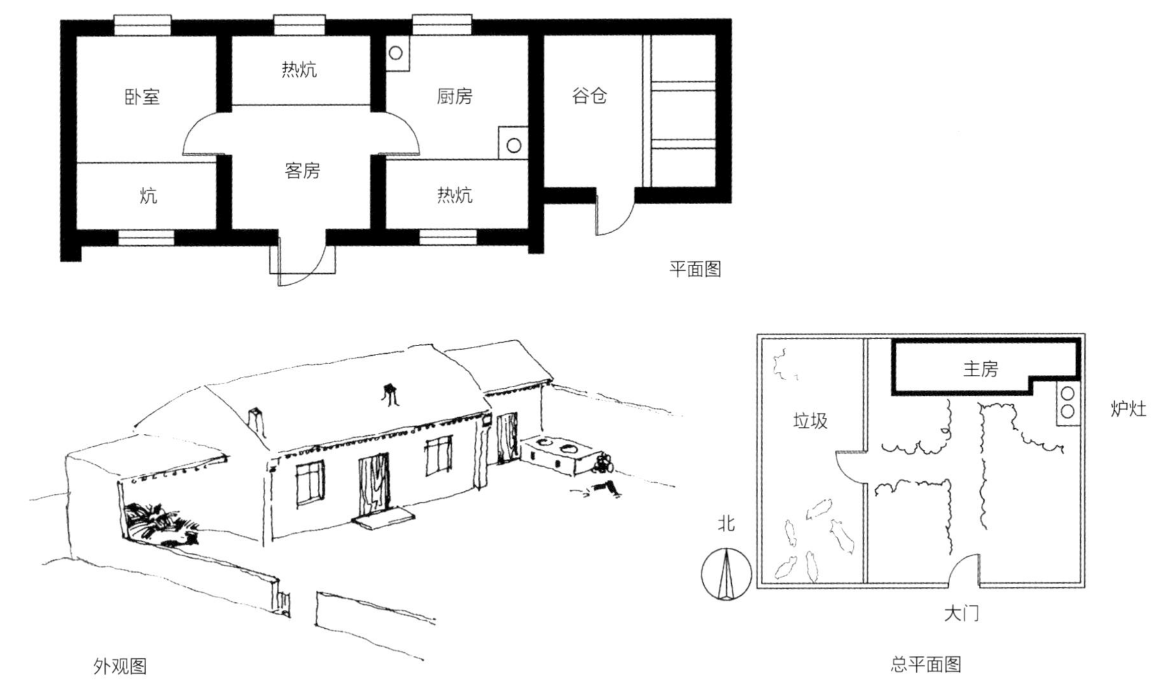

图3-2-8 察布查尔县某锡伯族传统民居（来源：根据《新疆传统建筑艺术》，谷圣浩 改绘）

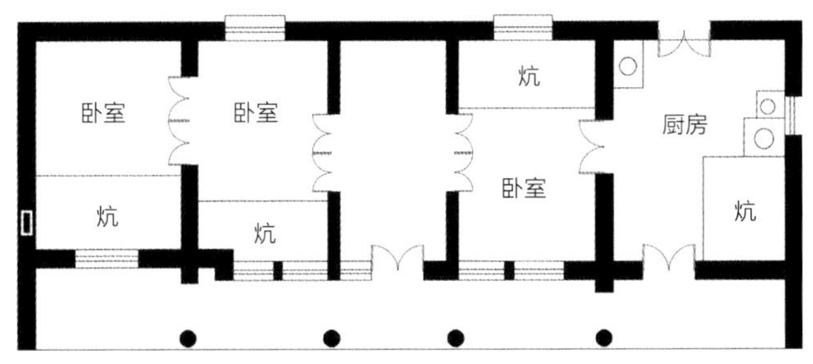

图3-2-9 察布查尔县某锡伯族传统民居平面图（来源：根据《新疆传统建筑艺术》，谷圣浩 改绘）

五、满族

根据2014年统计数据，新疆的满族2.81万人，约占新疆总人口的0.12%。他们散居于全疆各地，其中伊犁、昌吉、乌鲁木齐居住的较多。

满族人主要从事农业和手工业，也有一少部分在城市从事工业生产以及其他各种职业。

满族以大家庭为基本家庭形式，数代同堂，所居屋宇外观与汉族相同，以木为梁柱，土坯为墙，但其内部布局有本民族特点。满族建房有“以西为贵，以近水为吉，以依山为富”之说。盖房时，先盖西厢房，再盖东厢房。正房以西屋为大，称为上屋，上屋内的西炕更是敬祭神祖的圣洁场所。

正房一般为3～5间，坐北朝南。向东西两侧卧室开门，形如口袋，称为“口袋房”。外间为厨房，里间为卧室。卧室内南北对起通炕，西边砌一窄炕，与南北炕相连，称“万字炕”，冬季可烧热供取暖。西炕墙上供有祖宗板，不许睡、坐，不许放置空碗、杂物。院内迎门砌影壁，新疆满族也称其为“照壁”。照壁后立一高杆称“神杆”或“索罗杆”，杆下堆石三块，称“神石”，人不许踩神杆的影子。圆形烟囱砌在屋侧，用砖或土坯砌成，只要高出屋檐数尺即可，不像汉族的烟囱砌在墙壁中，而是在距房子二尺左右远独立筑起，或用空心木作烟囱。“口袋房，万字炕，烟囱出在地面上”是满族传统民居的三大特点。满族居室地下无桌，炕上摆有正方形的炕桌、炕柜，炕柜上叠置被褥。吃饭时围桌盘腿坐，暖和方便。房间南北有窗，分上下两扇，上窗可用棍子支起，外糊窗纸，窗棂格构成各种图案，美观而牢固（图3-2-10）。

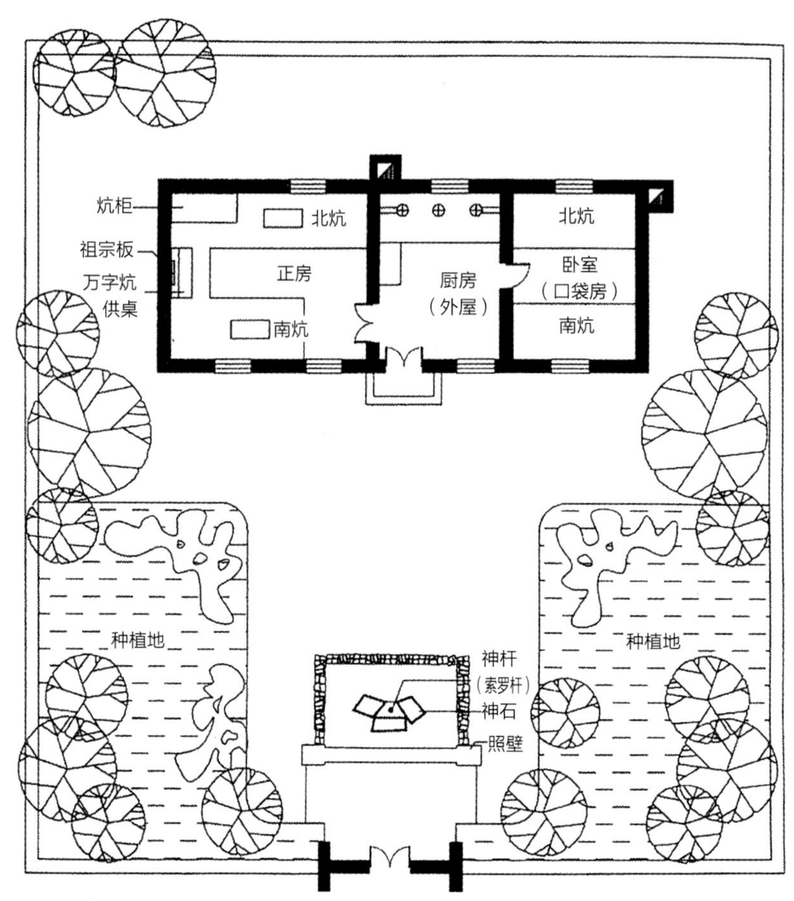

图3-2-10 早期满族传统民居平面图（来源：《新疆民居》）

六、俄罗斯族

根据2014年统计数据，俄罗斯族人口为1.2万，约占新疆总人口的0.05%。主要散居在新疆的伊犁、塔城、阿勒泰和乌鲁木齐等地。

住在农村的俄罗斯族，从事农业、园艺业、养蜂业和捕鱼业；住在牧区的从事畜牧业、狩猎业和野生动物养殖业；住在城镇的从事多种行业。

俄罗斯族人对自然山水、树木有着强烈的依恋情结，他们挑选水草丰美，草木繁茂的平原，数十户俄罗斯族人聚居成自然村，在那里垦荒种地、栽种果木、养蜂取蜜、饲养禽畜。

俄罗斯族传统民居位置多为坐北朝南、砖木结构、宽大明亮的西式平房，建在高高的台基上，墙壁很厚，多在50厘米以上，冬暖夏凉。房顶呈四方形，房顶倾斜，有的上面还覆有漆着绿漆的铁皮，并向四周伸出，形成挑檐。屋顶有天窗，可调节室内温度。正门前有门厅和檐廊，是夏日纳凉、小憩地方。窗户宽大且朝阳，内悬蓝色或白色勾花窗帘，居室内光线充足。地面铺有地板，防潮防寒。檐廊、廊柱、门窗刻有图案，具有浓郁的民族特色。室内铺有地毯，陈设有桌椅、沙发、衣橱、书架等，家庭用具铜器较多。传统民居都砌有取暖的火墙，墙角有高大的壁炉。住房后面盖有厨房，挖有菜窖，四周有花木。厨房宽大，除蒸、煮、烹调外，还砌有上圆下方的烤制面包、点心的大烤炉（图3-2-11）。

生活在农村的俄罗斯族家庭，多喜住自建木房，房子离开地面，干燥而不潮湿。房内先抹一层泥，然后用花纸裱糊，十分美观。院落皆用围墙环绕，房前栽种玫瑰、丁香等花卉和葡萄等果树，房后种番茄、黄瓜、土豆等蔬菜。院中建有库房和地窖。地窖里储存各种冬菜、腌制的黄瓜和自酿的啤酒。有的还在院内一角建有蒸汽浴的小木房。

七、达斡尔族

根据2014年统计数据，新疆达斡尔族人口0.69万，约占新疆总人口的0.03%。主要聚居在塔城市，此外霍城、乌鲁木齐等地也有分布。

达斡尔族主要从事农业，有一部分兼营畜牧业，渔

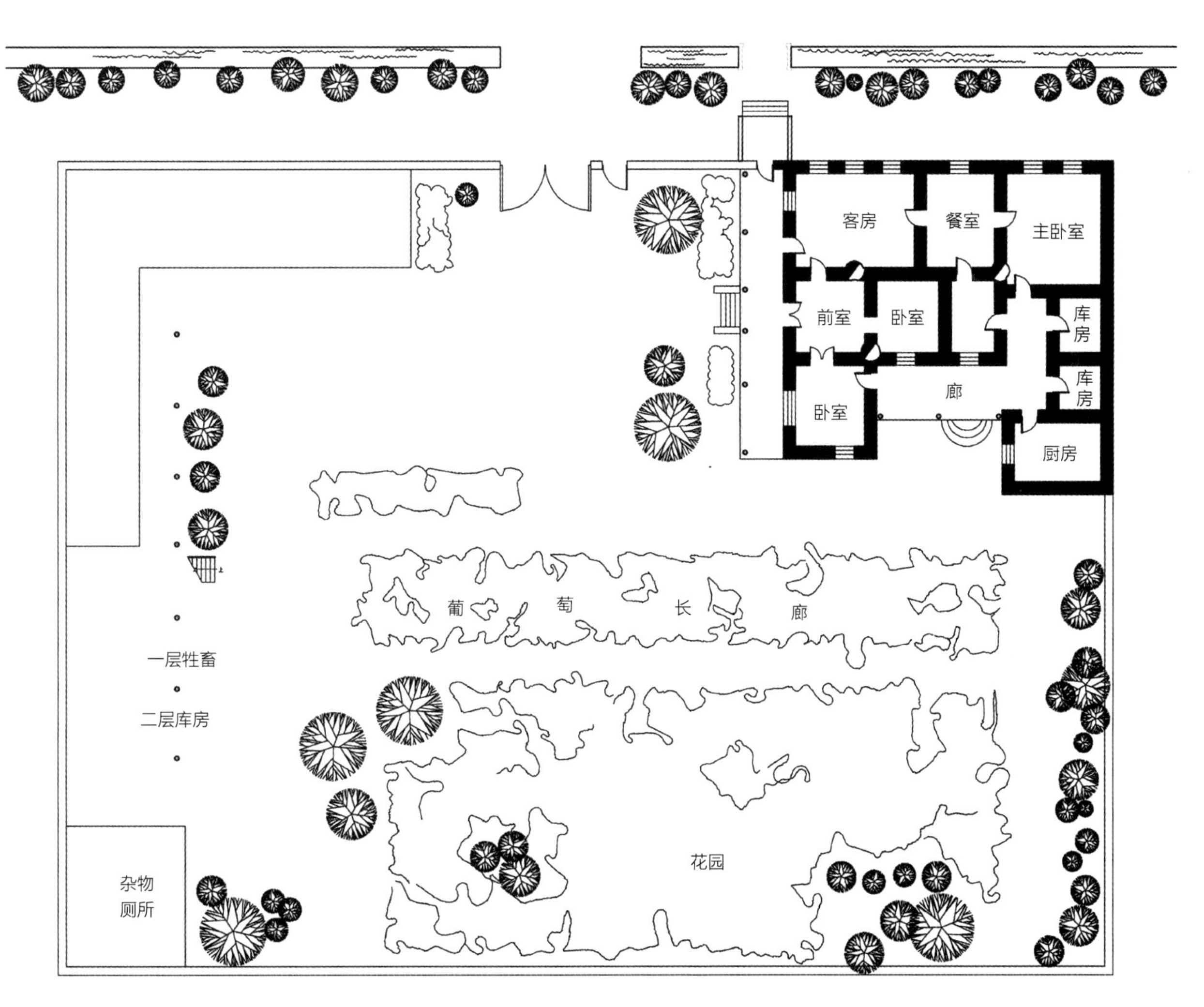

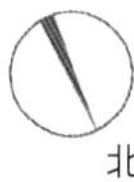

图3-2-11　伊宁市某俄罗斯族传统民居平面图（来源：根据《新疆传统建筑艺术》，谷圣浩 改绘）

猎是他们的一项重要副业。达斡尔族农民还有种植烟叶的传统。

达斡尔族生活区域大都选择在依山傍水之处。房舍院落十分整齐，风格独特，多为“介”字形结构。过去达斡尔族居住的是大马架和草房，现在住进了砖木结构和土木结构的房屋。房屋一般为一明两暗，中间为厨房，两侧分别是长辈和子女的住房。室内南、西、北连炕，组成“蔓子炕”，炕上铺有毛毯和布单，被褥叠放在南炕上。三面炕墙都有墙围布，条件好的多用油漆光滑的木板镶嵌，十分整洁（图3-2-12）。他们在天棚和四壁上装饰各种吉祥图案的剪纸，有的还把美丽的羽毛和带花纹的皮毛贴在墙上作装饰。达斡尔族的住宅以多窗著称，有正窗和西窗，非常注重室内的光线和通风，除南面、西面设窗户外，房门两侧还各开一扇。往往是房间只有两间，窗户却有七扇。房间三间者，窗户可多达十三扇。每扇窗以横竖交错的细条为架，裱糊窗纸喷油，以增强亮度。现在都以玻璃替代了过去的裱窗纸。达斡尔族院落四周是围墙，富者以木板围墙，称为“吃叠”，院门为木头栅栏，有两层或单层。宅院内，除住房外，还有仓房、碾房、畜房、园田等。

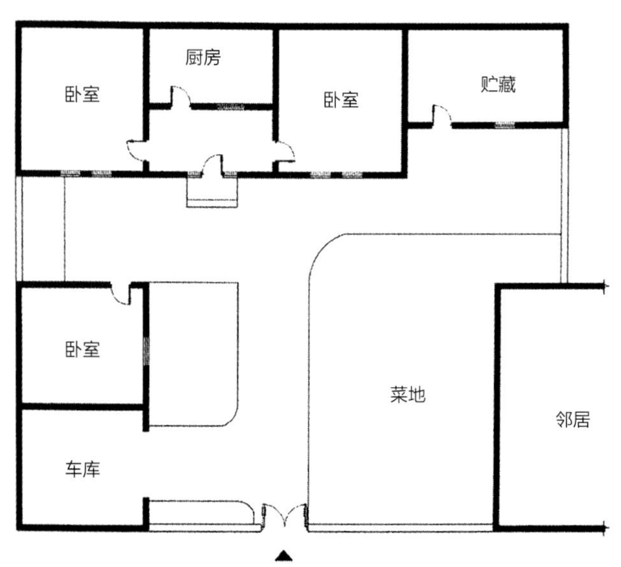

图3-2-12 塔城某达斡尔族传统民居平面图（来源：《新疆民居》）

第三节 新疆牧民聚落和传统民居的主要特点

在河流上游的山区坡、谷地带以及河尾的湖泊洼地，由于气候高寒的原因，虽然不适合生长农作物，却具备维持草原或高山针叶林的生态条件。这些绿洲上的居民以畜牧业为主要生产活动，逐渐形成牧业绿洲聚落。牧业绿洲聚落具有流动性的特点，通常以血亲为纽带构成基本组织单元，也有少数结构松散的半定居性聚落。

新疆牧民的住居，是人们在适应自然过程中的生存智慧，最大限度地体现了与自然的和谐共生。

一、哈萨克族

根据2014年统计数据，新疆哈萨克族人口159.87万，约占新疆总人口的6.88%。主要分布在伊犁、塔城、阿勒泰三个地区及木垒哈萨克自治县、巴里坤哈萨克自治县，其余的分布在乌鲁木齐市、昌吉回族自治州、博乐市等沿天山一带地区。

哈萨克族主要从事畜牧业，也兼营农业、手工业和狩猎业。阿勒泰草原、准噶尔草原、天山山区和伊犁河流域的广大地区很早就是哈萨克部落的牧场。他们把牧场分为春牧场、夏牧场、秋牧场和冬牧场。春、秋牧场是同一个草场，牧草再生期短；夏牧场面积宽广，草的质量较高，载畜量大，但利用时间短；冬牧场面积小，草质也差。夏牧场一般在高山牧场，春秋牧场一般在山坡上、山脚或沿河西岸的草场上，冬牧场在避风、朝阳的山沟、凹地或河谷西岸，俗称“冬窝子”。

哈萨克人居住的地方，按一年四季分为冬窝子、春窝子、夏窝子和秋窝子。从当年秋末到来年春季（即从当年11月到来年3月），哈萨克牧民近半年时间固定居住的地方称作冬窝子。冬窝子通常为土块或者干打垒的房屋。房屋方形平顶，内设铁炉或土炉。还有一种自古延续下来称为“雪夏拉"的圆顶建筑，房屋构造与哈萨克毡房相似，底部圆形或呈多菱形，墙体用土块或石块砌成一米半高，里面撑四根或六根立柱，屋顶用撑杆式的木椽围成圆形，木椽下端支在石块或土块砌成的墙上，上端固定在顶圈架上，外面盖上草席或树枝，上抹泥。屋内正中可生火，烟从顶圈出去，冬天在里面做饭，熏制挂在立柱上的冬宰肉。冬窝子住房旁用石头、干打垒和树枝建成畜圈，圈旁堆放冬用草垛，圈中间有拴马桩。林区则在木屋里过冬。其他季节住毡房。几户人家聚居在一起，称作一个"阿吾勒"。"阿吾勒"由有血亲关系的人家组成，居住的地方草场相连，协作生产，一同转场迁徙。

毡房（图3-3-1）是哈萨克人最基本的居住设施。内部精心装饰，用不同的布剪裁各种图案缝在毡子上制成花毡，用于壁挂或铺设在地上。特别富有的家庭毡房格栏和辐柱上漆，镶上镂刻的骨饰和银饰。集迁徙生活经验而制成的哈萨克毡房，日遮阳、夜隔潮，防风挡雨雪，通气透亮，移动方便，30分钟就可搭建或拆除装卸完毕。

二、蒙古族

根据2014年数据统计，新疆的蒙古族人口有18.53万人，约占新疆总人口的0.8%，主要分布在巴音郭楞蒙古自治州、博尔塔拉蒙古自治州及和布克赛尔蒙古自治县。另外，昭苏、特克斯、乌苏、额敏、布尔津、阿勒泰、吉木萨尔、乌鲁木齐等地也都居住有蒙古族。

新疆的蒙古族主要从事畜牧业生产，也有一部分从事农业生产和手工业生产。

新疆蒙古族的传统住房是蒙古包，称"格儿"。汉文古籍中，称"穹庐、毡帐或帐幕"。蒙古包是适应游牧经济生活而形成的，易拆卸，易搭盖，便于搬迁。然而，追溯起源则可能来源于森林狩猎时代的窝棚，即用木棍支架，外以树皮、毡等覆盖。

蒙古包底部呈圆形，上部呈圆锥形。由底部的网状编壁、椽子、圆形天窗架和木门构成。外面覆盖以围毡、顶盖和天窗帘，并用各种宽窄不等的绳索圈紧加固。蒙古包大小视主人经济状况而定，通常分十架部、八架部、六架部和简易蒙古包。其搭建的顺序，首先是选方位，确定立门的位置。立包的顺序依次为：竖立包门、支编壁、系内围带、架

4500mm

北

平面图

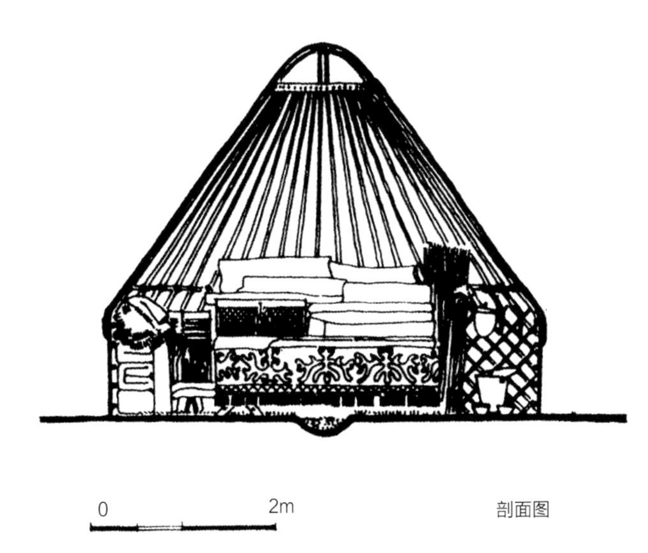

图3-3-1　察布查尔县某哈萨克族毡房（来源：《新疆传统建筑艺术》）

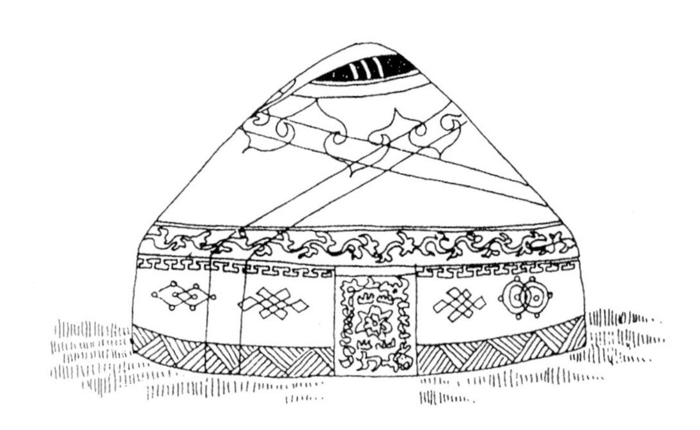

十部架的蒙古包

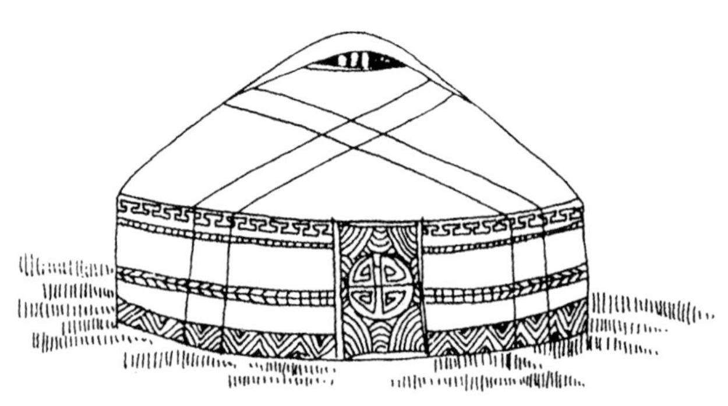

八部架的蒙古包

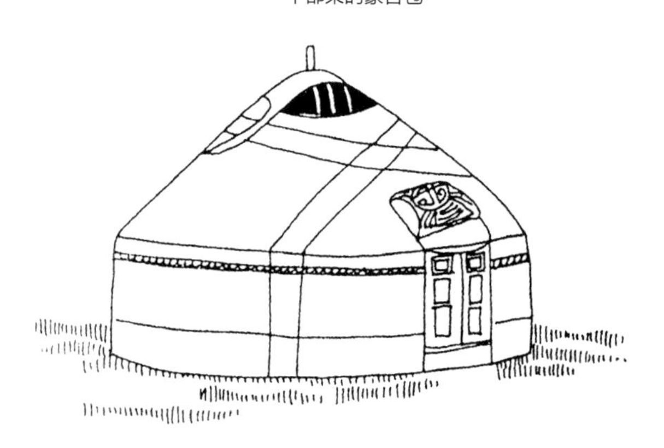

六部架的蒙古包

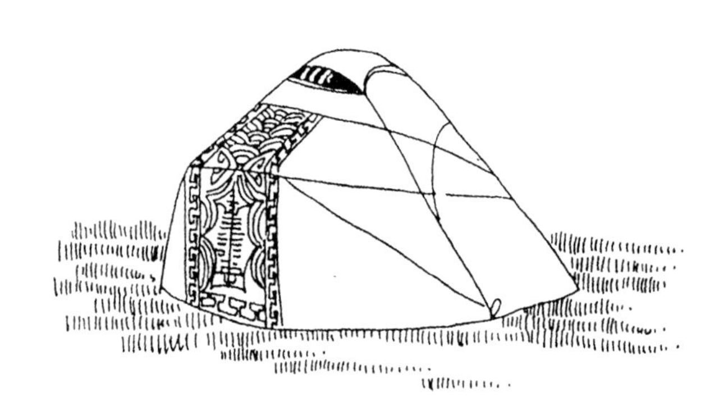

最简易的蒙古包

图3-3-2　蒙古包的主要形式（来源：《新疆传统建筑艺术》）

天窗架、安插椽子、围毡壁、盖顶盖和天窗帘，系毡壁腰带及其他各种名称的绳索加固。最后，挂包内的帐幔，布置包内杂物、摆设（图3-3-2）。

常见的蒙古包重约280公斤，用毡面积约65平方米，内直径约5米，面积约20平方米，顶高2.8~3.6米。蒙古包的特点是冬能抵挡风寒和保暖，夏能通风乘凉。蒙古包门一般朝东南方向，进门正面是设佛龛的地方，偏左为主人卧榻，窗下设炉灶，门的右侧置放马具和生产用物，左侧是放置锅碗勺盆等灶具的地方，客人一般坐在佛龛的右侧。

蒙古包随游牧经常搬迁。冬季一般要寻山弯、洼地或山间阳坡设包房，这样一则牲畜易饮水，二则可避暴风雪的袭击，称“冬窝子”；夏季要找地势高、通风的地点支包，这样既可防止牲畜受热，也有利于避免泥石流、山洪的侵袭。

三、柯尔克孜族

据2014年数据统计，新疆的柯尔克孜族人口有20.24万，约占新疆总人口的0.87%，主要分布在新疆西部地区，绝大部分在克孜勒苏柯尔克孜自治州，其他分布在伊犁、塔城、阿克苏和喀什等地区。

柯尔克孜族主要从事畜牧业，部分兼营农业，狩猎是主要副业。

古代柯尔克孜人大都居住于毡房，从事农业生产的则住草泥屋或原木屋，而从事狩猎的居民大多居住原木屋。

近代柯尔克孜族居住情况大体分为定居农业和游牧两种。柯尔克孜族居住的毡房，一般为白色，高3米多，直径4米左右。四周用80~120根木条结成网状圆壁“开列盖”。

其外先以芨芨草帘围扎一圈，然后覆以白色厚毡，用毛绳勒紧，毡房的顶是用椽木构成的伞形圆顶“昌格尔阿克”，其上覆以厚毡。顶部中央有圆形天窗，用以通风和采光。毡壁上开有木框门，一般向东开。进门右边为厨房，以芨芨草围遮，设有火塘或炉灶。右后角为父母及幼年子女的铺位，左后角为儿子和媳妇的铺位，中间为客人铺位。左前角为放置马具、狩猎用具的地方。

居住农区的柯尔克孜族住房一般为平顶屋，大多为一明两暗，中间为前室兼厨房，左右两间分别为父母和已婚子女的住房。住房前有葡萄架或飞檐凉棚，下有长方形大土炕，宽约3米，长的可达10多米，上面铺有毡垫或花毡，供夏季乘凉或接待客人之用。无论是毡房或平顶屋，壁上都挂有挂毡和帐幔，炕上铺坐褥，靠门的墙上钉有衣架，衣架上挂有刺绣的盖布，门窗也挂有刺绣的帘子。住房内也会放置雕花木床，但只是摆设，人们依然喜欢睡在炕上（图3-3-3）。

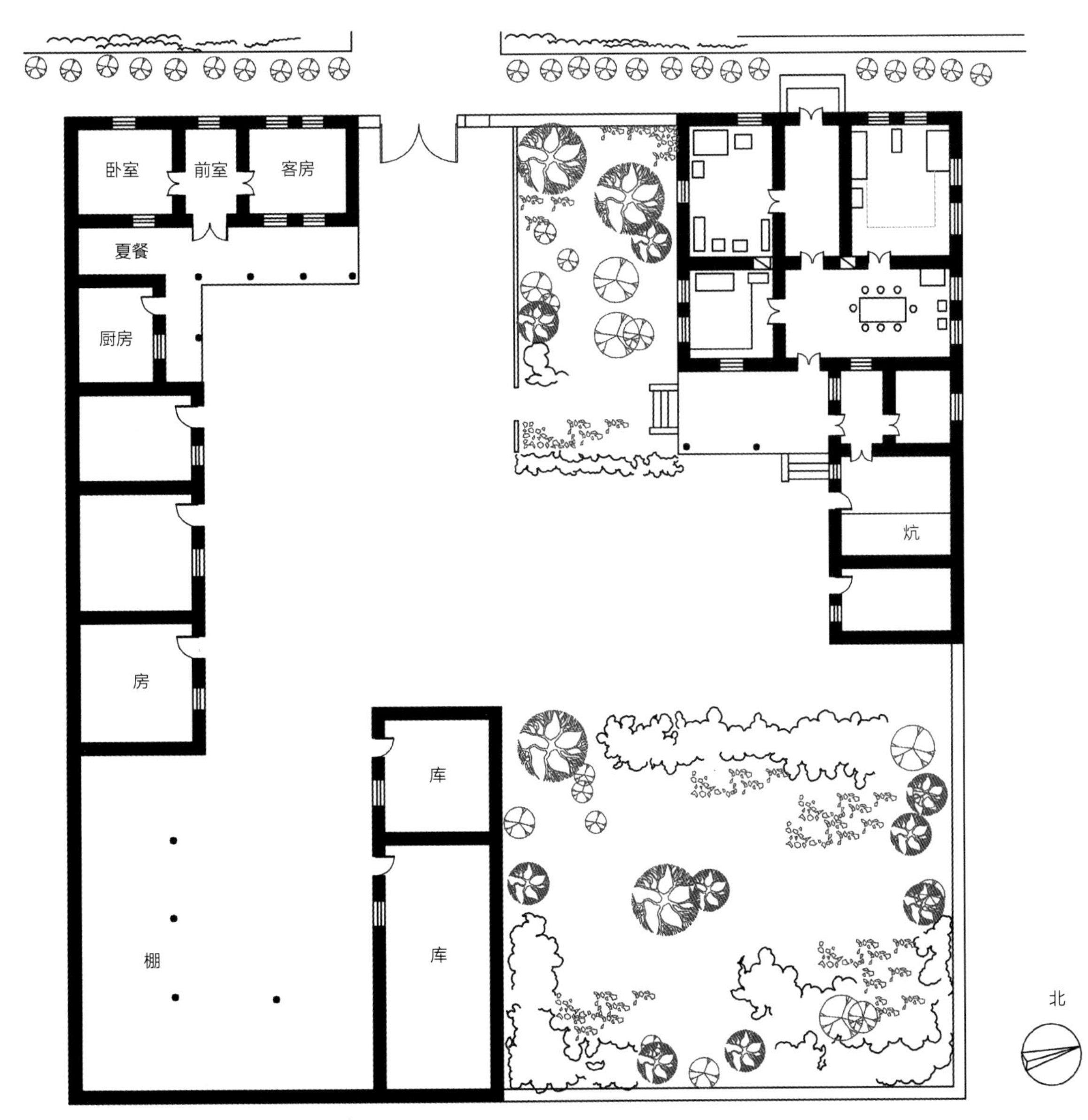

图3-3-3　伊宁某柯尔克孜族传统民居（来源：根据《新疆传统建筑艺术》，谷圣浩 改绘）

四、塔吉克族

据2014年数据统计，新疆的塔吉克族人口5.01万人，约占新疆总人口的0.22%。主要分布于塔什库尔干塔吉克自治县。

居住牧区的塔吉克族，以经营畜牧业为主。牲畜有绵羊、山羊、马、黄牛、牦牛、骆驼、驴等。著名的“敦巴什大尾羊”体重可达100公斤；牦牛既可挤奶、抓绒、吃肉，又是牧民的重要交通工具。也有些地方的塔吉克族兼营农业过着半游牧半定居的生活。

塔吉克人的传统房屋一般为土木结构的平顶屋，塔吉克族称之为“蓝盖力”。这种房屋比较宽大，多不设窗户，屋顶中央开有天窗。位于大屋（普依阁）中间的空地，当地人称作“脚地”。“脚地”中间是大炉灶，在炉灶上方开设天窗，一为排烟，二是采光。室内四周为土台，类似汉族的卧炕。过去塔吉克牧民大多过大家庭生活，由于条件所限，全家老小饮食起居都在“蓝盖力”屋内。屋里不分间，进门的左侧为长辈就寝和招待客人的地方，另一侧为晚辈休息处，靠近炉灶的炕稍窄，一般堆置物品也可睡人。两面就寝的地方常铺毛毡，白天被褥叠放墙边。过去一般室内没有桌椅和床等家具，人都在土台上坐卧、休息和饮食。“蓝盖力”屋顶可用做晒台，中间稍高，四边稍低，以便雨水下流。经济条件较好、人口多的人家，还有客房和卧室，并围绕“蓝盖力”修建走廊、宽大的屋檐（形同凉棚）等附属建筑。房屋周围是牲畜棚圈和草房，另有院墙，房院周围种植树木（图3-3-4）。

在外出游牧的季节，富裕牧民使用毡房，大多数牧民则在牧场上建筑简陋的矮土屋，房屋呈长方形，平地铺毡用作卧处，后侧开一天窗，下设炉灶。

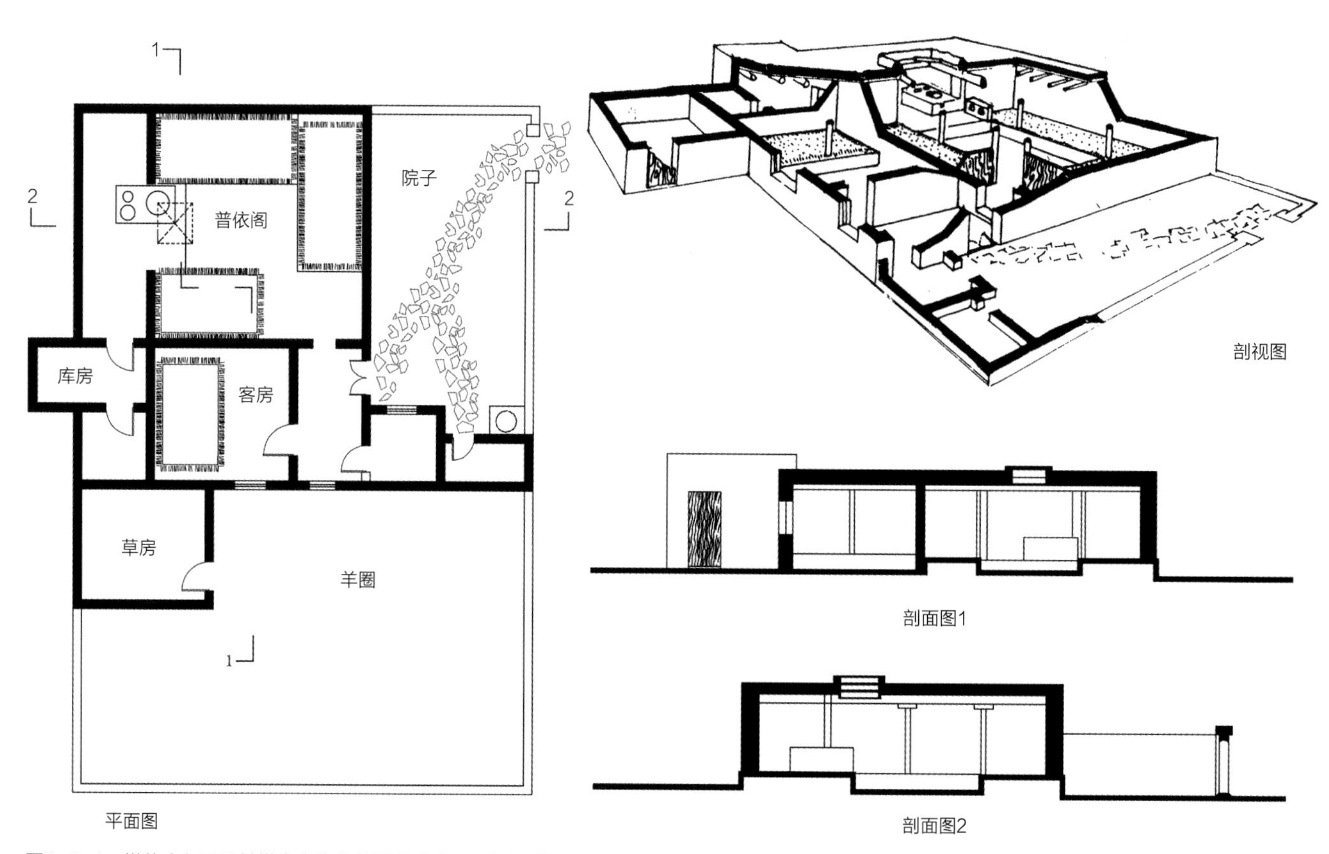

图3-3-4 塔什库尔干县某塔吉克族传统民居（来源：根据《新疆传统建筑艺术》，谷圣浩 改绘）

第四节　新疆商民聚落和传统民居的主要特点

深居内陆的新疆，借助地处丝绸之路要冲的地缘优势，各种商业活动十分活跃，与中亚和中原的商贸往来频繁。另外，商民们还往来于绿洲之间，足迹遍及新疆农牧区和城镇。许多商民逐渐在喀什、和田、阿克苏、伊犁、塔城及阿勒泰等边境地区的城镇定居下来，形成了商民聚落。

商民传统聚落体现了地域气候的适应性，聚落和建筑总体布局与当地其他传统民居基本无异，独户独院，注重庭院绿化。由于经济条件较为优越，因此其住宅与一般民居的差别反映为院落和住宅更为宽敞，住房功能更为完善，建筑装饰也更加富丽精美。

一、乌孜别克族

据2014年数据统计，新疆的乌孜别克族人口1.85万人，约占新疆总人口的0.08%。散居在全疆各地，其中大部分居住在城镇，少数在农村。主要分布在伊犁、喀什、乌鲁木齐、塔城等地。

乌孜别克族特别善于经商，开始以商队的形式，后来开设店铺，小商贩在农牧区和城镇经商，少数乌孜别克人从事农牧业、手工业，主要经营丝绸纺织品和手工刺绣，现在乌孜别克族大多在国家机关和企事业单位工作。

乌孜别克人的传统房屋多种多样。顶楼呈圆形的称“阿瓦”。有的覆有铁皮，防止漏雨。玻璃窗和木门成拱形，考究的还有拱廊，建筑带有明显的乌孜别克古老建筑艺术的痕迹。

南疆的乌孜别克人居住的一般为稍有倾斜的平顶长方形土房，墙壁较厚，室内挖有大小不同、布局合理实用的壁龛，壁龛周围用雕花石膏镶砌成各种各样的图案，优雅别致，室内木柱亦雕刻有精美图案。冬季取暖使用壁炉或火塘。

北疆地区的乌孜别克人住房（图3-4-1）和当地的维吾尔族房屋大致相同，都是土木或砖木结构。墙壁厚度一般在0.5～0.8米，有的可达1米，冬暖夏凉。房屋的勒脚用砖堆砌或包裹至0.5～1米高。屋檐亦用砖装饰，堆砌各种花纹图案，别具匠心。主体房屋延伸出的檐廊富丽、大方。葡萄架搭至檐廊口，与整个屋宇连接起来，相映成辉，架下形成林荫道路，曲径通幽。讲究的人家还引水渠流经院内，更显雅静幽远的意境。

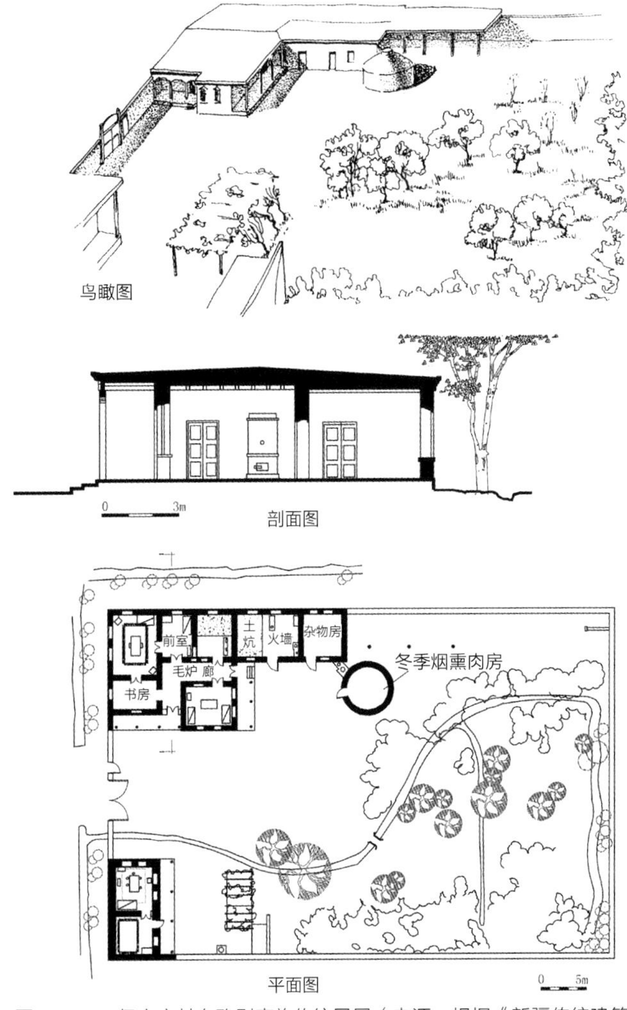

图3-4-1　伊宁市某乌孜别克族传统民居（来源：根据《新疆传统建筑艺术》，谷圣浩 改绘）

二、塔塔尔族

据2014年数据统计，新疆的塔塔尔族人口有0.51万人，约占新疆总人口的0.02%。主要分布在伊宁、塔城、乌鲁木齐。此外在布尔津、哈巴河、霍城、奇台等地也有部分塔塔尔族居民。

新疆的塔塔尔族历史上以经商为主，他们在中俄两国之间从事贩运，有的开商店，有的到农村做生意，有的去我国内地设立商店。商业是塔塔尔族经济的主要部分，另外畜牧业也是其重要的经济构成，也有少部分人从事农业和手工业。

城镇的塔塔尔族居民一般多住独门独户的院落。庭院内种植果树和花草，修有小道、走廊，环境清幽，像一座小花园。房屋多用土坯、砖块、木材、石块等材料修建。有土房、木房之分。屋顶多为人字形，上盖铁皮，刷绿色油漆，墙壁多用石灰刷成浅蓝色。也有的建平顶房，屋顶上敷厚厚的草泥，在屋顶边置排水管。房间外窗安双层玻璃，内层为活动式，夏天可取下，冬天再安上，窗户上还开有小孔，以便通风。住房比较宽敞，室内一般都有套间，窗户宽大明亮，采光好，窗上多挂自己绣制的窗帘，房内为水泥地面或砖铺地面，铺设地毯，有条件的墙上还要挂壁毯，室内布置整齐、美观。除住房外还建有厨房和储藏室等，富有的人家还有自己的小型澡堂。

牧区的塔塔尔族适应游牧生活，都住毡房，其形式及结构与哈萨克族基本相同。

第五节 新疆传统聚落和建筑的历史成因与独特性

著名学者季羡林先生在《佛教与中印文化交流》中指出："新疆是世界上唯一的一个世界四大文化体系汇流的地方，全世界再没一个这样的地方。这是新疆地理位置所决定的。"在新疆这个地域，蕴藏着中华民族图腾、崇拜、信仰、宗法、礼制、风水等丰富多彩的文化信息，我们可以看到历史与文化的集合，窥视出传统聚落人居环境的内在风貌。[①]

一、新疆传统聚落的历史成因

新疆自古以来就是多民族聚居的地方，古代新疆人包括土火罗人、匈奴人、月氏人、汉人、羌人、回鹘人等。总的来说，新疆的民族最早由游牧民族演化而来，过着居无定所的生活，其中一些民族后来主要发展绿洲农业，其建筑类型以农业、商业及行政管理建筑为主。[②]新疆曾流行过多种宗教，有佛教、摩尼教、景教、袄教、伊斯兰教等，宗教信仰的流行和更迭也反映在了建筑与城市领域。

新疆传统聚落在以绿洲为基本生存场所的人地关系演化进程中，始终保留着淳朴、乡土的人居生态观和价值观，是聚居方式、家庭组织、宗教意识多元化与异质化的结果，其建筑布局自由，建筑材料以土木为主。[③]

无论是平面形制、建筑结构，还是造型装饰，与当地的气候环境、地形地貌、水文地质、宗教信仰等都有着密不可分的关系，并随着建筑材料、施工技术、生产方式等的不断发展而渐次演化。适地适生的聚落布局模式、空间组织、建筑结构及生态建造方式，折射出人与人、人与社会、人与自然关系的人居意识形态。[③]

（一）南疆及东疆地区

1. 自然生态因素

塔里木盆地是新疆干旱生态自然综合体的腹地，也是我国最大的极干旱内陆盆地，早在新石器时代这一区域就有人类活动的痕迹。在生产力及生产技术不发达的历史阶段，人们顺应山形水势，依赖水源过着水草尽即移的生活，从而形成了在荒漠上以河流为主线的传统聚落。

新疆传统聚落通常环绕盆地展布，并沿着天山山脉盘踞，在由自然水源下游灌溉而成的小范围盆地绿洲地区栖息。

① 闫飞. 民族地区传统聚落人居文化溯源研究——以新疆吐鲁番地区为例[J]. 甘肃社会科学，2012，6.
② 母俊景，晋强，陈英杰.浅析新疆少数民族地区传统建筑特点[J]. 建筑设计管理，2009，5（26）.
③ 姜丹，赵凯. 新疆南疆地区民族传统聚落形态人居文化溯源[J]. 新疆社会科学，2015.

青铜时代生产技术得到长足的发展，极大地推进了塔里木盆地周边早期城镇的营建速度，为绿洲聚落的发展创造了条件，人类活动逐渐扩展至河流中上游。

在沿着塔里木盆地南缘消亡的古绿洲聚落中，绝大多数是由于河流的断流、改道或沙漠化造成的。例如，尼雅遗址和安迪尔古城遗址。

尼雅遗址位于塔里木盆地以南的今民丰县境内，地处塔里木盆地南缘和安迪尔河中间地带，地处塔克拉玛干沙漠腹地的尼雅河沿线上，呈南北向分布，是一座典型的生态城市，它代表了内陆荒漠生态环境下的绿洲文化。据考古调查，尼雅遗址周边距今3500年前就有人类活动，由于沙漠化的加剧，现尼雅遗址所在地域的古代绿洲被塔克拉玛干沙漠所淹没。尼雅遗址由众多的各类房屋遗址组成，目前发现的100多处遗址中，包括民居、道路、佛寺、佛塔、果园、集市、墓葬、水利系统、城外城等，这些遗址的空间组群为分散的小聚居的格局（图3-5-1、图3-5-2）。

安迪尔古城遗址位于今民丰县安迪尔牧场东南约27公里的沙漠腹地，地处安迪尔河下游的东岸，地势较开阔。遗址主要由佛塔、道孜勒克古城、阿克考其克热克古城、廷姆古城、廷姆佛塔、南方古城等遗址以及周围的墓葬、冶炼作坊和窑址等组成（图3-5-3、图3-5-4、图3-5-5），它是古代丝绸之路南道中西贸易往来的必经之地。古城在唐代中

图3-5-1　尼雅佛塔（来源：路霞 提供）

图3-5-2　尼雅遗址远景（来源：路霞 提供）

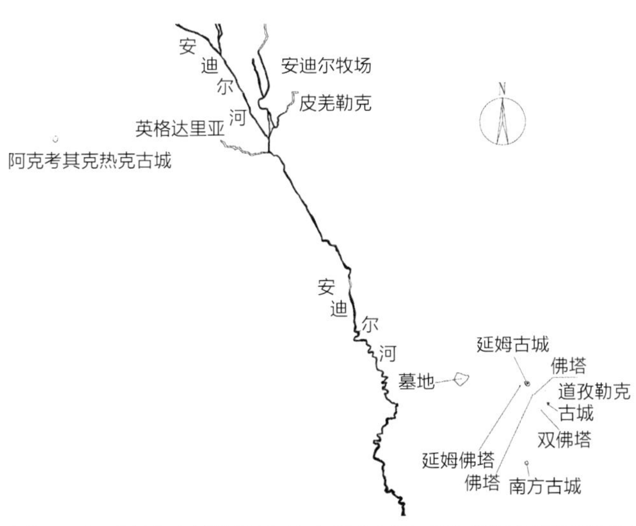

图3-5-3　安迪尔古城遗址平面分布图（来源：新疆维吾尔自治区文物局 提供）

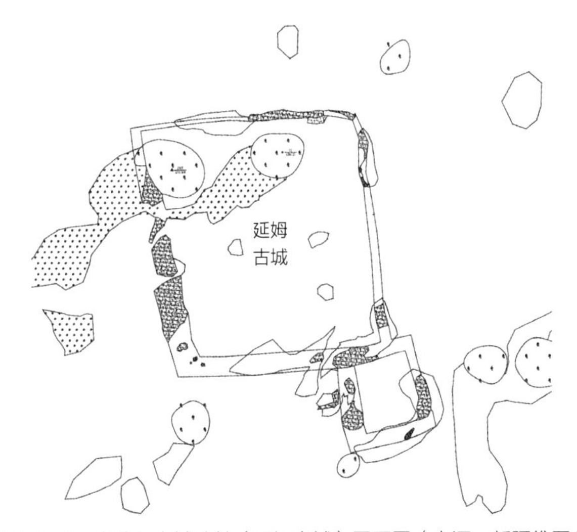

图3-5-4　安迪尔古城遗址（廷姆古城）平面图（来源：新疆维吾尔自治区文物局 提供）

图3-5-5　安迪尔古城遗址（阿克考其克热克古城）平面图（来源：新疆维吾尔自治区文物局 提供）

图3-5-6　安迪尔佛塔（来源：路霞 提供）

图3-5-7　安迪尔古城遗址远景（来源：路霞 提供）

期因安迪尔河流量减小逐渐被废弃，现安迪尔古城遗址四周（大部分）被黄沙覆盖，气候干燥，地表风蚀严重，植被稀疏（图3-5-6、图3-5-7）。

2. 军事政治与民族迁徙的因素

历史上由于频繁的迁徙导致战争频发。汉代，汉、羌、乌孙、月氏、匈奴等相继进入塔里木盆地，形成了“小国林立，互不统属”的多聚落格局。西汉统一西域后，行使有效的军事政治管辖，颁布了“设官屯田”政策，在塔里木盆地周边的重镇或交通要地设置了大小屯田聚落，兼具军事和生产双重职能。[①]

东汉—魏晋南北朝时期，诸国称霸一方，逐渐形成了多以都城为中心的城镇聚落。唐代以后，葛罗禄、样磨等部落进入塔里木盆地南缘，随后出现了西州回鹘、于阗王国和喀喇汉王朝。清朝在新疆建省后，民族种类、人口数量达到历史鼎盛。[①]

在民族迁徙与政权更迭的军事政治影响下，南疆及东疆地区传统聚落由塔里木盆地东部向西南部演化，“大杂居、小聚居”的聚落格局雏形为促进多民族聚居及文化融合奠定了基础。[①]楼兰故城是其中的典型代表。

楼兰故城位于塔里木盆地东部的罗布泊荒漠之中（图3-5-8）。根据考古调查、发掘资料研究，楼兰古城建于西汉之后，是东汉至魏晋时期丝绸之路“楼兰道”上驻军屯兵以及实施行政管理、垦地屯粮和维护丝路安全的一处重要设

① 姜丹，赵凯. 新疆南疆地区民族传统聚落形态人居文化溯源[J]. 新疆社会科学，2015.

图3-5-8　楼兰佛塔（来源：刘玉生 摄）

图3-5-9　楼兰古城远景（来源：刘玉生 摄）

施，曾是魏晋时期西域长史府的治所。

此地除该城外，在附近方圆几十公里范围内，还有许多公元前后的古代遗存。主要包括佛塔、墓葬、古城、遗址、烽火台等，显示出当时人类的活动情况。

3. 经济文化因素

在唐代汉文化的影响下，人们主要发展半农半牧的农耕灌溉工程。屯田士卒带来的农耕技术及水利灌溉技术广泛传播，加快了农业生产的发展，多元文化为丰富相对独立的绿洲聚落文明发挥了重要作用。纵观传统村落的发展历程，其演进过程与古丝绸之路有着密不可分的联系。从楼兰、焉耆、轮台、库车、若羌、尉犁等地汉代修建的大型沟渠及田埂的历史痕迹来看，不难想象，古时的屯田聚落是当时绿洲上最灿烂的景观（图3-5-9）。

两汉早期中原的农耕技术及生产工具相继沿着丝绸之路南道传入南疆，新疆的农产品及畜牧产品流向中原，形成了众多商业文化通道，并带动了沿线社会经济与居民点的建设与发展，形成了一系列驿站和村镇。

例如，在南北朝时高昌城外东北角专门就建有供中亚粟特胡商住宿和贸易的场所“末胡营”，建筑遗址至今尚存。在唐代安西都护府管辖的龟兹城，也建有专供往来客商住宿的场所“行客营”。

近代，新疆会馆是古代驿站的延续。1884年新疆建省，为加强国防、巩固边疆，清政府大规模屯田，设置邮驿以通商路，内地商人纷纷前往新疆各地。就地复员的大批士兵和下级军官迅速成为地方最富裕和有势力的同乡群体，推动了各地会馆的兴盛。

清末民国初年，内地连年战乱，大量灾民逃荒至新疆，成为新疆会馆发展的群众基础和直接动力。于是各中心城镇和交通要冲纷纷建立各地会馆，并成为当时最有社会影响的民间组织。例如位于新疆昌吉州玛纳斯县的陕西会馆，它是至今保留较为完整的会馆之一。

玛纳斯县的陕西会馆又称西安会馆，建于清光绪十九年（1893年）。会馆为砖木结构，长25米，宽14米，屋脊残高9米，坐北向南，面阔五间，进深三间，九檩硬山布瓦顶，前檐廊殿式建筑。大殿梁上刻有“陕西全省宾馆众首士迈出清泰、元兴公等督式创修”，并刻着“大清光绪十九年林钟月念日敬立”。两壁曾绘有“长安八景”图，前房廊雕刻细致，描有15个不同写法的寿字。字字各异，盘龙飞凤。整座建筑庄重古朴，气势宏伟，每年农历二月初二曾是会馆活动日，俗称过会，此外还办些社会公益活动（图3-5-10）。

（二）北疆地区

夏—西周时期，处于原始社会向奴隶社会过渡阶段，社会生产力水平低，主要以原始的游牧经济为主，兼营狩猎，

图3-5-10 玛纳斯陕西会馆（来源：路霞 提供）

交通及商贸相对封闭。[①]春秋—秦时期开辟了河西走廊，青铜器和铁器广泛使用。乌孙国在伊犁河谷建立后，进入部落政权统治时期，政治社会环境趋于稳定，生产和生活聚落不断增多、扩大，逐渐成为游牧民族的驻牧之地和北疆的政治中心之一。[①]

1. 经济因素

西汉—南北朝时期，张骞出使西域打通丝绸之路后，开通了丝绸之路新北道，促进了北疆城市的形成，北疆与中原地区的商贸交流得到了空前的发展。

西域都护、西域长史等机构的设立加大了中原对西域的掌控力，西域诸国林立的局面得到缓解，丝绸之路进入繁荣时代。经济结构以传统的畜牧业为主，农业生产也呈规模化，并出现了以金属冶炼、骨器加工为代表的手工业生产部门等新兴产业。

2. 军事政治与民族迁徙的因素

隋唐时期，唐朝设立北庭都护府以辖北疆，因此北疆古城遗址数量增加。宋元明时期，耶律大石潜至西域建立西辽王朝；1275年，元朝在阿力麻里设立中书省统辖伊犁；1318年，察合台汗国定都阿力麻里城，此城变为北疆乃至中亚的政治经济中心及交通枢纽。一时社会相对稳定，商贸兴盛，阿力麻里域、赤木儿城等城池逐渐发展成为丝绸北道上的重镇。

清乾隆帝收复西域后，设置伊犁将军府统辖天山南北。清乾隆二十九年（1764年）东北的锡伯族西迁至伊犁屯垦戍边，伊犁将军驻地成为新疆的政治、军事中心。中华民国至1949年前后，内地大批汉族迁徙至新疆，主要在北疆地区从事畜牧业、种植业等生产与垦荒戍边活动。

二、新疆传统聚落和建筑的独特性

（一）新疆古遗址

1. 南疆及东疆地区

当技术水平还比较低下时，自然条件对居住环境及居所的制约便更为显著，千差万别的气候和地理催生了形色各异的聚落形态。各聚落间远距离串珠状地散布在塔里木盆地周边，形成了形态多样的聚落模式。

1）聚落布局模式

（1）自由型。依托水源，随着地势、地形的变化自由布

① 栾福明，王芳，熊黑钢. 伊犁河谷文化遗址时空分布及地理背景研究[J]. 干旱区地理，2017，1.

局。这种类型多为古代游牧聚落及较少的少数民族自然村落。

（2）放射型。以一个或多个政治、经济、文化等职能为核心，交通呈放射状向外部延伸，形成视野开阔的布局模式。[①]例如，高昌故城（图3-5-11）。

（3）组团型。由多个民居群及多种功能组成，随着地形的变化或因水系、道路相连的群体组合布局的模式，屯田聚落多为该模式。[①]例如，楼兰古城（见图3-5-12）。

（4）条带型。多为随地势或水流方向顺势延伸的聚落布局模式。[①]例如，尼雅遗址（图3-5-13）。

图3-5-11　高昌故城鸟瞰（来源：新疆维吾尔自治区文物局 提供）

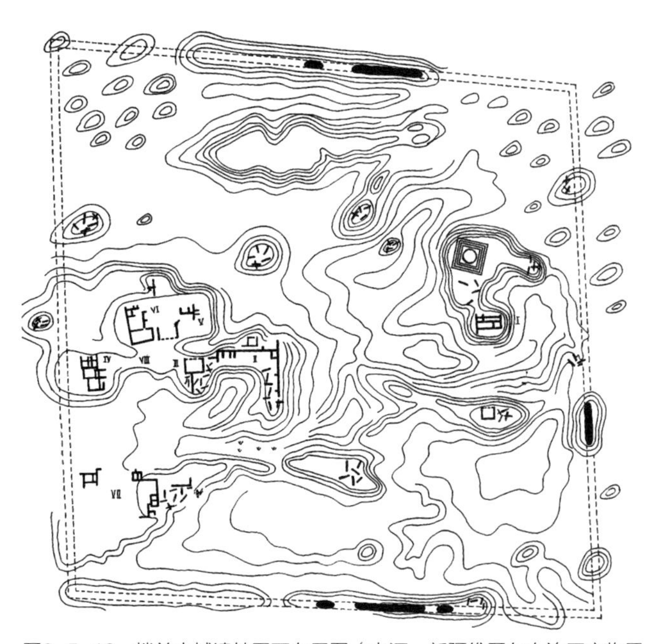

图3-5-12　楼兰古城遗址平面布局图（来源：新疆维吾尔自治区文物局 提供）

2）聚落内部空间形态特征

古遗址聚落普遍的空间形态一般由民居群构成，建筑没有比例、中轴线及诸多丈量，聚落建筑形式多因地制宜，具有极强的灵活性和适应性。例如，尼雅遗址（图3-5-14），

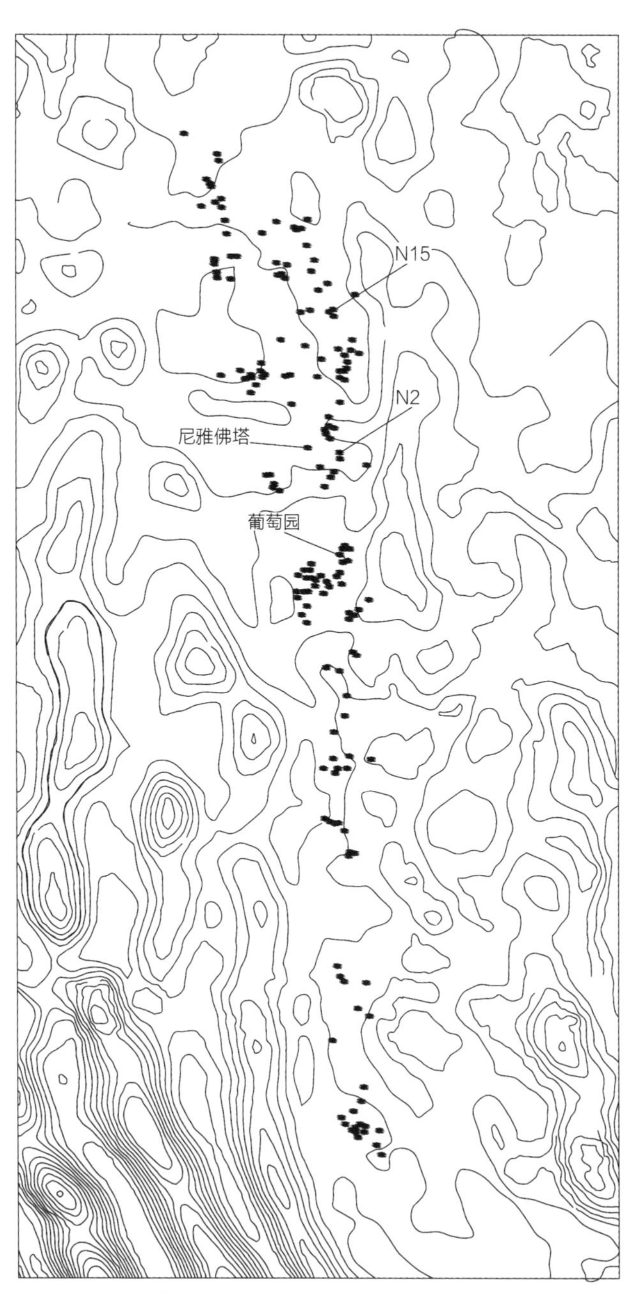

图3-5-13　尼雅遗址平面分布图（来源：新疆维吾尔自治区文物局 提供）

① 姜丹，赵凯. 新疆南疆地区民族传统聚落形态人居文化溯源[J]. 新疆社会科学，2015.

另外，唐朝曾在西域还推行过里坊制。

3）建筑结构及构筑方式

建筑布局和构造为适应干热、温差大的气候特点，形成了厚墙、小窗、高密度、内部庭院等特征。

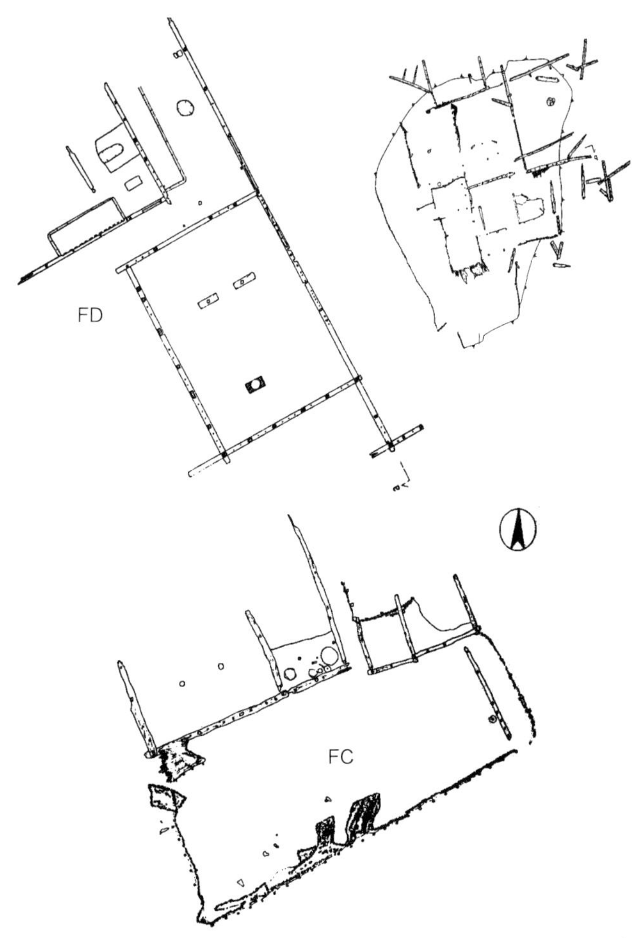

图3-5-14 尼雅遗址房址平面图（来源：新疆维吾尔自治区文物局 提供）

受地理环境、生态气候条件限制，南疆、东疆地区传统建筑普遍采用原生土、全生土、半生土结构代替大木作营建，在规避自然环境缺陷的基础上，利用生土台地营造建筑体系，建筑形态多呈外封内敞式。

这种构筑方式在历史中自然衍化形成并逐渐稳定，同时伴随着文化交流范围的扩大，砖石、土木、生土结构相互补益，在不同时期形成了不同的地域建筑风貌。构筑方式主要有泥石混合、夯筑混合、密径笆子、土坯砌筑等。

例如，安迪尔古城遗址、白杨沟佛寺遗址、高昌故城、楼兰古城遗址、尼雅遗址、七个星佛寺遗址、交河故城等遗址，均是采用原生土、全生土、半生土结构代替大木作营建，且伴随着砖石、土木、土结构相互补益的方式。

尤其是位于吐鲁番的交河故城（图3-5-15、图3-5-16），利用生土台地营造建筑，建筑遗存极其丰富，举世

图3-5-15 交河故城鸟瞰（来源：新疆维吾尔自治区文物局 提供）

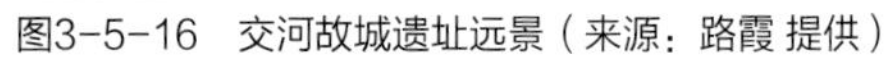

图3-5-16 交河故城遗址远景（来源：路霞 提供）

图3-5-17　楼兰古城（来源：新疆维吾尔自治区文物局 提供）

罕见，人们巧妙地运用减地法和自然地形营造生活空间，寺院、官署、城门、民舍及整座城市的建筑物采用“减地留墙”、夯筑法、垛泥法等方法相结合进行建造。这种构筑方式早在《梁书·高昌传》中就有记载：“国人言语与中国略同……其地高燥，筑土为城，架木为屋，土覆其上。寒暑与益州相似。”

位于若羌县的楼兰古城（图3-5-17）在结合自然条件的情况下，民居的墙体一般采用密径笆子上抹草泥进行建造，寺庙等建筑的墙体采用木质地圈梁上砌筑土坯的方式。

2. 北疆地区

1）聚落内部空间形态特征

聚落格局以长方形、正方形为主，少有椭圆形、圆形。功能分区较明确，功能多以军事防御为主，兼顾居住、屯田、农业、贸易等。布局受中原地区“外垣方正、内里遵循中轴对称”的汉式营城思想的影响显著，城墙普遍夯筑，多有四门，筑有角楼、马面、瓮城等，部分筑有女儿墙、炮台、敌楼。

例如，惠远新、老古城遗址（图3-5-18、图3-5-19）。惠远老城遗址位于霍城县惠远镇南7公里处老城村，始建于清乾隆二十九年（1764年），为当时清朝统治新疆的军事、政治中心。据史籍记载，惠远老城城墙周长九里三分，清乾隆五十八年（1793年），惠远城再度扩建，周长十里六分三厘，为当时新疆第一重镇。城墙为夯土筑成，高4～5米，宽～5米。东墙南端有城门，外有瓮城（已毁），城内原存钟鼓楼台基3座，现仅存1处。

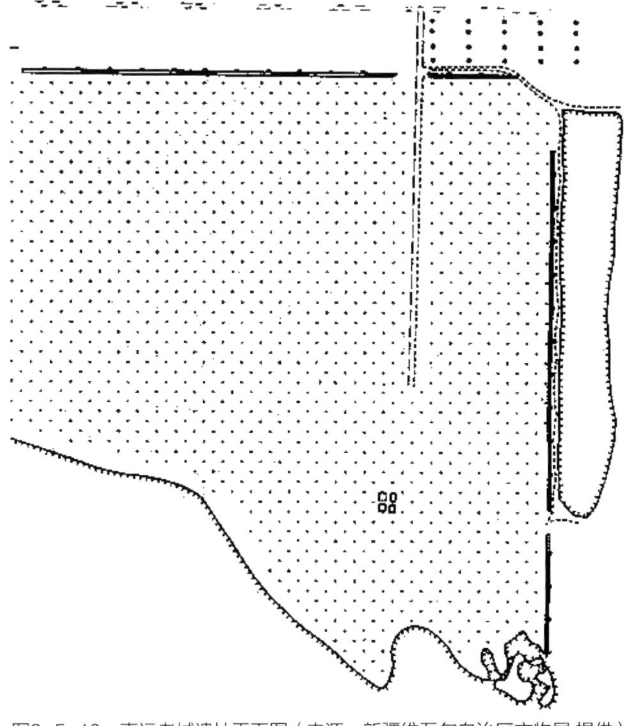

图3-5-18　惠远老城遗址平面图（来源：新疆维吾尔自治区文物局 提供）

惠远新城遗址位于霍城县惠远镇。清光绪七年（1881年），清政府收复伊犁。翌年，在距惠远老城以北7公里处，仿老城又建惠远新城。惠远新城遗址由城墙、伊犁将军府旧址、钟鼓楼、衙署、文庙、沙俄驻惠远领事馆等建筑组成，城墙四角有角楼。惠远新城整体布局主次分明，布局合理，对于研究清代伊犁地区古建筑群有较高的参考价值。

2）建筑结构和构筑方式

大多数建筑因地制宜，就地取材，以生土建筑为主，少数用石材。使用夯筑、卵石砌筑法构筑城墙，沿用时间较长的城址局部使用土坯构筑。例如，惠远新、老古城遗址（图3-5-20）均采用夯土砌筑城墙等构筑物。

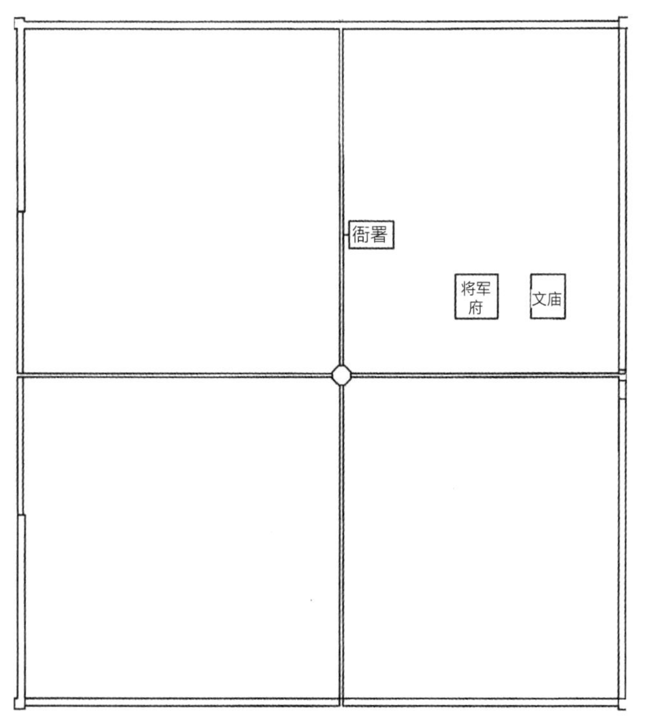

图3-5-19 惠远新城遗址平面图（来源：新疆维吾尔自治区文物局 提供）

（二）新疆石窟寺

约在公元前1世纪下半叶，佛教由古印度传入今新疆的和田地区。此后，佛教沿着丝绸之路由西向东在沿线的各个绿洲逐步传播开来，被当地居民所接受，兴盛一时。1400余年间，伴随着佛教在当时的西域各地开枝散叶，包括石窟在内的佛教建筑开始出现，并在一段时间里形成了营建石窟的高潮。

在靠近绿洲的一些区域，由于山质石质的硬度适中，便于开凿，加之毗邻居民点容易获得生活物资，往往成为建造佛教石窟的理想地点（图3-5-21、图3-5-22）。

1. 分布地域

新疆现存的佛教石窟主要分布在龟兹、焉耆、高昌三个片区。此外，在喀什、和田以及昌吉还有零星佛教石窟分布。

1）龟兹片区。现存规模较大的石窟群主要有10处，包括拜城县的克孜尔石窟、台台尔石窟、温巴什石窟，库车县

图3-5-20 惠远老古城遗址远景（来源：新疆维吾尔自治区文物局 提供）

图3-5-21 克孜尔石窟全景（来源：新疆维吾尔自治区文物局 提供）

图3-5-22　吐峪沟佛寺遗址全景（来源：新疆维吾尔自治区文物局 提供）

的库木吐喇石窟、森木塞姆石窟、克孜尔尕哈石窟、玛扎伯哈石窟、苏巴什石窟、阿艾石窟，以及新和县的托乎拉克艾肯石窟。现存洞窟总数600余个。

2）焉耆片区。现存规模较大的石窟群主要有2处，即焉耆的七个星石窟和霍拉山石窟。现存洞窟总数10余个。

3）高昌片区。现存规模较大的石窟群主要有6处，即吐鲁番市的柏孜克里克石窟、吐峪沟石窟、雅尔湖石窟、奇康湖石窟、胜金口石窟、伯西哈石窟。现存洞窟总数180余个。

2. 时代分期

新疆石窟的建造，肇始于2世纪，一直延续到13世纪。从总体发展来看，新疆石窟的建造可大致分为初创期（2至3世纪）、发展期（4至6世纪）、繁盛期（7至9世纪）和衰落期（10至13世纪）。

3. 建筑空间形态特征

新疆石窟的洞窟功能齐全、形制多样。

1）佛堂窟

用于举行各种佛事的场所，是最主要的洞窟类型。从建筑形制上又可分为以下三种。

（1）中心柱窟

这种洞窟由印度早期的塔堂窟演变而来（图3-5-23）。当地的工匠根据本地山体砂岩酥软的特点，做了形制上的改进。以中心柱窟中的方形岩石柱作为佛塔的变体，正壁安置主尊像。由于中心柱的出现，窟顶得到了有力支撑，减小了坍塌的危险，同时洞窟最重要的宗教功能也未发生变化。构造巧妙的中心柱窟是龟兹工匠的一大创举，是当地最常见的一种佛堂建筑形式。它不仅影响了西域的焉耆、高昌等地的石窟，而且对包括敦煌在内的河西石窟以及我国北方其他地区的石窟都或多或少产生了影响。

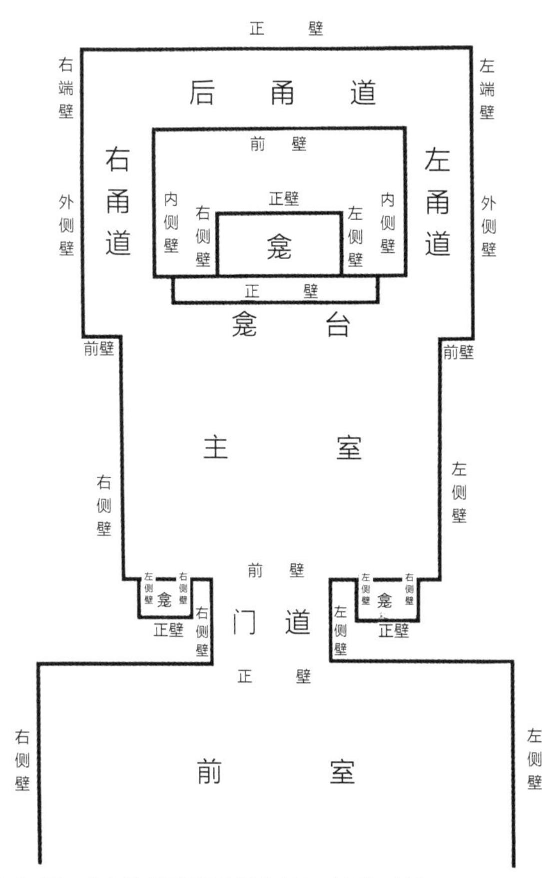

图3-5-23　中心柱窟平面示意图（来源：苗利辉 绘）

新疆石窟的中心柱窟通常由三部分构成：前室（或前廊）、主室和后室。

前室平面多呈方形，大多不建前壁，向外敞开，以利采光；多建有左右两侧壁，顶部多为平顶，在正壁的中部开门道通向主室。

主室平面呈方形，正壁前是安置洞窟主尊像的位置（图3-5-24）。主室的四壁可明显看出，是由下向上逐渐内收而成。中心柱窟的主室顶部形式多样，主要有五种：一是纵券顶，由主室左右两侧壁向上起券而成，是现存数量最多的形式，券顶装饰有壁画；二是横券顶，由主室正壁和前壁向上起券而成，券顶装饰有壁画（图3-5-25）；三是穹窿顶（图3-5-26），由水平顶部中间向上开凿成半球形而成，穹窿内以中心为基点，多均等地划分为扇形格，格内绘天人、佛陀和菩萨像等，穹窿以外壁面多绘天人护法群像等；四是套斗顶（图3-5-27），由水平顶部中间向上开凿成平行四边形，层层相错叠加，由下向上内收而成。套斗内外壁面均有壁画装饰；五是一面坡顶，顶部为平顶，通常内高外低倾斜，在平面上还凿出仿椽形的岩柱，这类构造是仿自地面房屋建筑顶部而来。

图3-5-24　中心柱窟主室内景（来源：彭杰 提供）

图3-5-25　中心柱窟主室券顶壁画（来源：彭杰 提供）

图3-5-26　中心柱窟穹窿顶（来源：彭杰 提供）

图3-5-27　中心柱窟套斗顶（来源：彭杰 提供）

（2）大像窟

从形制上看，实际上是中心柱窟中特别高大者，因主室正壁前曾安置有高大佛像而得名（图3-5-28）。这类洞窟，多无前室。主室平面多呈长方形，空间高大。顶部为纵券形，券腹上绘有壁画。正壁下端左右开两条平行甬道通向后室，甬道内壁面上绘有壁画，后室平面也呈长方形。

（3）方形窟

因洞窟主室平面呈方形（或长方形）而得名（图3-5-29）。根据佛教内部的不同体系，它又可分为两类：

①龟兹系统

这一系统的方形窟通常由前室和主室构成。前室（或长廊）平面呈长方形，多为平顶，无前壁，左右侧壁和下壁装饰有壁画，正壁中部开一门道通向主室。主室平面多呈长方形，主室的顶部构造主要有三种：一是穹窿顶，在水平顶部向上凿进成半球形；二是纵券顶，由两侧壁向上起券而成；三是套斗顶，在水平顶部中间向上开凿成平行四边形，层层相错叠加，由下向上内收而成。

②中原系统

这一系统的方形窟的前室目前多已不存，仅见主室，主室平面呈长方形，顶部多为纵券顶。

2）僧房窟

主要是供僧人日常生活起居的场所，最常见的形式是带有侧道的一类僧房（图3-5-30）。僧房的入口设于侧道的外端，侧道里端侧壁上另开一门道进入主室。不少僧房窟在与侧道外口相对的位置专门开凿一间方形小耳室，用来储藏生活用品。主室呈方形平面，四壁均抹泥皮，左侧壁开明窗用于采光透气。主室的顶部多为纵券顶，间或有覆斗顶，侧道及明窗防风沙、取暖、采光和通风。

3）禅窟

主要是供僧人修习禅定的场所（图3-5-31）。这类窟由于实际需要，多建在偏僻安静的地方，以利于僧人修习。单个禅窟一般空间很小，仅可容一人端坐其中，禅窟多为纵券顶。

4）瘗窟

主要是埋藏僧人死后火化的骨灰的场所，这类洞窟在库木吐喇石窟的古代题记中又被称为“罗汉窟”，其形制没有定制。

5）储物窟

这类洞窟形制多样，主要用来储藏生活物品。

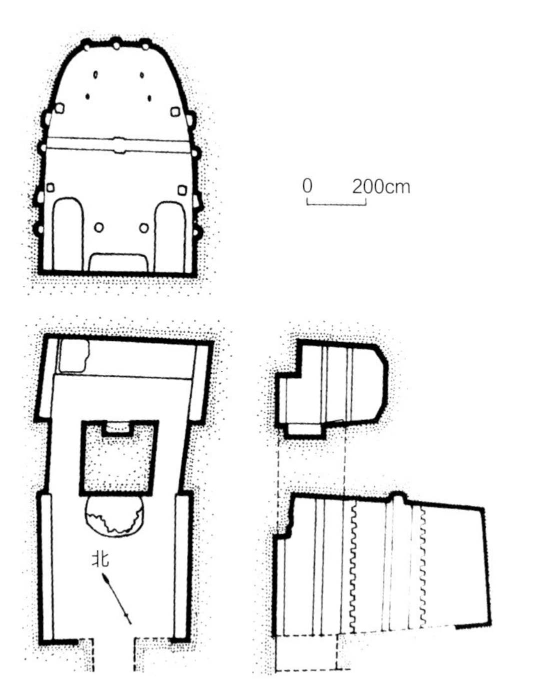

图3-5-28　大像窟平面、剖面及立面示意图（来源：苗利辉 绘）

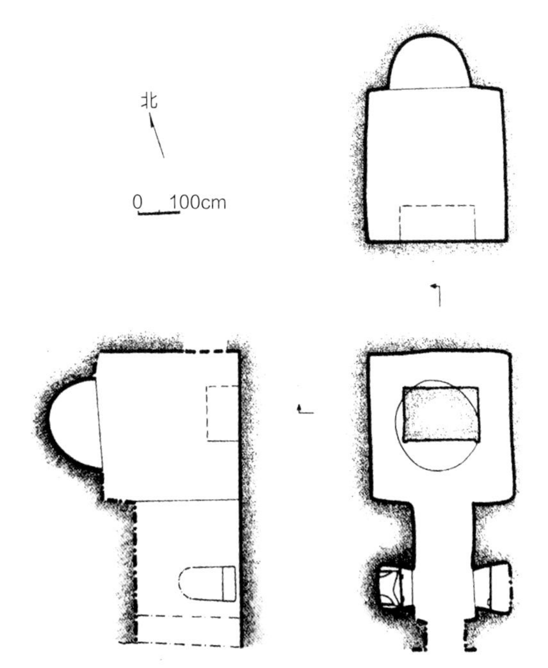

图3-5-29　方形穹窿顶窟平面、剖面及立面示意图（来源：苗利辉 绘）

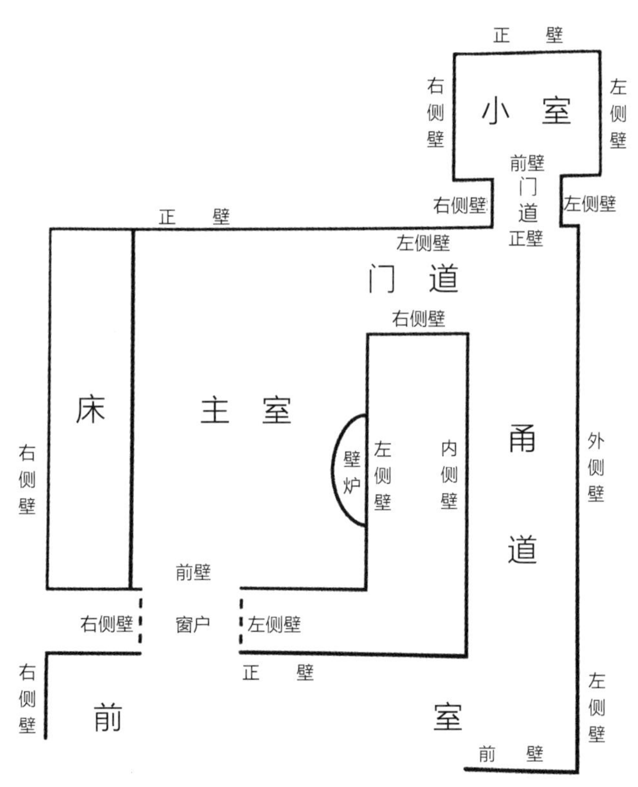

图3-5-30 僧房窟平面示意图（来源：苗利辉 绘）

图3-5-31 禅窟内景（来源：彭杰 提供）

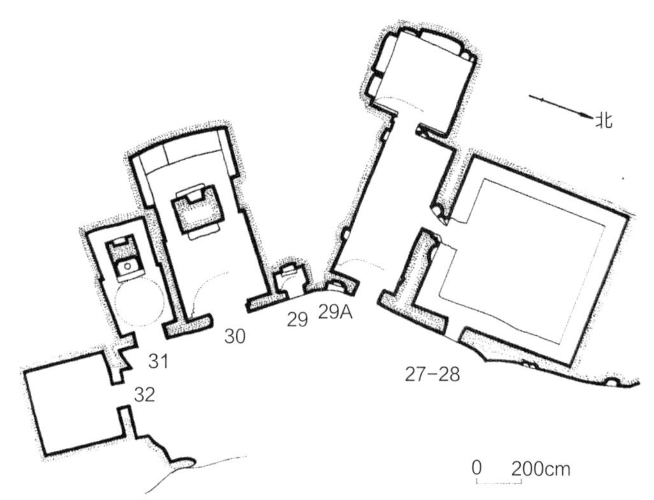

图3-5-32 中心柱窟、方形窟和僧房窟组合平面示意图（来源：苗利辉 绘）

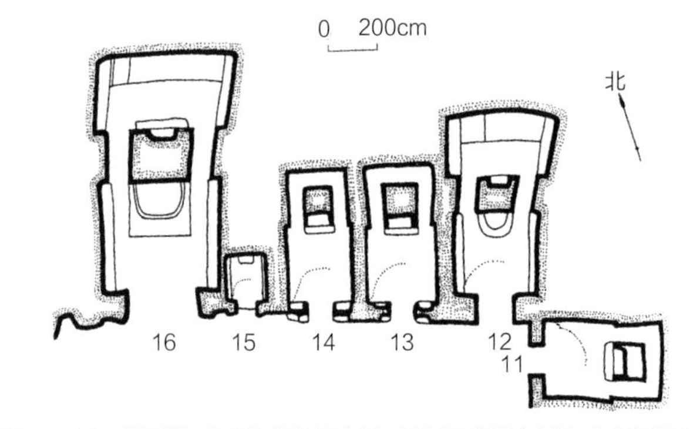

图3-5-33 以甬道、前廊连接的洞窟组合平面示意图（来源：苗利辉 绘）

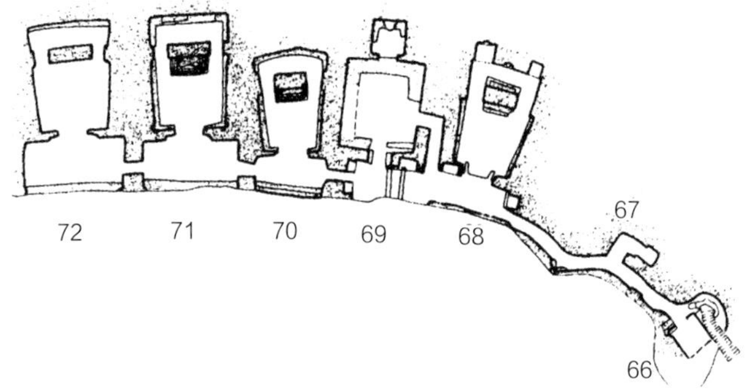

图3-5-34 大像窟、中心柱窟和方形窟组合平面示意图（来源：苗利辉 绘）

如前所述，各种形制的洞窟都具有各自不同的建筑功能，不同形制的洞窟通过共用的前廊有机组合在一起，就形成了功能齐全的洞窟组合，相当于建筑在地面的寺院（图3-5-32~图3-5-34）。

4. 石窟建筑的附属物

1）石窟壁画

新疆石窟壁画主要绘制在中心柱和方形的佛堂窟内，故其总体布局对称分布，新疆石窟壁画以其装饰性色彩和晕染凹凸法而闻名。

2）石窟雕塑

新疆石窟佛教雕塑的艺术风格，其间可见到诸如希腊、罗马、波斯、印度、犍陀罗、龟兹本土以及我国中原等多种风格的影响。这些艺术风格大多并存，只是在不同地点不同时期的作品中，各自所显示出的比例有所差异。

（三）新疆传统土木结构建筑及传统中式木构建筑

1．新疆传统土木结构建筑

1）聚落内部空间形态特征

以民居群构成聚落空间形态，建筑没有比例、中轴线及诸多丈量，聚落建筑形式多因地制宜，具有极强的灵活性和适应性。

2）建筑结构、空间形态及构筑方式

新疆传统土木结构民居建筑结构形式主要采用木构架系统，简支密梁与密铺小椽平屋面，在平面布局上自由活泼、不拘一格，无明显的中轴线。

在新疆传统土木结构建筑中，以古老的“阿以旺”式传统民居最具有代表性。为适应多风沙的干热沙漠气候，“阿以旺”式传统民居居室围绕“阿以旺”布局，“阿以旺”中间为大客厅，前部为走廊，卧室有冬夏之分，为了防风沙，建筑几乎不开外窗开设小天窗进行采光，其顶部一般突出屋面一定高度。例如，尼雅遗址和吐尔迪巴依旧址就是典型的案例。另外，由于气候的差异，新疆各地的传统土木结构建筑反映出多样性的空间形态特征。如喀什地区的内向性庭院式、北疆地区的开敞庭院式等。

尼雅遗址在公元前1世纪至4世纪繁荣昌盛，被推定就是《汉书》西域传中记载的“精绝国”。其规模很大，东西约7公里，南北约25公里（包括周边），以佛塔为中心，有民居、寺院、手工作坊、墓地、贮水池、家畜饲养舍、果树院、田地、林荫路等百余处，而且还保留着大量的枯树林和河床，以及大量的建筑木构件等，可以说是极为珍贵的全人类共同的文化遗产，被称为“丝绸之路的庞培城”、“梦幻的古代城市”。建筑地基一般用麦草、牛粪等台泥铺墁，墙壁多为红柳编成再外垠泥土，室内建有炉灶和贮藏窖。遗址内有渠道和古河道的痕迹（图3-5-35）。

吐尔迪巴依旧址（图3-5-36、图3-5-37、图3-5-38）位于今和田地区皮山县兵团农场一处较高的松软台地上，四周是自然村落。该旧址建于1915～1916年，建筑为土木结构，建筑面积888平方米。吐尔迪巴依长期经商，曾经到过内地，以及俄罗斯、中亚等国，熟悉中原地区和国外一些国家的建筑艺术。回到家乡之后，修建了此座别墅式的住宅。该建筑初建时有72间房屋，分别为居室、客厅、仆人宿舍等，建筑整体布局无明显中轴线，中庭为“阿以旺”式。建造方式为柱上架梁，梁上为檩，檩上铺小椽，墙体为木骨泥墙。室内有木雕、彩绘藻井以及壁画。壁画题材为汉式博古图案、建筑图、瓶花图案、西式钟表图案等。建筑风格独特，兼容维吾尔和汉式风格，有很高的艺术价值。

图3-5-35　尼雅遗址远景（来源：路霞 摄）

2. 新疆传统中式木构建筑

深受中原传统建筑文化影响，沿袭其型制和构筑方式。

1）聚落内部空间形态

讲求聚落中轴对称的方正格局，遵循严格的古代建筑等级制度。每一建筑群组布局也讲求对称，庭院中正方整。

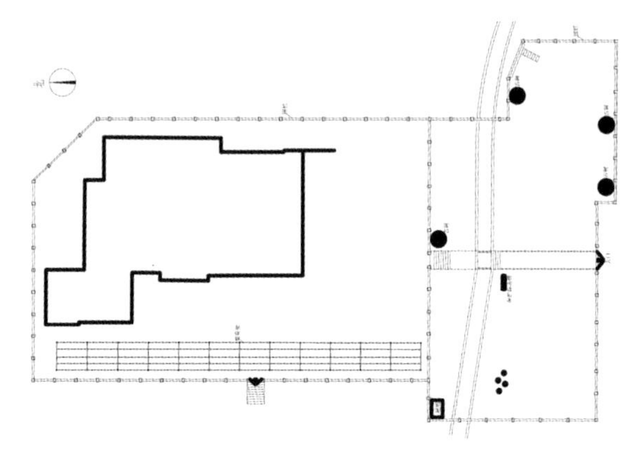

图3-5-36　吐尔迪巴依旧址（来源：路霞 绘）

2）建筑结构、空间形态及构筑方式

新疆传统中式木构建筑的结构大体可分为抬梁式、穿斗式、井干式等，抬梁式较为普遍。抬梁式结构是沿房屋进深在柱础上立柱，柱上架梁，梁上重叠数层瓜柱和梁，再于最上层梁上立脊瓜柱，组成一组屋架。平行的两组构架之间用横向的枋联结于柱的上端，在各层梁头与脊瓜柱上安置檩，以联系构架与承载屋面。檩间架椽子，构成屋顶的骨架。这样，由两组构架可以构成一间，一座房子可以是一间，也可多间。

新疆传统中式木构建筑的单体，大致可以分为屋基、屋身、屋顶三个部分。凡是重要建筑物都建在基座台基之上，单体建筑的平面形式多为长方形、正方形、六角形、八角形、圆形。这些不同的平面形式，对构成建筑物单体的立面形象起着重要作用。由于采用木构架结构，屋身的处理可以十分灵活，门窗柱墙往往依据用材与部位的不同而善加处置与装饰，极大地丰富了屋身的形象。

图3-5-37　吐尔迪巴依旧址全景（来源：路霞 摄）

图3-5-38　吐尔迪巴依旧址局部（来源：路霞 摄）

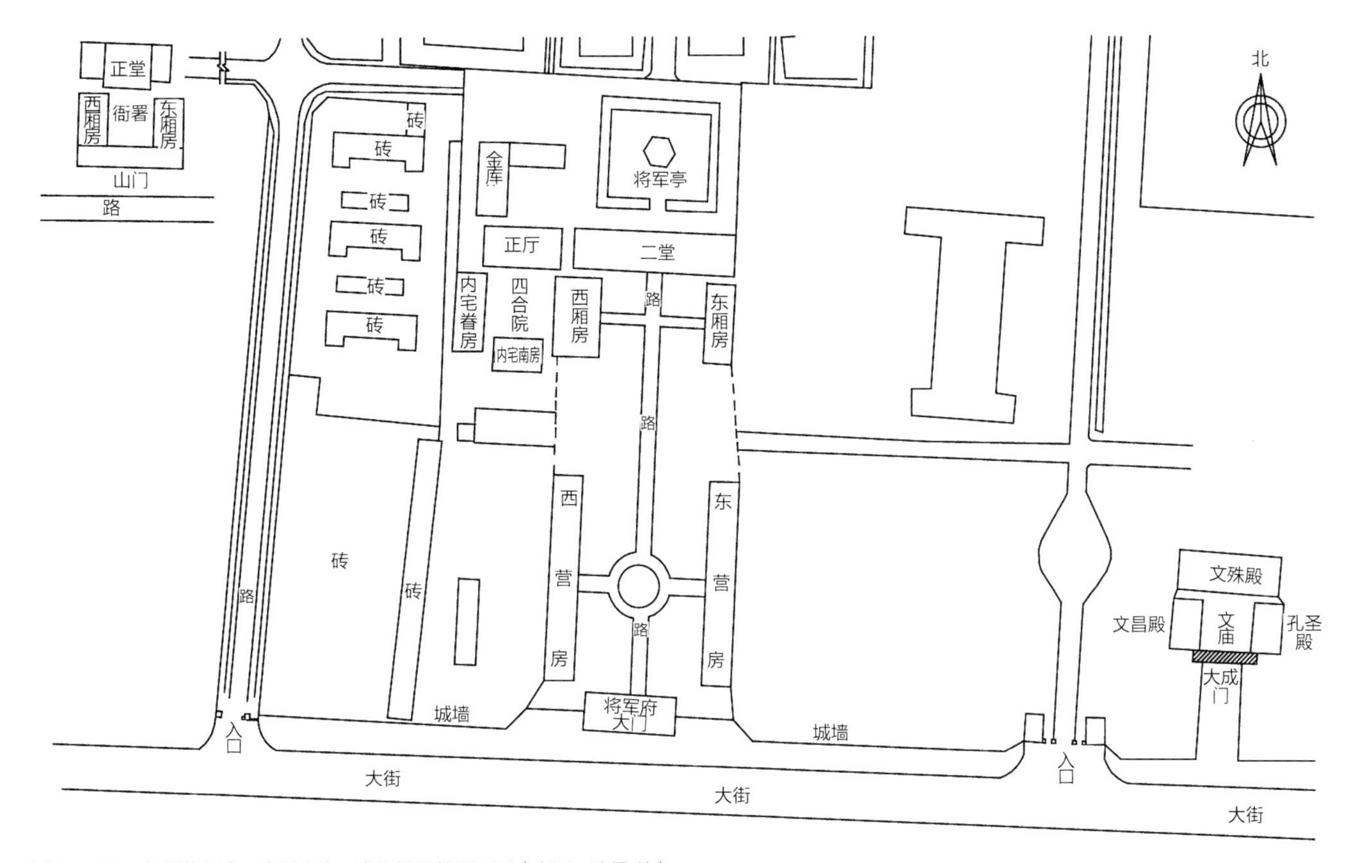

图3-5-39　伊犁将军府、惠远文庙、惠远衙署总平面图（来源：路霞 绘）

新疆传统中式木构建筑的屋顶多为歇山、悬山、攒尖、勾连搭、单坡顶等基本形式。

例如，位于伊犁州霍城县的伊犁将军府（图3-5-39、图3-5-40），现保留有大门、东营房、西营房、二堂、东厢房、西厢房、内宅正堂、内宅眷房、内宅南房、将军亭（民国时建）、金库、武备库等，大堂与后厅现地面现已无存。建筑均沿中轴线对称分布。现存的将军府大门、东西两侧耳房、东西营房、二堂等建筑为抬梁式木结构，单檐硬山布瓦顶建筑。

（四）新疆近代建筑

1. 建筑风格

清末，从1856年开始，沙俄先后以“中立”和“调停者”的身份，诱迫清朝政府签订了《中俄北京条约》《中俄勘分西北界约记》等。由于沙俄对我国西北边疆的入侵，其本国文化也逐渐传入新疆，因此19世纪中叶后伴随着军事政治的变换，沙俄等西方文化大量涌入，新疆在这一时期处于地方特色文化与西方文化相互冲突、相互融合的状态。新疆的近代代表性建筑形象地反映了这一段重要的历史，许多地方特色建筑、俄式建筑及两种形式相结合的建筑形成了新疆近代代表性建筑的鲜明特色。

同时，在进入近代时期以后，新疆建筑在类型、内容、形式等多方面的探索与实践更趋完善，呈现多样化。比如建筑类别上出现了办公建筑、工业建筑等，而在此之前，建筑的类型主要以宗教建筑和民居建筑为主。

新疆近代建筑风格主要有如下特点：

1）体现多民族文化影响

新疆历来就是多民族的聚居区，多民族的特色文化赋予

图3-5-40　伊犁将军府建筑（来源：路霞 摄）

了建筑不同的风格和文化个性。例如，塔塔尔豪宅和吐达洪巴依旧址，即是具有代表性的案例。

塔塔尔豪宅（图3-5-41）位于今塔城地区额敏县供销社院内，为土木结构，建筑大致呈坐北朝南，红色的铁皮屋顶，屋檐为木制，并雕刻有花纹，墙体厚度达80厘米，屋顶有老虎窗。豪宅南立面有四个门庭，护栏和屋檐上雕刻有花纹。门庭两侧的立柱上都有造型别致的排水槽。整个建筑的室内地面均为木地板，塔塔尔豪宅为研究19世纪末地域建筑风格提供了珍贵的实物资料。

吐达洪巴依旧址（图3-5-42）位于今伊宁市喀赞其民俗旅游区内，建造于1931年，占地7亩，房屋建筑面积1000平方米，是目前规模较大、保存较完整的塔塔尔族民居，作为新疆伊犁哈萨克自治州近代代表性建筑之一，也是伊犁代表性的文化遗产之一。

2）体现俄罗斯文化的影响

19世纪50年代，沙俄以武力相威胁，通过不平等条约侵吞中国东北地区大片领土之外，也为今后的边界谈判中侵吞中国西北边疆大片领土埋下了祸根。新疆建省前后，沙俄通过各种不平等条约在新疆建造了多处领事馆。由于沙俄对新疆的侵占，这一时期有大量的俄罗斯人进入新疆。此后许多新疆典型的近代俄式建筑都体现了俄罗斯文化对新疆的影响。还有一部分建筑同时具有俄罗斯风格和新疆地域风格，这些建筑体现着新疆地域文化与俄罗斯文化的相互影响和相互融合。

3）体现宗教文化的影响

新疆历来是多民族聚居和多种宗教并存的地区，原始萨满教、摩尼教、祆教、佛教、道教、基督教、天主教等在新疆传播的历史过程中，新疆传统建筑形式受到多种宗教

图3-5-41　塔塔尔豪宅（来源：葛忍 摄）

图3-5-42　吐达洪巴依旧址建筑（来源：葛忍 摄）

的文化影响。新疆近代建筑即体现了多种宗教文化的交融和影响，尤其是宗教建筑最能反映近代多种宗教文化在新疆的传播。

2. 建筑类型

新疆已公布近代代表性建筑中，包含了军事建筑及其附属设施、名人墓及纪念设施、文化教育建筑及附属物、工业建筑及附属物、办公建筑、金融商贸建筑、宗教建筑、重要历史事件和重要机构（含使领馆建筑）旧址、具有典型风格的代表性居住建筑或构筑物、名人故（旧）居、医疗卫生建筑、交通桥梁设施、其他近代重要史迹及代表性建筑。其中以宗教建筑、具有典型风格的代表性居住建筑、文化教育建筑及附属物、其他近代重要史迹及代表性建筑居多。

3. 结构形式

新疆现存的近代建筑中，以土木结构和砖木结构为主要结构形式，其余结构形式较少。

三、新疆传统建筑纹饰

（一）新疆传统建筑纹饰渊源

新疆经历了原始崇拜（植物崇拜）、图腾崇拜（动物）、多种宗教的洗礼，已形成了自己独特的建筑结构和多元的艺术图案。[①]

建筑是随着人类居住文化的发展而诞生的，最初以基本满足居住为主，随着人类社会的进步，建筑体现了人类在技术、哲学、美学、文学、艺术等领域的成就，从而表现出众多的历史信息。[①]新疆主要由沙漠、绿洲和山脉组成，自然现象影响了人们的创造意识，新疆传统建筑中红色象征对火的崇拜，白色象征纯洁、绿色象征大地，黑色象征权利，蓝色象征天神和宇宙。在塔里木盆地的早期聚落中发现的建筑装饰痕迹以及古墓葬中出土的生活用具的原始纹样，主要包括几何纹样和植物纹样。魏晋之前，中原地区图案以动物纹饰为主，流行祥鸟兽纹、云气纹、几何纹、山岳纹等，装饰图案中植物纹样极不发达，仅在瓦当、铜镜、织物上有一些零星的植物造型。佛教的传入直接影响到建筑装饰图案，克孜尔千佛洞、楼兰古城、米兰古城等广大区域发现的纹样标本中的莲花纹、方格纹、卷草纹、箭头纹、火焰纹、菱形纹等能充分说明这一点。漫漫丝路带来了多元文化，西域成为古代纹样最为融合的区域。

（二）新疆传统建筑纹饰类型

1. 植物图案

忍冬纹、石榴纹、连珠纹、莲花纹、云气纹、葡萄纹、卷草纹等（图3-5-43）。

2. 非植物图案

1）几何纹：菱形纹、网纹、三角纹、圆形纹、自然天象纹（水、火、山）、回形纹、锯齿纹、书法纹、卍字纹等（图3-5-44）。

2）动物纹：鹿头纹和蝴蝶纹、骆驼和马变体猛禽动物形态（图3-5-45）。

3）文字图案：带有文字的图案。

图3-5-43 默拉纳额什丁麻扎琉璃砖（连珠纹）（来源：路霞 摄）

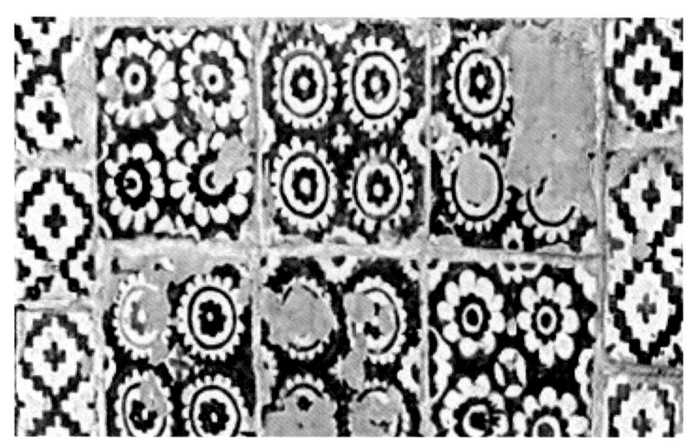

图3-5-44 阿巴和加麻扎主墓室琉璃砖（圆形纹）（来源：路霞 摄）

① 乌布里・买买提艾力. 丝绸之路新疆段建筑研究［M］. 北京：科学出版社，2015. 9.

图3-5-45　三海子墓葬及鹿石（鹿头纹）（来源：新疆维吾尔自治区文物局 提供）

图3-5-46　吐尔迪巴依旧宅内墙（壁龛）（来源：路霞 摄）

（三）新疆传统建筑纹饰运用

新疆建筑纹饰反映了多元一体的文化特征，同时因地制宜、就地取材，形成了独具特色的地域建筑装饰风格。运用巧妙的艺术处理，形成了绚丽的装饰纹样，这些装饰艺术不仅表现在建筑上，也体现于器皿等物体上。传统建筑装饰手法主要有木雕、砖花、石膏浮雕、彩画等（图3-5-46、图3-5-47）。

图3-5-47　吐尔迪巴依旧宅门扇（木雕）（来源：路霞 摄）

第四章　诗意的栖居·新疆传统建筑的空间艺术与生态智慧

骑着马儿走过昆仑脚下的村庄
沙枣花儿芳又香
清凉渠水流过玫瑰盛开的花园
园中人们正在歌唱
一位祖母向我招手
叫我坐在她身旁
一朵深红的玫瑰插在苍苍的白发上
她的歌声多么清亮
……

——王洛宾，新疆民歌《沙枣花儿香》节选

辽阔壮美的大自然，滋养着新疆人民对真善美的不懈追求。这里的人们总是期望满怀，以其对生命独到、诗意的理解，热切地投入生活。不论自然条件和经济状况如何，人们都格外注重日常生活中的仪式感，善于找寻情趣，朴素而不寡淡，简单而不简陋，悉心认真，尽一切可能将生活过得隆重而饱满。用情至深、充满感恩，一日三餐、晨昏变换，乐此不疲。苏轼所言“街谈市语，皆可入诗”，大概说的就是这样的诗意吧。

新疆传统建筑是广大劳动人民出于生命本能和生存需要，充分结合自然条件和环境特点，在长期的生活实践中探寻自然界的规律，不断适应自然、调节自我行为，而创造出的智慧结晶。新疆传统建筑的空间艺术植根于生存智慧之上，它所反映的审美观是以人、建筑和自然的高度和谐关系为核心，寻求如何审美地生存，诗意地栖居。

新疆传统建筑中，每天都上演着炽烈的生活，盛开着鲜活的生命。一隅一角，一情一景，皆可入画成诗。这诗意全然不同于江南的吴侬软语，而是更为光明、简单、直接和淳厚，散发着蓬勃的天性。

第一节　聚落——整体大于局部

新疆传统建筑聚落紧凑有致，空间布局肌理凸显较高的集聚度，意趣盎然，其格局、生长脉络、空间比例和尺度、秩序和变化等，都非常富有地方特色和人文色彩。离开了聚落，建筑单体的存在是没有意义的。

新疆传统建筑的生态性首先表现为“整体大于局部”的空间观念，反映在聚落的有机整体性和关联性中，通过建筑群体空间组织有效地适应自然气候，进而在建筑单体中全面延展。应该说，新疆传统建筑如果离开了聚落的整体性，建筑便失去了其大部分的生态意义，也缺少了层次丰富的群体空间所蕴含的艺术魅力。

置身其间，阻挡不住的吸引力和感动，谜一般的曼妙肌理，令人流连忘返。

一、格局、空间创造与生长脉络

新疆传统建筑聚落的显著特征是建筑空间之间具有一种密切的有机关联性。在南疆地区，大多呈现出一种低层高密度的“地毯式”格局（图4-1-1），房挨着房、户连着户；而在北疆地区，传统建筑聚落的格局则相对舒展和开敞（图4-1-2）。

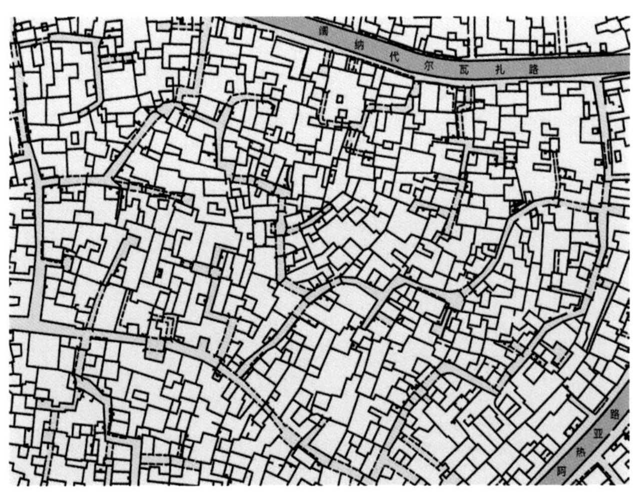

图4-1-1　以喀什为典型的南疆传统建筑聚落（喀什噶尔古城局部）总平面图（来源：根据王小东院士研究室 提供资料，谷圣浩 改绘）

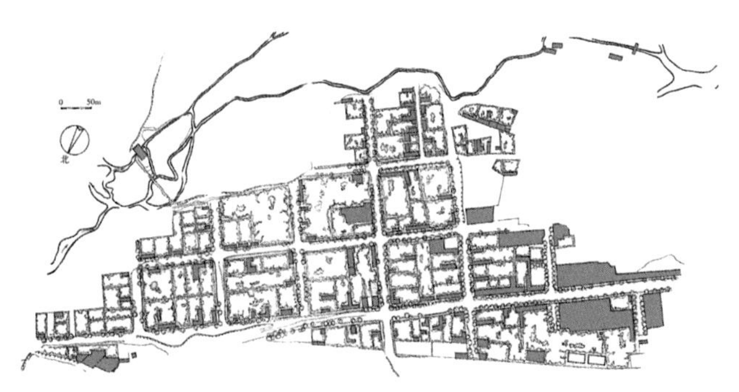
图4-1-2　以伊犁为典型的北疆传统建筑聚落（伊宁市某传统住区）总平面图（来源：根据《新疆传统建筑艺术》，范欣 改绘）

除了社会人文方面的因素外，究其根本成因，是为满足生活的基本需求，从生态出发，适应地方气候，以获得更宜居的生活环境。这种客观性所产生的必然性，是新疆传统建筑的源起和本质所在，也正因为如此，新疆传统建筑才具有长久的生命力和非凡的魅力。

（一）格局与空间创造

水源是人们的生命之源，也是新疆传统人居聚落的核心。新疆传统建筑聚落一般依河而建呈线性排列，或是围绕水塘、涝坝层层辐射自由布局。

1. 集约利用土地与情感空间塑造

土地资源集约利用是建筑生态策略的重要组成部分。

在新疆人多地少地区，传统建筑聚落呈现低层高密度紧凑型的布局，同时在空间高度方向生长，向街巷上空延伸，在有限的土地范围内尽可能多地建造房屋。一方面体现了对土地资源的集约化利用，另一方面也创造出尺度宜人的居住空间和公共活动场所，为邻里交往、共享共处提供了可能性，反映了对普通人精神诉求的深切关怀。所谓“远亲不如近邻”，这种邻里亲密无间的情感在当今城市中是每个人渴望而又难以企及的，也因此特别的珍贵。

新疆传统建筑的场所空间从人本出发，其聚落呈现出自然动人的空间肌理，处处透露着脉脉温情和人性光辉（图4-1-3）。

图4-1-3 喀什噶尔古城高密度紧凑型的聚落布局（来源：范欣 摄）

图4-1-4 新疆历史文化名城乌什县传统建筑聚落（来源：范欣 摄）

2. 改善室外风、热环境与空间意趣营造

风（空气的流动）对环境的舒适性而言可能是有利的，也可能是不利的，它极大地影响着“室外热环境”的质量，这主要取决于季节和气候以及聚落总体格局。另外，风速也是影响人的体感舒适性的要素。

新疆传统建筑聚落很好地诠释了气候、聚落总体格局与宜居性的彼此联系关系。以南疆维吾尔族传统建筑聚落为例，交织密布的街巷、高密度布局的建筑物和穿插其间的树木，无论在夏季还是冬季，都起到了有效地优化室外风、热环境的生态作用。同时，建筑群在树木衬托下，构建出丰富的建筑景观层次（图4-1-4）。

1）改善夏季室外风、热环境

夏天，在干热气候下，相较对流降温而言，减少太阳热辐射对获得舒适性热环境更为有效。

新疆人民天性亲近自然，每户都在自家的庭院中种植果木、攀藤植物、花草。利用建筑与树木的穿插布局或紧凑密集的聚落格局，有效阻挡了日晒，在建筑之间、狭窄的街巷中和住户的庭院内形成大片阴凉（图4-1-5）。在干热地区，躲在建、构筑物以及树木的阴影下是最佳的降温避热方式。同时植物本身也会对小环境起到非常有效的降低温度、增加湿度的生态作用，让人获得更为舒适的体感。

街巷两侧厚实的土墙，可以吸收太阳辐射造成的一部分热量。另外，狭窄的街巷在夏季产生更多的阴影，减少了太阳辐射热，从而使街巷地面以及两侧建筑外墙表面温度得以降低，由此获得更为宜人的街巷环境温度，为行人提供了舒适的热环境和理想的活动场所（图4-1-6、图4-1-7）。因此，为了

图4-1-5 伊宁市某传统民居庭院（来源：范欣 摄）

图4-1-6　喀什噶尔古城的狭窄街巷（来源：范欣 摄）

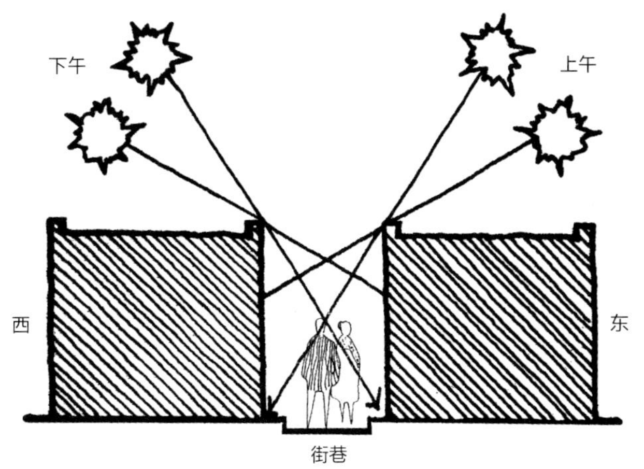

图4-1-7　夏季利用狭窄的街巷获得更多荫凉（来源：范欣 绘）

最大限度地获得上午和下午的遮阳，新疆干热地区传统建筑聚落多采用南北走向的街巷布局。在需要联系南北向的街巷或是为适应地形时，也会适当采用东西走向的街巷布局。

2）改善冬季室外风、热环境

冬季，高密度的聚落格局对风形成一定的阻挡，减缓和弱化了风在街巷中的流动，降低了的室外风速，从而获得了较为舒适的室外风环境，庇护着行走其间的人们。

对新疆人民而言，冬天的阳光是十分珍贵的。在树叶落尽的冬日，在传统聚落的小广场或自家的庭院中，人们可以尽享温暖的阳光。

3）空间意趣营造

新疆传统建筑聚落结合自然生态和生活功能创造出具有自然美和人性美的意趣空间，朴素、实用，富于情致。而终年充足的日照，使建筑群落在光的魔法中更具特色和魅力。夏日斑驳的树影在街巷两侧墙面上形成变换丰富的光影，浪漫怡人，生趣盎然。

3. 因地就势，拥抱大地

新疆人民热爱自己生活的土地，新疆传统建筑聚落的魅力，尤其在于因地制宜而随机变化的空间智慧。根据不同的自然生态条件，人们充分尊重和利用自然地形、地貌，化腐朽为神奇，变不利为特色，用聪明才智创造出巧夺天工、层次丰富的特色聚落空间。

1）高崖上的居所

在喀什市老城区东部的一座长800余米、高40余米的黄土高崖之上，600多年来，世代聚居着维吾尔族居民。维吾尔语称其为“阔孜其亚贝希”，意即“高崖土陶人家”（图4-1-8）。这里以土陶手工艺品而闻名，在高崖的土层中有一种叫做“色格孜”的泥土，质地细腻、黏结性强，是极佳的制作土陶的原料。房屋建造于距地面高40多米的高崖之上，空气清新，居高临下的聚落可以免受洪水和暴雨的侵害。

高台民居（图4-1-9）依顺山势而建，建筑之间紧密相连、不分彼此，形态凹凸变化、错落有致，建筑群天际线高低起伏，加上建筑色彩呈现出的生土本色，使整个建筑聚落

图4-1-8 喀什高崖土陶人家（来源：范欣 摄）

与崖体无缝镶嵌，浑然一色，仿佛从山崖中自然生长而成，清新朴拙，优美绝伦，被赞誉为活的“民俗博物馆”。

高台民居聚落的街巷蜿蜒而有机，充满活力（图4-1-10）。建筑平面及院落不拘泥于对称格局，根据生活实际需要自由布置、灵活修建。人们用未经刨削的杨木枝干和崖上的生土，巧妙地因循地形空间条件建造房屋。住宅有平房，也有二层、三层、四层楼。高的甚至沿着崖壁建至七层。

高台民居是维吾尔族民间智慧的结晶，无论从因地制宜的人居空间创造方面，还是建筑艺术水准上，均达到了极高的境界。

2）“会爬坡”的房屋

在干热少雨的吐鲁番鄯善县吐峪沟，土质密实而坚固。在这些建设用地有限的地方，人们利用坡度较陡的基地，将坡地修整成多级平台，不择朝向，沿坡就势建造房屋。整栋房屋好像匍匐在坡上，与地形紧紧依偎，极为贴合地融为一体（图4-1-11）。

这些“会爬坡”的房屋一般为一层高，但因为室内地坪处于不同的标高上，逐级爬升的建筑呈现出丰富生动的形态轮廓。不同标高的建筑空间之间通过室内或室外的楼梯、台

图4-1-9 喀什高台民居聚落（来源：范欣 摄）

阶彼此联系，同时增加了室内外空间的趣味性。人们利用各级平台的直立面作为房屋的后墙，或是利用山坡以减地法掏挖出（半）地下室，自然土壤非常有助于减少建筑室内的冬季失热和夏季得热，居室内冬暖夏凉，舒适宜人。

3）逆向生长的“负”空间

极端的自然条件往往更会激发人类积极的创造力。吐鲁番交河故城就是典型的民间智慧之杰作。交河故城位于一块天然的黄土台地之上，地势险要，河水环绕。在明代礼部侍郎陈诚笔下，曾有过这样的描述：“沙河二水自交流，天设危城水上头。断壁悬崖多险要，荒台废址几春秋”。

这块狭长台地的土壤力学强度非常高，加之吐鲁番酷热少雨的自然气候，人民凭借天赐的地势，据守高台，利用天然生土为建筑材料，以夯筑法、压地起凸法、垛泥法等建造方式，构筑起庞大恢宏的生土城市——交河故城。这座世界上最古老、保存两千多年的都市遗址，在格局上一方面受到中原传统城市的影响，另一方面又具有中亚以寺院为中心的城市布局的典型特征，充分体现了文化上的交融与多元。

“压地起凸法”是交河故城运用最多的构筑技法，城中的中央大道、东西大道以及大部分街巷和建筑均用此法建造而成。人们事先在自然地面上规划并确定建筑墙体的布局，然后挖去除墙体之外的其他区域的土，形成纵横的街巷和密布的建筑空间（图4-1-12、图4-1-13）。这种用“减法”创造空间的方式，即使以当今的视角来看，其对建筑的理解

图4-1-10 喀什高台民居聚落总平面图（来源：王小东院士研究室 提供）

图4-1-11 鄯善县吐峪沟“爬坡屋”（来源：范欣 摄）

图4-1-12 吐鲁番交河故城逆向生长的街巷“负”空间（来源：范欣 摄）

图4-1-13　吐鲁番交河故城逆向生长的建筑“负”空间（来源：范欣 摄）

图4-1-14　乌什县传统建筑聚落肌理（来源：杜鹃 绘）

也堪称达到了十分高级的层次，非常透彻地诠释了“空间”对于聚落和建筑的核心价值和意义。建筑消隐于大地之中，与自然一体共生，这些逆向生长的“负”空间将人工建筑对自然环境的负面影响降至最低。而建筑以自然土壤为墙体，也由此获得了冬暖夏凉的宜居之所，称得上名副其实的生态建筑。

（二）生长脉络

新疆传统建筑聚落具有显著的原生性特征。它的脉络，是随着生命的繁衍，应生活空间之需要，逐渐蔓延、发育、成型，持续不断地生长。需要交通联系时，勾画出街巷；需要交往交流的场所时，设置公共开放空间；需要休养生息的地方，则布局庭院、树木……其中寄托着对自然的崇敬、对生命的尊重以及对美好生活的憧憬和眷恋，满怀着深情，真实而浪漫，一切是那样自然而然和理所当然。

因此，像自然界的一切生命体那样，新疆传统建筑聚落的生长脉络犹如植物的叶脉（图4-1-14）、动物的血管，自由且有机，在天然和必然之间，呈现出优美动人的形态。

二、空间的开与合

开与合的空间组合方式在新疆传统建筑聚落中表现得十分突出，它不仅反映在平面上，同时在前后左右、高低上下等空间多维度上得以综合体现。人们为了满足基本生活、邻里交往等功能，创造了层次丰富、变化多样的空间有机形态。

（一）空间开合的组织层次

从人的基本生活需要出发，新疆传统建筑聚落空间的开合组织大致分为四个层次，即私密、半私密、半开放和开放。

1. 私密性空间

满足居民起居、睡眠、炊事等基本功能的生活空间，主要包括民居的卧室、客室、厨房等。这类空间私密性强，同时也承担部分待客的功能。

2. 半私密性空间

传统民居中的院落即属于典型的半私密性空间。主要是满足居民夏秋季户外起居、休憩、劳作、纳凉以及冬季沐浴阳光等需求，同时用于节假日和纪念日宴请亲朋、歌舞娱乐等活动。相比私密性空间而言，该类空间具有一定的开放性，同时由于建筑和院墙围合所产生的私属感，又使其具有一定的封闭性。

3. 半开放性空间

主要满足交通联系的通过性功能，例如新疆传统建筑聚落的街巷空间，除了基本交通功能外，街巷还是容纳邻里交流、儿童玩耍等活动的重要场所，既是户内外交融的界面，也是串联整个聚落各个空间的经脉。

4. 开放性空间

用以满足各年龄层居民的公共活动和交往交流等功能，具有显著的开放性和共享性，例如新疆传统建筑聚落的广场空间等。广场是整个建筑聚落的“心脏”，多位于建筑聚落中心，与每户住宅保持适宜的步行距离，空间匀称、气氛亲和。这些广场具有较好的围合性和领域感，规模尺度与所在的建筑聚落相适宜，其周边建筑物在视觉、空间和尺度上具有良好的连续性。

（二）空间开合的组织秩序

私密性→半私密性→半开放性→开放性（图4-1-15），新疆传统建筑聚落的空间由合到开，藏与露、虚与实、扬与抑、渗透与层次、引导与暗示，空间组织秩序动静结合、逐层递进，空间的衔接和过渡十分自然，遵从人性情感诉求和行为特征，注重场所氛围的营造。

如果说可视的“实”（建筑）是新疆传统建筑的躯体，那么从生活的物质和精神层面上，这些无形的“虚”（空间）则具有更高的艺术境界和更为重要的人文价值，是新疆传统建筑的灵魂所在。

（三）空间开合组织的多维度衍生与粘合

新疆传统建筑聚落的空间开合组织还反映在多维度衍生与粘合以及实用性与艺术表现力的高度融合等方面。

例如传统民居的屋顶，从空间形态来看，它是开放性的，并不具备一般居住空间的围合、庇护等基本特征。而在新疆，特别是干热少雨地区，传统民居的平屋顶被充分利用，成为不可或缺的重要生活场所。炎热的夏日夜晚，人们在屋顶上纳凉、休憩，甚至夜间睡眠，同时，屋顶还可作为堆物、晾晒的功能空间。

另外，新疆传统建筑聚落开合组织的各层次有时也彼此交织粘合，例如，南疆传统建筑聚落中特有的过街楼，即是出于生活空间增长的需要，将私密性的居室等空间搭建于半开放性的街巷空间之上，相互交织为一体，粘合成特殊的空间形态。解决了基本生活功能问题的同时，塑造出富于音乐般优美旋律和丰富趣致的艺术特色空间。

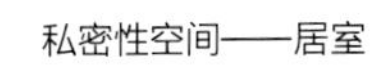

私密性空间——居室

半私密性空间——庭院

半开放性空间——街巷

开放性空间——小广场

图4-1-15　新疆传统民居聚落中空间开合的组织秩序（来源：范欣 摄）

第二节　街巷——艺术源于生活

新疆传统建筑自由舒展、繁简有致的空间创造手法和审美取向在街巷中得以充分的体现，淳厚优美、格调高贵的街巷，是新疆传统建筑中最具魅力的空间，无处不渗透着人们对生活中诗意与艺术的热切追求。

一、比例和尺度

新疆传统建筑聚落的街巷尺度亲切宜人，魅力独特，这主要与传统的生活方式息息相关。

新疆传统建筑聚落的街巷宽度（*D*）与两侧建筑界面高度（*H*）的比例关系大致可归纳为四类（图4-2-1），分别会产生以下不同的空间场所感受：

1. *D*：*H*=1：2。幽静、私密，具有很强的空间领域感。人的视觉十分紧凑，建筑聚落有极强的聚集感。

2. *D*：*H*=1：1.5。宁静、亲切，令人感觉到安全和庇护。人的视觉紧凑，建筑聚落有很强的聚集感。

3. *D*：*H*=1：1。宁静、亲切，令人感觉到安全和庇护。人的视觉较紧凑，建筑聚落有较强的聚集感。

4. *D*：*H*=2：1。体现较强的交通性功能，对人的庇护感减弱，人的视觉较松散，建筑聚落的聚集感同时减弱。

街巷的宽度根据其功能不同，一般为2.5米至5米，最窄的宽度不足2米。有的街巷自由弯曲转折，呈现不等宽的断面。

二、交织转折

新疆传统建筑聚落的街巷以有机的连续性串起各个空间，营造出的生机盎然的氛围，它是聚落各空间之间的联络线索，封而不闭、围而不死，特别具有艺术感染力。每次亲临其境，总会带给人意想不到的惊喜和新鲜感。

新疆传统建筑聚落的街巷一般以南北走向为主，东西向的街巷作为各条南北主街巷之间的联系。南北向的主要街巷一般匀质平行布置，但也有很多会因循地形地势或是两侧房屋的形态而自由蜿蜒（图4-2-2），呈现曲径通幽、柳暗花明（图4-2-3）的空间效果。

在街巷的弯曲和转折处常常会不轻易地出现圆弧形、折线形，处理得十分巧妙生动，天衣无缝，平添了不少意趣（图4-2-4）。在受建筑布局的限制，一条街巷无法一直延伸而需要错开时，则会豁然开朗，布置一处小型的公共活动空间（图4-2-5）。

街巷尽端的底景处理也非常别致。有的是大面积素色山墙，常年的风沙雨雪在墙面留下若隐若现的痕迹，在高处的一角，是住户的二层檐廊端头挡墙的洞口（图4-2-6）；也有的是幽深地通往一处住户院落（图4-2-7）。

三、界面

新疆传统建筑聚落的街巷充分展现了民间的创造智慧和艺术审美力，以南疆维吾尔族传统聚落的街巷最具代表性。

D：*H*=1：2

D：*H*=1：1.5　*D*：*H*=1：1

D：*H*=2：1

D：*H*=2：1

图4-2-1　新疆传统建筑聚落街巷的比例和尺度（来源：范欣 摄，谷圣浩 绘）

图4-2-2　因循地势蜿蜒而上的街巷（来源：范欣 摄）

图4-2-3　曲径通幽、柳暗花明的街巷（来源：范欣 摄）

图4-2-4　不轻易转折的街巷（来源：范欣 摄）

图4-2-5　传统街巷转折所产生的公共活动空间（来源：范欣 摄）

图4-2-6　传统街巷尽端底景（来源：范欣 摄）

图4-2-7　幽深的院落（来源：范欣 摄）

新疆传统建筑的层数不高，一般为一至三层，平屋顶，街巷两侧的建筑紧密相连为完整的一体性界面。沿街巷的建筑首层外边缘基本平直，简洁大方，顶部檐口砌花砖或普通砖装饰。建筑即便只有一层时，街巷两侧的建筑景观界面也会高低错落，富有韵律感，天际轮廓线舒展灵动（图4-2-8）。街巷两侧的建筑风格和色彩呼应协调，变化中不乏有序。住户院内的树木衬托其后，使整个街巷空间生动活跃、层次饱满。

过街楼（图4-2-9）是街巷舒缓旋律中的跳跃音符，狭长的街巷空间形成“扬-抑-扬”“明-暗-明”“高-低-高”的节奏起伏变幻，巧妙地避免了空间蔓延过程中的视觉单调感。

每户院落大门（图4-2-10）着重修葺和装饰，有条件时门洞两侧及上方常用异型花砖拼贴，并以立体花砖封边。门洞两边砌有供人休憩的坐台。讲究的住户会设置深门斗，北疆地区设门檐以遮挡雨雪。院门门扇一般为双扇，以两至三层木质贴雕层层镶拼，层次丰富而厚重，立体感很强。门扇的色彩多为单色，以蓝、绿为多，也有褐色、橙色、黄色、木本色等，讲究的人家几种色彩配搭，有的还描绘金边，色彩曼妙，艺术境界极高。街巷空间允许时，院门前会种植一株或数株树木，为街巷增添了生机和活力，成为街巷的亮丽风景（图4-2-11）。

新疆传统街巷两侧一般以连续的封闭性墙体作为界面（图4-2-12），建筑不向街巷开门，向街巷也较少开窗，尤其是在南疆多风沙地区甚至不开窗，起到了非常好的防风避沙作用。住户的住房则围合庭院内向性布局，主要依靠开向庭院的窗获得天然采光。

图4-2-8　舒展灵动的传统街巷天际线（来源：范欣、谷圣浩 摄）

图4-2-9　街巷过街楼（来源：范欣 摄）

图4-2-10　美丽的院落大门（来源：范欣 摄）

图4-2-11　院落大门与树木（来源：范欣 摄）

图4-2-12　街巷连续的实墙界面（来源：范欣 摄）

南疆传统街巷由于空间有限，树木零星散落其间，或是摆放盆栽的花木点缀，在较开阔处则集中栽种粗大乔木。北疆传统街巷用地相对开敞，人们喜爱种植各色树木营造出优美宜人的公共环境。

第三节　庭院——宁静的港湾

在特殊的气候及自然环境下，新疆人民十分注重绿化环境，爱好庭院生活，将自然引入庭院，使庭院充满美，充满诗情画意。

老子在《道德经》中说："埏埴以为器，当其无，有器之用；凿户牖以为室，当其无，有室之用。故有之以为利，无之以为用。"有无之间，道出了空间的意义。庭院空间，具有丰富的生活功能，特别是在新疆传统民居中担当着极其重要的角色，是新疆传统民居空间中的高潮和最具趣味性的部分，是呈现新疆人民生活情景的空间及舞台。庭院所焕发出的场所精神，充分体现了新疆人民对精神生活和艺术审美的追求。

由于境内地域气候等条件和人文观念等的差异，新疆传统民居中产生了形式丰富的庭院空间，不仅南疆与北疆有所区别，在南疆与北疆境内也各有不同。另外，不同民族也有各自的特点，其中以维吾尔族传统民居的庭院最具特色。

一、维吾尔族传统民居的庭院

庭院是新疆维吾尔族传统民居中的重要空间，反映了维吾尔族的社会习俗、生活习惯和性格特点。庭院由"阿以旺"空间演化而来，因此与"阿以旺"在空间布局组织上十分相似。

维吾尔族有很强的审美意识和艺术追求，美在他们的生活中无所不在，衣饰、手工艺品、歌舞等处处都表达了他们对美的独特理解与情趣，民居建筑和其庭院也不例外。人们充分结合地方气候，因地制宜，创造灵活多变的庭院空间环境，每一处除具有实用的功能性外，还带给人以身心的享受，满足了人们在物质、精神与审美方面的多重需要。

南疆以喀什最具代表性，北疆则以伊犁尤为典型，东疆的吐鲁番传统民居庭院也自成一格。

（一）庭院的主要功能

1. 使用功能

满足家庭基本生活、户外活动以及邻里交往的需要。

新疆维吾尔族传统民居庭院的功能十分丰富，既作为一家人户外生活起居的中心，也是宴请亲朋、进行邻里交往活动的重要场所，是最能呈现其特有生活方式的情景空间。

庭院将生活的功能延伸至了室外，不仅用于待客、进餐、纳凉，也是妇女家务劳动和儿童玩耍的场所，几乎涵盖了所有的日常生活内容（图4-3-1～图4-3-3），庭院中通常设置木床，上方搭建木棚架，用于夏季起居。炎热的夏日里庭院内凉爽舒适，人们常在此露宿。庭院周围环绕着檐廊或敞廊，廊下设有土炕台，上面铺设地毯，可供室外活动时坐卧。

维吾尔族人生性热情好客、豪爽真诚，不仅邻里关系亲

图4-3-1 喀什某传统民居庭院内景（来源：范欣 摄）

图4-3-2 伊宁某传统民居庭院内景（来源：范欣 摄）

图4-3-3 吐鲁番某传统民居庭院内景（来源：范欣 摄）

如兄弟，还十分注重亲朋间的密切联系。逢年过节、婚丧嫁娶或是大小喜庆日，必邀众多亲朋好友至家中作客，因此，维吾尔族家庭聚会、宴请活动非常频繁。除了寒冷季节外，人们常常围坐于葡萄架或树荫下，尽品美食，欢声笑语、歌舞翩跹；庭院里绿树成荫、花影团团、气氛炽烈，人由景生情、景因情添色，声、情、景、色并茂交融，勾勒出一幅羡煞神仙的人间盛景。每逢此时，庭院的重要作用不言而喻。

2. 生态功能

在多风沙的干热地区，为避免强烈日照，抵御风沙，每户向内封闭庭院，住房的窗户均开向内院，适应气候的同时也保证了良好私密性。

人们在庭院里悉心筑造小环境，栽种各色乡土绿植，乔、灌、藤、花等一应俱全。不仅美化了环境，还有效地调节了小气候，降温增湿，防风降尘，净化空气。夏季除了利用高大乔木、果木遮荫避暑外，人们还喜种植葡萄，在爬满藤蔓的葡萄架下支起木床，尽享夏日的欢乐。

在夏季，院内绿荫婆娑，花气袭人，凉爽惬意（图4-3-4）。秋季果实累累，香飘满园。冬季，扫尽庭院积雪，沐浴在和暖的阳光里。有的民居庭院还会引渠入院，为炎炎夏日的小环境增加湿度、降低温度，潺潺溪水流淌，令人心旷神怡。

“火洲”吐鲁番维吾尔族传统民居庭院上空都设有高棚架，以阻挡夏季直射的太阳光，这一形式在吐鲁番其他民族的传统民居中也十分常见，反映出地域气候作用下的空间特征。庭院入口处的空间别具一格（图4-3-5），独有的土拱门洞，高、宽均4米左右，深度3～8米不等。门洞下形成大片荫凉，又有良好的穿堂风，特别适合避暑纳凉，是妇女家务劳动、儿童玩耍及邻里社交的理想场所。

高棚架不仅是东疆吐鲁番地区独有的形式，根据气候条件和生活需要，在南疆喀什、北疆伊犁等地维吾尔族传统民居庭院中也多有采用（图4-3-6）。

（二）庭院空间的营造

1. 庭院形态和空间组织

1）应对气候的形态

南疆地区的民居聚落为了适应干热风沙气候呈高度密集的格局，户户紧挨，院院相连。庭院周圈由建筑围合，内向性和封闭性是南疆维吾尔族传统民居庭院的典型特点。通过空间布局的巧妙组织，院内建筑高低错落、凹凸有致，树木植物穿插其间，庭院形态自由灵活，不讲求对称，层次丰富、活跃生动，围而不死。

南疆维吾尔族传统民居中以喀什地区的高密度小庭院最具特色（图4-3-7）。喀什维吾尔族传统民居的庭院非单户围成，一般为10～25平方米，最小的仅3～4平方米，十分小巧精致。院落空间虽不大，却组织得井井有条。最巧妙的是设于

图4-3-4　伊宁维吾尔族某传统民居庭院（来源：范欣 摄）

图4-3-5　吐鲁番维吾尔族某传统民居庭院入口区域（来源：范欣 摄）

图4-3-6　喀什高台民居庭院中高棚架下的起居空间（来源：范欣 摄）

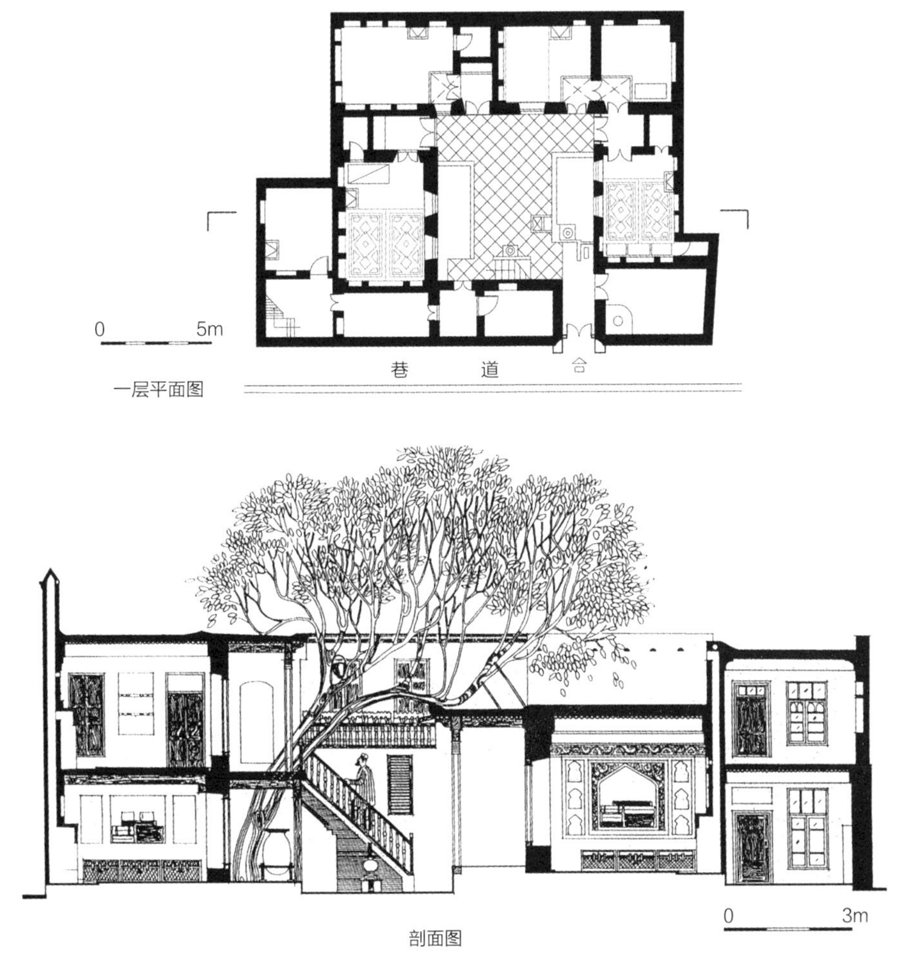

图4-3-7　喀什维吾尔族某传统民居中的庭院（来源：《新疆传统建筑艺术》）

院角的砖砌楼梯，只用极少的面积蜿蜒而上至二、三层住房，既满足了功能的需要，又丰富了院落空间，为庭院平添生动一景。楼梯下的空间充分利用，可贮物，甚至用作院门入口。

北疆气候与南疆有较大的差异。北疆相对雨雪量多，沙尘天气远不如南疆频繁，因此北疆维吾尔族传统民居的庭院空间较南疆相对开敞。以伊犁维吾尔族传统民居最富特色和代表性，素有“花园民居”的美称。伊犁维吾尔族传统民居用地较为宽敞，建筑平面舒展自由，庭院大多与果园相连，庭院有一边或一隅沿街，这与南疆封闭、围合的院落有所不同（图4-3-8）。

2）过渡、渗透、分隔和联系

新疆维吾尔族传统民居的建筑形态表现为厚重的实体，庭院空间与之对比，多用“虚”的处理。

人们十分注重空间的变化，善于利用“灰”空间对虚实、内外空间进行过渡、渗透、分隔和联系，创造了无限意韵。大庭院不空，小庭院不挤，空间趣味生动，丰富但不零乱。

传统民居的庭院入口内外区域一般会作精心处理，种植树木、摆放花草（图4-3-9），或是架设葡萄架形成舒适宜人的过渡空间（图4-3-10）。为避免视线通视院内，同样是“虚”的处理，有的采用美观的植物或镂空花墙分隔，也有的以门帘遮挡（图4-3-11），功能类似汉族传统民居中的照壁。院内情景若隐若现，空间挡而不堵，含蓄深远。

檐廊（图4-3-11）从功能和空间视觉上联系着住房和庭院，既可视为住房的延续，也可看作是庭院的延续，是庭院与住房之间过渡的“灰”空间，使二者相互渗透和自然融合。

镂空花墙、花台、花池等是常用的分隔空间的方式，空间通透活跃。

维吾尔族人是天生的园艺能手，植物也常被用作划分功

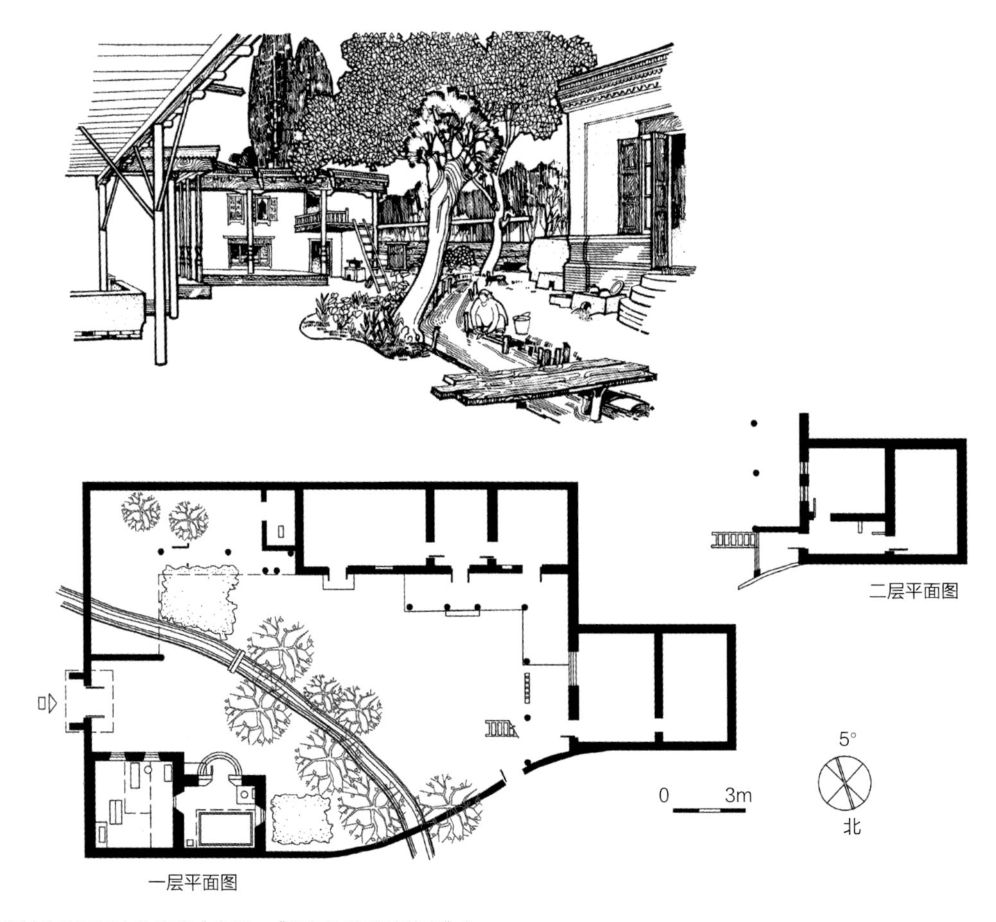

图4-3-8 伊宁维吾尔族某传统民居中的庭院（来源：《新疆传统建筑艺术》）

图4-3-9　喀什传统民居庭院入口外绿化（来源：范欣 摄）

图4-3-10　喀什传统民居庭院入口外葡萄架（来源：范欣 摄）

图4-3-11　喀什传统民居檐廊和庭院入口内侧门帘（来源：范欣 摄）

能区域的主要手段。除留出必要的活动区外，庭院的其他部分几乎满种绿色植物，树木多是果树。绿化区与起居活动区之间以花台、花池等分隔，空间既分又合，既通透又彼此界定，也有的利用葡萄架作为空间分隔，相邻空间内景物互相渗透，形成层次丰富的景深效果。

2. 功能空间的分区

新疆维吾尔族传统民居的庭院不论大小都有明确妥帖的空间分区。庭院的功能空间划分井然有序，空间界定及功能区域划分的方式灵活多样，或敞、或挡，或隔、或通，讲求功能空间的区域性及彼此间的巧妙衔接。

闹与静，污与洁，明与暗，隐与现，劳与逸，井井有条地安置。各功能区用以满足不同的生活内容，提供不同的活动场所。一般分为入口区、起居和用餐区、歌舞活动区、儿童玩耍区、家务劳动区以及绿化区等。庭院内隐蔽的角落里放置杂物、设厕所，或者另设杂院。

3. 功能空间的界定手法

新疆维吾尔族传统民居庭院在空间界定上手法多样，注重视觉的美感，从不简单地采用生硬的方法，常会利用底面或顶面界定区域。与住房檐廊相邻空间的地面一般铺砖、石，也有的采用素土夯实，借助地面材质变化来界定空间。夏秋时节，庭院空地上方攀满葡萄藤蔓，或是设置木棚架，巧妙地界定出户外起居、聚会的活动空间，人们在此团坐、欢聚，其乐融融。

二、汉族、满族、回族传统民居的庭院

新疆汉族、满族、回族传统民居庭院多为三合院、四合院，周围由数组房屋围合。除了少数经济条件优越的大户人家外，三合院、四合院往往由几户人家合住。

（一）庭院的主要功能

1. 使用功能

庭院是整座民居的生活活动中心，也是最具活力的空间。

夏日，院内可以供一家人用餐、纳凉、休闲、家务劳动、儿童玩耍等，或是相邀三五个街坊、好友知己小酌畅谈，十分惬意。在春冬季节，扫去积雪，尽情享受和煦温暖的阳光。林语堂说：“屋中有院，院中有树，树上有天，天

上有月……不亦快哉！”一方蓝天之下，亲切宁静的院落，充满祥和温馨的气息，凝聚和寄托着世代居住在这里的人们的共同情感和记忆。

2. 生态功能

在新疆，阳光是最宝贵的。宽阔的庭院，可以接纳更多的阳光，为人们户外活动提供了理想场所。负阴而抱阳的庭院，藏风聚气，使民居的阴阳达到了平衡。

院内种植的花草树木，不仅美化了环境，满足了人们亲近自然、融入自然的愿望，更是有效地增加了含氧量，清除了污浊之气，在炎热的夏日降温增湿，营造出宜人之境。

（二）庭院空间的营造

1. 空间形态与布置

新疆汉族、满族传统民居庭院空间形态与布置沿袭中原传统民居的特点，院落方阔空畅，尺度合宜，格局讲求中轴对称，具有中正稳定、内聚性强的特征。庭院由几面房屋围合而获得完整的内向性矩形空间，南北进深大于东西面宽。

庭院内布置十分清雅简洁，以石板或砖铺设地面，有的设有花台，院内种植两三株树木。庭院中部设渗漏坑排水。

新疆回族传统民居庭院布局与汉族、满族相似。也有的将房屋布置于院落中部，形成前后院，庭院空间较为开敞，以围墙作为院落的空间界定和围合。院内花草树木繁茂。

也有的汉族、回族传统民居及庭院格局与新疆当地传统民居并无二致，充分体现出特殊地方气候作用下的建筑空间形态，例如，吐鲁番传统民居庭院入口幽深的土拱门洞以及覆盖大部分庭院上部空间的高棚架等，均反映了地域生态适应性建筑的典型特征。

2. 过渡、渗透和联系

汉族、满族、回族传统民居的庭院是整座住宅的核心空间，它使内向封闭的空间得以舒缓、透气，面朝天空打开，凝神聚气，成为整座民居的“气眼”。

院落的“虚”与建筑的“实”形成鲜明对比，相较维吾尔族传统民居庭院而言，在虚实界定上显得更为清晰。从建筑到庭院，由室内至室外，使空间形成自“实”到“虚”、自“静”到“动”的过渡，彼此渗透，相互联系。

庭院作为过渡空间，将民居内外分隔开来，从而远离喧嚣，营造了宁静自怡的小天地。

第四节　新疆传统民居的基本形制和基本生活单元

新疆是民族众多的地区，各民族在此生存聚居，共同创造了多元一体的地域建筑文化。

新疆传统建筑中的空间构成理念、对自然条件和周围环境地形的利用以及对建筑细节的关注等，与当今世界的生态建筑观不谋而合。人们将建筑与大自然旋律充分联系，收四时之烂漫，变不利为有利，符合目前人类社会可持续发展的生态策略，具有很高的学术价值，十分值得研究和借鉴，其中尤以民居最为典型。新疆传统民居空间组合形式多样，布局灵活自由，外观浑厚豪放、朴实大方，极具地域性，凝聚着民间的非凡创造智慧。

以民居为代表的新疆传统建筑所反映出的“因地制宜、灵活布局、不拘一格”的特点在新疆全域范围内普遍存在，非某一地区或某一民族特有。同时这一特点还跨越了漫长的历史时空，并非拘于某一时期特有，现在有之，两千多年前的交河故城同样有之。恰恰充分说明了新疆传统建筑的适应性这一重要属性。

新疆传统民居在总体布局上大致可分为三类：第一类紧密结合地方气候，显现出独特而鲜明的地方性特征，以维吾尔族、塔吉克族等传统民居为代表；第二类则体现了中原传统建筑的影响，最典型的有汉族、回族、满族、锡伯族等传统民居；第三类则反映了外来文化的影响，如乌孜别克族、俄罗斯族、塔塔尔族等传统民居。

第一类传统民居的总体布局主要具备以下特点：

其一，院落及住房不讲求固定朝向，因循地形、地势以及街巷走向灵活布局。住房在获得日照的同时，还考虑避开冬季的不利风向，以期达到冬暖夏凉的目的。

其二，院落及住房布局无明显的中轴线及对称关系，住房围绕庭院这一家庭活动中心场所而自由灵活布局，因而形成了不拘一格、丰富多样的建筑群体关系和虚实相间的外部形态。

其三，房间格局少有尊卑、等级等宗法礼教观念限制，无上下、正偏之分，主要是应对气候，并根据使用功能需要来布置，如：以客室为主，将其布置于与庭院联系方便的位置；居室分冬、夏室，冬室相对暗而封闭，夏室相对明亮而开敞。

其四，将生活空间由室内延伸至室外，通过虚与实的巧妙过渡和无痕衔接，实现室内外空间以及人、建筑、环境三者间的和谐对话。

第二类则沿袭中原传统建筑总体布局的特点，主要体现为注重中轴对称，讲求院落空间方整周正，以及重视长幼次序和尊卑有别的宗法礼教等方面。

第三类受到外来文化的影响，住房不围绕院落布局，而是一般相对独立地位于院落一角，各居室按照使用功能合理布局，并以内走廊串联起来。

在新疆各民族的传统民居中，注重建筑群体组合、以基本生活单元组合而成各建筑单体是其共同特征。基本生活单元大多都为一明两暗的“三间式”格局，但又因生活习俗和生活方式的差异而具有各自不同的特点。

一、维吾尔族传统民居

（一）基本形制

维吾尔族传统民居的基本形制分为“阿以旺”形制和“米玛哈那”形制两大类。这两类形制的共同特点是空间的内向性，但也有明显的区别。

“阿以旺”形制的民居，由中部的内厅与四周围合的房间组成，是一组完全封闭型的内向性空间（图4-4-1）。“米玛哈那”形制的民居，则由庭院和房屋组成，空间相对开敞（图4-4-2）。

这两种不同形制的成因均是为了适应地方气候。“阿以旺”形制的民居主要分布于以和田为代表的干热沙漠气候区，其他地区则一般以“米玛哈那”形制的民居为多。地方气候的差异，使两种形制的民居各具其鲜明的特色。

（二）基本生活单元

维吾尔传统民居不讲究中轴对称的布局特点，反映出其民族特有的自由天性。

维吾尔族传统民居的基本生活单元一般由三个房间为一组，总的可分为“沙拉依”式和“米玛哈那”式两种类型。此外，在气候特殊的吐鲁番地区，还有穿堂式、毗连式和套间式等基本生活单元类型。

1. “沙拉依”式生活单元

“沙拉依”式是“阿以旺”形制民居中的基本生活单元（图4-4-1）。

“沙拉依”意为冬居室，这组生活单元一般由三个房间组成。一套民居中可以设置一组“沙拉依”，也可以设置两组。

中间的房间为客室（主卧室），其功能是起居室兼卧室。房间的开间大于进深，通过屋顶的平天窗获得自然采光。房间被通高的整片木棂花隔断分成前后两部分，后部的大空间作为坐卧起居，设置30～40厘米高的土炕台，墙壁上设有用于摆设、放置物品的壁龛或壁台；房间前部主要作为交通空间，形成通向两端房间的走道。

客室前部走道的一端是冬卧室。冬卧室的房间前端留出交通空间，其余部分设置大炕台，满铺地毯，墙壁上也设壁龛或壁台。冬卧室的屋顶设置30～40厘米宽、50～60厘米长的平天窗用来采光，冬季以壁炉采暖。

客室前部走道的另一端也是卧室，其功能除了就寝之外，也用于居家常用物品的存放。

“沙拉依”生活单元围绕整栋住宅的中心空间——“阿以旺”布局。除“沙拉依”外，“阿以旺”四周一般还布置有单独的居室、客房、厨房、库房以及其他杂物用房等。

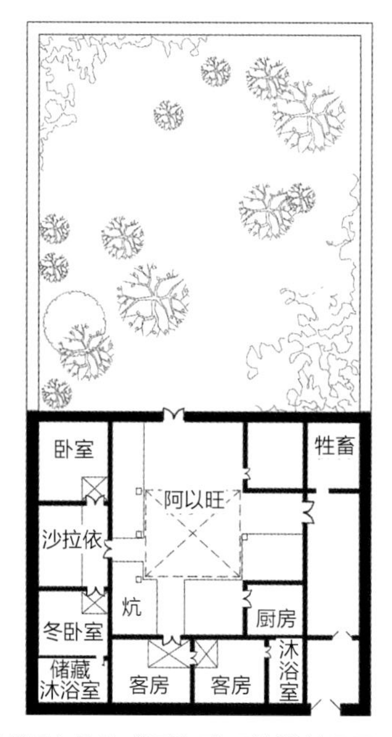

图4-4-1　和田维吾尔族某“阿以旺”形制传统民居平面图（来源：根据《新疆传统建筑艺术》，谷圣浩 改绘）

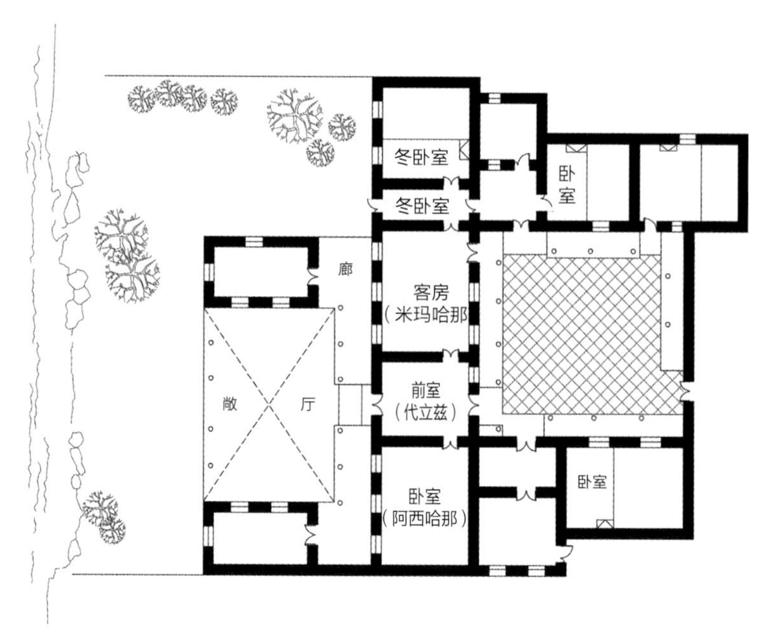

图4-4-2　库车维吾尔族某“米玛哈那”形制传统民居（来源：根据《新疆传统建筑艺术》，谷圣浩 改绘）

2. “米玛哈那”式生活单元

“米玛哈那”式是“米玛哈那”形制民居中的基本生活单元。

1）一小两大，一明两暗

与一般传统民居以大间居中、两侧为小间的布置方式不同，“米玛哈那”式生活单元是由中间的一个小间“代立兹”和两侧的两个大间“米玛哈那”“阿西哈那”组成（图4-4-2）。

2）“代立兹”“米玛哈那”和“阿西哈那”

位于中间的小间“代立兹”，意即外间、前室、走廊，具有复合性功能。开间一般为2～2.7米，宽的可达3米左右，不开窗，开双扇门。南疆的“代立兹”一般分作前后部，前部既作为防寒、隔热、防风沙的门斗，也是进入客室和居室前换鞋、更衣的过渡空间，类似现代住宅的玄关，同时还用作待客配餐之处；后部则划分成淋浴间和库房两间小室。北疆的“代立兹”一般不分前后部，功能与南疆相同，门为单扇或双扇，带耳窗。在东疆的吐鲁番，“代立兹”前后两面开门，有的带耳窗。

外间“代立兹”的左侧，一般设置“米玛哈那”，其功能是起居室兼卧室，由外间穿套进入。“米玛哈那”意为客房，是整座住宅中规格最高的房间，面积最大，空间也最高，每逢节庆日宴请，这里便是歌舞弹唱的最佳场所。南疆客房呈横向布局，开间一般为6～9米，进深一般为4～6米；在北疆为了减少寒冷季节外墙的散热面积，房间的开间和进深尺寸接近。“米玛哈那”面向庭院的前墙一般开设一樘双扇门和两至三樘外窗，外窗外侧再设一层木板窗。室内墙面设有用于摆设、放置物品的壁龛。南疆的“米玛哈那”室内设置采暖、烧茶用的壁炉，将空间分为前后两部分，后部一般设30厘米高的土炕，满铺地毯，人们在此起居、待客、进餐和就寝。北疆的“米玛哈那”室内采用圆毛炉（图4-4-3）采暖，地面铺设木地板。

外间“代立兹”右侧的“阿西哈那”，由外间经双扇门套入。“阿西哈那”意指茶室、冬室、厨房。在南疆和东疆，人口多或经济不富裕的家庭为解燃料资源不足之困，利用“阿西哈那”为冬卧室并兼作厨房的部分功能（烧茶、热奶、做汤面），在庭院内另设制作主食——馕的馕坑，大中型的民居还会单独设置一间面积较大的厨房，供节日、宴请时使用。而在冬季寒冷的北疆，这个房间仅作为居室、存放衣物之用，不兼厨房功能，另设置专用的冬、夏两个厨房。南疆民居中的“阿西哈那”平面为横向布局，北疆则呈横向或正方形。房间面向庭院的前墙开设两至三樘外窗，外窗外侧设木板窗。室内墙面设有壁龛。南疆室内壁炉采暖，房间后部设30～45厘米高土炕；北疆室内圆毛炉或火墙采暖；东疆吐鲁番地区火炕采暖。

3. 吐鲁番的穿堂式、毗连式和套间式基本生活单元

在“火洲”吐鲁番，夏季酷热少雨。当地人充分结合地方气候特点，建造了冬暖夏凉的土拱式生土建筑，独具地域特色。

穿堂式基本生活单元（图4-4-4）以多个土拱式房间串联，房间之间不连通，房门直接开向室外。室内墙上设置长方形壁龛，用于摆放物品。两组房屋之间连成半室外拱形空间，形成大片荫凉，同时有效地引导夏季穿堂风，营造出宜人的室外活动空间。

毗邻式基本生活单元（图4-4-5）以多个土拱式房间串联为“一”字形或“L”形，房间之间一般不连通，房门直接开向室外。室内墙上设置放物品的长方形壁龛。

套间式基本生活单元（图4-4-6）以多个土拱式房间串联，房间之间不连通，以土拱式交通内廊联系各房间，房间门开向内廊。室内墙上开设壁龛，用于放置物品。

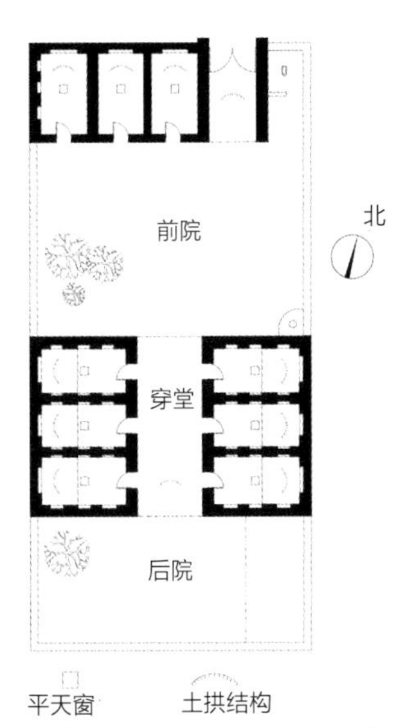

图4-4-4　吐鲁番某穿堂式传统民居平面图（来源：《新疆传统建筑艺术》）

图4-4-3　北疆用于采暖的圆毛炉（来源：范欣 摄）

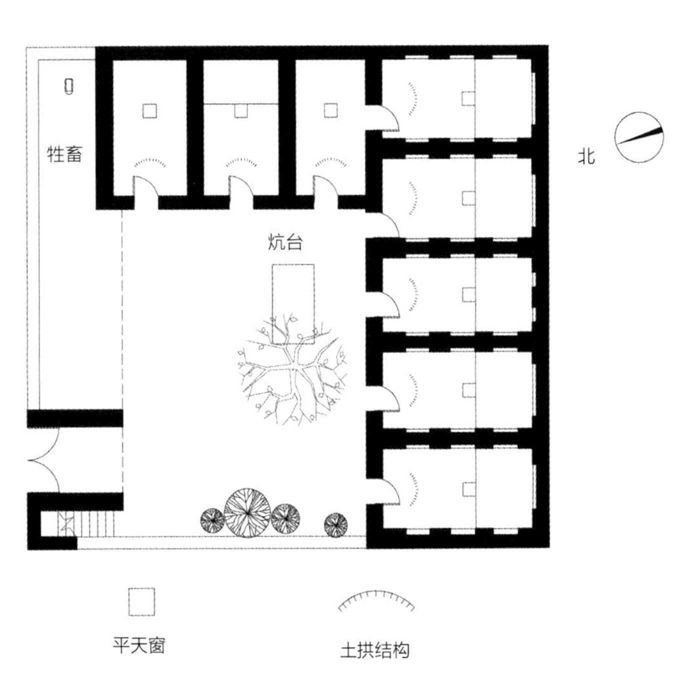

图4-4-5　吐鲁番某毗连式传统民居平面图（来源：《新疆传统建筑艺术》）

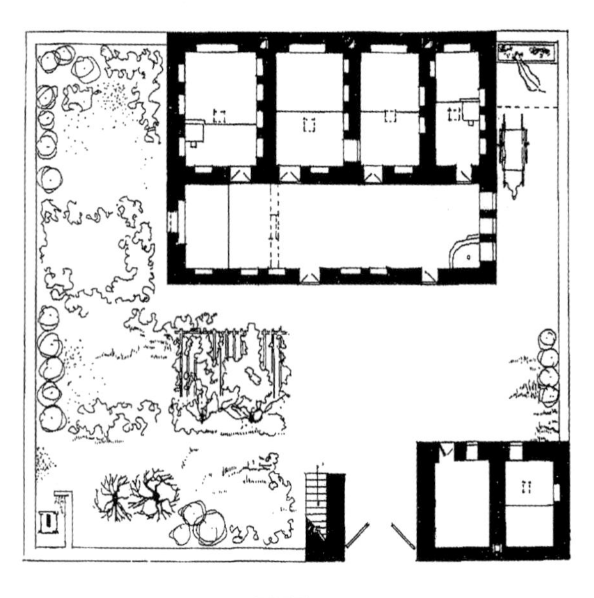

平面图

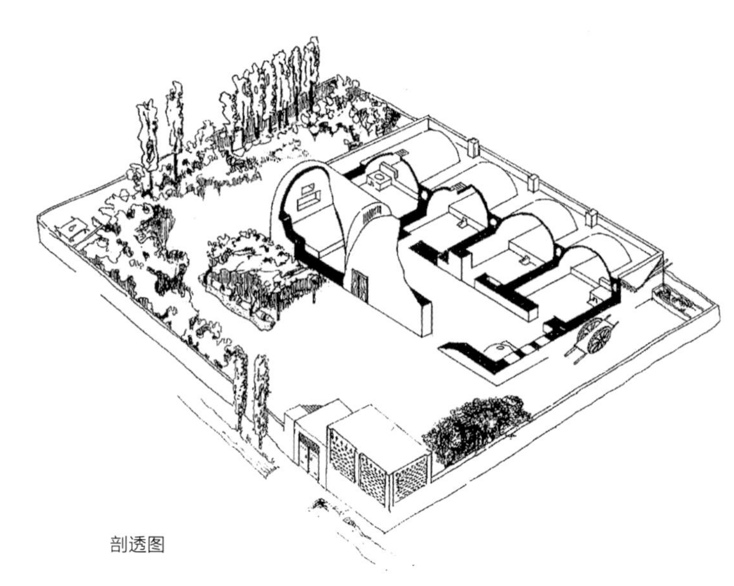

剖透图

图4-4-6　吐鲁番吐峪沟明代某传统民居（来源：《新疆传统建筑艺术》）

二、汉族、满族传统民居

（一）基本形制

新疆汉族传统民居的形制和我国北方汉族民居基本相同，同时体现了人们对传统的尊崇、对故土的思念以及人文观念。满族的传统民居基本形制与汉族区别不大。

整体格局采用中轴式，讲求对称，主建筑坐北朝南（图4-4-7）。房屋以三、五、七间房间为一组，由三组或多组房屋围合成三合院、四合院。中轴线正中布置正房，合院中轴两侧为东西厢房，四合院院落南侧、与正房相对为倒座房。

中轴对称和齐整四方的格局，平稳、周正、封闭，充分体现了对儒家礼制的尊崇以及长幼有序的宗法制度和伦理观念，同时也蕴含端正聚财的吉祥之意。

民居的合院布局遵循“礼”的基本观念，严格依照“尊卑有序、内外有别”的宗法制度布置家庭成员的住所。

（二）基本生活单元

由三间房间组成一个基本单元。与维吾尔族传统民居的“一小两大”不同，新疆汉族、满族的传统民居为“一大两小”，即中间为大间，两侧为小间。

正房（图4-4-7、图4-4-8）居中为堂屋，开间3.4～3.9米或4.1米，主要功能是供奉、家政、待客等；堂屋两侧布置主卧室，或是其中一间为客厅，与堂屋之间用隔扇分隔。正房以三开间为基本生活单元，一般为五开间、七开间。

东西厢房平面基本相同，对称布局于院落中轴两侧。厢房用作客厅、小辈的卧室或书房。一般为三开间，大型的住宅为五开间或七开间。

各房间窗基本面向庭院开设。清代时多采用支摘窗，窗下墙为木槛墙；民国时改用更适应当地气候的玻璃窗外加一层木板窗，以砖包土坯槛墙作为窗下墙。

在北疆塔城、乌鲁木齐的汉族传统民居中，创新地在居室的地面下满设地火炕，冬季屋外天寒地冻，屋内暖意融融。

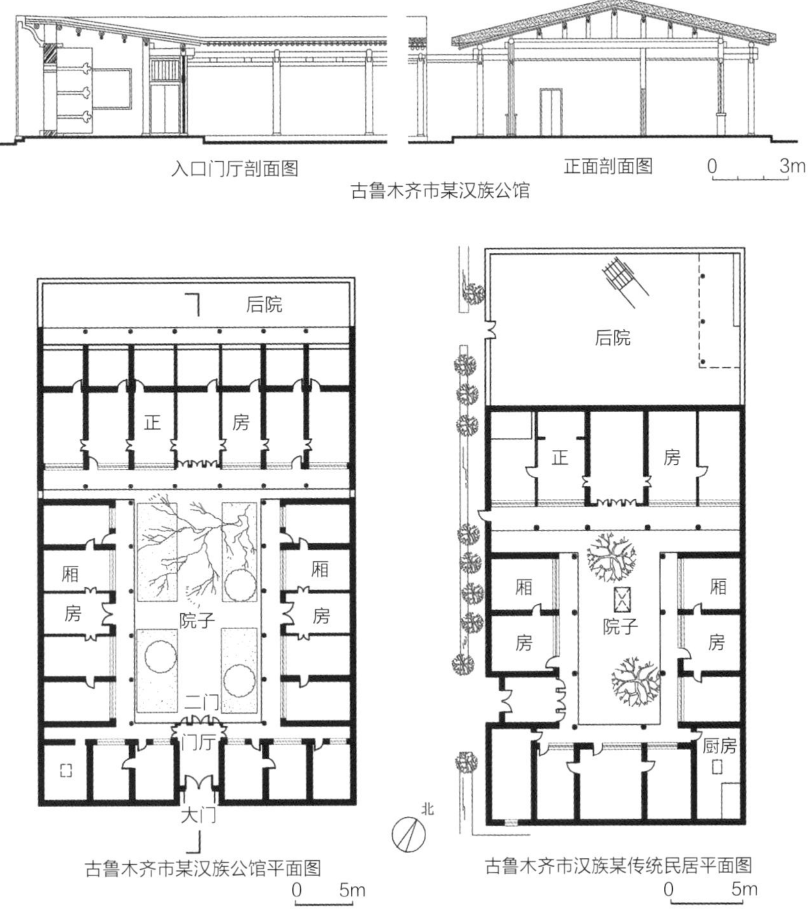

图4-4-7 乌鲁木齐市汉族某传统民居（来源：根据《新疆传统建筑艺术》，谷圣浩 改绘）

图4-4-8 奇台县盛家老宅正房（来源：范欣 摄）

三、回族传统民居

（一）基本形制

新疆回族传统民居的形制与汉族接近。但因生活习俗和使用要求的差异，其建筑格局与汉族传统民居又有所不同（图4-4-9）。

虽采用中轴对称式的整体格局，但对称方位的各栋房屋平面并不讲求完全一致，院落的日照方位也可根据情况自由选择南北或东西向。

由若干组房屋围合成三合院、四合院。中轴线正中布置正房，合院中轴两侧为厢房。也有的住房不形成围合，布置为一字形或曲尺形，用墙围院。

（二）基本生活单元

由若干房间组成一个基本单元。与汉族传统民居不同，新疆回族传统民居的基本生活单元自由灵活，有三间、五间、七间一组，也有两间一组，甚至一间单独成屋（图4-4-9）。

院落主轴上方为上房，设置为空间宽敞的一大间，这里既用作起居、待客宴请，也是长辈的居室。布局于院落中轴两侧的厢房，用于小辈的卧室或书房。

各房间窗面向庭院开设，外窗及窗槛墙构造与汉族传统民居相似。

所有的居室均设有火炕。

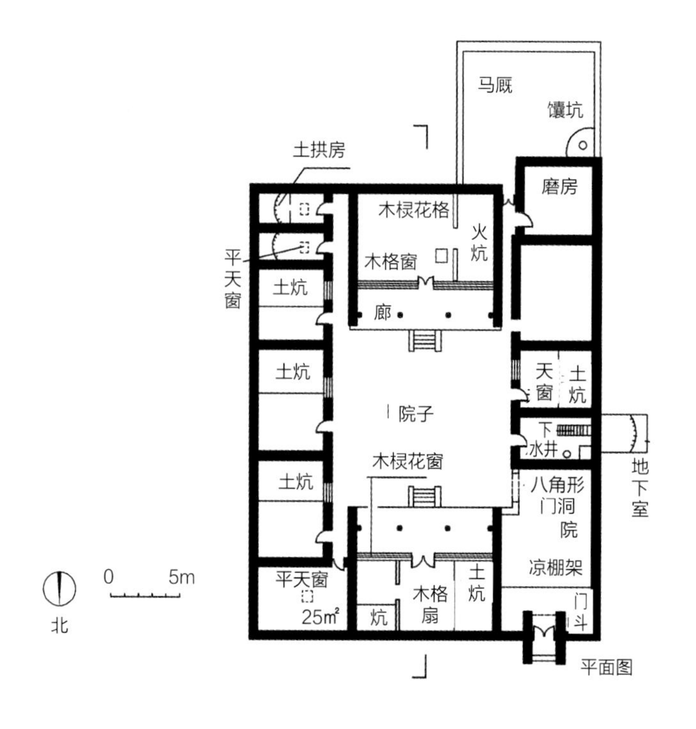

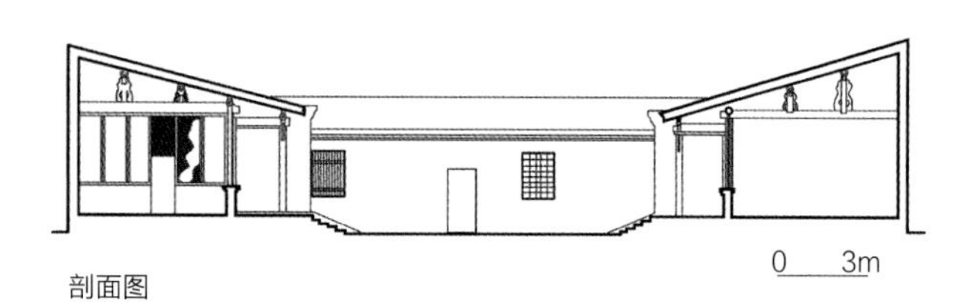

图4-4-9 吐鲁番回族某传统民居（来源：根据《新疆传统建筑艺术》，谷圣浩 改绘）

四、哈萨克族、蒙古族、柯尔克孜族等传统民居

新疆的游牧民族中，哈萨克族、柯尔克孜族等主要以毡房为居所（图4-4-10），蒙古族则以类似毡房的蒙古包为住房。

（一）毡房的基本形制

圆形平面的毡房直径约4.5米左右，内部虽只有20多平方米，但布置巧妙、合理、井井有条，兼具起居、就寝、厨房、存物等生活必备的所有功能。毡房靠门的左侧用于存放马具、猎具，拴病弱的幼畜，右侧放置炊具、食物等。进门的前半部空间留出中间空地，正中央的天窗下放铁皮炉；后半部则满铺花毡，沿边摆被、褥、衣、箱等，这里是一家人坐卧、待客、用餐、饮茶以及休息、交谈的空间，也是妇女从事缝补、刺绣、照看婴儿等家务劳动的场所。其他空间用于存放生活物品、用具等。小小的毡房内充满浓厚的生活气息。

（二）蒙古包的基本形制

蒙古包（图4-4-11）也为圆形平面，直径约5米左右。它的门开向阳光好的方向。进门后正对的地方摆佛桌，放置佛像。左侧是老人的床铺，右侧为儿女的就寝处。包内正中设铁皮炉，用于取暖和做饭。门口两侧放置箱柜和炊具。除中部和门口两侧外，其他区域满铺地毯，可供坐卧、休憩。

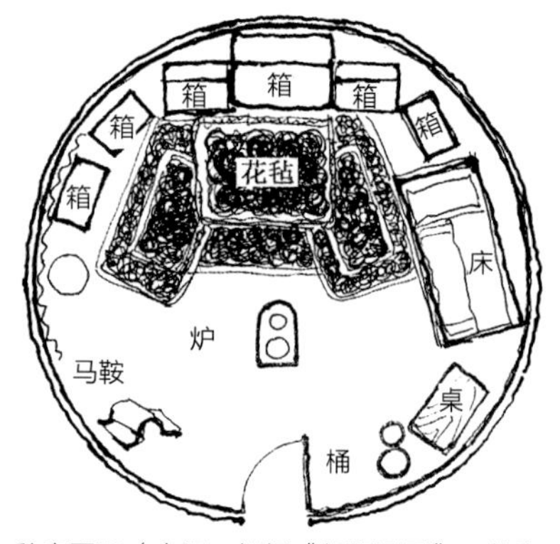

图4-4-10 毡房平面（来源：根据《新疆民居》，范欣 改绘）

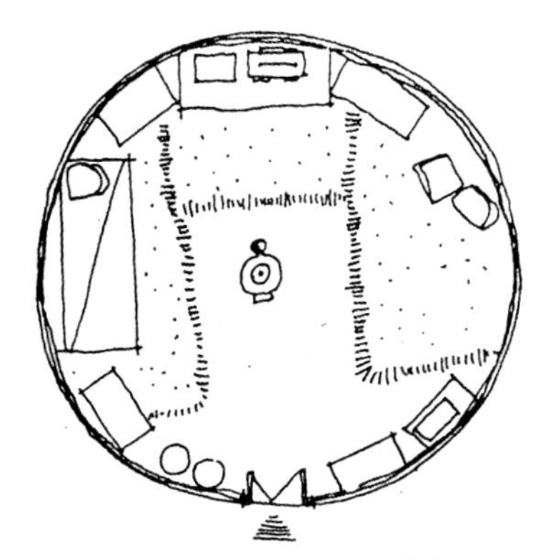

图4-4-11　蒙古包平面（来源：《新疆民居》）

五、锡伯族传统民居

锡伯族自1764年西迁驻边新疆以来，一直按照内地的传统民居形式建造住房。

锡伯族的传统住宅（图4-4-12）基本形制由单幢房屋围合成三合院或四合院。基本生活单元为一明两暗的三个房间组成。正房一般为三间房或是五间房，以西为尊，西屋设置长辈卧室。居室内设有50~70厘米高的火炕。除了正房外，还设置有厢房、杂物房和牲畜棚舍等。

迁居新疆的锡伯族在长期生活中逐渐适应地方的气候特点，同时借鉴当地其他民族的土木混合结构的建造方式，以实墙小窗替代了整开间满窗，减小了坡顶的坡度，最初的两坡顶也逐渐改为了一坡顶。

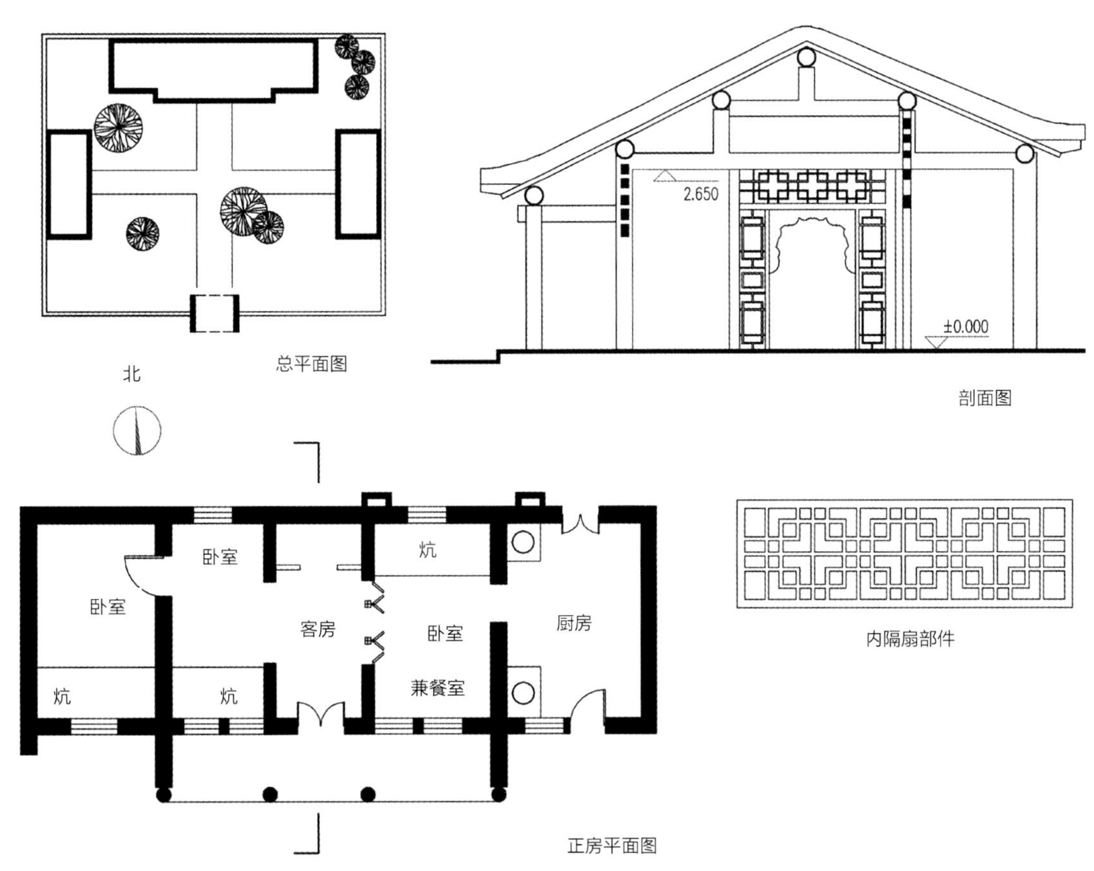

图4-4-12　察布查尔县锡伯族某传统民居（来源：根据《新疆传统建筑艺术》，谷圣浩 改绘）

六、塔吉克族传统民居

塔吉克族兼事牧业和农业。放牧时居住毡房，务农时有固定居所。

塔吉克族主要聚居在帕米尔高原东部，这里的气候冬季干寒、夏季干热，多大风。塔吉克族传统民居基本形制和基本生活单元类似维吾尔族的“阿以旺”式民居，但也因地方气候的差异而有所不同（图4-4-13）。

塔吉克族传统民居中心设置一间“普依阁”大屋，不开侧窗，仅在屋顶设一个80～100厘米的平天窗用于采光和通风，冬季由火炉采暖。“普依阁”主要功能为起居、待客、宴请歌舞等，周围布局居室。客室一般独立设置，为一明两暗或一大间，各间设有炕台。

七、乌孜别克族、俄罗斯族、塔塔尔族等传统民居

乌孜别克族、俄罗斯族、塔塔尔族等的传统民居基本形制的平面布局和基本生活单元（图4-4-14、图4-4-15、图4-4-16）深受外来文化影响，多设置内走道，将起居室、卧室、餐厅和茶室等各个房间串联起来，在住宅入口外设置门廊。采用户内采暖的方式。

图4-4-13 塔什库尔干塔吉克族某传统民居（来源：根据《新疆传统建筑艺术》，谷圣浩 改绘）

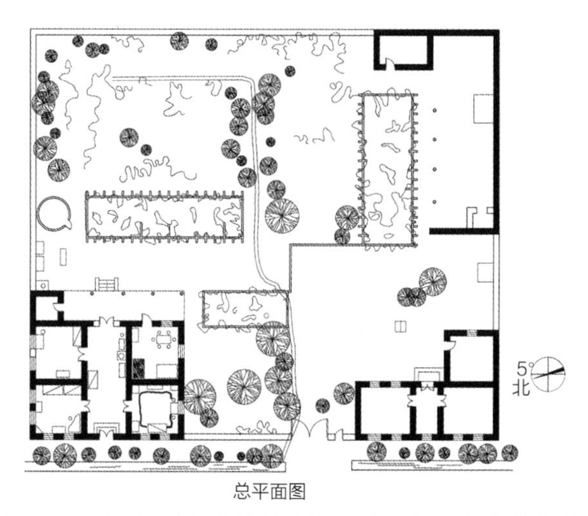

图4-4-14 伊宁乌孜别克族某传统民居（来源：根据《新疆传统建筑艺术》，谷圣浩 改绘）

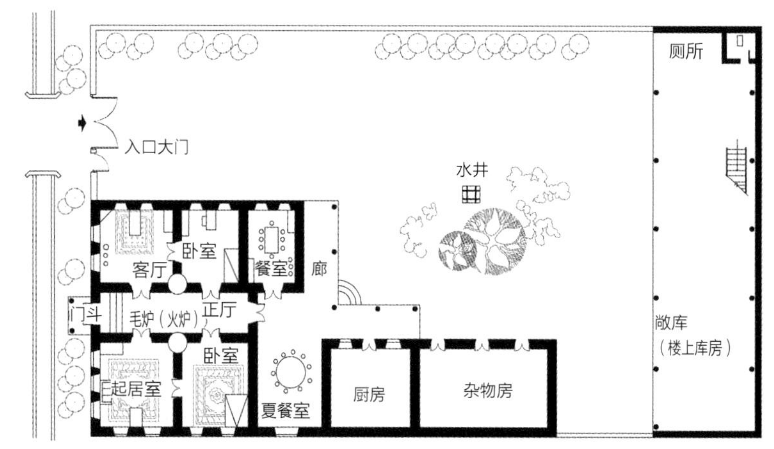

图4-4-15 伊宁市某俄罗斯族传统民居（来源：根据《新疆传统建筑艺术》，谷圣浩 改绘）

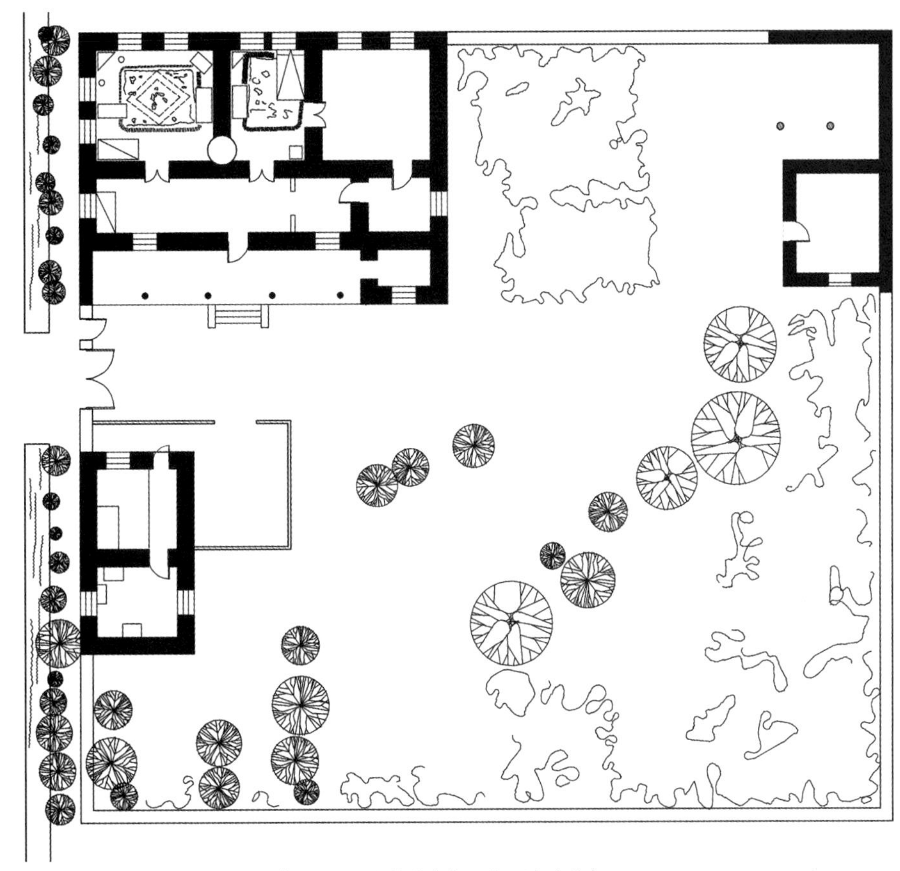

图4-4-16　伊宁市塔塔尔族某传统民居（来源：根据《新疆传统建筑艺术》，谷圣浩 改绘）

第五节　建筑的外围护——实用而美丽的“衣服”

新疆传统建筑一方面通过空间组织有效地适应自然气候，避开和改善气候的不利影响；另一方面充分利用外界的气候条件来进行能量交换而成为“绿色”的建筑，其中许多应对气候的策略与现今的生态节能技术不谋而合。可以说，新疆传统建筑是一种非常低碳的、可持续的建筑。

一、完美的“体形”和会“行走”的房子

新疆传统建筑尤其是传统民居从气候出发所创造出的“体形”非常具有地方性特色。

建筑平面凹凸、错落不多，体形系数控制得很好。建筑外表面积相对较小，当然就有利于减少冬季室内热能的散失，以及减少夏季室外热量进入室内。南北疆传统民居的建筑体形因气候差异而有一定的不同，比如南疆传统民居的房间开间较进深大，以便夏季室内的热量易于散失，而北疆沙尘天气较少，传统民居形态相对南疆更为舒展、开敞。

新疆传统建筑应生活的基本需要所呈现出的形态比例优美、尺度得当，外观朴素，与自然环境十分贴切，虽为人工，宛自天成。

特别值得一提的是游牧民族的毡房，有“白色宫殿”之称的毡房是长期生活于天地之间的游牧民族的智慧创造，它随着牧民“行走”于水草之间。毡房以相对小的外表面积，获得了相对大的内部空间体积，看似简单的毡房不仅有着完

美的“体形”（图4-5-1），而且具有防寒、防雨雪、抗风、抗地震的优点，是大自然催生出的生态建筑。毡房的体形对严寒、寒冷的天气有良好的适应性，可以有效地因势利导大风的气流（图4-5-2），上半部穹形的坡度有利于排除雨雪。一顶毡房只需30~50平方米的空地即可搭建，且不用基础，对自然地被影响较小。

图4-5-1 毡房（来源：范欣 摄）

二、“会呼吸”的墙

新疆传统建筑以土块、夯土、笆子墙夹土坯、木框架填土坯等方式筑造而成的厚实外墙，一般厚达50~70厘米。厚实的生土墙能够有效地吸收太阳辐射带来的热量，优越的热惰性能，使之可以存蓄热能，为建筑室内营造了冬暖夏凉的宜居环境，同时也减少了外墙对街巷和院落空间的热反射，有利于街巷和院落的环境舒适性。这种外墙不仅保温、隔热，而且具有能够调节和平衡室内温、湿度的功能，是一种“会呼吸”的墙，另外，厚实的土墙还具有良好的隔声性能。

在干热少雨的吐鲁番，土拱式生土建筑的墙体和屋面连为一体（图4-5-3），构成冬暖夏凉的生态型外围护体系，具有鲜明的地方特色。

新疆传统建筑外墙表面直接显露生土原色或以白、蓝、绿、橙等颜色的石灰粉刷，墙体边角柔和，质朴敦厚，乡土

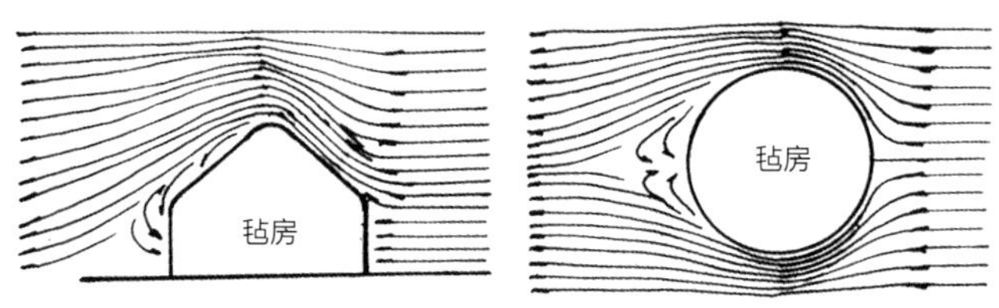

图4-5-2 毡房抗风气流图（来源：《新疆民居》）

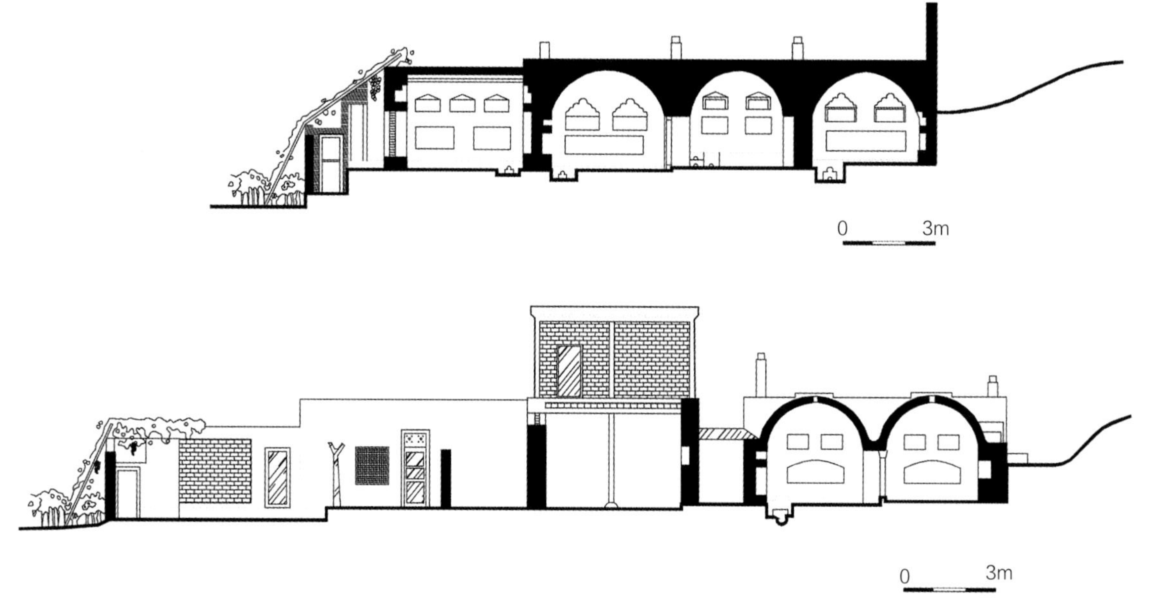

图4-5-3 吐鲁番某土拱式传统生土民居剖面（来源：根据《新疆传统建筑艺术》，谷圣浩 改绘）

气息浓郁。墙面上风沙侵蚀、雨水流淌的痕迹肌理，在阳光的照耀下，呈现出油画般的自然之美（图4-5-4）。

三、与雨雪“对话”的屋顶

新疆传统建筑的屋顶形式与地方气候紧密结合。北疆多雪、多雨的山区大都为坡度较大的坡屋面，雨、雪水易于排除，也利于积雪负荷的卸载；北疆其他地区为微坡平屋面。而在降雨量少的南疆、东疆地区则多为平屋顶（图4-5-5、图4-5-6），在炎热的夏季，晚间人们常常在屋顶上纳凉或是夜宿，赋予屋顶以生活功能。山间的坡顶房屋（图4-5-7），屋顶起伏的形态与山体相互呼应，构成了优美和谐的画面。

1、2、3——伊宁市传统建筑外观　4、5——喀什市传统建筑外观
6、7——乌什县传统建筑外观

图4-5-4　新疆传统建筑外墙饰面色彩（来源：范欣 摄）

图4-5-5　南疆乌什县传统民居（来源：范欣 摄）

图4-5-6　东疆吐鲁番传统民居（来源：范欣 摄）

图4-5-7　北疆阿勒泰地区山区建筑（来源：范欣 摄）

即使是平屋顶，人们也会精心处理，通过高低错落营造丰富的建筑天际线。无论是坡屋顶还是平屋顶，都与所在的自然环境完美契合、相得益彰。

四、木板窗——窗户的“阳伞”

新疆传统建筑的外窗常会在外侧设置一层木板窗，其重要的功效是夏季遮阳，特别是遮挡东西向的太阳辐射。外窗遮阳能有效降低夏季太阳辐射对室内热环境舒适性的影响，在干热地区其作用尤为显著，这也是当今近零能耗建筑中最重要的生态技术策略之一。

传统建筑的外窗外侧设置的木板窗（图4-5-8、图4-5-9），除了遮阳外，在南疆多风沙地区也兼具防风避沙的作用。当外窗开向街巷时，木板窗还有安全防盗的功能。

在北疆寒冷地区，传统建筑的外窗除了外侧设置木板窗外，还会在内侧采用双层窗以提高外窗在冬季的防寒能力，内侧一层玻璃窗在夏季时可以拆下来。开向庭院的房门也常采用外侧另设置一层木板门的形式（图4-5-10）。

木板门窗饰以彩色面漆，观感美观，情调高雅，尤其是伊犁、塔城等地区的木板门窗装饰细致，精美华丽的门楣、窗楣，特别富有艺术感染力。

木板窗不仅在维吾尔族传统民居中多见，在汉族等其他民族的传统民居中也同样存在。这一形式取决于地方气候，完全出于对生态的考虑，是新疆典型的地域性建筑手法，非某个民族独有。

五、“八”字形窗洞的妙用

为了防风避沙和保暖、隔热，新疆传统建筑的外墙很厚（一般为50～70厘米），外窗洞口较小。为使自然光线尽可能多地照进房间，人们奇思妙想，将外窗的左右和上部的洞口边缘开设成八字形，洞口尺寸自室外侧至室内侧放大，十分有效地减少了厚墙、深窗洞造成的对自然采光的遮挡，同时也使窗洞边缘在视觉上显得较轻、薄，一举两得，堪称自然光线利用的经典。新疆传统建筑中的外门洞口也常常采用这种方式。

在新疆汉族、维吾尔族、回族等民族的传统建筑中均有不少采用“八字形”门窗洞口的案例（图4-5-11），说明其并非某个民族所独有，也不仅存在于民居建筑中，而是新疆传统建筑顺应当地气候条件普遍采用的地域性建筑手法，这又为“生态决定形态”的观点提供了佐证。

图4-5-8　南疆喀什某传统民居木板窗（来源：范欣 摄）

图4-5-9　北疆伊宁市某传统民居木板窗（来源：范欣 摄）

图4-5-10　北疆伊宁市某传统民居木板门（来源：范欣 摄）

新疆传统建筑“八”字形外门窗洞口

1——奇台县汉族某传统拔廊房外窗
2——伊宁市维吾尔族某传统民居外窗
3——伊宁市吐达洪巴依旧居门连窗
4——乌鲁木齐市南大寺外门
5——“八”字形外窗洞口平面图
6——“八”字形外窗洞口剖面图

图4-5-11　新疆传统建筑“八”字形外门窗洞口（来源：范欣 摄、绘）

六、“天空之眼”——天窗

在南疆“阿以旺”形制的维吾尔族传统民居中，由于防风沙的要求，整栋房屋封闭性极强，外围不开窗，因此，除了中心“阿以旺”空间依靠高侧窗采光外，其他居室均通过在屋顶设置平天窗来获得天然采光和自然通风，以改善室内的居住环境质量。南疆的维吾尔族庭院式传统民居的居室也有采用平天窗的案例（图4-5-12、图4-5-13），维吾尔人将之称为“通留克”。

在东疆吐鲁番维吾尔族、帕米尔高原的塔什库尔干塔吉克族以及新疆其他民族的传统民居中也有许多采用平天窗的例子，可见，平天窗并非南疆特有，也非某个民族特有，主要是出于适应气候条件和对居住空间采光的需求。

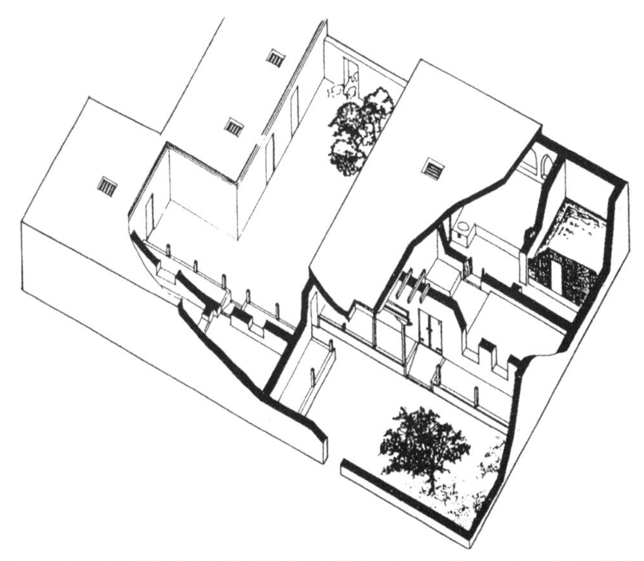

图4-5-12　库车维吾尔族某传统民居利用平天窗采光通风（来源：《新疆传统建筑艺术》）

新疆游牧民族的毡房顶部的圆形天窗，除了用于采光和排除因炊事产生的烟气外，还可以通过热压作用获得自然通风（图4-5-14、图4-5-15），只需调节天窗的毡盖和毡房根部的围毡高低，即可获得适合的自然光照和新鲜空气。毡房内空气流通，光线充足，冬暖夏凉。

图4-5-13　喀什高台民居平天窗（来源：范欣 摄）

图4-5-14　毡房利用门与天窗获得自然采光和通风（来源：《新疆传统建筑艺术》）

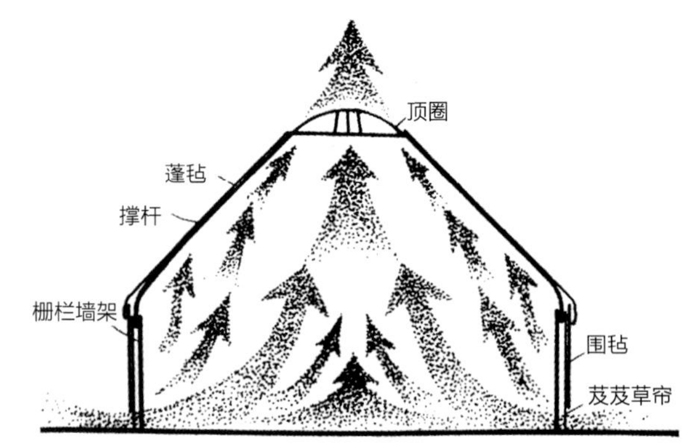

图4-5-15　毡房内部气流组织示意图（来源：《新疆民居》）

第六节　阿以旺——明亮之所

古老的“阿以旺”产生于狂风肆虐、黄沙漫天的沙漠戈壁边缘的绿洲，其最早出现的可考历史已有1700多年。在长期的生活实践中，劳动人民用勤劳的双手和生活的智慧创造了“阿以旺”，并在传承过程中不断地加以提升和完善，在清代发展至顶峰。

约在公元3世纪之前，“阿以旺”就已是楼兰、尼雅等地住民常用的民居形式。斯坦因在《斯坦因西域考古记》中曾谈及尼雅遗址中的“阿以旺”式建筑：“有一似乎供仆人用的小室，小室之外连一大室。大室26英尺见方（8.5米×8.5米），三面有一隆起的灰质平台，很像近代塔里木家室中的客厅（Aiwan）。现存八根柱子，排成方形，显出中间地方以前曾有一隆起的屋顶，为通光透气之用，和近代的大房一样。遗址中其他各处居室的建造和地位，我不久就都熟悉了，这和现在各腴壤中所流行的家庭布置，异常相像。”①

新疆南部的塔里木盆地塔克拉玛干大沙漠边缘的绿洲聚居区，是典型的干热沙漠气候区，春夏沙暴盛行。每当风沙袭来，则悬浮的沙尘遮天蔽日、天昏地暗，一两米之外视不见物，行人举步维艰。除了保暖和避热外，防御风沙是建筑

① [英]奥里尔·斯坦因.斯坦因西域考古记[M]. 向达译. 乌鲁木齐：新疆人民出版社，2010. 4.

的第一要务，这也是南疆传统民居的主要特征。

在南疆沙暴最严重的地区，人们创造了独特的“阿以旺”空间。“阿以旺”意即“明亮之所”，是整栋民居的核心。该空间的顶盖高出周围屋面1～2米，在四周开设用于自然采光和通风的高侧窗，夏季冷热空气通过高侧窗低进高出完成热量交换，起到了类似“拔风井”的作用，既阻隔了风沙侵袭，也获得了舒适明亮、空气流通的生活起居空间。“阿以旺”形制民居是一种全封闭式的建筑，外墙不开设窗户，在南疆的和田、喀什、库车等地的传统民居中长期被采用。

“阿以旺”是所有室内空间中光线最明亮、空气最流通、空间最高敞的场所，在各房间中装饰规格最高，类似现代建筑中的中庭。这里是日常起居、接待宾客、节庆欢聚、歌舞弹唱以及家务劳动等的重要功能空间。所有房间紧密环绕这一中心空间围合布局，房间门窗均开向“阿以旺”厅，建筑外部不开窗洞，使整栋住宅内部的各功能区紧紧团抱，外部形成严密的包裹（图4-6-1a、图4-6-1b）。

“阿以旺”厅空间面积宽敞，一般为40～50平方米，大的可达80～100平方米，最小也有30平方米。厅的四周除留出交通通道外，沿外圈设置30～45厘米高、2～3米宽的实心土炕台，供人坐卧。

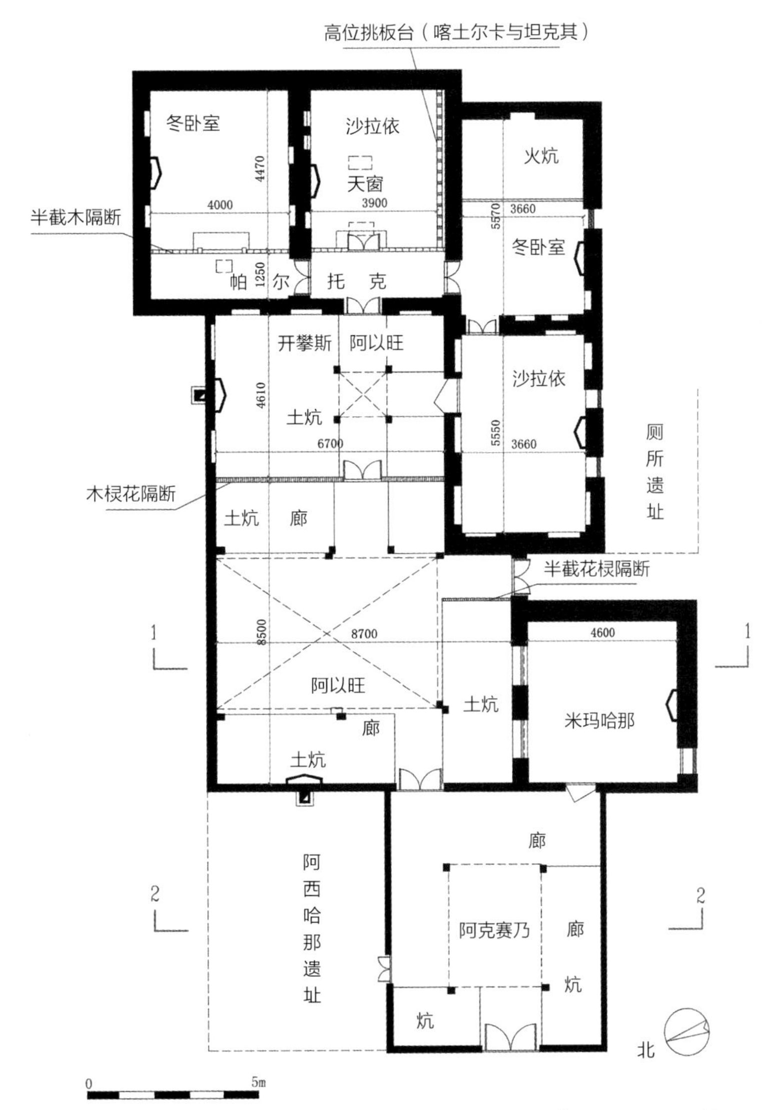

图4-6-1a 于阗县维吾尔族某“阿以旺”式传统民居平面图（来源：根据《新疆传统建筑艺术》，谷圣浩 改绘）

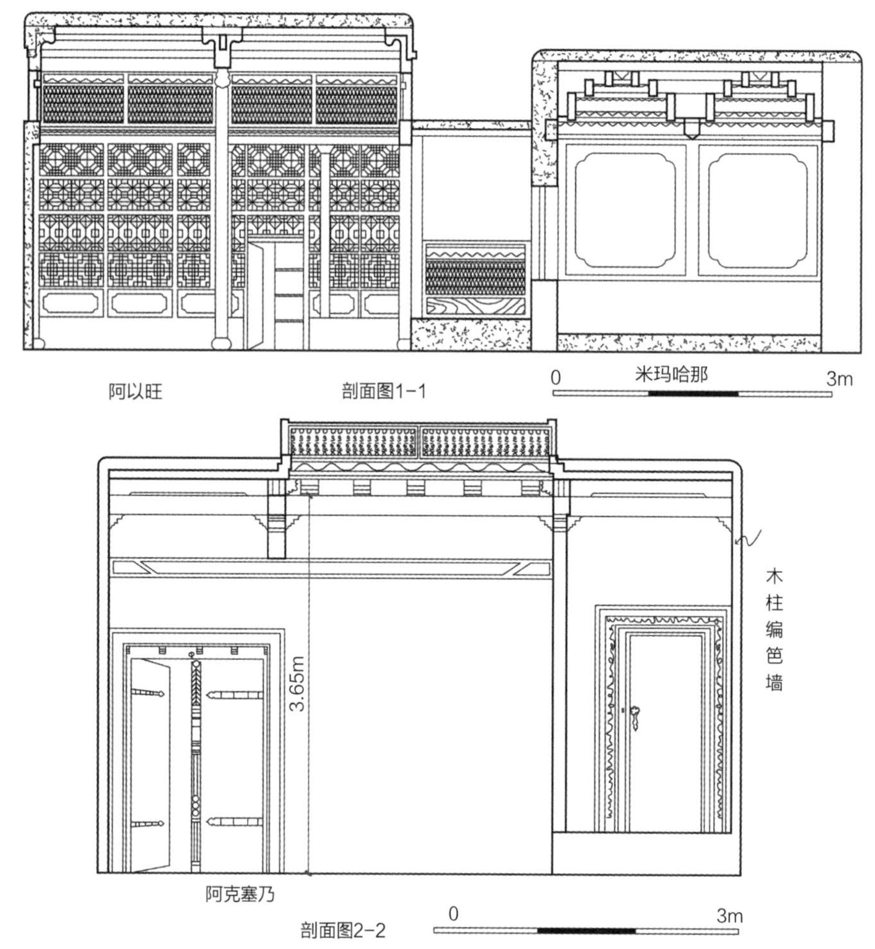

图4-6-1b　于阗县维吾尔族某“阿以旺”式传统民居剖面图（来源：根据《新疆传统建筑艺术》，谷圣浩　改绘）

如果屋顶中间开高侧窗的凸起部分较小，则称作“开攀斯阿以旺”，即“笼子式阿以旺”（图4-6-2）。在塔吉克族传统民居中，也设有类似“开攀斯阿以旺”的空间，为了避风，不设高侧窗，在屋顶设置平天窗，塔吉克族人称这种房屋为“普依阁”。

在喀什高台民居、喀什噶尔古城现存大量的“阿以旺”式传统民居，其中有不少对传统“阿以旺”空间进行了改良，例如：采用全玻璃顶盖，使厅内更明亮、洁净，等等。

当空间周边设顶盖，而中部无顶盖、直接见天，这种空间形式则称为“阿克赛乃”（图4-6-1a、图4-6-1b）。

图4-6-2　喀什高台民居中的“开攀斯阿以旺”（来源：范欣 摄）

第七节 檐廊——房间的“帽檐”

檐廊，是传统建筑中非常多见的形式。檐廊一般具有两个基本功能：一是在建筑前的遮风、挡雨雪的作用；二是作为建筑群组中连接各建筑的室外交通通道。

新疆传统民居中亦常见檐廊，在住房外设置的檐廊形似房间的“帽檐”，可以遮挡夏季通过外窗进入室内的太阳辐射。各民族传统民居的檐廊各具特色。

一、维吾尔族传统民居的檐廊

在新疆维吾尔族传统民居中，檐廊占据着不可替代的重要地位，它将功能性、生态性、空间艺术和装饰艺术等完美地结合在一起，既承载着非常实用的生活功能，也汇集了维吾尔族传统建筑装饰艺术的精华，是整个民居空间中的高潮所在。

（一）空间形式

维吾尔族传统民居檐廊的设置方式自由多样：可单独设于一组房屋前呈“一”字形；也可将各组房屋前的檐廊相互联系，形成“L”形、“U”形；还可以与邻街巷的院墙内侧的柱廊连作一体，形成四面连通的一圈，这样的形式也被称作“辟希阿以旺”。檐廊的布局不拘泥于固定的形制，由住户根据自家房屋布局，灵活机动地选择设置方式。

南疆的维吾尔族传统民居的各组房屋布局紧凑，空间围合性强，因此檐廊也多连续，具有较强的围合感（图4-7-1、图4-7-2）。檐廊宽度为2米、3米不等。

北疆以伊犁为代表的维吾尔族传统民居总体布局较南疆舒展自由。房屋前的檐廊多呈“一”字形和“L”形。北疆降水相对较多，檐廊一般比南疆民居檐廊更宽大，宽者可达4米左右（图4-7-3、图4-7-4）。

东疆吐鲁番地区维吾尔族传统民居常采用檐廊与高棚架相互联系设置的方式（图4-7-5），有的将檐廊单独设置（图4-7-6）。由于高棚架遮盖了院落房前的大部分面积，也有的维吾尔族传统民居不设檐廊。

（二）功能性和生态性

除了遮风、避雨雪以及户内交通等基本功能外，维吾尔

图4-7-1 喀什高台民居某住户檐廊（来源：范欣 摄）

图4-7-2 喀什维吾尔族某传统民居檐廊（来源：范欣 摄）

图4-7-3　伊宁市维吾尔族某传统民居檐廊（来源：范欣 摄）

图4-7-4　伊宁市维吾尔族某传统民居檐廊（来源：范欣 摄）

图4-7-5　吐鲁番维吾尔族某传统民居的檐廊与高棚架（来源：《新疆传统建筑艺术》）

图4-7-6　吐鲁番维吾尔族某传统民居的檐廊（来源：《新疆传统建筑艺术》）

族传统民居的檐廊还具有多种综合性的生活功能，它是民居内重要的日常生活场所，反映了人们特有的生活习惯。

尽管整套住房中各功能房间一应俱全，人们还是喜爱在户外生活，一年之中约有四分之三的时间在檐廊下度过。这其中有几个主要的原因：一是新疆气候特殊，维吾尔族人对大自然有着与生俱来的渴望和热爱，只要气候允许，就一定会在户外，无拘无束地亲近大自然的阳光、空气和植物；二是为了防风、保暖和避热，房间一般仅内向庭院一面开窗，室内光线较暗，室内空气也不如室外舒爽；三是维吾尔族人生性开朗热情、豪爽奔放，室外空间较室内更加开阔明亮，适合作为欢聚交往的空间场所。

檐廊的功能几乎囊括了所有的生活功能，使整个空间充满生气和浓郁的生活氛围（图4-7-7、图4-7-8）。这里既是一家人的起居、就餐空间，又可作为一般性接待、妇女家务劳作和儿童玩耍之所，也可以用作雨天晾晒衣物的场地。人们在檐廊一端设置土台，铺设毛毡、地毯，可供日常坐卧，夏季炎热的夜晚，可以在此就寝。有的在檐廊尽端设置厨灶，方便就近炊事。

檐廊所创造的场所空间同时还具有生态宜居性。不露天的半室外空间，能供雨天户外起居之用，成为室外活动空间的一部分。炎热的夏季廊下凉爽舒适，也避免了阳光直射室内（图4-7-9）；冬季由于太阳高度角的变化，和暖的阳光可穿过檐廊洒入居室。

图4-7-7 乌什维吾尔族某传统民居檐廊（来源：范欣 摄）

图4-7-8 喀什维吾尔族某传统民居檐廊（来源：范欣 摄）

图4-7-9 伊宁维吾尔族某传统民居檐廊（来源：范欣 摄）

（三）艺术性

1. 空间艺术性

新疆维吾尔族传统民居庭院空间由周围建筑实体围合而成，庭院与房间之间设置的半敞开的檐廊作为联系住房和庭院的“灰”空间，使室内、外空间在小与大、低与高、暗与明、封闭与开敞之间相互过渡，相互渗透，在视觉上显得更加自然、柔和，极大减少了空间的封闭感，创造了生动趣味、变化丰富的空间环境。

檐廊是庭院内的灵魂空间，其空间处理手法流畅洗练、含蓄大气，空间比例和尺度得当。成排排列的檐柱一般间距2.7～4米，柱间高宽比一般为2：1。

2. 装饰艺术性

维吾尔族传统民居的建筑外部形态敦厚豪放、简朴大方，但在庭院内部却十分讲究细节，装饰工艺瑰丽精美。整栋民居的外观装饰繁简有致，主次分明，笔墨浓淡相宜。

由檐廊形成的柱廊是庭院内的灵魂空间和视觉焦点，它积聚了整栋房屋的装饰精华，是维吾尔族传统民居中最精彩的部分，也是最为突出的特色之一。

檐廊的装饰艺术性首先体现在对廊柱、檐梁、托梁（拱廊柱式无托梁）、檐头和天花等的装饰方面。廊柱由下至上可分为柱基、柱脚、柱裙、柱身、柱颈、柱头，整个廊柱断面变化丰富。柱裙、柱头、托梁是装饰的重点，满雕花饰，色彩纷繁华丽（图4-7-10）。

图4-7-10 乌什维吾尔族某传统民居檐廊装饰细部（来源：范欣 摄）

二、汉族、满族、回族传统民居的檐廊

（一）空间形式

新疆汉族、满族、回族传统民居的檐廊形式由内地沿袭而来。

新疆汉族、满族传统民居的檐廊宽约1.5米左右，也有的达2.5米左右，高度3.2～3.6米或3.9米。一般沿着每一组住房（正房、厢房、倒座房）的前墙设置檐廊。有的民居仅在正房设檐廊（图4-7-11）。

回族传统民居一般只有在上房才会设置檐廊，宽度约为3米左右。廊端空间一般砌端墙收头。

清末民初，新疆奇台县、木垒县等地逐渐形成汉族聚居地。能工巧匠们在陕甘一带传统民居的基础上，建造了拔廊房（图4-7-12）。这种拔廊房结合当地的气候和生活特点，将房前屋檐伸出1.5米左右，形成檐廊，广受当地居民的欢迎。

图4-7-11 奇台县汉族传统民居（盛家老宅）檐廊（来源：范欣 摄）

图4-7-12 奇台县某汉族传统拔廊房（来源：范欣 摄）

（二）功能性和生态性

在汉族、满族、回族传统民居中，檐廊的主要功能是遮蔽雨雪，保护窗户免受雨雪浸湿。在炎热的夏季，檐廊有效地遮挡炽烈的太阳辐射，营造出空气流通、凉爽舒适的廊下空间，为人们提供纳凉的场所。

有的汉族、满族传统民居中的檐廊同时还能满足户内室外交通联系的需要，环绕天井院一周，形成连接各组住房的交通走廊，在雨雪天气也可毫无阻碍地通达各个房间。

（三）艺术性

檐廊装饰是汉族、满族、回族传统民居的装饰重点和最精彩的部位，装饰特色沿袭了内地传统民居的特色。但是，受到经济条件、建筑材料和建造技术等的限制，檐廊的柱、梁、枋、椽等装饰较内地传统民居均有所简化（图4-7-13）。汉族传统民居一般装有檐廊板，上雕廊花，有人物、花草、飞禽走兽、辟邪象征物等。

满族、回族传统民居檐廊的柱、梁、枋、椽等装饰与汉族民居相似。

图4-7-13 奇台县汉族传统民居（盛家老宅）檐廊装饰（来源：范欣 摄）

第八节　（半）地下室——炎热干旱地区的天然空调房

气候及自然环境的条件是影响建筑形成的主要因素之一。新疆由于地域辽阔，南、北、东疆各地的传统建筑生动地反映出人们应对特殊气候、适地适生的生存智慧。

东疆以吐鲁番盆地为代表，这里地势低，夏季气候干旱酷热，降雨量极少，日照时间长，是典型的内陆性荒漠气候。夏季全年气温在30℃以上者达146天，最热时可达49.6℃，是我国最热的地方，以“火洲”著称于世。

南疆地区属暖温带干旱荒漠大陆性气候。境内光照充足，降水稀少，蒸发量大。夏季炎热，但酷暑期短；冬无严寒，但低温期长。

北疆与南疆气候差异明显，属寒温带半干旱大陆性气候。气候主要特征是：夏季炎热短暂，冬季寒冷漫长；春季升温快但不稳定，秋季降温迅速；气温变化剧烈，日温差大；降水多于南疆和东疆。

一、（半）地下室的主要成因

（半）地下室在新疆维吾尔族传统民居中最为常见，也最具典型性。

新疆南、北、东疆传统民居由于气候的差异性，建筑形态各异，但是各地居民几乎家家户户建有（半）地下室。究其成因，多出于充分利用（半）地下室掩土建筑冬暖夏凉的特点，用于储物或夏季居住。

东疆以吐鲁番地区为代表，由于气候干热，（半）地下室主要用于避暑，即夏季居住，冬季则作为储藏。北疆以伊犁为代表，（半）地下室主要为储藏功能。南疆由于人口的聚集度高，用地紧张，在密集型聚落形态下，建筑向高空及地下发展，以争取更大的空间。

（半）地下室充分体现了新疆传统建筑因地制宜创造生活空间的民间智慧。

二、（半）地下室的主要特点

由于地域自然条件和气候等的差异，各地传统民居的半地下室各具特色。

（一）东疆传统民居半地下室的特点

东疆以吐鲁番地区最为典型。吐鲁番盆地气候干旱酷热，降雨量少，日照时间长，盆地中黏土层厚，这些自然条件为生土建筑奠定了得天独厚的条件。自古以来，不论这里的房屋如何千变万化，都离不开生土这种最基本的建筑材料。一般传统住宅是一明两暗式的全生土拱形建筑或土木结构的平屋顶房屋，人口较多者建四跨以上连排拱，这种建筑墙体较厚。另有一些民居建成半地下室式的二层楼房，即底层是全生土拱形建筑，二层为木结构平屋顶房屋。

吐鲁番传统民居“掘土为穴，垒土为墙”，在住宅下相应地挖深修建半地下室，充分利用自然采光和通风，地下室上半部分或三分之一的高度露出地面开设窗户。吐鲁番传统民居半地下室为土拱式，先将原生土挖造成室，再用土坯砌拱，做成楼盖。上部房间地坪高出院落地坪较多，室外设有台阶（图4-8-1），半地下室楼梯一般布置在房屋一侧

图4-8-1　下地下室的楼梯口部及上部房间门口踏步（来源：王海平 摄）

（图4-8-1、图4-8-2），上部房间为会客室（图4-8-3）。半地下室是吐鲁番地区非常常见的生活空间形式，夏季凉爽，可以住人或作为家务劳动的空间（图4-8-4），冬季则作为储藏水果、蔬菜的场所，半地下室的高侧窗可以解决通风采光的问题。

部分半地下室的屋顶上部没有加盖房间，而是设置土台，铺上地毯可供坐、卧起居。土台外侧的土坯花墙既是造型，也是土台的栏板。一天的活动基本都在这里进行，相当于起居室的作用（图4-8-5）。

土拱半地下室具有鲜明的吐鲁番地方特色。由于全地下室室温很低，和室外温差太大，人易生病，另外还存在采光和通风等问题，因此，常采用半地下室。

（二）南疆传统民居（半）地下室的特点

南疆传统聚落格局密集紧凑，居住空间有限，建筑向天空、地下发展空间。

南疆以维吾尔族为代表的传统民居多充分利用檐廊下部空间设置（半）地下室。

檐廊下的地面标高高出院子地面约1米，利用这一高差，（半）地下室外侧墙可以朝向院落开高窗，以争取自然通风和采光。廊下铺设地毯，作为日常起居的空间。（半）地下室与檐廊的巧妙结合（图4-8-6、图4-8-7），不仅满足了基本生活功能的需要，也创造出高低错落、丰富生动的建筑空间，增强了领域感。

南疆（半）地下室主要作为储藏之用。

图4-8-2 高棚架及下地下室的楼梯口部（来源：王海平 摄）

图4-8-3 地下室上部房间——会客室（来源：王海平 摄）

图4-8-4 地下室内景（来源：王海平 摄）

图4-8-5 地下室入口及屋面土台（来源：王海平 摄）

图4-8-6 喀什高台民居某住宅檐廊与地下室结合设置（来源：王海平 摄）

图4-8-7 喀什高台民居某住宅半地下室入口（来源：王海平 摄）

（三）北疆传统民居（半）地下室的特点

北疆传统民居（半）地下室以伊犁地区最具代表性。伊犁地区传统民居檐廊较南疆宽大，也多利用檐廊下部空间设置（半）地下室。（半）地下室靠檐廊外侧设置（半）室外走廊或室内走廊。设（半）室外走廊的地下室（图4-8-8、图4-8-9）直接向走廊开窗；设室内走廊的地下室走廊外侧朝院内开窗（图4-8-10）。高出院落地面的（半）地下室，与宽大的檐廊共同构建出高低错落、丰富灵动的建筑空间。（半）地下室不用于住人，主要作为储藏空间。

图4-8-9　伊宁某传统民居半地下室半室外走廊（来源：王海平 摄）

图4-8-8　伊宁某传统民居半地下室入口（来源：王海平 摄）

图4-8-10　伊宁市某传统民居半地下室入口（来源：王海平 摄）

第九节　过街楼和半街楼——街巷中“跃动的音符”

新疆维吾尔族传统民居中的过街楼、半街楼等，出于最大化利用空间以及街巷遮荫的双重考虑，横跨窄巷或挑向街巷，架空构筑。这种“生长建筑”充分体现了当地居民高超的生存智慧和独特的艺术审美力。

一、过街楼和半街楼的形成

过街楼和半街楼是南疆维吾尔族传统建筑聚落中的典型空间。随着家庭人口的增长，南疆维吾尔族传统民居巧妙地利用街巷上部的过街楼或半街楼扩充生活使用空间，不仅满足了基本生活需要，也为街巷创造出丰富的空间节奏和阴影变化。

南疆喀什的高台民居，被誉为“活的民俗博物馆”，也堪称“过街楼和半街楼的艺术馆”。迷宫似的古老街巷是南疆维吾尔族传统建筑文化的特色，这片土地，承载了太多的历史和传奇。随着代代繁衍、生息，仅有的院落内再无地方扩展，于是便向高空延伸。当人口众多的住户连楼房也不够用时，便想出一个奇妙的办法，在建造二楼时将房屋向街巷延伸，形成半街楼（图4-9-1）或是跨过街巷搭建到对面建筑上形成过街楼（图4-9-2）。借用街巷上方的空间增大住房面积，有的过街楼甚至高达两层。这种颇具创意的建筑生长方式逐渐被推广开来，形成了南疆传统街巷特有的景观。

图4-9-1 街巷中的半街楼（来源：王海平 摄）

二、过街楼和半街楼的生活功能和生态功能

过街楼和半街楼等挑向街巷上方的空间，多作为卧室或储藏间，下部空间仍可通行。由此，既不影响街巷通风，还减少了街巷暴露于阳光中的面积，减弱了夏季由于太阳辐射带来的升温效应，提供了大片宜人的荫凉（图4-9-3）。在夏季，高墙窄巷有效抑制了巷道上部热空气与下部冷空气通过对流进行的热量交换，加之下部空气相对较快的流速，也更易形成令人备感惬意的“冷巷风”。

三、过街楼和半街楼的艺术特点

过街楼和半街楼是南疆维吾尔族民居空间生长的重要特征。这些不拘一格的生长空间，不讲求固定的尺寸、形态，甚至不拘泥于平行而呈现各种角度的出挑，灵动自由，在狭长的街巷中形成灰空间，极大丰富了街道空间的景观和节奏变化，犹如街巷中“跃动的音符”，充满了艺术感染力（图4-9-1、图4-9-2）。

图4-9-2 过街楼（来源：王海平 摄）

图4-9-3 过街楼下部空间（来源：王海平 摄）

图4-9-4　过街楼下部空间（来源：王海平 摄）

四、过街楼的构造

过街楼多采用土木结构，木柱一般立于墙外，也有的将木柱砌于两侧草泥土墙内（图4-9-4）。过街楼底部一般采用圆木作为横梁，在其上放置木条板或密肋小次梁，上铺设芦苇席，室内铺土砖地面。

第十节　高棚架——“望不到天”的室外

“望不到天”的室外是吐鲁番传统民居所独有的风貌特色。

一、高棚架的成因

在“日光如火，风如炮烙”的极热地吐鲁番，5～8月份的气温常超过40℃，夏季太阳下的地表温度可高达70℃，遮荫是干热地区最有效的降温措施。

人们在房前屋侧的室外架起高大的棚架（图4-10-1），遮挡住当空太阳的剧烈暴晒，营造出大面积的荫凉。高棚架一般高出屋顶1～2米，有的达6～7米，空气在这段高差空间中形成运动，带动棚架底部的热空气流出，使棚架下的温度显著降低。凉空气由于质量较重而下降，热空气则上升，棚架下的空气形成循环，在人的高度范围内营造了相对舒适的温度环境。

高棚架下的空间满足了当地居民喜爱户外活动的生活习惯，一年中有四分之三的时间人们都会在高棚架下起居，到了夏季，甚至连夜晚睡眠也在这里。

现在大多数农户则把原来的高棚架改为葡萄架，经济实惠，也给庭院增添了美丽迷人的景色（图4-10-2）。

图4-10-1　吐鲁番传统民居由院落入口望向院内（来源：《新疆传统建筑艺术》）

图4-10-2　葡萄架搭建的高棚架（来源：王海平 摄）

二、高棚架的生活功能

吐鲁番传统民居中的高棚架一般架设在土拱平房的院子上空，在房屋檐部之上架起木立柱或以土坯砌筑镂空花墙，借助房屋女儿墙顶和院墙墙头搭建，也有的单独设立高棚架（图4-10-3、图4-10-4）。高棚架的遮盖面积各户不同，有的全部遮盖整个院落，也有的只遮盖院子的一部分。高棚架是吐鲁番地区传统民居中家庭生活的综合性空间。它盖而不死，遮而不闭，视野通透，舒适、亲切，给人以安全感，无论是白天起居，还是黑夜就寝，都仿佛处在大自然的怀抱之中。人们喜欢在高棚架下起居生活，一年之中只有严冬季节在室内度过。许多生活设施及日常用品，都由室内转向室外，人们在此烹饪、餐饮、坐卧、缝纫、编织、木作、修理、歌舞、儿童嬉戏、节日宴请等，高棚架下的空间不仅作为第二起居室和第二卧室，也是邻里交往的理想场所。

单独搭建在院内的高棚架，一般与居住建筑连接，或是与建筑脱离依托院墙一边或一角搭建，这种架棚高度相对较低，一般为3～4米。这类棚架也常见于南、北疆传统民居中，使用功能类似。还有一种是专为禽畜搭设的，则会更低些，仅以不妨碍居民添食、清扫为度。

图4-10-3 圆木和芦苇席搭建的高棚架（来源：王海平 摄）

图4-10-4 吐鲁番某传统民居高棚架（来源：王海平 摄）

三、高棚架的生态功能

高棚架是人们从生活基本需求出发，充分结合当地的气候特点所创造的生态型空间。它可以阻挡夏日由于太阳直射产生的紫外线和热辐射，减弱强烈的光线，缓解干热气候带给人的不适感，同时利用庭院中种植的花草树木的降温加湿作用，形成舒适宜人的小环境。

在“吐鲁番十八怪”中，有一怪就是“床铺摆在大门外”，这种景象在吐鲁番地区随处可见。由于吐鲁番气候干燥炎热，人们大部分时间都在室外生活。夏季每天日落西山时，拿出铺盖，夜晚便在自家高棚架下的大床上纳凉休息。

第十一节 炊事空间——随季节移动的厨房

在新疆传统民居中，炊事和就餐空间是生活的重要场所。新疆各地维吾尔族等民族传统民居中的厨房设置灵活自由，多根据院落大小及布局决定厨房的位置。但无论怎样，几乎每家均有室内和室外两处厨房，即冬厨房和夏厨房。

为避免增高室内温度及保持室内空气的洁净，夏季烹调等炊事活动都在室外，也便于邻近室外起居区就近操作。人们利用檐廊下的空间，形成“廊厨”（图4-11-1、图4-11-2），它是传统民居院落内非常重要的空间。“廊厨”不需要将所有的炊事用具都放置在一起，也不在墙上做固定家具，而是灵活地摆设桌子或橱柜当做台案使用。人们往往将厨灶等用具安置在檐廊的沿墙一侧或一端，且就近安排就餐区。

新疆各地维吾尔族等民族居民习惯在檐廊下紧邻灶台边建“苏帕”（新疆传统民居中特有的土台），满铺毛毡、地毯，摆上小桌，作为就餐的空间。

也有的依托住房檐墙和院墙的一隅搭建棚架，设置室外厨房。或者索性离开住房，在庭院中另择地点，依贴院墙单独搭设棚架，设置炉灶和餐饮空间，这种形式称为“飞厨”。人们在棚架下放置宽大的木床，方便日常户外起居，摆上小桌，则可兼做就餐场所（图4-11-3～图4-11-5）。

新疆维吾尔族等民族的传统主食为拉面、抓饭和馕。清道光二十一年（1841年）林则徐在新疆体察民情时曾赋诗：“村村绝少炊烟起，冷饼盈怀唤作馕”。馕是每天必备的主食。新疆大部分地区气候十分干燥，这种经烘烤而成的面食可长期存放，便于携带，随食随取。因此往往十天半个月成批烤制一次。馕坑有一户一个，也有多户一个，安置在庭院内、大门侧旁或街巷路边。馕坑形状肚大口小，形似倒扣的宽肚大水缸（图4-11-6）。馕坑一般用羊毛和入黏土砌筑而成，高约1米左右，底部架火。当炉火将坑壁烧灼后，圆形馕饼即贴于内壁，烘烤。馕坑四周围用土坯垒成方形土台，以便烤馕人在上面操作。

图4-11-1 伊宁市某传统民居中的“廊厨”（来源：范欣 摄）

图4-11-2 吐峪沟某传统民居位于二层的“廊厨”（来源：王海平 摄）

图4-11-3 伊宁某传统民居的“飞厨”（来源：范欣 摄）

图4-11-4 伊宁某传统民居的“飞厨”（来源：王海平 摄）

图4-11-5　喀什某维吾尔族传统民居的“飞厨”（来源：王海平 摄）

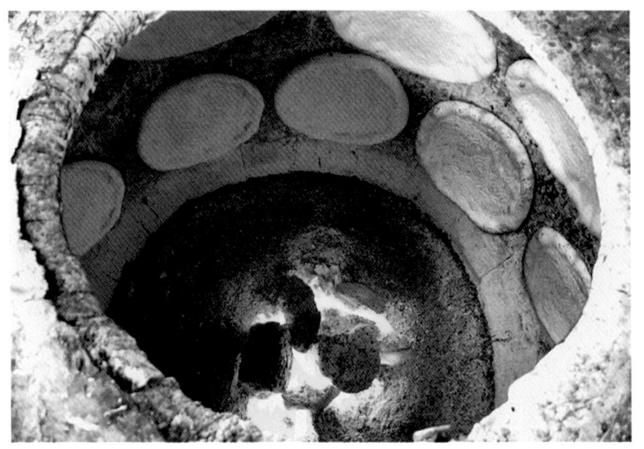

图4-11-6　馕坑内部（来源：王海平 摄）

第十二节　楼梯——上下层空间的纽带

新疆各地传统民居在用地条件允许的情况下大多为一层，当用地紧张或受到限制时，则建造两层或两层以上，以楼梯作为上下层的联系，其中，以维吾尔族传统民居中的楼梯最为典型。

上二、三层住房的楼梯依住宅格局自由的布局，用很少的面积巧妙紧凑排布。一般设在室外庭院边角，紧贴墙边单跑或者折叠设置（图4-12-1）。或蜿蜒而上，或舒展流畅，不拘一格（图4-12-2），灵动的楼梯使得院落空间更为丰富，为院内平添了动人的景观。

楼梯下的空间也不浪费，充分加以利用，或储藏，或设水喉，有的甚至用来做院落入口（图4-12-3）。砖砌的楼梯栏板上可摆放花盆，以活跃庭院的气氛（图4-12-4）。

楼梯的材料一般随建筑主体。楼梯的选材主要有土坯堆砌、砖砌、木质等。上二层或屋顶的楼梯在空间条件不容许时，通常采用可灵活搬动的木梯。

新疆传统民居中的楼梯，充分体现了人们的生活智慧和审美情趣，朴素的生活中总是充满美和诗意。

图4-12-1　吐鲁番某传统民居中的土木楼梯（来源：王海平 摄）

图4-12-2　喀什高台民居某住宅的楼梯（来源：王海平 摄）

图4-12-3　喀什维吾尔族某传统民居院落入口及楼梯（来源：滕绍文 提供）

图4-12-4　喀什高台民居某住宅的砖砌楼梯（来源：王海平 摄）

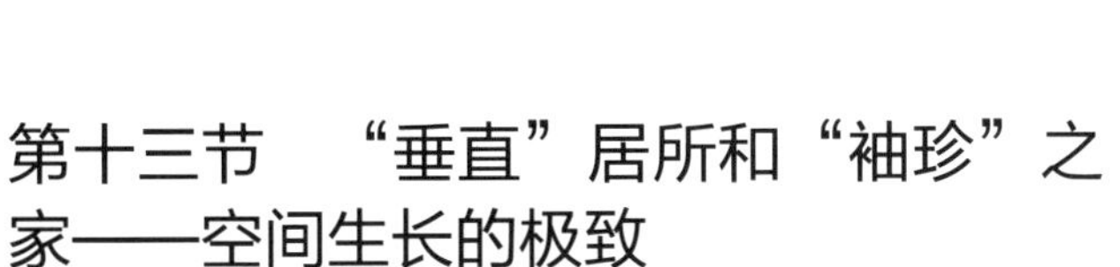

第十三节　“垂直”居所和“袖珍”之家——空间生长的极致

在新疆地少人多的地区，随着人口的不断增长，建筑向空中蔓延发展。喀什“高崖”上的居民们在极其有限的居住条件下，将空间生长的智慧发挥到了极致。

一、“垂直”居所

在低层高密度的喀什高台民居聚落中，有许多竖向生长的居所，其中有一幢高达七层的“垂直”居所尤为典型（图4-13-1、图4-13-2）。这座住宅紧紧贴合于崖壁之上，崖上三层，崖下四层，堪称集约利用土地的经典。这座

图4-13-1 喀什高台民居中的“垂直”居所外观（崖下）（来源：范欣 摄）

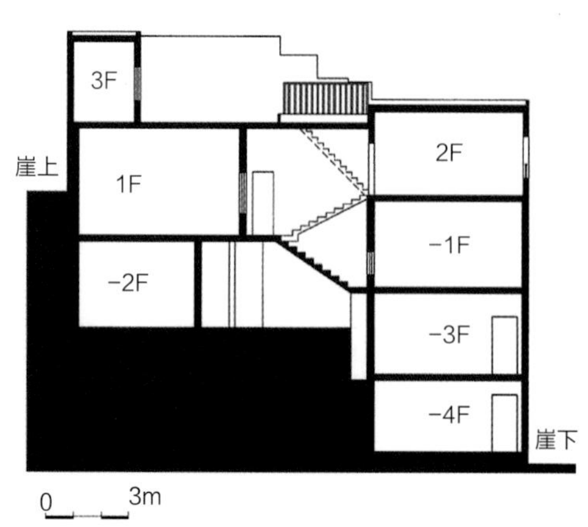

图4-13-2 喀什高台民居中的“垂直”居所剖面图（来源：根据王小东院士研究室 提供资料，范欣 改绘）

1——崖上入口
2——“阿以旺”厅内景
3——一层至二层的楼梯
4——“阿以旺”厅，上部为通向顶层的楼梯
5——通向负三层的楼梯
6——负三层的居室
7——通向崖下入口的楼梯

图4-13-3 喀什高台民居中的“垂直”居所的入口及内部（来源：范欣 摄）

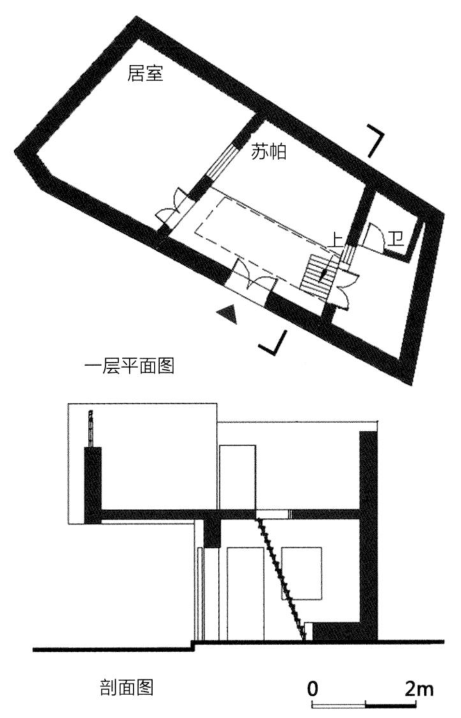

图4-13-4　“袖珍”之家（来源：根据王小东院士研究室 提供资料，范欣 改绘）

图4-13-5　喀什高台民居中的“袖珍”之家的起居空间内部及自屋顶俯视起居空间（来源：范欣 摄）

“垂直”居所设有两个入口：一个入口位于崖上首层，通向高台民居聚落内部的街巷；另一个通往聚落外部的崖下。

居所内部以一个通高的“阿以旺”厅为核心，围绕该空间布置客厅、居室、廊以及通达上下各层的楼梯。中心的“阿以旺”厅在传统形式的基础上进行了变异，不仅设有升起的天窗，还在侧墙上设置了宽大的外窗，使整个“阿以旺”厅显得十分宽敞明亮。户内的每一处功能（包括卫生间）都安排得巧妙妥帖，各个居室采光充足，布置得整洁而舒适（图4-13-3）。

二、“袖珍”之家

喀什高台民居中有不少用地极为狭小的“袖珍”之家，其空间利用之精心巧妙令人叹服。

其中有一个五口之家十分有代表性（图4-13-4）。一入户门，不足10平方米的“阿克赛乃”（无盖的内部空间）兼具着起居、厨房、餐厅和自制手工物品展示等功能，左侧为一间居室，右侧为卫生间。“阿克赛乃”靠里侧的一半空间设置苏帕（土台），起居空间上方中部为露天的洞口，由此通过近乎垂直的木梯通向屋顶以及二层的居室和杂物间。屋顶上围绕洞口密集地摆放着绿植和盆花，抬头即可望见茵茵绿色，户主人不会因为空间的局促，而潦草地对待生活和放弃对美的追求（图4-13-5）。

第十四节　植物——聚落中的精灵

英国探险家斯坦因这样描述发掘尼雅住宅遗址时的情景：“我用手杖在篱脚的沙中搜寻，翻出许多白杨树和果树的叶。在遗址的此间和其他各处，那些倒下来的古代树干，我的挖掘工人还能很容易地辨出那些沿道的白杨树，以及桃、苹果、梅、杏、桑树之类的果木，这都是从他们家所见之物。"①可见，从遥远的古代起，这里的人们就喜爱并善于利用植物改善环境和美化生活。

一年之中，有四至六个月见不到大自然的绿色。特殊的气候环境，养成了新疆人热爱自然和爱美、爱花的天性。新疆人生活中离不开植物，只要条件允许，就会种树栽花，悉心地创造美好怡人的生活环境。他们十分擅长利用植物优化、调节和美化居住小环境，植物作为建筑空间的延伸和补充要素，是新疆传统建筑生态智慧中不可或缺的重要组成部分。

优美的树木镶嵌于建筑之间，或疏或密、浓淡相宜，有的高耸、有的低垂，有的茂密疏阔而形成伞盖，与建筑空间形成相辅相成、浑然一体的整体关系，犹如"绿色的精灵"，为整个建筑聚落带来了勃勃生机（图4-14-1）。

一、植物卫士

在新疆，有一种树随处可见，它能够耐受干旱炎热和严寒的气候，固沙固土，抗风、抗病虫害能力强。它的树干笔直向上、英姿挺拔，一般可以高达15~30米，树与树之间可以密集地排列，这就是白杨树。人们种植成排高大的白杨树（图4-14-2）防风避沙。在庭院中利用高大乔木、果树、灌木、攀藤植物和花草等，达到降尘、加湿、遮荫的生态目的。

二、植物的"乡恋"

这些种植于街巷和庭院中的乡土植物，特别适应当地特殊的气候（图4-14-3）。常见的乔木有杨、柳、桑、榆、槭、白蜡、洋槐、皂角等，果树有梨、苹果、桃、杏、李、海棠、樱桃等，以及无花果、葡萄、石榴、夹竹桃、扶桑、月季、芍药、金菊、大理等果木和花卉。夏季姹紫嫣红，秋季果实累累，葱郁满庭，花果飘香，清风习来，美景醉人。

图4-14-1 新疆传统建筑聚落中的"绿色精灵"（来源：范欣 摄）

图4-14-2 挺拔的白杨树（来源：范欣 摄）

① （英）奥里尔·斯坦因. 斯坦因西域考古记[M]. 向达译. 乌鲁木齐：新疆人民出版社，2010. 4.

图4-14-3 新疆传统街巷和庭院中的乡土植物（来源：范欣 摄）

第五章　艺术的栖居·新疆传统建筑元素与装饰特色

半个月亮爬上来

咿啦啦　爬上来

照着我的姑娘梳妆台

咿啦啦　梳妆台

请你把那纱窗快打开

咿啦啦　快打开

再把你那玫瑰摘一朵

轻轻的　扔下来

……

——王洛宾，新疆民歌《半个月亮爬上来》节选

新疆人民崇尚自然，热爱自然，在适应自然的长期生产生活实践中，辛勤劳作，奋斗不息。他们因地制宜，就地取材，积累了丰富的建造技术和经验，创造出独特而鲜明的建筑艺术形式和风格。新疆传统建筑反映了新疆人民在特殊的自然条件下与自然共生的审美理念，他们善于在自然中发现美、创造美，其建筑元素与装饰也多以自然为题材。审美地生存、艺术地栖居，体现了新疆人民对生活的热爱和美好愿望。

新疆传统建筑元素主要包括柱式、檐口、藻井、壁龛、门窗等。新疆传统建筑的艺术处理手法极为丰富，表现出其独有的装饰特色。

新疆众多民族长期聚居，传统建筑元素和装饰方面也充分体现出多元文化融合的烙印。

第一节 柱式

柱式是新疆传统建筑中重要的建筑元素，柱子是用来支撑房屋顶盖不可或缺的结构主体构件。在长年累月的建筑实践中，当地居民对柱式的处理体现出对美的独到理解和独具特色的地方风格，反映了建筑艺术和建筑结构的高度统一，既没有纯粹为了装饰而加上去的构件，也没有歪曲建筑材料性能使之屈从于装饰要求。例如，在维吾尔族传统公共建筑中，由列柱组成的大空间不仅充分地满足了当地人集体活动的需要，同时也创造出丰富的建筑空间。另外，在维吾尔传统民居中也有很多典型案例，如古老的“阿以旺”式民居即是以柱廊环绕的空间作为整座建筑的中心空间；“米玛哈那”式民居通过设置檐廊（柱廊），创造出丰富灵活、极富艺术性的建筑形态。柱廊作为建筑室内外的过渡空间，丰富了空间的层次，使建筑充满了生机。

柱廊在新疆传统建筑特别是民居中得到了广泛应用。因新疆各地的气候有所差异，柱廊的运用方式也有区别。南疆和田等多风沙地区的人们利用四面围合的柱廊和高侧窗，创造了兼具采光、通风、防风沙、防日晒等功能的“阿以旺”空间；在北疆，则采用建筑前的宽大檐廊，避免雨、雪对建筑的侵害以及防风防寒。

特别值得注意的是，交通是新疆传统建筑的柱廊的重要功能，同时，柱廊还作为不可或缺的公共活动场所或生活空间，以维吾尔族传统建筑中的柱式最具有特色。

一、传统柱式

新疆传统建筑的柱式由檐头、檐梁、托梁、柱头（或无柱头）、柱身、柱脚、柱础等几部分组成，传统柱式常与廊一起运用，使建筑空间更富表现力。廊柱的装饰手法多样，如雕刻、彩绘等，题材丰富，廊柱的颜色有红、蓝、绿或木本色等。造型优美的廊柱往往成为建筑的点睛之笔（图5-1-1~图5-1-7）。

图5-1-1 库车清真寺大殿柱式（来源：《新疆传统建筑艺术》）

图5-1-2 喀什艾提尕清真寺大殿柱廊（来源：《新疆传统建筑艺术》）

（一）檐头和檐梁

新疆传统建筑的檐头一般由封檐和檐托组成。封檐采用通长方木或砖制成，花式线脚繁简有致，常用半圆形、方形线和袅混线等曲线形式。砖则采用普通砖、花砖和型砖，型砖种类多样，例如“S”形、“卍”字形、齿饰、简单的钟乳拱式以及几何形图案等。

在南北疆地区传统民居中檐廊柱式的封檐常采用当地产的杨木制作成悬挂式的雕刻木板条，既美观又可加强檐廊的遮阳效果。

檐托一般是在小断面密梁端部进行装饰造型。

檐托下方位于两柱之间的梁称为檐梁，其装饰讲究，与封檐板呼应协调构成整体。

图5-1-3　某传统清真寺外殿柱式（来源：谷圣浩 摄）

图5-1-4　伊犁吐达洪巴依住宅檐廊柱式（来源：穆振华 摄）

图5-1-5　奇台县东地大庙柱式（来源：穆振华 摄）

图5-1-6　喀什维吾尔族某传统建筑外殿柱式（来源：根据《新疆传统建筑艺术》，谷圣浩 改绘）

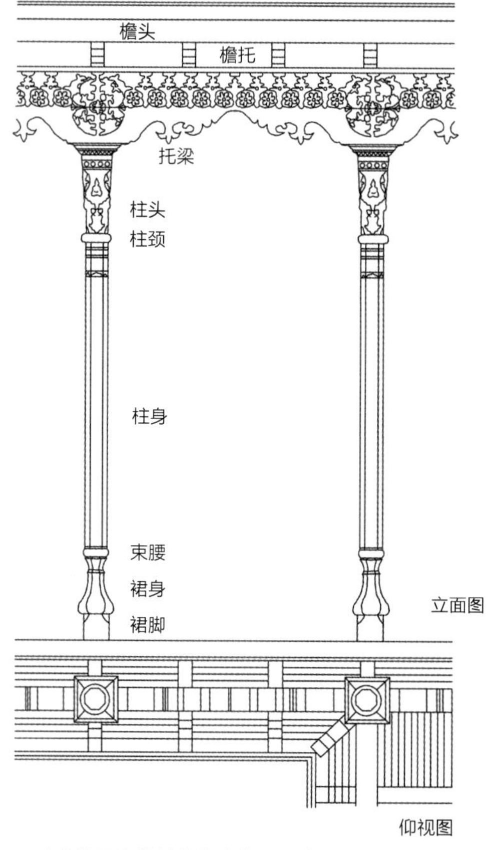

图5-1-7　喀什维吾尔族某传统建筑柱式（来源：根据《新疆传统建筑艺术》，谷圣浩 改绘）

（二）托梁

托梁位于檐梁与柱上端之间，长度约占1/3～2/3柱跨。维吾尔族传统建筑中常采用优美的曲线形托梁，不仅使柱间的轮廓更加柔美，也使梁端接触柱顶的面积相应增大，利于梁、柱间的连接。同时使梁端部受剪力的断面加大，结构受力更加合理。托梁的纹样与檐托风格协调一致。

（三）柱头

在新疆传统建筑柱式中，柱头可有可无。早期维吾尔族传统民居柱式通常以八边形柱身上端的方柱体为柱头，并雕刻花纹进行装饰，后期则取消柱头，使柱与其上部的托梁、檐头等浑然一体，更加典雅秀丽。

维吾尔族传统公共建筑檐廊的外檐柱早期的柱头形式为简单的八面棱柱体、倒六面体、倒四方棱体等。全柱为整木雕刻而成，柱头约占柱长的1/6。后期柱头则作为重点进行装饰，更加华丽精美，甚至一栋建筑的各柱头由于不同人捐助建造，其装饰尺度相同而形态各异，反而成就了独特的风貌（图5-1-8）。

图5-1-8 某传统清真寺柱廊柱头（来源：谷圣浩 摄）

在新疆汉族、回族传统建筑柱子的柱头沿袭了内地传统建筑的做法及风格，装饰上更为简约、朴素，柱头有廊檐板，上雕廊花，图案有人物、花草、飞禽走兽等，但限于地方建筑材料及经济条件，形式和装饰都较内地汉族、回族传统建筑更为简化（图5-1-9～图5-1-11）。

（四）柱身

新疆维吾尔族传统建筑的柱身特点鲜明。柱身断面有方形、圆形、八边形、十六边形、三十二边形。柱径上小下大收分，装饰有简有繁。土（砖）木结构的建筑中柱身适合的尺度，亲切宜人。柱裙位于柱身下部约1/3处，是柱式装饰的重点，柱裙横断面常见的多为八边形，由束腰、上裙边、裙身、下裙边和裙脚组成。柱身和柱裙常以束腰作为过渡，束腰多为刻有花纹的倒如意头花蕾形。上裙边为八面长方形或梯形，下裙边采用装饰如意头纹，裙脚则巧妙地利用四个斜三角体将八边形过渡为稳定性更强的四方体（图5-1-12）。

新疆汉族传统建筑柱子的柱身沿袭了中原传统建筑的特色。因为受到经济条件、建筑材料和建造技术的限制，柱身相对简化，但注重坚固、实用，外观朴素、庄重，多以圆木、方木做柱身，防腐处理后刷红色或棕色大漆饰面。

图5-1-9　奇台县盛家老宅正房檐廊柱头及檐口（来源：张雪兆 摄）

图5-1-10　奇台东地大庙檐廊柱头装饰（来源：张雪兆 摄）

图5-1-11　乌鲁木齐市陕西大寺柱头装饰（来源：穆振华 摄）

图5-1-12　喀什维吾尔族某传统民居柱裙（来源：穆振华 摄）

图5-1-13　伊犁吐达洪巴依住宅柱裙和柱础（来源：穆振华 摄）

图5-1-14　喀什某维吾尔族传统民居柱础（来源：穆振华 摄）

（五）柱础

新疆传统建筑中柱础可分为露出地面和不露出地面两种，有石、木两种材料。石质基础多为鼓状，中间凿出凹槽，柱子榫立其上。木质柱础则多为长方形卧木，采用横向木纹，以避免水顺纹而上，在地下水位低且无地表水的地区，则将基土夯实，柱子直接立其上。

在新疆由于木材资源少，人们因材制宜，充分利用不同长短、粗细的木材，即使采用不等的柱距，仍能通过巧思妙想使建筑体现出均衡感和韵律感。采用统一与微差的艺术手法，使不同粗细的列柱在尺度上取得近似，纹样装饰在风格上统一，虽近观有别，但远观一致，反而形成了别具一格的装饰特色（图5-1-13～图5-1-16）。

图5-1-15　乌鲁木齐市陕西大寺柱础装饰（来源：穆振华 摄）

二、拱廊柱式

在新疆传统建筑中的拱廊柱式主要源于中、西亚石柱拱柱式的影响，不同的是采用木作。拱廊式的拱仅起装饰作用，不作为受力构件。

拱廊柱式的檐部不设檐托，形式简约的大弧度曲线檐头

图5-1-16　乌鲁木齐市陕西大寺柱础装饰（来源：穆振华 摄）

线条十分流畅。柱断面多为方形，有收分，不设托梁。半圆形或马蹄形的拱设于柱间。拱和柱、梁之间的三角区域，雕刻以透空花饰。柱间设45厘米高的木制栏杆，既分隔了空间，也可坐人。拱廊式柱式常作为住宅的重点装饰部位，华丽而精美（图5-1-17）。

图5-1-17 喀什维吾尔族某传统民居二层拱形回廊（来源：《新疆传统建筑艺术》）

第二节 檐口

新疆传统建筑屋顶形式与气候条件紧密联系，南疆、东疆以平屋顶居多，北疆则因雨水相对较为丰沛而多采用坡屋顶，其檐口构造及形式也各具特色。按照材料不同，可大致分为木质檐口和砖檐口。

一、木质檐口

木质檐口是新疆传统建筑普遍运用的形式，在新疆传统公共建筑及民居中大量存在，一般与檐廊组成整体，起到遮荫纳凉和躲避风雨的作用，同时作为建筑的重点装饰部位。

（一）维吾尔族传统建筑

以新疆维吾尔族传统民居为代表，其木质檐口作为檐廊的一部分，不做大的出挑，上部多以简洁的几何块体组成凹凸、细密的精美装饰，下部则与廊柱的封檐连为整体（图5-2-1、图5-2-2）。

（二）汉族传统建筑

新疆汉族、回族传统建筑的檐口基本沿袭中原传统建筑木作做法。跨度（进深）五步架以上的大进深建筑采用双

图5-2-1 伊犁吐达洪巴依住宅檐廊檐口（来源：穆振华 摄）

图5-2-2 乌什维吾尔族某传统民居檐廊檐口（来源：范欣 摄）

坡顶屋面，上铺小青瓦。进深不大的建筑多采用单坡屋顶，铺小青瓦，或仅作草泥屋面。传统民居梁枋挑檐多做云头花饰，装饰高档者，仅用挑透空花板替拱，采用昂或斗栱的作法很少见。色调为木本色、棕色、红色、黑色或饰以彩绘。出挑檐口根据建筑等级有所差异，按照檐口挑出的层数，则分为单重檐、双重檐、多重檐（图5-2-3、图5-2-4）。

邵苏圣佑庙（清代末期建成）正殿为重檐歇山顶，木作采用西北地区的传统作法。檐部以一层层透空雕花的挑坊、云头（或蚂蚱头）代替斗、拱、升、昂嘴。重檐歇山顶的廊檐造型比例适宜，轻巧俊秀。梁坊上饰以彩画（图5-2-5）。

汉族传统民居中木质檐口一般有挑檐和硬檐两种做法。考究的则以木板锯成图案固定于檐下木梁之上，饰以各色油漆或在木料上施以雕刻。

奇台县盛家老宅已有一百多年历史，现仅存正房，檐部出挑较深，托梁为云头花饰，檐口形式简洁朴素（图5-2-6）。

（三）回族传统建筑

新疆回族传统建筑的木质檐口形制与汉族传统建筑相近，檐口以木檩、木椽、飞檐椽出挑檐（图5-2-7、图5-2-8）。

乌鲁木齐市陕西大寺大殿体现了中原传统建筑文化的深刻影响。大殿屋顶为单檐歇山顶，檐廊上的飞檐斗栱全部绘有彩画。后殿为八角重檐攒尖顶亭，与前殿相连。建筑檐口的大出檐与西北地区干热气候相适应，有利于盛夏时节遮荫

图5-2-3　乌鲁木齐老坊寺大殿（来源：穆振华 摄）

图5-2-4　乌鲁木齐文庙正殿（来源：穆振华 摄）

图5-2-5　伊犁昭苏圣佑庙大殿（来源：董云财 摄）

图5-2-6　奇台县盛家老宅正房檐廊檐口（来源：张雪兆 摄）

图5-2-7　乌鲁木齐南大寺大殿檐口细部（来源：穆振华 摄）

图5-2-8　吐鲁番东大寺大殿檐口细部（来源：穆振华 摄）

图5-2-9　乌鲁木齐陕西大寺的后殿重檐八角攒尖顶（来源：穆振华 摄）

图5-2-10　乌鲁木齐陕西大寺大殿檐口细部（来源：张雪兆 摄）

避暑（图5-2-9、图5-2-10）。

多重檐主要用于衙署建筑和寺院建筑，重要建筑常使用三重檐或多重檐，以示庄重威严。吐鲁番回族大寺、哈密王陵夏麦克苏提王及台吉墓室是新疆传统建筑多重檐的典型案例（图5-2-11、图5-2-12）。

二、砖檐口

东疆地区常年干旱少雨，传统建筑女儿墙高度较低，檐口常采用土坯砖砌筑成人字格、品字格或三角形镂空花格，实用美观，简洁朴拙，体现出生土建筑特有的风貌。东疆吐鲁番地区常在女儿墙上搭建木质高棚架，女儿墙镂空花格除起到装饰作用外，还具有引导空气流通的生态功能，从而降低高棚架下的空气温度，创造宜人的居住环境（图5-2-13、图5-2-14）。

南疆传统建筑土坯砖檐口大多采用平直简洁的形式，檐部露出密梁端部。也有的以45°斜砌的砖构成美观朴素的装饰线脚（图5-2-15）。

图5-2-11　吐鲁番回族大寺(来源：穆振华 摄)

图5-2-12　哈密王陵夏麦克苏提王及台吉墓室（来源：《新疆传统建筑艺术》）

图5-2-13　吐峪沟乡麻扎村传统民居沿街外立面（来源：穆振华 摄）

图5-2-14　吐峪沟乡麻扎村传统民居沿街外立面及内景（来源：穆振华 摄）

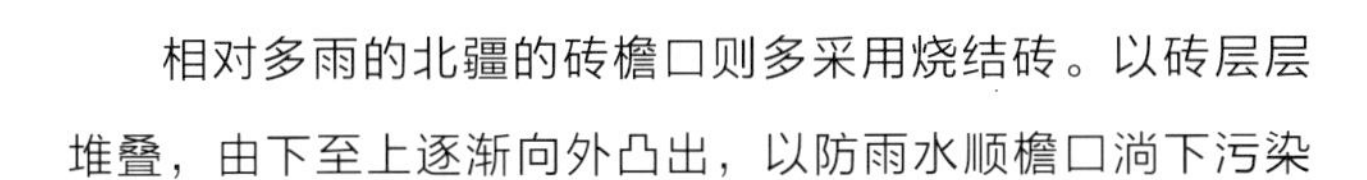

相对多雨的北疆的砖檐口则多采用烧结砖。以砖层层堆叠，由下至上逐渐向外凸出，以防雨水顺檐口淌下污染墙面，优美细腻、轻盈别致的檐口形成了独特的地方风格（图5-2-16）。

图5-2-15 喀什高台民居砖檐口（来源：范欣 摄）

图5-2-16 伊宁市传统建筑砖檐口（来源：范欣 摄）

第三节 顶棚、藻井

新疆处于干旱大陆性的气候地带，传统建筑的屋顶多为平顶或微坡顶，在多雨、雪的山区则采用坡度较大的坡屋顶。同时，新疆建筑材料缺乏，尤其是适于建筑的大规格木材更是难得，密小梁、满铺小椽、草泥平屋顶是常见的屋顶形式，顶棚形式也体现了这一地方材料特点，其中以维吾尔族传统建筑最具代表性。新疆汉族、回族等民族的传统建筑则多沿袭中原传统建筑屋顶形式，顶棚、藻井形式也与之基本相同。

一、顶棚

密小梁顶棚的做法常见于新疆维吾尔族传统建筑中，由于多是平顶，故没有举架和屋架，这主要是由地方材料所决定的。顶棚采用木结构，四周用大梁做支撑，中间密设小梁，其上满铺小椽。室内顶棚常常直接暴露本来结构，整体施以柔和的淡色漆饰，在顶棚边缘和密梁下方等处以局部彩画、雕刻稍加点缀。彩画图案以顶视植物花卉、波浪纹、几何图案和风景为主，简洁明快，细腻雅致（图5-3-1、图5-3-2）。新疆维吾尔族传统建筑中密小梁顶棚的做法，充分体现了劳动人民的聪明才智和独到的艺术审美能力。人们因地制宜，利用有限的地方材料，创造出别具一格的艺术形式，其自然朴素的风格符合新疆人民的审美情趣，具有鲜明的地域特点。

新疆汉族传统建筑的顶棚与中原传统建筑基本一致，多直接暴露木结构本体，防腐处理后饰红色或棕色大漆饰面，沉稳庄重（图5-3-3、图5-3-4）。

二、藻井

藻井又称绮井。藻井的形式有多种，以方形、多边形和圆形最常见。方形藻井一般采用图案彩绘（图5-3-5、图5-3-6），或是以细密雕刻的几何图案重复排列、满铺其中（图5-3-7、图5-3-8）。多边形藻井以八边形较为常见，通过不断缩小的多边形由下至上层层叠合而成倒置的斗形，象征崇高的天宇，每一层多边形均旋转一定的平面角度，形成变幻莫测、精美绝伦的视觉效果（图5-3-9、图5-3-10）。

藻井中部的每根梁中央的装饰由几组单独纹样组合而成。常见的图案纹饰有托盘石榴花形、花瓣组成的圆形、花卉和枝叶、葡萄纹等。每个单独的纹样排列成波纹或二方连续等形式。藻井外侧梁的装饰图案以单幅为主，常以石榴

图5-3-1　某清真寺密小梁天棚木刻装饰彩画（来源：《新疆传统建筑艺术》）

图5-3-2　喀什维吾尔族传统民居室内天棚（来源：张雪兆 摄）

图5-3-3　奇台东地大庙外廊顶棚（来源：穆振华 摄）

图5-3-4　奇台县盛家老宅正房顶棚（来源：穆振华 摄）

图5-3-5 喀什维吾尔族某传统建筑藻井（来源：《新疆传统建筑艺术》）

图5-3-6 喀什维吾尔族某传统建筑藻井（来源：《新疆传统建筑艺术》）

图5-3-7 喀什维吾尔族某传统建筑藻井（来源：《新疆传统建筑艺术》）

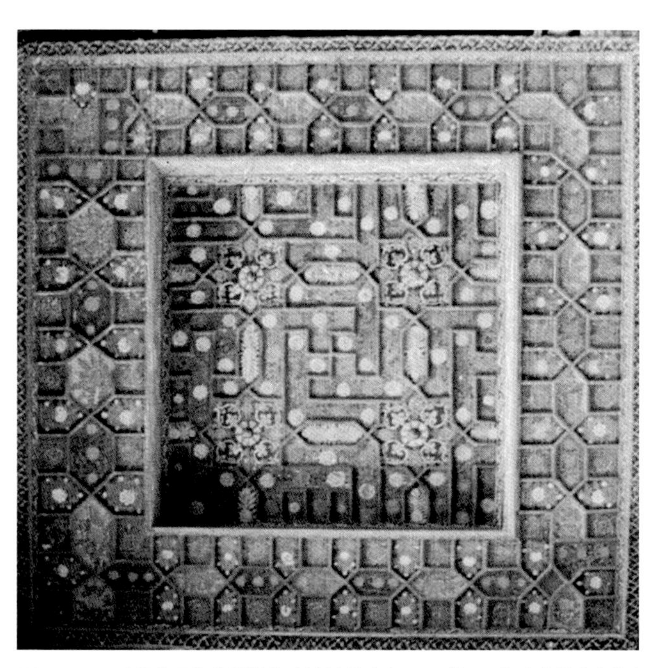
图5-3-8 喀什维吾尔族某传统建筑藻井（来源：《新疆传统建筑艺术》）

花、葡萄、菊花、桃花等为素材。

《风俗通》中说："今殿作天井。井者，东井之像也。"东井即二十八宿中的井宿，主水。藻井还采用荷、菱、莲等藻类水生植物图案作装饰。因此，藻井的形式及装饰蕴含有压伏火魔、护佑安全的寓意。

藻井的装饰彩画色彩主要有红、绿、白、黄、蓝、熟褐等。色彩搭配有的典雅安静，有的绚丽明快，营造出不同的室内空间氛围。

图5-3-9　乌鲁木齐陕西大寺后殿藻井（来源：穆振华 摄）

图5-3-10　乌鲁木齐陕西大寺后殿藻井（来源：穆振华 摄）

第四节　壁龛

龛是新疆传统建筑尤其是传统民居中独有的建筑元素，既有实用的生活功能，又具有装饰性，以新疆维吾尔族传统民居最为典型。由于气候原因，新疆传统建筑的墙体很厚，一般可达50～70厘米。室内陈设家具很少，利用厚墙挖出大小各异的壁龛，壁龛的高低、位置与窗户呼应协调。壁龛的布局自由灵活，形状为矩形，或在矩形基础上辅以石膏、板材等材料，变化出尖券、局部曲线等以增加装饰性。色彩上与室内墙面浑然一体，整体风格古朴典雅，营造出别具一格的居住气氛（图5-4-1）。

东疆吐鲁番地区传统民居中的装饰较新疆其他地区简化。室内壁龛形式更为简洁、朴素，强调以实用性为主，与吐鲁番传统生土建筑朴拙豪放的形式风格相吻合（图5-4-2）。

图5-4-1　喀什传统民居客房壁龛（来源：《新疆传统建筑艺术》）

图5-4-2　吐鲁番吐峪沟乡麻扎村维吾尔族传统民居客房壁龛（来源：穆振华 摄）

第五节 门窗

新疆是多民族聚居的地区，人们结合地域风俗和气候，创造出不同风格的装饰门窗。透过新疆传统建筑门窗装饰艺术，我们能感受到多元文化的魅力，以及新疆人民自由、乐观、崇尚自然美的天性和质朴的审美追求。

一、门

门是新疆传统建筑的点睛之笔。总体特点是公共建筑大门优美、庄重、威严，居住建筑的门则丰富多彩。不同地区传统建筑的门在风格上反映出各自特色。干旱少雨的东疆吐鲁番地区传统建筑的门表现了材料的朴素自然的原始之美；寒冷的北疆地区传统建筑的门则显得清秀雅致；南疆地区传统建筑的门做工细腻、色彩鲜艳、形式丰富。

（一）院门

新疆传统民居户户有院，丰富多彩、装饰各异的院门是街巷中最亮丽的风景线。

1. 南疆地区

南疆地区传统民居因聚落人口密集，用地紧张，房屋密度较高。有的住户庭院面积十分狭小，城区传统民居的院门一般比郊区民居小。当地居民多喜欢将大门油漆成绿、蓝、黄等鲜艳的颜色，也有的直接显露木本色，装饰上较其他地区相对多元化。厚实的院门多为双扇木门，常采用木质图案层层镶贴，立体感很强，典雅浪漫。有的院门镶上刻有花纹的铜质、铁质护板压条，吊装两个供上锁用的门环（图5-5-1、图5-5-2）。

2. 北疆地区

北疆以伊犁地区传统民居院门最为典型。人们注重门楣的装饰，宽厚的门楣或采用优美的曲线，或采用刨线、镶边、刻花和贴花（小花板贴框）等，装饰出各种层次丰富的几何图案，饰以绚丽的蓝、黄等颜色。大门两侧用砖砌门柱，以砖砌做出立体变化，或是采用花式砖雕，十分美丽大方（图5-5-3）。

北疆汉族传统民居的院门在形式上与中原传统民居的形制基本无异，只是受材料或经济条件所限，相对更为简朴。

图5-5-1 喀什维吾尔族传统民居院门（来源：穆振华 摄）

3. 东疆地区

东疆以吐鲁番地区为代表的传统民居院门风格朴素、粗犷，高大宽阔，不作过多图案装饰，色彩偏重棕色、木本色，与生土建筑墙体色彩呼应协调。门扇上方为镂空方格或竖格栅，主要目的是通风降温，同时也弱化了院门过于厚重的感觉，增添了细节。门头上部与高棚架之间的隔断设镂空花格或索性留出洞口，利于高棚架下的空气流通，既达到了降低庭院内小环境温度的目的，同时也与厚实的生土墙产生了虚实对比，丰富了建筑的沿街立面（图5-5-4、图5-5-5）。

（二）建筑外门

相对于院门，建筑外门则显得更轻盈、灵秀，尤以新疆传统民居外门的种类最为繁多，常见的有以下几类：

1. 门扇以木条横竖交织排列成几何形贴雕

门扇采用二至三层的贴雕层层组合，层次丰富而厚重。宽厚的门框运用刨线、镶边、刻花和贴花等手法进行细节刻画。有的直接显露木材纹理，有的则涂上蓝、绿、黄色漆饰，讲究的还会用白色、金色钩边。门扇上方如果设有亮子，则往往会以曲线或透雕木饰着重点缀（图5-5-6）。

图5-5-2　乌什县维吾尔族传统民居院门（来源：范欣 摄）

图5-5-3　伊宁传统民居院门（来源：王海平、张雪兆 摄）

图5-5-4　吐鲁番某传统民居院门（来源：穆振华 摄）

图5-5-5　吐鲁番吐峪沟某传统民居院门（来源：穆振华 摄）

图5-5-6　喀什某维吾尔族传统民居户门（来源：穆振华 摄）

2. 门扇不过多装饰，相对轻巧，饰以蓝、绿、黄等彩色漆面

北疆伊犁等地区民居喜爱在门上设置山形门楣，门楣上雕刻细致的图案，十分精美（图5-5-7、图5-5-8）。

由于全年雨雪相对较为丰沛，北疆伊犁等地区有的传统民居结合外门台阶，设置入口门头。门头顶部一般为利于排除雨雪水的三角形或拱形造型，造型边缘做细致装饰点缀，其下部以立柱支撑，两侧设防护栏杆。入口门头起到了防止外门被雨雪侵蚀损坏的作用，同时也增加了入口的空间层次，丰富了建筑的光影变化（图5-5-9、图5-5-10）。

图5-5-7 伊宁吐达洪巴依住宅户门（来源：穆振华 摄）

图5-5-8 伊宁某传统民居户门（来源：王海平 摄）

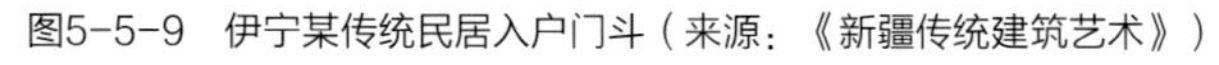

图5-5-9 伊宁某传统民居入户门斗（来源：《新疆传统建筑艺术》）

图5-5-10　伊宁某传统民居入户门斗（来源：穆振华、张雪兆 摄）

图5-5-11　奇台县盛家大院老宅正房门窗（来源：穆振华 摄）

3. 雕花木门

新疆汉族、回族、满族传统建筑的门沿袭中原地区的建筑风格，在木门的上部雕刻成木棂花格，下部木板雕刻装饰，主题是花卉、动物、宝瓶等中式传统吉祥图案，精美细腻，色彩为红、蓝、黄、木本色等，讲究的往往在门上描金。

奇台县盛家老宅正房门和乌鲁木齐市陕西大寺正殿门是汉族、回族传统建筑木雕门的典型案例（图5-5-11、图5-5-12）。

图5-5-12　乌鲁木齐市陕西大寺正殿门（来源：穆振华 摄）

二、建筑外窗

新疆汉族、满族等传统建筑外窗的形式基本相似，沿袭自中原传统建筑，其传统民居则根据当地气候条件，进行了改良。清朝时期建造的传统民居多为木槛墙和支摘窗，至民国时则大大缩减了开窗面积，改为砖（砖包土坯）槛墙，开设玻璃窗，设置木板外窗扇。

发源于当地的新疆传统建筑的外窗带有鲜明的地域性，反映了自然气候与文化作用下的典型特征，南、北、东疆各具特色。

（一）以伊犁为代表的北疆地区

与南疆传统民居临街不开窗不同，北疆伊犁的传统住房临街面开设有外窗，外侧装有木板窗扇，上设装饰精美的山形窗楣，极大丰富了沿街立面，再加上多民族多元文化的相互渗透、相互融合，外窗别具一格。外窗色彩以蓝色居多（图5-5-13）。

（二）以吐鲁番为代表的东疆地区

吐鲁番地区的传统民居注重居室内的采光，在房顶和房的正面均开有窗子。因夏季气候炎热，开窗较小，以雕花木

图5-5-13　伊宁市传统建筑外窗（来源：穆振华 摄）

条组成的镂空格窗形式受到中原传统建筑的显著影响，图案各异，疏密得体，繁简相衬，给人以独特的美感。装饰色彩以木本色居多，体现出特有的朴素之美（图5-5-14）。

图5-5-14　吐鲁番传统建筑外窗（来源：范欣 摄）

（三）以喀什为代表的南疆地区

喀什传统建筑外窗造型十分丰富，表现出高超的木刻技艺。以木棂花格为其主要装饰元素，分为十字形骨式、椽子骨式、四方形套环骨式、八边形套环骨式、米字形骨式、斜方格骨式等。

木质窗花纹饰变化多样，采用几何纹条状或圆形纹曲线与曲直线相结合的基本形状，有规律地向四面无限扩展形成图案。装饰形式有繁有简，装饰色彩以木本色、湖蓝色居多（图5-5-15）。

图5-5-15　喀什传统街区沿街商铺立面的窗（来源：穆振华 摄）

第六节　花饰、纹样

一、木雕刻装饰

木雕刻在新疆传统建筑装饰中很早就得到了运用，在许多古遗址中均发现了例证，例如尼雅遗址中的建筑梁柱，以及楼兰遗址中精美的梁枋木雕刻等。

尤其以新疆维吾尔族传统建筑最为典型，木雕刻被广泛用于木柱、梁、枋和门窗，通常以线画和浅浮雕的形式细密满布，风格自然古朴，构图、部位、刀法具有鲜明的地域特点。木雕刻常会配以石膏花、彩画等，使建筑装饰更具艺术表现力。花纹以植物花卉为题材，构图随构建而异（图5-6-1）。

图5-6-1　喀什维吾尔族某传统民居檐廊（来源：《新疆传统建筑艺术》）

木雕的艺术处理手法通常有组花、花带、透雕、贴雕四种形式。梁枋、柱身、柱裙和门板上一般采用组花装饰，图案有对称的几何纹和自由的植物花卉（桃、杏、葡萄、桑、荷花、石榴等）。花带多以二方、四方连续，并通过互换、交错等手法取得变化。刀法则包括阴刻线、浅浮雕和综合刀法等。透雕是在木板上先绘制好花纹图案，再将其他部分凿掉，形成玲珑秀丽的透空效果（图5-6-2）。贴雕是在平板上贴上花纹图案，形成浅浮雕，或是将多种形体经雕凿拼贴成立体或凹凸的形态作为装饰，多用于柱头、檐头等。

木雕装饰常显露材料本色或是施以素色和彩色。装饰手段可繁可简，根据经济条件量力而行。

二、彩画装饰

彩画是新疆传统建筑常用的装饰手法，多用于公共建筑梁、枋、顶棚、檐部及墙面上，以花卉、蔓藤、卷草、几何图案、山水风景等为题材。构图可用单个图案，也可将图案组合为带形或成片加以运用。大块的成片彩画常用于顶棚、藻井装饰。带形图案一般用于梁枋、檐部、藻井四周，以二方、四方连续的花卉藤蔓纹相互交织而成。单个图案多用于梁枋中部、端部，构图根据部位形状设计。梁枋上则多绘长卷式的风景画。民间工匠们常将彩画和木雕配合运用。

彩画用色时一般将相近的颜色作为总体基调，以对比色和补色描绘花纹图案，既有统一的主调，又突出了重点。彩画常以深色作为底色，花以白色、黄色、绿色等亮色重点勾勒，既变化丰富又和谐统一，尤其是新疆维吾尔族传统建筑彩画以其独特的艺术风格在我国传统建筑彩画中占有重要位置。

新疆传统民居中较少使用彩画，多数仅在顶棚边缘和密梁等处稍加点缀。

图5-6-2 乌鲁木齐陕西大寺柱头装饰（来源：穆振华 摄）

三、木棂花饰

历史悠久的木棂花饰在新疆传统建筑中应用普遍。新疆传统建筑中常喜用整片落地的木棂花格作隔断，十分别致。新疆传统建筑木棂花格纹样图案丰富（图5-6-3～图5-6-6），其中的步步绵、卍字、回纹、双交四碗菱花、冰裂纹、画框式等图案，体现了中原传统建筑文化的深刻影响，另外，还有一些中亚常用的图案，则反映出多元文化的融合。

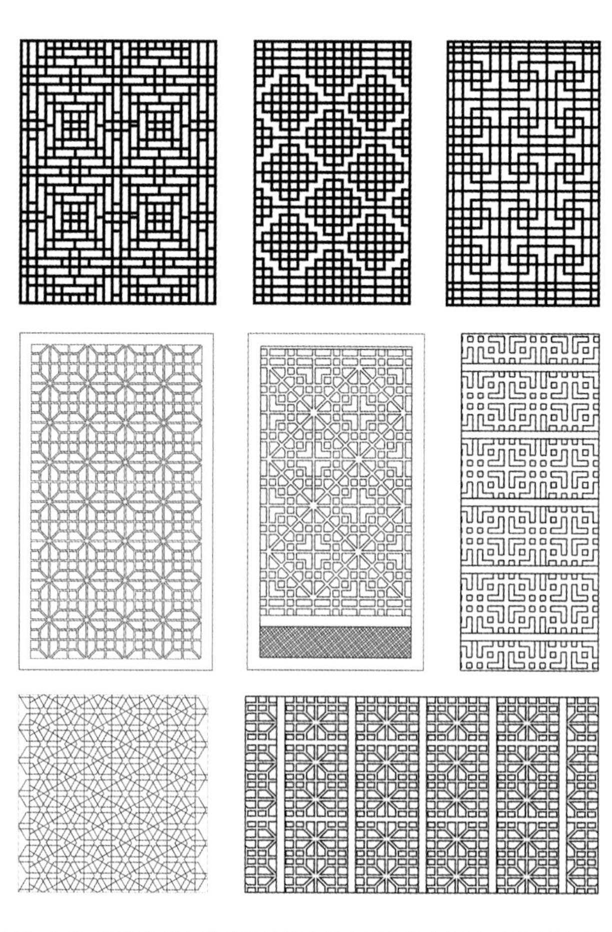

图5-6-3 新疆维吾尔族传统建筑中的木棂花格（来源：根据《新疆传统建筑艺术》，谷圣浩 改绘）

图5-6-4　奇台县盛家老宅正房门窗木雕花格（来源：穆振华 摄）

图5-6-5　乌鲁木齐陕西大寺外门木雕花格（来源：穆振华 摄）

图5-6-6　喀什传统民居外窗木雕花格（来源：穆振华 摄）

图5-6-7　喀什某维吾尔族传统民居室内石膏花饰（来源：《新疆传统建筑艺术》）

四、石膏花饰

石膏花式在新疆维吾尔族传统建筑中运用非常普遍，其艺术构图和雕刻技法具有浓郁的地方特色。构图匀称，花纹缜密，刀法劲挺流畅，精湛熟练，图案精美，具有很强的装饰性。常用做法有石膏组花、石膏花带和透空石膏等（图5-6-7）。

（一）运用部位及图案主题

石膏组花主要用于公共建筑内、外墙壁，以及民居庭院檐廊端壁和室内外窗间墙壁等处。石膏花饰以花卉植物、蔓藤、卷草等为图案题材。常见花卉题材有玫瑰、牡丹、菊花、桃花、荷花、石榴、巴旦木等，以二方连续的几何图案与各种线脚组合，也有的以四个以上的单元花纹组合成圆形、多边形、多角形组花。石膏花带以二方连续等方式将几何图案、植物花卉图案进行组合。常见的植物图案有葡萄纹、石榴纹、忍冬纹、卷草纹、莲花纹、连珠纹、云气纹等，几何图案有菱形纹、三角纹、网纹、圆形纹、回形纹等组成的各种图案。玲珑空透的透空石膏花饰除用于柱、外墙面等部位，也用于窗楣、壁龛等的装饰，显得十分绮丽典雅（图5-6-8、图5-6-9）。

图5-6-8 吐鲁番传统建筑中的石膏花纹饰（来源：根据《中国新疆吐鲁番民间图案纹饰艺术》，任凯 改绘）

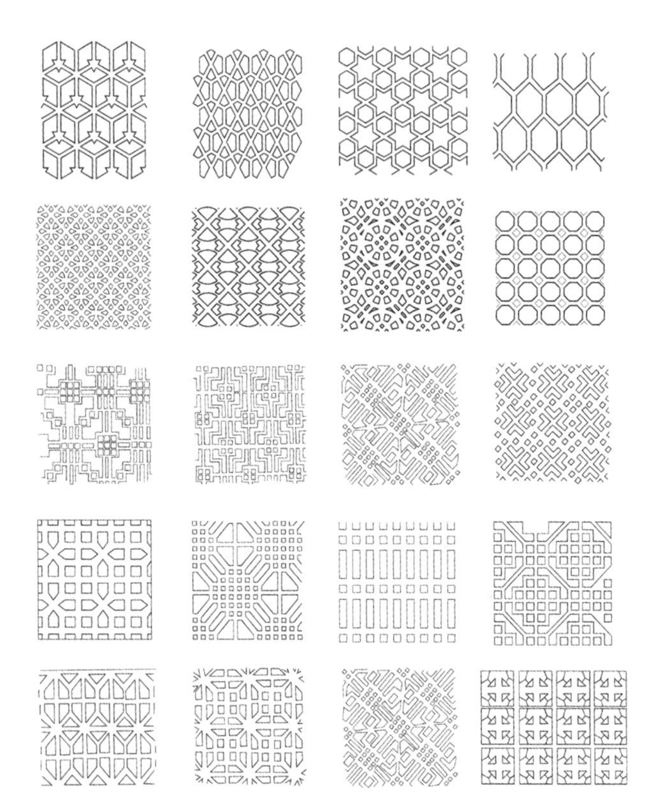
图5-6-9 新疆维吾尔族传统建筑院墙透空石膏花饰图案（来源：根据《新疆传统建筑艺术》，谷圣浩 改绘）

无论是几何图形还是花卉草藤为主题，都经过提炼和艺术加工。利用石膏可塑性强的特点，大型花饰多先以木模制成初胚，精刻后再镶嵌于墙面上。

（二）色彩运用

石膏花饰可做成素雅的白色，也可以用底色衬托洁白的图案，常用群青、蓝、墨绿、绿、土黄、橘黄、朱红、土红、赭石等色作为底色，不同的色彩搭配可营造出不同的气氛。

（三）花纹断面

通过不同的断面的运用，可以形成了折叠、高低、起伏等多种形态，富于立体感和独特的质感，具有很强的艺术感染力。

五、琉璃花饰

新疆传统建筑中的琉璃花饰包括装饰型砖、透空花饰砖、面砖。琉璃砖多在重要建筑装饰中采用，它可以丰富大尺度墙面的表皮肌理，使建筑的轮廓得以加强。琉璃花砖有方形、梯形和多边形等。琉璃面砖有单色、单色压花、多色绘花、多色压花等几种。琉璃砖的颜色多为蓝、绿、群青、白等，以植物花卉、蔓藤卷草、几何为图案主题，有白底色花和色底白花，讲究的则带有浮雕效果的凹凸花纹。装饰时可以用单色或花色砖满墙装饰，或者是两者组合使用（图5-6-10），也有在重点装饰部位与砖雕花、石膏花、木雕花混合运用。

图5-6-10 新疆维吾尔族传统建筑中的琉璃花饰（来源：路霞 摄）

六、砖花饰

在新疆传统建筑中砖花饰常用于重点部位的装饰，尤其在维吾尔族传统建筑中运用最为广泛，例如院落大门两侧和上方、建筑物墙面的花带、线脚、檐口、柱墩、窗间墙等。砖为土黄色，拼砌时有无缝、凸缝、凹缝和平缝，灰缝有白、黑、墨绿色，以几何形手法拼砌出各种纹理。砖花饰的种类大致有拼砌砖花饰、砖雕、透空雕花砖等。

拼砌砖花饰是用普通砖、异型砖或印花型砖穿插、交错、重叠地拼砌图案，一般用于墙面、柱等的装饰，可只采用一种类型的砖，也可两三种砖同时运用，在阳光照耀下，形成丰富的光影变幻。印花型砖表面印（刻）有浅浮雕状的图案，常与彩画、石膏花、琉璃砖等相配合作为装饰。异型砖形式繁多，有方形、长方形、半圆形、三角形、梯形、平行四边形、梭形、S形以及枭混线、鹰嘴线、半圆线等，多达数十种之多，有定型烧制和现场凿、磨成型两种，拼砌的图案变幻莫测，十分丰富。

吐鲁番的苏公塔是砖饰艺术的杰出代表作。上小下大的圆形塔身砌满细密灵动的各式几何图案，有十字纹、波浪纹、团花纹、米字纹和菱格纹等。砖砌纹饰在阳光的照射下，产生了强烈的立体感，营造出宁静、祥和的艺术氛围（图5-6-11）。

同样位于吐鲁番的东大寺内的砖塔和入口砖柱也采用了菱格纹、波浪纹、方格纹、十字纹等典型的砖饰图案（图5-6-12、图5-6-13）。

雕花砖、透空雕花砖是先用泥塑好造型，然后进行烧制而成的装饰砖，大多为灰色。常用于汉族、回族、锡伯族、蒙古族的传统建筑中。一般用来装饰檐廊端墙、山墙头和屋脊等部位，朴素大方且美观雅致。

图5-6-11　吐鲁番苏公塔（来源：龚睿 摄）

图5-6-12　吐鲁番东大寺砖塔（来源：穆振华 摄）

图5-6-13　吐鲁番东大寺入口砖柱（来源：穆振华 摄）

第六章　朴素的栖居·新疆传统建筑地方材料运用和建造体系

从一片荒凉到瓜果飘香
剪断不了我心中的渴望
古老苍茫家乡的土壤
是我坚强生活的脊梁
疲倦的时候我就会看见
挺拔的白杨树站在我身旁
生命的坚强　迷人的风光
我们朴实的家乡
……

——安明亮，歌曲《这里是新疆》节选

从冰雪严寒到烈日酷暑，新疆这片宽广辽阔的土地不仅塑造了人们粗犷豪放的性格，还成就了独具特色的传统建筑。森林谷地的木屋，沙漠绿洲的土坯房，广袤草原上的毡房，人们巧妙地运用大自然的馈赠，以简单而稳固的结构形式，创造出朴素的栖居之所。

在干热少雨的戈壁绿洲，人们构筑生土“堡垒”；在茂密的森林地带，人们搭建木头房屋；在崇山峻岭的高原山区，人们垒砌石筑小屋；在一碧万顷的丰美草原，人们创造了逐水草而居的灵巧毡帐。因地制宜、就地取材是新疆各族人民建造居所时最重要的智慧。在地理气候、社会经济等因素的共同作用下，历经上千年的历史演化，新疆传统建筑最终形成了各具特色的建造体系。

第一节　生土建筑

“几处早莺争暖树，谁家新燕啄春泥。”运用大自然的原材料似乎是动物的本能。新疆广袤土地上的各族人民，很早就开始和“土”打交道。3000年前就出现了生土村落，人们好似“啄泥”的春燕，挖地为穴，筑土而居。

生土是新疆各族人民利用历史最为悠久、运用范围最为广泛的传统建筑材料。人们用未经烧焙、仅作简单机械加工的原生土为材料，营造房屋，并将这种适宜环境、利于生产的建造体系延续了数千年（图6-1-1）。新疆的传统生土建筑根据材料运用方式的不同，大致可分为原生土建筑、全生土建筑和半生土建筑三类。

一、原生土建筑

原生土建筑是指用未经搅动的黄土建造的房屋。主要分布在气候炎热干燥的东疆吐鲁番地区。从古至今，这里水资源稀缺，建筑材料匮乏，人们便充分利用现成的黄土来建造房屋，将挖掏、垒砌等建造方式发挥得淋漓尽致。

吐鲁番的交河故城，这座两千多年前的生土城市，堪称生土建筑的典范。先民在原生土层掏挖居室，创造了庞大“地下宫殿”（图6-1-2）。吐鲁番柏孜克里克千佛洞亦是原生土建筑的典型代表（图6-1-3），人们依山就势，在峡谷的悬崖上挖凿佛窟，建筑与大自然巧妙地融为一体。在风沙肆虐的戈壁荒滩上，人们挖地而居的“地窝子”（图6-1-4），也属于原生土建筑。

图6-1-1　吐峪沟传统生土民居（来源：龚睿 摄）

图6-1-2　交河故城（来源：龚睿 摄）

图6-1-3　柏孜克里克千佛洞（来源：李娟 摄）

图6-1-4　地窝子（来源：杨万寅 摄）

（一）材料应用

用于营造原生土建筑的黄土以褐黄色为主，有时呈灰黄色，具有肉眼可见的孔隙，土质僵硬、透水性差（图6-1-5）。利用黄土蓄热性能好的优点，作为围护结构的房屋冬暖夏凉。同时，黄土还具平衡湿度的功能，进而起到调节室内微环境的作用。黄土颗粒之间形成粘结，颗粒内部存在大量孔隙，可以透水透气。由于这种颗粒组织作用，土壤形成坚实而紧密的结合，不易被沙化、风化和雨水浸渍，只要稍加人工，就可以改造利用为建筑材料，因此特别适合干旱、半干旱的生态环境。

图6-1-5 天然黄土（来源：龚睿 摄）

图6-1-6 吐鲁番交河故城生土建筑遗迹（来源：龚睿 摄）

（二）建造体系与建造方式

原生土建筑各部位的受力构件，如建筑的基础、墙身、屋面等均由原生土构成。

1. “压地起凸法”建筑

“压地起凸法”建筑与一般房屋的建造顺序相反，不是先打地基后盖房，而是在原生土层上一层一层往下挖。

人们事先规划好墙体的位置，然后挖去墙体两侧的土，形成建筑空间（图6-1-6）。

2. 窑洞建筑

窑洞利用顶部的拱形结构，以获得更大的开间，并支撑上部生土的重量。原生土窑洞大致有两种结构类型，一是地上的窑洞，如依山掏挖而成的靠山窑；二是向地下深挖的平地窑，先由平地向下挖出一个方形大坑形成院落，然后再向四壁掏挖窑洞。

3. 地穴建筑

地穴建筑是在平地上向下深挖出居住空间后，再在其上加盖屋顶。“地窝子”即属此类建筑（图6-1-7）。

图6-1-7 地窝子（来源：杨万寅 摄）

二、全生土建筑

全生土建筑是指用加工过的生土材料建造的房屋，主要分布于南疆喀什、和田以及东疆吐鲁番地区。人们用夯筑、垒砌、制作土坯块等方式对黄土进行物理加工，建造出阻隔日晒、抵御风沙的栖居之所。

吐鲁番吐峪沟麻扎村是全生土建筑的典型案例（图6-1-8）。当地百姓巧妙地利用黄土，通过砌、垒、挖、掏、拱、糊、搭等多种方式建造房屋。

新疆利用全生土营造方式修建的公共建筑现存实例屈指可数。位于新疆莎车县的阿孜那清真寺建于明代，是一座佛教文化与伊斯兰文化相互交融的历史古迹，连续的拱券和院落中心高耸的穹窿顶构成丰富的建筑空间。

在民间，全生土砌筑的构、建筑物也随处可见。风味独特的馕以及馕坑肉、烤全羊都是在朴素的生土“烤炉”里“诞生”的（图6-1-9）。制作葡萄干的晾房也是由生土制成的土坯（块）砌筑而成，建造在葡萄地边和屋顶上的晾房（图6-1-10），形成了吐鲁番独特的风景线。朴素的民间智慧，将时间的味道浸入晶莹剔透的葡萄里。

图6-1-8　吐峪沟麻扎村（来源：龚睿 摄）

图6-1-9　馕坑（来源：龚睿 摄）

图6-1-10　葡萄干晾房（来源：龚睿 摄）

（一）材料运用

传统生土建筑的用材有两种：一是自然改性土，将天然土壤经过自然淋、晒，充分熟化即可使用；二是人工改性土，在土壤中适量掺入砂和石灰，即三合土，俗称“金包银”。

全生土建筑采用的土坯（块）分为两种（图6-1-11）：一种是以土为主，在泥中掺入秸秆，制成草泥坯；另一种是在土中掺入石灰、砂，拌以适量的水，制成灰土坯。

全生土建筑的砌筑泥浆一般选择含沙量少的优质黏土。制作时首先要把土充分用水泡透，搅拌均匀，俗称“成熟”，再在泥浆中加入一定量的麦草，以增加砌筑泥浆的粘合力。

（二）建造体系与建造方式

传统全生土建筑的结构体系由生土墙、土坯拱顶（或穹窿顶）构成。承重墙体为土坯砌筑或生土板筑，屋顶采用土坯砌成拱券（图6-1-12）或穹隆顶（图6-1-13），可形成连续多跨度的大空间。

拱券顶常采用无模砌筑法。人们在拱与拱之间的拱脚处，填土坯或砌小拱；暗拱直接砌在大拱上，以此减轻房屋自重。穹隆顶则多为球形，由于穹隆结构的重力沿球面四周向下传递，它的最大优点就是减少柱子数量，从而获得相对

图6-1-12　拱券（来源：吴征 摄）

图6-1-11　土坯（块）（来源：李娟 摄）

图6-1-13　穹窿顶（来源：龚睿 摄）

开阔的室内空间。

传统生土建筑的墙身、屋顶通常不抹面，或只抹草泥。因全生土建筑大都在几乎终年无雨的干旱炎热地区，墙体全用土坯砌筑，无需砖石基础和勒脚。

传统全生土建筑的建造方式主要分为三种类型。

1. 生土夯筑

生土夯筑是指在土中加入适量的水，待土阴干到“手捏成团，落地就散”时倒入预先固定好的木质模板中，用木质夯锤进行打压、夯实，自下向上分层构筑，新疆民间俗称为“干打垒”，亦称“夹板筑墙”。每次夯实厚度一般为10厘米左右，夯土模板每隔40～50厘米上移一次，每层至少夯两遍，拆除夹板后用平铲修整，使墙面光滑，最终形成有利于稳定的下宽上窄的墙体。在生土夯筑过程中，预先留出门窗洞口，待墙体晾干固结后凿出沟槽，将门窗框嵌入其中。

2. 湿土垒砌

湿土垒砌是指将黄土、沙粒和少量植物纤维（麦草）加水充分搅拌，达到一定的干湿度后塑成块状，再自地面或墙基向上层层垒砌，形成下宽上窄（下部墙体宽约80厘米，上部墙体宽约60厘米）的墙体，俗称“土疙瘩墙”（图6-1-14）。在土质较好的莎车、喀什、阿克苏等地区，常采用此种方法砌筑房屋。由于土疙瘩较为湿软，垒砌到一定高度时（一般为50～60厘米），需待下部墙体干硬后（一般晾晒1～2天）方可继续垒砌。为提高下部干燥墙体与上部湿软墙体之间的粘结性，人们常在粘结处增加泥浆，泥浆以细密的黏土为原料，加水、草茎浸泡搅拌而成。最后用工具（铁锨、坎土曼）刮除溢出的泥浆使墙面平整，凿出所需的洞口安装门窗框。

3. 土坯（块）砌筑

土坯（块）砌筑是一种利用土坯（块）垒砌墙体的建造方式（图6-1-15）。垒砌所用的土坯（块）是在生土中加入水以及秸秆、麦草等纤维草茎拌和成泥胶状，经切割（将

图6-1-14　混土垒砌墙（来源：龚睿 摄）

图6-1-15　土坯（块）砌墙（来源：龚睿 摄）

土泥直接铺摊在平整的地面上，厚度在100毫米左右，并将其切割成块）或利用模具压制（将土泥倒入预先制作好的坯模中压制成块），晾干后形成规格相同的土坯（块），俗称“日晒砖”。土坯（块）的尺寸大小不一，通常以300毫米×150毫米×80毫米为常见，每块重约8~10千克。土坯（块）用于建造拱墩和承重墙体时，多采用平砌法；用于建造院墙时，则多采用立丁砌或土坯（块）与夯土相结合的混合砌法。墙体的厚度因砌筑方式不同而产生差异，外墙厚度通常为45~60厘米，内隔墙厚度多为15~30厘米。在民间还有一种土坯（块）制作方式，就是在房屋建造之前，先用水浇田地，再用坎土曼（一种挖土的工具）将黏土一块块挖出来，垒砌出厚实的墙体建成房屋，俗称“种墙”。

以土坯（块）为材料的构建方式，逐渐发展出拱券和穹隆顶砌筑技术（图6-1-16），无模（板）砌筑法是拱券和穹隆顶砌筑的主要方式。先砌好拱墩和后墙，在后墙上画定拱线，由拱角至拱顶逐层垒砌土坯（块），其间用草泥浆粘结。拱脚至拱顶的草泥浆厚度逐步减少，使每块土坯有一定向上仰的倾斜度，最终形成拱形。土坯（块）间的草泥浆缝里加小石子作楔子，楔石从拱脚起左右交替敲击。最后从拱券的中间到两边、从下向上甩抹泥浆，泥浆稠度以单手托起直径15~17厘米的泥团不致塌落为宜。有模（板）砌筑法在砌筑拱券顶时也有使用，其操作方法是：在平地起墙的基础上，于两道山墙之间搭一个木制拱架，拱架上方用土坯（块）和泥浆砌筑拱顶，待拱干透之后，再拆去模板。

三、半生土建筑

半生土建筑是指用辅助材料（多为木材）建造的生土建筑，亦称土木建筑，主要分布在南疆喀什、和田地区以及东疆吐鲁番地区。林则徐诗云：“厦屋虽成片瓦无，两头榱角总平铺。天窗开处明通溜，穴洞偏工作壁橱。”正是对新疆传统半生土建筑的生动描写。

喀什高台民居是传统半生土建筑的典型代表（图6-1-17）。这里的人们世代聚居在高崖之上，随着家庭人口渐渐增多，人们便逐层向上砌筑房屋，远远望去，层层叠叠，形成楼外楼、楼上楼的独特风貌。

在和田地区，为适应荒漠性气候下的生存环境，人们在建造房屋时，首先要考虑的因素就是防风沙，“阿以旺”（围绕中庭布置功能空间）式建筑成为首选。人们以木材和生土砌筑房屋，厚厚的生土墙有利于保温隔热（图6-1-18）。住房中心带顶盖的“阿以旺”空间突出其他屋面，以侧窗作采光通风之用，也利于遮阳、防风沙。

图6-1-16 土坯（块）砌筑的拱券（来源：龚睿 摄）

图6-1-17 喀什高台民居（来源：龚睿 摄）

图6-1-18　和田传统民居（来源：龚睿 摄）

图6-1-19　传统民居庭院中的桑树（来源：龚睿 摄）

（一）材料运用

在新疆，尤其是南疆、东疆地区，几乎家家户户的宅院里都种有桑树（图6-1-19）。这种落叶乔木喜光、耐旱、耐寒，浑身都是宝。桑叶为桑蚕的饲料，桑葚可供食用、酿酒，桑虫可作造纸原料，树条可编箩筐、笆子墙，木材可制作车辆、器具以及作为生土建筑的屋面支撑材料。这些地区因缺水造成土质沙性重、粘结力弱，导致房屋稳定性差。当地人民便利用坚固、强韧的桑木树干、枝条、茎叶等配合沙土建造房屋。梁和柱用较粗的树干制作而成，墙体用拌和的黄土和芦苇秆、桑树枝或红柳条构成，屋顶的檩条、椽子则用树枝加工，顶部覆以植物枝蔓和苇草。

（二）建造体系与建造方式

传统半生土建筑以木柱、木梁、木檩、木椽等作为承重结构。围护墙体则是以木料和夯土或土坯（块）砌筑，亦称为木构架密小梁平屋顶体系，其结构特点为底部卧梁（地梁），上部置顶梁（圈梁），立柱框架支撑结构。梁架用于支撑，细立的木杆起到辅助作用，房屋的荷载均匀地传递到横梁、墙体上（图6-1-20）。

传统半生土建筑围护结构采用的编笆墙、插坯墙等，结构合理，受力明确，同中原地区的“墙倒屋不塌”传统木框架结构体系一脉相承，墙中木骨构件类似于现代钢筋混凝土

图6-1-20　半生土建筑（来源：龚睿 摄）

建筑中的钢筋，能大大增强建筑的抗震性能，在地震频发的和田、喀什地区应用广泛。

半生土建筑一般不另做墙基，多为原土夯实。由于各地区气候条件的不同，墙基构造做法有一定差别，例如降雨量较多的伊犁地区，民居土坯墙多用砖石作基础和勒脚；在地下水位高的焉耆，人们则采用填高地面的做法，用片石、卵石或红砖砌筑基础，埋深60～80厘米，高出自然地面30厘米左右，并在基础与墙身结合处铺一层苇箔作为防潮层，以防土坯墙受到水的侵蚀。

1. 主体结构建造方式

新疆传统半生土建筑的主体构建方式，不同于中原传统的抬梁式、穿斗式木构做法。人们为了解决木材小、跨度大的问题，常采用断面小、设置密的梁木构建房屋。柱、密小梁、椽子叠放架立，梁柱之间设斜撑。房屋四周及中部的柱子下方设置地圈梁，通常将木柱的上下两端开凿榫头，上端插入木梁或托木的卯眼内，下端插入地梁，亦或是将立柱顶部的枝杈与上部横梁捆绑牢固，以形成闭合的木框架稳定结构，提高房屋的整体稳定性和抗震性（图6-1-21）。

传统半生土建筑的普遍建造方式是先用生土或厚草泥砌筑墙体，墙中设柱，柱上架圈梁，圈梁上架设木椽，再在木椽之间横向排铺木棒，上铺苇草、麦草，最后挂草泥。施工时，先支木模架，砌筑墙体，至屋顶时再支木模架筑屋顶，待各部位砌筑完毕时，全部拆除模架，风干后即可居住。

2. 围护结构建造方式

半生土建筑中墙体的建造方式根据选用材料和构造组成的不同分为三种：笆子墙、插坯墙、木板墙。

1）笆子墙

采用直径10厘米左右的木棍为骨架，横撑间距约50厘米，断面约25平方厘米（矩形或半圆形），将木棍以榫接法、捆绑法与立柱相连，用杨木条或红柳在横撑间竖向编织后绑扎或压条固定。外敷草泥，将木骨架全部包裹起来，墙外多以石灰粉刷（图6-1-22）。

笆子墙不作为承重构件，仅起围护作用，保暖、隔热性能较差。多用于地下水位高、春秋季地面有翻浆现象的地区，如阿克苏、巴楚、焉耆、库尔勒等地。

图6-1-21 传统半生土建筑（来源：龚睿 摄）

图6-1-22 笆子墙（来源：龚睿 摄）

2）插坯墙

先在木构架的立柱间架设密立杆或斜撑和水平支撑，再用土坯填充在立杆间的空隙内（图6-1-23）。墙两侧敷以草泥。高标准的民居为改善热工性能和设置壁橱、壁龛的需要，常做成双排立柱式构架的双层插坯墙，厚度在半米以上。

插坯墙亦不作为承重构件，厚实的墙体起到保温、隔热和防风沙的围护作用，多见于和田、莎车、英吉沙、喀什和阿图什等地。

3）木板墙

半生土建筑中的木板墙很少单独使用，常是为了防止笆子墙、插坯墙受损，人们在主要活动处，如靠外廊或室内走道，将墙做成全部或下半部的木板墙（图6-1-24）。做法以木板水平或竖直镶嵌在立柱间。

一座民居建筑中的墙体，往往是几种建造方式的综合应用（图6-1-25），例如外墙常用夯土墙或双层插坯墙，内墙用笆子墙或单层插坯墙，室内走道等处下半截做成木板墙等。具体的选择根据材料条件、经济状况和墙面的装饰需求等确定。

图6-1-24　木板墙（来源：龚睿 摄）

图6-1-23　插坯墙（来源：龚睿 摄）

图6-1-25　笆子墙与木板墙的组合（来源：龚睿 摄）

第二节 木构建筑

新疆的传统木构建筑有森林地带常见的井干式木屋和自中原传入新疆的传统木构建筑，例如布尔津县禾木村的图瓦人村落，历史悠久、保存完整，一幢幢木屋鳞次栉比，呈现出独特的景观（图6-2-1）。巴里坤哈萨克自治县的汉族传统民居则具有典型的中原木构建筑特征，古朴雅致，表现出农耕文化影响下的朴素建筑形态（图6-2-2）。建于清代的霍城县惠远城钟鼓楼（图6-2-3）是典型的中原传统风格的木构建筑，庄重雄伟，比例匀称。始建于清代的乌鲁木齐陕西大寺（图6-2-4）不仅沿袭了中原传统木构建筑风格，同时吸取了新疆地域建筑特点，譬如比例超常的斗栱以及大殿四壁雕刻精美的花卉、瓜果图案等，充分显示了多元文化的相互融合。

一、材料运用

自汉唐始，新疆木构建筑深受中原传统建筑的影响，至清代，这一影响更是遍及天山南北地区，例如东疆的吐鲁番、哈密、木垒、奇台以及北疆的伊犁、南疆的乌什等。在新疆的阿勒泰、伊犁地区，峰峦耸峙、松杉繁茂，人们就地选用坚韧挺拔的松木、杉木为原材料，经过简单的加工，搭建成独具特色的井干式木屋（图6-2-5）。

二、建造体系与建造方式

新疆传统建筑木结构体系分为抬梁式木结构体系、穿斗式木结构体系以及井干式木结构体系三类，前两类主要是沿袭了中原传统木构建筑的形制及做法。

图6-2-1 禾木村（来源：周胜东 摄）

图6-2-2　巴里坤传统民居门楼（来源：路霞 摄）

图6-2-3　霍城县惠远钟鼓楼（来源：龚睿 摄）

图6-2-4　乌鲁木齐陕西大寺（来源：吴征 摄）

图6-2-5　阿勒泰地区井干式木屋（来源：刘培江 摄）

（一）抬梁式木结构体系和建造方式

抬梁式又称叠梁式，是在立柱上架梁、梁上又抬梁的木结构体系。在柱顶的水平铺作层上，沿房屋进深方向架数层叠架的梁，梁逐层缩短，层间垫短柱，最上层梁中间立小柱，形成三角形屋架。房屋的屋面重量通过椽、檩、梁、柱传到基础。惠远城钟鼓楼、乌鲁木齐陕西大寺、乌鲁木齐人民公园丹凤朝阳阁（图6-2-6）均属于抬梁式木结构体系。

抬梁式木构建筑在建造时的第一道工序是立柱，根据所在位置，柱子可分为檐柱、山柱、中柱和金柱。随即吊装梁以下的各类枋，当额枋上好后，安装平板枋、摆斗栱、上大梁，新疆抬梁式木构建筑多以五架梁和七架梁为主，最后覆以屋顶。

图6-2-6　乌鲁木齐人民公园丹凤朝阳阁（来源：龚睿 摄）

（二）穿斗式木结构体系和建造方式

穿斗式建筑的柱、穿枋、斗枋等事先按照尺寸做好，建造时先架起柱，从柱的最上端开始穿枋，穿枋的数量根据房屋规模大小而定。用穿枋把柱子串起来，形成一榀榀房架，檩条直接搁置在柱头上，再沿檩条方向用斗枋把柱子串联起来，由此而形成屋架，最后安装屋顶。穿斗式木构架用料少，整体性强，但柱子排列密，适于室内空间尺度不大的建筑，因此多用于住宅。新疆并无单独的穿斗式木构建筑，通常与抬梁式木结构混合使用，巴里坤县汉式民居门楼即属此类结构的典型案例。

（三）井干式木结构体系和建造方式

传统井干式木结构房屋通常为一层，人们用原木或矩形、六角形木料平行向上层层叠置，在转角处木料端部交叉咬合，形成房屋四壁后，再在左右两侧壁上立矮柱承脊檩构成屋顶构架（图6-2-7）。屋顶树枝棚架上覆盖树枝和泥土，因井干式房屋多建于潮湿、雨水相对较多的森林地带，为了方便排水，树枝屋顶的构建角度一般为30～45度。有的井干式木屋在坡顶两侧的山墙留出三角形的开敞空间，以利于室内空气质量的改善。

哈萨克族传统井干式木屋多仿照毡房的形式拼叠。图瓦人井干式木屋下部呈正方形，上部呈等腰三角形，顶尖坡陡。

传统井干式木屋普遍的建造方式为：先将墙基处植被铲除、原土夯实，再用石块砌筑勒脚，使木墙与地面隔离以防潮避免霉烂，石勒脚高度随地形及户主的需求而定。勒脚顶面找平后，将裁制好的条木按要求拼搭起来作为墙体，条木拼叠处用树胶、泥浆、灰浆等填充粘接。门、窗洞口处以门楣、窗楣作为与墙体的连接构建，用钉钉牢，既为构造上的需要，又作为立面上的装饰。井干式木屋外墙很少有里外凹凸的情形，这是为了降低木料搭接时的困难。原木墙体之间的缝隙以苔藓填充，透气而不透风，既可抵御风寒，又可置换室内外空气。

图6-2-7 井干式木屋（来源：刘培江 摄）

第三节 砖木建筑

新疆传统砖木建筑分布于生土资源丰富的地区。相比较于生土建筑，砖木建筑具有耐久、抗湿防潮等优点，建筑外观轮廓更清晰细腻，同时可适应较高的建筑高度，因此在新疆地区传统公共建筑和民居中得到了广泛应用。公共建筑典型案例有吐鲁番苏公塔礼拜殿以及喀什艾提尕尔清真寺等。喀什传统民居也是砖木建筑的代表性案例。曲折幽深的静谧小巷，砖木砌筑的民居顺着高低错落的山地簇拥成团，人们用一砖一木创造出栖居的港湾，黄褐色的土坯墙、斑驳的门窗，诉说着世世代代淳朴生活的岁月轮回（图6-3-1）。

一、材料运用

砖木建筑里的砖，有别于土坯（块），是经过砖窑烧制而成的建筑材料，更为坚固且具有更强的防潮性。此外，它还能被加工成楔形等形状以适应构造和装饰的需求。新疆的黄土为砖木建筑提供了丰富的地方原材料，在唐代北庭、龟兹遗址中，考古学家发现了铺地花砖。通过对现存实物的研究表明，新疆的砖木结构建筑约出现于清朝初年。

木材经晾晒脱水后，柔韧性增强，坚固不变形，多用于制作砖木建筑中的木柱、梁、椽子等。人们在河滩、戈壁滩

图6-3-1 喀什传统民居（来源：龚睿 摄）

图6-3-2 伊犁地区传统砖木民居（来源：龚睿 摄）

图6-3-3 库车地区传统砖木民居（来源：龚睿 摄）

收集石灰石质的卵石烧制成石灰，拌和成石灰砂浆，用于砌筑砖墙、抹灰或粉刷室内墙面、顶棚。

二、建造体系与建造方式

新疆的传统砖木建筑是在土木和木构建筑的基础上，逐步发展形成的。砖木结构体系是指竖向承重的墙、柱等采用砖块砌筑，横向承重构件的楼板、屋架等用木质材料。由于其力学性能与工程强度的限制，砖木建筑多为1～3层的简单房屋（图6-3-2、图6-3-3）。

（一）基础

新疆传统砖木建筑基础有卵石灌浆和砖块垒砌两种做法。卵石灌浆基础是先在建筑基底处密铺一层大卵石，再灌填石灰黄土砂浆（亦可用泥浆灌填），待砂浆凝结干固后再铺第二层大卵石，如此逐层铺砌至室外地坪。砖基础则是用石灰砂浆将砖逐层砌筑而成。

（二）墙体

由砖块以石灰砂浆砌筑而成（图6-3-4）。墙面以黄泥抹面，高级做法则以石灰粉饰。高级砖墙的外墙面为清水墙，要求磨砖对缝，用石膏浆勾圆缝，以增加结构强度。

（三）屋顶

新疆传统砖木建筑屋顶有密小梁平屋顶和砖穹窿顶两种主要形式。

1. 密小梁平屋顶

主要用于民居建筑（图6-3-5）。构造系统有底部卧梁和上部顶梁（圈梁），以砖柱支承构成框架式，屋盖部分为密置小梁，大多为密铺小椽条上作草泥屋面。结构受力明确，布柱和置梁灵活。

2. 砖穹窿顶

主要用于有大跨度空间需求的公共建筑。砌筑穹窿顶的砖每块都要加工成内小外大、内薄外厚的扇面楔形。砖的厚度根据窿顶跨度确定。人们为了更好地塑造穹窿顶的形状，常采用模架辅助砌筑。施工时一圈圈向上砌筑，直至封顶。每砌筑一定高度后，就在穹窿顶的外表面涂抹石膏浆或用琉璃贴面。

第四节 石筑建筑

运用石头垒砌的传统房屋多建造在峰峦叠起的地区，例如帕米尔高原上的塔什库尔干塔吉克自治县，当地居民采用天然石块砌筑房屋（图6-4-1）。石筑小屋简单、朴素，四壁呈现出石块坚硬而粗糙的质感，色泽灰黄，与群山、湖泊等自然环境融为一体。天山山脉西端的伊犁河谷地区，牧民们在能遮风挡雪的地方（俗称“冬窝子”）建造形似毡房的圆形石屋，到了冬天人们便不再放牧，靠牧草繁茂时屯集的粮草与畜群一起过冬。

图6-3-4 喀什传统砖木建筑（来源：龚睿 摄）

图6-3-5 采用密小梁平屋顶的传统民居（来源：龚睿 摄）

图6-4-1 帕米尔高原上的石屋（来源：龚睿 摄）

图6-4-2 “石头城”佛龛遗址（来源：龚睿 摄）

一、材料运用

由于岩石一般都暴露在地层表面，容易被人们发现和利用，所以石料是最先被使用的建筑材料之一，但石筑建筑同生土建筑、木构建筑相比，又始终处于从属地位，这是因为石料的开采与加工都不如生土、木材方便，同时自重大，运输困难。新疆的传统石筑建筑多出现于古代城郭、墓葬以及近现代游牧民族的山区居所等。

人们因地制宜，对各类天然石材善加利用。在临近河谷的地方，人们收集因山区洪水冲刷而堆积在河床上的卵石，以泥浆垒砌的方式建构墙体的基部、院墙；在山区，人们利用页岩石块或风化剥落的天然石块叠砌建筑。人们还对天然石材进行打制加工，形成尺寸相对规整的石块，再以泥浆砌筑墙体。

新疆石筑建筑的历史可以追溯到3000年前的青铜时代。和静县哈尔莫墩乡北部的察吾乎古墓群展示了古代先民利用石材建造房屋的历史画面，在平缓的山坡上，石筑高台、石围基址、石筑墓葬以及石刻岩画星罗棋布。距今1300多年前，在没有先进生产工具的条件下，人们创造了一座用乱石堆叠的古代王城——“石头城”（位于今塔什库尔干塔吉克自治县，图6-4-2、图6-4-3）。《汉书·西域传》中记载了这座“石头城”：“山居，田石间，有白草。累石为室。”

图6-4-3 塔什库尔干塔吉克自治县“石头城”（来源：龚睿 摄）

二、建造体系与建造方式

传统石筑建筑常见的结构体系主要有承重墙砌体结构和拱券结构。承重墙结构在石筑建筑中应用普遍，天然石块垒砌墙体，将屋面的荷载传递到石制基础，山谷、河谷里的石筑建筑多采用此种结构形式。拱券结构构建方式充分利用石材适合承受压力的材料性能，拱券结构能有效地支撑上部荷载，如游牧民族转场、迁徙途中的补给站即采用了这种构建方式（图6-4-4）。

山谷、河谷地区的人们常用卵石或天然大石块构筑房屋。传统石屋一般不做地基，将地面清扫干净便开始垒砌。砌筑时，一般采用上下错缝、平叠砌筑，并用泥浆进行粘合。墙体由下至上层层向内收紧，到顶部只剩一个小口，用少量木材就能封顶。石屋净高一般为2.5~2.7米，墙厚50~80厘米，墙高1.5米，其上铺设椽子，椽子下端固定于墙上，上端连接在顶圈上，顶圈铺设芦苇或编制的树枝条，再抹草泥，铺草皮。

大石块之间一般不用胶结材料，人们根据石头的形状进行堆叠咬合，这种方法称为干砌法（图6-4-5），主要用于石屋的墙体、勒脚等主要部位。若石块较小且咬合程度不够时，则用细石泥沙填补石缝，边砌边垒，这种方法称之为浆砌法，其优点在于泥沙干结后能增强石块之间的粘结，使房屋更加坚固。人们在浆砌法的基础上，发展创造出一种“包心砌”的方法（图6-4-6）。所谓“包心砌”，是指用大石块砌筑墙体，逐层在大石块缝隙间填满细小的卵石，以加强石料之间的稳定性，多用于院落围墙等的砌筑。

图6-4-4 游牧民族转场的补给站（来源：冯娟 摄）

图6-4-5 采用干砌法堆叠的构筑物（来源：龚睿 摄）

图6-4-6 采用“包心砌”方法建造的传统民居（来源：龚睿 摄）

第五节 毡房

“穹庐为室兮旃为墙，以肉为食兮酪为浆”。远嫁西域的汉代细君公主用诗歌形象地描绘出游牧民族真实的生活。历经两千多年的风风雨雨，“旃为墙”的历史样本依旧在美丽的草原上“盛开”（图6-5-1、图6-5-2）。

生活在伊犁河流域、阿勒泰山区、帕米尔高原，亦或是天山南北麓的游牧民族，在长期的生活实践中，创造了朴素的栖身之所——毡房。春夏秋冬，人们逐水草而居。毡房便于组装、拆卸和搬运，其形态是在千百年的风霜雪雨中不断锤炼而来的。

图6-5-1 伊犁那拉提草原上的白色毡房（来源：吴征 摄）

图6-5-2　帕米尔高原上的毡房（来源：龚睿 摄）

图6-5-3　毡房的格构架与斜撑杆（来源：吴征 摄）

新疆蒙古族居住的蒙古包与毡房一样，都是游牧民族的日常居所，均是典型的一户式流动性建筑。蒙古包和毡房的颜色大都为象征圣洁的白色。

一、材料运用

搭建毡房的材料全部来源于大自然，譬如用来制作格构架（栅栏架）、斜撑杆、顶圈的木料，都是取自当地木材加工而成；围护结构的毡毯，是用未脱脂的羊毛（羊毛上的油脂膜有防水、防腐的作用）擀制而成；绑扎固定毡毯的绳索，以牲畜的皮毛搓揉而成，具有很好的韧性。

二、建造体系与建造方式

毡房以木条作为承重构件，以毡毯作为外围护。毡房的承重构件可分为格构架（栅栏架）、斜撑杆和顶圈（图6-5-3~图6-5-5）。毡房的受力构件用弹性材料制作，节点均为铰接。因通体绑扎在一起，毡房具有整体性强、柔性好的优点。特殊的圆形造型，有利于削弱并导流迎面而来的风，特别能适应野外独立搭建的需求。

毡房的组装与拆卸极为方便，以木骨架的榫卯、栅栏的

图6-5-4　毡房的顶圈（来源：龚睿 摄）

图6-5-5　仅由斜撑杆和顶圈组成的简易毡房（来源：龚睿 摄）

绑捆、毡毯的披盖组合建筑的各构件，几乎不用一钉一铆，似乎可以称作“装配式建筑”，其建造过程最大特点就是“快”，只需半天，就能搭建完成。

毡房无需垒砌基础，在一望无垠的草原上，找寻一片适宜搭建毡房的30~50平方米的平坦土地，即可作为基址。为了保护自然环境，牧民们一般会选择留有毡房痕迹的地方，尽量不破坏地表植被。

人们先用柳木、杨木制成格构架（栅栏架）与木门围成圆圈，并用绳索绑扎固定。每片格构架高约1.5米左右，长约3米左右。格构架（栅栏架）的数量决定毡房面积的大小，数量越多，毡房面积越大。毡房面积大小因牧民家庭人口、社会地位而不同。一般以四片格构架组成建筑面积约12平方米的毡房为常见（图6-5-6），大者则由十二片格构架组成，建筑面积可达95平方米左右。

顶圈由一个封闭的木质圆环和两组垂直交叉呈抛物线状的木杆榫卯组合而成。木质圆环上凿有数量不一的插孔，用来固定斜撑杆。顶圈除了固定斜撑杆的作用之外，还具有多种功能，通过调节顶圈上顶毡的遮盖程度，以满足毡房内采光、通风及排烟的需求，类似现代建筑中的“天窗”。人们在搭建毡房顶部时，用长度为2.4~3.6米、端头为弧形的斜撑杆支撑起顶圈，再将二者绑扎固定在格构架上，形成毡房的骨架。最后挂草帘、盖毡毯、披围带，用绳索固定毡房。人们还常常在绳索近地面处下挂石块，以加强毡房的稳定性（图6-5-7）。

图6-5-6 四片格构架组成的毡房（来源：吴征 摄）

图6-5-7 绳索近地面处下挂石头的毡房（来源：龚睿 摄）

第七章　天地人合 · 新疆传统建筑的形与魂

生命的歌颂
繁星般缀满大漠苍穹
生活的渴望
浸透每一缕草原晨光

穿越群山戈壁
人与自然的血肉相连
凝成壮丽的史诗
恒久绵长
总也止不住奔涌的热泪
因为这片土地
让我爱得如此炽烈深沉

绵长的丝绸之路如同一条纽带，将曾经那么遥不可及的二者——东方和西方相互联系起来，在频繁纷杂的商旅活动、文化和思想的交流碰撞中，这条丝绸之路成为了人类文明世界的十字路口。而新疆，无疑是这个十字路口上的重要窗口。透过这里，也许，我们会对人类文明产生更为深刻理解。

在祖国六分之一的辽阔版图上，群山横亘，阡陌纵横，丝路古道蜿蜒着一越几千年。古老灿烂的人类几大文明在新疆交汇，世界上没有哪一个地方，像新疆这样汇流并拥有如此瑰丽、丰富包容的历史文化。人们世代栖居在这片广袤神奇的土地上，扎根于中华文化的沃土，创造出悠久灿烂的人类文明，孕育了独特的新疆传统建筑之花。

第一节 形系于魂，魂载于形——新疆传统建筑的生命之美

长久以来，新疆建筑常被视作一枚标签，在人们的脑海中留下了深深的地域符号化的印象。对地域建筑文化的理解和传承较多局限于“形”的模仿，即简单地复制和复古。但是，如果将新疆的建筑文化特色的成因仅仅理解为民族主观性，忽视了其最根本的客观性成因，未免有失偏颇和狭隘。新疆传统建筑的“形”不是凭空而来的，它建立于深刻的“灵魂”之上，每一个细节都与自然和生活息息相关，歌颂着生命之美，诉说着人与人、人与天地之间的脉脉相连。

今天，让我们一起满怀敬畏，仰望浩如沙海的民间智慧，一点点揭开那层神秘的面纱，去感知新疆传统建筑深邃的灵魂。

一、丝路传奇——你中有我，我中有你

独特的历史人文和壮丽的自然环境为新疆增添了神秘的传奇色彩。

远在汉代之前的先秦时期，新疆和祖国内地就已建立了商贸和文化的来往，《穆天子传》中有关周穆王万里西行至西王母之邦的故事，为这一观点提供了重要的线索。西汉张骞两次出使西域，将东西方的交流和往来翻开了崭新一页。东汉班超在西域的近三十年，更加促进了内地与西域各民族之间的友好往来、团结与融合。

自那以后，新疆与内地建立起了无法割舍、千丝万缕的联系。千百年的风霜雨雪、狂沙漫卷，新疆众多的民族世代和谐相处，共同生存聚居，你中有我、我中有你，扎根于中华文明的沃土，创造了多元一体的灿烂文化。这一特点在新疆传统建筑中同样也表现得十分充分。

可以说，新疆的传统建筑不仅承载着地域史、民族史，更是这片土地上的人民渴望并不断创造美好生活的奋斗史。

二、沙海绿“舟”——生存、生活与生境

建筑之本原目的，首先是人如何适应自然环境而得以生存，环境气候是第一要素，尤其是在新疆特殊的自然生态条件下更是如此。同时，在历史人文、宗教伦理、社会经济、生产技术等诸要素的综合作用下，使“生存”上升为“生活”，进而实现物质与精神的高度统一。新疆的传统建筑，即反映了这种高度的统一，通过人、建筑与自然的和谐共生，诠释出天地人合之宇宙观。在特殊的生态环境中，它如一叶叶小舟，呵护着生命，承载着人们的美好憧憬和希望。

（一）依恋自然，深刻理解人与自然的生命关联

浩瀚的沙漠戈壁边缘和奇伟的山脉之间，星星点点地镶嵌着一片片生机盎然的绿洲；在丰饶的山坡和谷地，蓝天白云下无尽的美丽牧场起伏绵延。人们在这里辛勤劳作，繁衍生息，书写着生命的轮回。广袤的大自然，养育了新疆各族人民，决定着人们的生活方式，更激发了人们坚韧的精神和无尽的生存智慧。新疆人对自然有着深深的依恋，对人与自然的生命关联有着深刻的理解。

（二）亲近大地，秉持天人合一的宇宙观

新疆传统建筑是新疆人民生命状态的物质体现。每当我们深入民间，走近新疆传统建筑宝库，被深深震撼的，是劳动者们在严酷的自然环境中所焕发的不屈不挠的生命力和创造力，是那些根植在泥土里的“真”的生活、“活”的历史。

新疆传统建筑反映出这里的人民对待自然的态度，彰显了大自然赋予人们的独到艺术审美力。这一切所凝聚的非凡精神力量，正是新疆传统建筑的“魂”之所在，使之达到了“天地人合”的至高境界。灿若繁星的民间智慧，犹如一盏明灯，点亮了生命的光辉，让心灵得以安宁地还乡，也为后世的传承留下了无尽的宝贵财富。

（三）传统伦理观念赋予建筑以文化性格和精神力量

几千年来，新疆各族人民在长期的生产生活及各种文化交流的活动中，相互影响、彼此交融，形成了独特的地域文化，其中既有共性，也有个性。

新疆各族人民所秉持的伦理观念和生活哲学，通过群体的生活方式、生活情趣和人格模式等呈现。作为地域文化性格最直接的物质载体，在新疆传统建筑的聚落秩序、建筑空间、居住环境中，集中地反映出地域独特的精神文化内涵。

（四）技、艺之美源于生存和生态审美

新疆人与自然的关系极为密切，人们对艺术与美的领悟和理解来源于自然，原生自其长期生存和发展过程中的本能和后天感知。因此，新疆传统建筑的技、艺之美建立在生存之美和生态之美的根系之上，其物质形象的呈现均与自然环境中的事物有着紧密的联系。

第二节 “自然”的建筑——物质表象背后的生命智慧

新疆传统建筑的外表是悦目动人的，或绚丽，或朴素，异彩纷呈，在中华传统建筑中独树一帜，焕发出独特的艺术感染力。

然而，当这些传统建筑真切地伫立于眼前时，最令人怦然心动的，是它们的物质表象背后所蕴藏的精神内涵和生命智慧。这智慧生于大地，源于人们对生命的理解以及对自然、对生活的深情与挚爱，真实质朴，闪烁着人性的光芒，直指人心！

新疆人民在长期的生存和建造活动中，十分敬畏自然，懂得行为自律，总是在想方设法地化解生存需求与自然条件之间存在的矛盾，减少对自然的破坏和干扰，并逐渐总结、归纳方法，找出规律，将其运用于建筑实践中，以建筑表象形式呈现出来。

与自然的共生性，赋予了新疆传统建筑的“形”以物质上和精神上的双重意义，使之更具有必然性。新疆传统建筑以其特有的自然质朴、浪漫优雅和艺术审美，散发着亲切、浓厚的自然人文气息。

一、顺应自然，因地制宜

（一）就地取材——大自然的馈赠

在新疆的很多地区，建筑材料缺乏，就地取材在传统建筑中表现得尤为突出，充分体现了新疆劳动人民因地制宜的非凡创造力。

建筑样貌真实地反映材料自然的色彩、肌理、质感等特征，反而使新疆传统建筑呈现出独特的风貌和格外动人的自然之美（图7-2-1）。

吐鲁番

喀什

伊宁

图7-2-1 新疆传统建筑的独特风貌和动人之美（来源：范欣 摄）

（二）顺势而为——相依相融

新疆传统建筑中蕴含着天地人合一的宇宙观。人们在建造行为中非常注重遵循自然地形地貌，顺势而为、就势而建，一方面使建筑溶化在环境之中，另一方面建筑又给环境增添了勃勃的生机，使建筑聚落与自然环境高度融合、和谐共生，创造了堪称经典的突出成就。这些建筑无痕地匍匐在大地之上，成为新的地景，被大自然接纳的同时，也被赋予了自然的永恒力量（表7-2-1）。

最为典型的案例有喀什高台民居（图7-2-2）、吐鲁番吐峪沟麻扎村爬坡屋（图7-2-3）、吐鲁番交河古城压地起凸法建造的建筑（图7-2-4）以及阿勒泰地区白哈巴图瓦人村落的井干式木屋（图7-2-5）。

新疆传统建筑因地就势的典型案例表 表7-2-1

建筑类型	因地就势的特征	代表性地区
高台民居	高崖之上，依崖而建。不拘泥对称，建筑紧密相连，形态凹凸变化、错落有致，与崖体无缝契合，浑然一体	喀什
爬坡屋	沿坡就势，修坡成台。不讲求对称，不计朝向，就地座院。聚落紧凑，高低错落，镶嵌与山坡之上，宛如天成	吐鲁番
压地起凸法建造的建筑	利用台地，减挖为城。以压地起凸法挖出街巷、院落及建筑空间，不讲求对称，自由灵活布局	吐鲁番
井干式木屋	依坡而居，顺谷而建。深褐色坡顶井干式木屋聚落在层林薄雾的衬托下，好似一幅天然的神仙画卷	阿勒泰

图7-2-2 依崖而建的喀什高台民居（来源：范欣 摄）

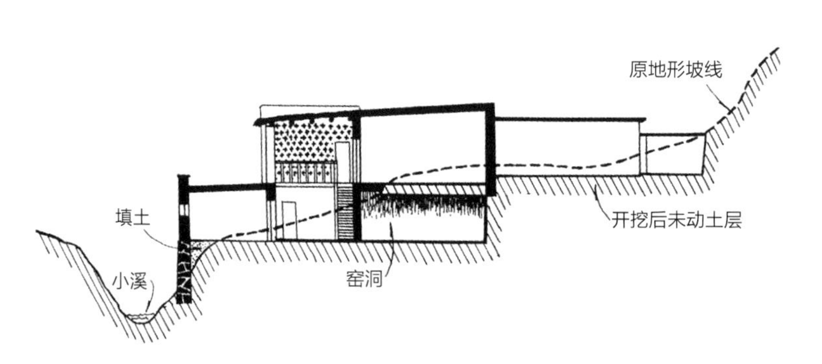

图7-2-3 镶嵌于山坡之上的吐峪沟麻扎村爬坡屋（来源：《新疆民居》）

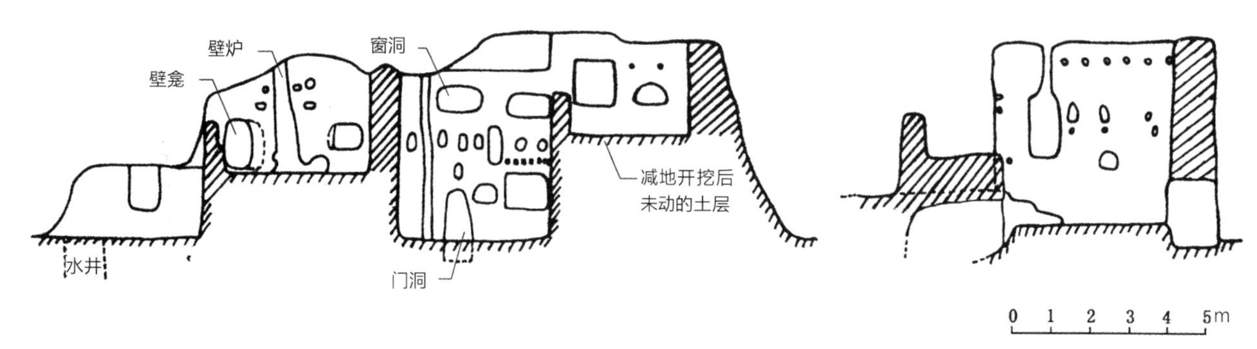

图7-2-4 吐鲁番交河故城采用压地起凸法建造的建筑遗迹剖面图（来源：根据《交河故城的形制布局》，范欣 改绘）

图7-2-5　顺谷而居的阿勒泰白哈巴图瓦人村落（来源：范欣 摄）

二、应对气候，生态宜居

新疆四周群山环绕，高山、草原、绿洲、沙漠分布在166万平方公里的广袤大地，形成了复杂多变、南北疆差异悬殊的内陆荒漠性气候。南疆干热少雨、日照足、多风沙，北疆冬季寒冷、夏季热、多雨雪，东疆以吐鲁番为代表，体现为酷热干燥、少雨、日照充沛的气候特点。在复杂多变、特别是恶劣极端的气候下，新疆劳动人民展现了应对气候、创造生态宜居的生产生活环境的非凡才智。

生态观是新疆传统建筑特别是民居中最核心的观念，集中体现在对自然和周围环境地形利用、空间构成理念以及对建筑空间细节的关注等方面，完全符合当今的生态观和建筑可持续发展的理念。人们将建筑与大自然旋律（四季、时令、气候等）紧密联系，注重户内小气候的营造，就地取材，尤其是尊重和顺应自然的生态策略（表7-2-2），值得深入研究和广泛借鉴，对当今乃至未来的城市建设活动十分具有指导意义。

新疆传统建筑应对地方气候的主要空间策略和生态宜居价值　　表7-2-2

序号	建筑空间策略	主要功能	生态宜居价值	适应的气候特征	代表地区
1	低层高密度建筑聚落	聚居、生活	节地，利用建筑和植物的阴影进行夏季遮荫，空间尺度宜人，公共空间适于邻里交往	干热少雨，日照充足	南疆喀什
2	封闭式内向型庭院	户外生活空间	防风沙，有较强的私密性，利用绿植调节小气候	干热少雨，日照充足，多风沙	南疆
3	开敞式外向型庭院	户外生活空间	利用绿植调节小气候	冬季寒冷、夏季热，多雨雪，少风沙	北疆
4	土拱式生土建筑	坚固、耐久	因地制宜，冬暖夏凉，平衡室内温湿度	酷热干燥、少雨，日照充足	东疆吐鲁番
5	阿以旺	起居、宴请、邻里欢聚、家务等多功能核心空间	防风沙，天然采光、自然通风，夏季降低太阳辐射	干热少雨，多风沙	南疆和田、喀什
6	檐廊	户外起居、家务、炊事	夏季降低太阳辐射，冬季享受户外阳光，遮蔽雨雪	日照充足，夏季热	全疆
7	廊前棚架、花架、土坯花墙、绿篱	划分、界定和引导空间	美化环境，夏季凉爽舒适	日照充足，夏季热	全疆
8	高棚架	户外活动空间	夏季凉爽舒适，遮荫	酷热干燥、少雨，日照充足	东疆吐鲁番
9	拱形入口深门洞	联系庭院内外的过渡空间，儿童玩耍、邻里社交等	通风、凉爽	酷热、干燥少雨，日照充足	东疆吐鲁番
10	木板窗	外窗遮阳	降低夏季太阳辐射对室内舒适度的不利影响	日照充足，夏季炎热	全疆
11	地下室、半地下室	储存杂物及蔬果，炎热的季节居住	室内温度适宜	夏季炎热	全疆

三、崇敬自然，美化环境

生活在新疆的劳动人民非常崇敬自然，热爱自己生活的土地，崇尚美的同时，也特别善于利用环境、改善环境和美化环境。

（一）植物的运用

生活在绿洲的人们，十分珍视绿色植物。无论民居庭院大小，人们都喜爱在这里种植树木花草（表7-2-3）。庭院中树木多为果树，春夏花繁叶茂，秋季硕果累累，花香果香四溢，色彩缤纷，生机盎然。

炎热的夏日，街巷和院落在树荫覆盖下凉爽舒适；冬季树叶落尽，阳光透过枝条洒满庭院，暖意融融。人们巧妙利用乔木、果木、灌木、攀藤植物、花草形成软界面，或辅以廊前棚架、花架、土坯花墙、绿篱等，分割、界定、引导和组织庭院空间，丰富庭院景观的同时，还具有防风沙、净化空气、调解温湿度的生态功能，既愉悦了精神，也保证了健康的生活。

新疆传统建筑聚落中常用植物的基本特性、生态功能及景观效果　表 7-2-3

植物分类	植物名称	基本特性	生态特性及景观效果	适应地区
乔木	白杨	落叶乔木，树高 15 ~ 30 米。耐严寒、干旱。耐瘠薄、盐碱土壤。根系发达，抗病虫害能力强	抗风沙，固沙、固土能力强。遮荫，降温增湿，降尘，净化环境。树形英姿挺拔，适合成排或成组种植	全疆
	柳	落叶乔木，喜光，耐寒，较耐干旱和盐碱。生长快，易繁殖。发芽早，落叶晚	抗风、抗污染和尘埃能力强。遮荫，降温增湿，降尘，净化环境。形态柔美，枝条纤长，叶片如眉	全疆
	桑	落叶小乔木，喜温暖，耐寒，耐干旱和水湿。耐瘠薄、盐碱土	遮荫，降温增湿，降尘，净化环境。春季开花，春夏结果，果实气味香甜	全疆
	白榆	耐寒，耐干旱，较耐盐碱，适应性强。生长快，寿命长	抗污染，叶面滞尘能力强。遮荫，降温增湿，降尘，净化环境。也可作绿篱	全疆
	槭	落叶乔木，树干高大。耐寒，耐干旱，较耐盐碱，耐烟尘	抗风雪，遮荫，降温增湿，净化环境。树姿优美，春季花满枝头，秋季红叶满园	全疆
	白蜡	落叶乔木，高达 10 ~ 25 米。耐寒，对土壤无严格要求	遮荫，降温增湿，降尘，净化环境。 秋季树叶金黄，色彩缤纷绚丽	全疆
	洋槐	落叶乔木，高 10 ~ 25 米。较抗旱，土壤适应性强	遮荫，降温增湿，降尘，净化环境。 花形、花色美丽，芳香	南疆、东疆
	皂荚	落叶乔木，高可达 30 米。喜光，稍耐荫，土壤要求不高，盐碱土、黏土、砂土均可生长	遮荫，降温增湿，降尘，净化环境 果实具有观赏性	南疆、北疆天山北麓
	无花果	落叶小乔木或灌木，高达 3 ~ 10 米。喜温暖湿润，耐瘠，耐干旱	遮荫，降温增湿，降尘，净化环境。花繁叶茂，果实甜美	南疆、北疆伊犁
	杏	落叶小乔木，高达 5 ~ 10 米。耐寒，耐旱	抗风，遮荫，降温增湿，降尘，净化环境。春季花朵满枝，雅致怡人；果实甜中微酸，气味清芬，亦可观赏	全疆
	苹果	落叶小乔木，高达 4 ~ 12 米。适合沙质土壤	遮荫，降温增湿，降尘，净化环境。花繁叶茂，果实脆甜，气味清芬	全疆
	梨	落叶小乔木，高达 6 ~ 9 米。较耐寒，耐干旱	遮荫，降温增湿，降尘，净化环境。花开胜雪，果实汁多味甜	南疆、北疆伊犁
	桃	落叶小乔木，高达 3 ~ 8 米。耐旱	遮荫，降温增湿，净化环境。春季花朵满枝，雅致怡人；果实汁多味美	全疆

续表

植物分类	植物名称	基本特性	生态特性及景观效果	适应地区
乔木	李	落叶小乔木，高达 9 ~ 12 米。耐寒，不耐干旱和贫瘠	遮荫，降温增湿，降尘，净化环境。花繁叶茂，果实酸甜	全疆
	海棠果	落叶小乔木，高达 3 ~ 8 米。耐寒，耐干旱、湿、碱。生长快	遮荫，降温增湿，降尘，净化环境。花繁叶茂，果实甜酸	全疆
	山楂	落叶小乔木，高达 3 ~ 5 米。耐寒，耐干旱、贫瘠土壤	遮荫，降温增湿，降尘，净化环境。花繁叶茂，果实红艳、甜酸	全疆
	樱桃	落叶小乔木，高可达 8 米。适应各种土壤	遮荫，降温增湿，降尘，净化环境。果实酸甜、殷红可爱	南疆
	石榴	落叶小乔木或灌木，高可达 5 ~ 7 米，3 ~ 4 米	遮荫，降温增湿，降尘，净化环境。花繁叶茂，榴花似火。果实酸甜，花果可观赏	南疆
灌木	月季	小灌木。适应性强，耐寒，耐旱	花形美观，色彩艳丽，花香清芬	全疆
	夹竹桃	直立大灌木，高可达 5 米	花期几乎全年，夏秋最盛。花形美观，观赏性强	全疆
	扶桑	灌木，株高约 1 ~ 3 米	花形美观，观赏性强	全疆
藤本植物	葡萄	高大落叶藤本，藤茎长 15 ~ 20 米。严寒时须埋土防寒	可用于庭院棚架绿化，遮荫。花紫红，果实味美，观赏性强	东疆、南疆、北疆天山北麓
花卉	芍药	多年生草本。耐旱	花朵大而美丽，观赏性强	全疆
	金菊	多年生草本。适应性强，较耐寒	花色明艳，丛生更具观赏性	全疆
	大理	多年生球根草本	花朵重瓣呈花球，大而美丽，观赏性强	全疆

（二）水渠的运用

新疆人爱水、亲水，人们有时将渠水引入住户庭院。溪水潺潺，蜿蜒在廊前、葡萄架下，勾画出一幅幅幽雅宜人、恬静惬意的生活美景。

新疆传统民居对水景的运用，紧密结合了地方的气候特点。细长的水渠温润了庭院的小气候环境，却不至因太阳辐射而造成水分大量的蒸发流失。

第三节　“活”的建筑——新疆传统建筑的生长性和活态

因循地形和地势建造，是新疆传统建筑的典型特征。根据不同的气候、地形，院落和建筑布局或紧凑，或舒展，不刻意追求对称、型制，自由生动、不拘一格，呈现出独特的生长性特色。

新疆传统建筑这一生长性起点于百姓生活基本需求，一代又一代，生息绵延，体现了鲜明的原生性特征。由客观诉求指导主观手段的这一原生性创造方式，与现今的许多城市建设中的建筑活动以主观性动机为主导具有显著差异。

一、聚落的生长性

（一）共存、共享、共筑

新疆传统建筑聚落是人们在特殊的自然环境中为了更好地生存和延续生命而建立起的共同体。新疆传统聚落依水系而居，以一个或多个经济、文化等职能为中心，逐渐自由生长，将聚落居民对生活的美好愿望千丝万缕地密织在一起，达成了共存、共享、共筑的总体愿望。这一愿望是聚落秩序的缘起，是聚落整体美学特性的基础。

共享、交往交融的公共空间是新疆传统建筑聚落中不可缺少的要素，人们在相扶相助中共筑居所，创造美好生活。

（二）矛盾孕育秩序，局部成就整体

新疆传统建筑聚落是人们在自然条件下的生存状态，这一状态决定了其自然属性，因此说，新疆传统建筑聚落是被社会化了的自然风光。

人们在长期的生存活动中，不断探索解决生存居所与自然条件之间矛盾的方法，并在解决各种矛盾和问题的过程中孕育了局部的秩序。这些零星的局部秩序不断积累，逐渐形成整体性的社会和建筑秩序，即聚落总体秩序。

新疆传统建筑聚落的各独立部分秩序叠合成为聚落整体秩序，其尊重客观以及整体由个体聚集生长的这一基本特性，与古典建筑思想中通常强调主观之“整体统治局部”的观念是截然不同的。

（三）复杂与简单，统一性与多样性

人们为营造更宜居舒适的居住环境而采取了各种各样的方式，在不同时期、不同认识的情况下，形成了在方式以及建筑样貌、空间特征等方面的差异。

共同的地域气候、环境特点，使同处一个聚落的建筑个体具有相似性的总体特征，形成了传统建筑聚落的总体样貌，因此，新疆传统建筑具有整体美学特性。

每一栋居所解决自身的问题，作为个体是相对简单的，或者说每一时期的建筑有着相对一致性，但当许多单体建筑组成聚落整体时，则具有了相对复杂性。这些个体集合在一起，表现出多样性和自由样态，与古典建筑思想中通常的强调严谨的整体性、秩序和比例的特点有所不同。

（四）不断生长，无尽变化

新疆传统建筑聚落格外动人之处，不是某栋建筑、某条街巷的物质形象，而是因生活实际需要不断生长变化的聚落空间，以及其中永不停歇地变幻着的时间、季节、人的活动。

因而我们很难看到一个静止不动的聚落，每一栋仿佛相同却又相异的建筑，被偶然地关联在一起，汇集成一种必然的内在秩序，一种场所的力量。

暗藏的秩序和场所的力量催生着聚落在平面上不断铺展，在高度方向自由蔓延。

二、街巷和建筑空间的生长性

新疆传统街巷和建筑的空间组合形式多样、布局灵活自由，注重空间场所感的营造，建筑外观取决于功能空间的构成，浑然天成，朴实大方，创造手法和艺术品位独到，极具地域性，充分体现了新疆人的哲学观念、人文特征及审美情趣。

（一）自由随机，宛若天成

新疆传统街巷和建筑空间的生长性不同于建筑师有意为之的安排，而是与生活的基本需要密切相关，多缘于用地紧张或居住人口增加，因此呈现出看似自由但又必然的空间秩序，具有显著的随机性（图7-3-1）。我们常会看到一条街巷或平直或弯曲地延伸，宽窄不一。时而直线转折，时而自然转过圆弧，时而狭窄，时而豁然开朗，有的住宅院门出其不意地开设在街巷钝角转折的斜边处。

一切是那么理所应当，充满诗意，意趣盎然。每当徜徉在这些出于生活实际需要而产生的活力空间中，总会惊喜连连，流连忘返。

（二）多维度生长，无界粘合

在用地紧张的地方，传统民居建筑向二、三层发展。也有的起初为一层，随着家庭添丁添口，居住空间不足，又

局部或整层加建二层。还有的利用住宅院落入口上方空间加建，在入口处形成大片荫凉的灰空间，从院门进入时，先暗后明，先抑后扬，成为从院外通向院内的过渡空间，而庭院则成为民居中的高潮和最为精彩的段落。

新疆传统建筑的生长性还体现在建筑不以单幢孤立存在，不强调个体的完整性和独立性，而是通过相互间的连续、搭接、错落、叠合等方式融合为整体，以不拘一格的多维度空间构成方式，生长出高低不一、舒展连绵、层次丰富、活跃有机的街巷界面和天际线轮廓（图7-3-2、表7-3-1）。

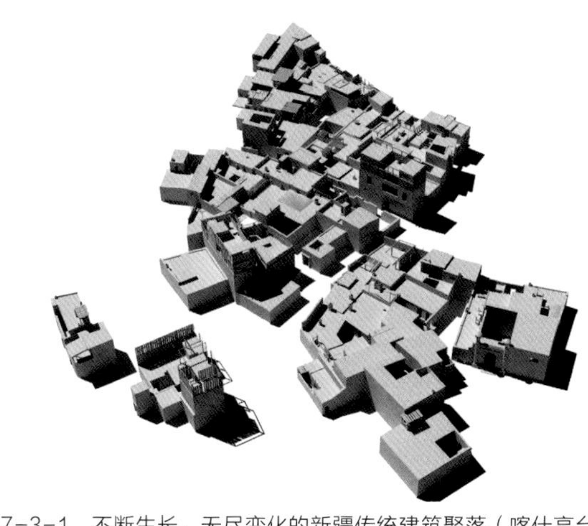

图7-3-1　不断生长、无尽变化的新疆传统建筑聚落（喀什高台民居模型）（来源：王小东院士研究室 提供）

图7-3-2　新疆传统街巷和建筑空间的生长方式（来源：范欣 摄）

新疆传统街巷和建筑空间的生长方式及艺术效果 表 7-3-1

空间生长方式	空间元素	空间生长目的	空间艺术效果
自由随机	街巷	生活实际需要，充分利用空间	充满诗意，意趣盎然
连续	街巷两侧界面	集约利用土地。具有封闭性，保温隔热，防风避沙	舒展，流动感，整体性强
搭接	过街楼	扩充生活空间	创造扬与抑、低与高、明暗与开合的空间节奏变化，光影丰富
错落	街巷两侧界面	生活需要，减弱视觉单调感	韵律变化，丰富的天际线
叠合	加建、加层的建筑空间	满足家庭人口增长对生活空间的需求	空间丰富，有机组合，变化生动
出挑	半街楼	扩大居住空间，休憩，观景	街巷界面形态及光影变化丰富
下挖（压地起凸法）	街巷、院落、建筑	交通及生活空间。具有内向封闭性，保温隔热，冬暖夏凉	朴拙淳厚，与大地浑然一体，宛若天成

（三）魅力空间，街巷记忆

当加层后居住空间仍然不足时，人们则会搭建过街楼、半街楼，向狭窄的街巷争取空间。这些伸展向街巷的凌空建、构筑物，成为了新疆传统建筑聚落中最独特、最具艺术魅力的重要元素。狭长、蜿蜒的街巷，因此出现了丰富的节奏、明暗和开合，流动成串串音符。街巷中人来人往，邻居在街角相遇，在过街楼下驻足寒暄，孩子们追逐笑闹着从身边跑过，老人们面对面坐在院门外两侧的坐台上聊着家常……故事和记忆悄然地存放进时光里（图7-3-3）。

新疆传统街巷和建筑空间，通过劳动者因向往美好生活而萌发的聪明才智，创造出了走入人心的空间世界。离开普通人的生活，离开真实的功能需要，则永无可能企及这样的美丽。

邻居在街角相遇

追逐笑闹的孩子们

童年的小伙伴

坐在门前的老人

图7-3-3 街巷记忆（来源：范欣 摄）

三、建筑与树木的交融

在新疆的低层高密度传统建筑聚落中，建筑与树木的关系不是界限分明、彼此割裂的，而是相互交融、彼此映衬。

传统民居院落里树木枝叶展开、绿荫伞盖，见证着一家人的繁衍变迁，人树情深。街巷中成组的白杨树挺拔高耸，镶嵌于水平成片连绵的建筑之间，形成丰富的空间层次，可谓是见缝插绿，透出勃勃生机和生命力，体现了老百姓对大自然的渴望和对植物与生俱来的亲近。有的传统街巷两侧，在住宅院落的门口，常常会见到单株或成组的高大树木，枝繁叶茂，既美化了院门入口，也使街巷空间主次鲜明、浓淡有致。

镶嵌于聚落中的各种树木，优美的枝叶自由舒展，有的伫立于街巷转角或开阔的公共空间一隅，有的依贴院墙，甚至与院墙长为一体，有的则自院落向街巷远远探出。建筑与树木共同构建出生活的场景，充满活力、情景动人（图7-3-4、表7-3-2）。

图7-3-4 新疆传统建筑与树木的交融方式（来源：范欣 摄）

新疆传统建筑与树木的交融方式及其产生的空间意义 表 7-3-2

所处位置	交融方式		所产生的空间意义
街巷	贴合	紧贴街巷边界种植单株或成组的高大树木	软化空间边界，丰富街巷变化遮荫，优化气候，美化环境
	穿插	民居庭院中高大树木的繁茂枝叶远远探出，甚至形成伞盖	你中有我，我中有你，化解生硬的空间隔离感，人、建筑与树木和谐共生树影斑驳，丰富了景观层次，为街巷增添了的生趣和魅力遮荫，优化气候，美化环境
	融入	树木与街巷一侧院墙生长为一体，围墙端头紧贴树干	
小广场	内置	广场中心种植单株或成组高大树木	产生庇护、聚合、中心感，界定空间，创造亲切、舒适、愉悦、优美的公共空间场所。遮荫，优化气候，美化环境
	外沿	广场一隅、周边成组或零星种植树木	
庭院入口	聚焦	单株或成组的高大树木	导向、强调、暗示、美化。遮荫
庭院内部	镶嵌	高大乔木（多为果木）树冠伞盖	遮荫，优化气候，美化环境。愉悦精神

四、新疆传统民居建筑空间中的伦理观念

追溯历史，如果将建筑的外延扩展至整个自然界，动物用以藏身的洞穴可称得上最早的建筑。对人类来说，居所是建筑产生的最原始理由，它使建筑具有了存在的意义，也记录和见证着人类社会的发展沿革。当被赋予社会、经济、历史、人文、宗教信仰、道德观念、审美情趣等脉络特征时，建筑的含义就不仅限于简单的遮风挡雨，而是从一个有围合界限的存身之所进而延伸至物质、精神双重意味，其中空间因能够最直接、真实且贴切地反映人们的生活态度、观念、情趣，呈现生活情景，而凸显出重要的价值。

新疆人在生活中尽情歌颂生命。他们用最绚丽的地毯和精美的绣品装点居室，拿出最美味的食物和最讲究的餐具款待客人；他们在欢乐的歌舞里尽情抒发心中的喜悦，以最热烈的方式庆祝节日；即使在游牧转场的艰辛跋涉中也会身着盛装。

新疆传统民居的建筑空间中充盈着生命的欢歌，反映了新疆人的传统伦理观念。

（一）家庭和睦，敬老抚幼

家庭和睦、尊老爱幼是中华民族的传统美德，也是新疆各族人民所尊崇的家庭传统伦理观念。

1. 维吾尔族

维吾尔族传统的家庭伦理观念，主要体现在：

1）敬爱老人，爱护幼小。父辈对儿女要慈爱，善加抚育，并严加教导，民间流传着这样的谚语：“用馕养子，用棒教子”；儿女应孝敬长辈，服从父母的教导，以物质和情感回报父母的养育之恩。

2）提倡夫妻之间互敬互悦、和谐相处，家庭关系以尊崇和依靠男性为核心。

3）兄弟姊妹之间要尊敬兄长，相亲相爱、彼此关心，互信、互帮。

4）对血亲要关心，扶贫济弱。

新疆维吾尔族传统民居的建筑平面布局自由，不讲求对称。居室精心布置和装饰，尤其对家中长辈的居所会善加安排。檐廊下满铺地毯或设置宽阔舒适的土台，庭院中绿树成荫、花影团团，这些为一家人亲密交流而创造的空间场所，处处透出浓浓的亲情和鲜活的生活气息。

新疆维吾尔族传统民居的建筑空间中不仅反映了“重视亲情、关注精神感受”的家庭伦理观，也充分体现了维吾尔族热情开朗的性格、对生活的理解和对人性的尊重，以及珍视自然和生命的生活态度，充满了对生活的挚爱（图7-3-5、图7-3-6）。

图7-3-5 吐鲁番人家（来源：范欣 摄）

图7-3-6 伊宁人家（来源：范欣 摄）

2. 汉族

汉族传统的家庭伦理观念，主要体现在：

1）注重礼教，长幼有序、尊卑有别。

2）尊崇以血亲为凝聚、以父系成员为家庭核心的宗法制度。

3）百善孝道为先，奉行尊老教幼的传统。

4）提倡家庭和睦，以利万事兴旺。

5）敬奉祖先，祈求福佑子孙。

汉族传统民居以院落为中心，通过建筑围合，呈现“内聚、向心”的空间形态，将传统伦理道德观念融入民居环境的营造，同时转化为独特的美学价值观。

除了满足一家人的物质生活功能需要外，汉族传统民居中处处都反映了尊儒重礼的精神内涵。汉族传统民居的建筑空间格局方正严整，体现了家庭中分明的等级秩序。庭院上位安排长辈或家长居住的正房，其他住房则以正房为核心，依照长幼、尊卑的次序对称布局，整个民居平面布局重群体而轻个体，这与汉族“以父权为中心”、“长幼有序、尊卑有别”以及“家庭和睦凝聚”的传统家庭伦理观念相一致（图7-3-7）。

对祖先的祭礼是汉族家庭的头等大事，正房居中最显要的位置布置厅堂，这里是整座住宅的核心和重点，除了设置敬奉祖先的祖堂外，也是家庭成员集会的场所。

图7-3-7 奇台县盛家1948年摄于自家祖宅门前的全家福（来源：盛家后人 提供，范欣 翻拍）

3. 哈萨克族

哈萨克族是天地之子、鹰的民族。他们敬畏自然，十分懂得珍视自然所赋予的一切，“自律地利用自然”是哈萨克族生命中十分重要的生态伦理思想。在长期的游牧生活中，哈萨克族养成了乐观豁达的性格。

哈萨克族传统的家庭伦理观念，与其生活的环境和方式都密切相关，主要体现在：

1）注重礼仪，尊老爱幼，关护弱小。将不敬长者视为最不道德的行为，从小即受到尊长守礼的教育。

2）重视亲情，提倡家庭和谐，家庭关系中以男性为中心。男性成员一般负责外出放牧，女性则负责全部家务劳动。

3）赞美劳动光荣，视懒惰为耻辱。从小即养成勤劳的习惯，孩子从小就懂得为家庭分担家务。

4）赞美谦虚诚实，鄙视虚伪狡猾。在民间流传的谚语“挂果的树枝总垂着头”“狡猾的人说漂亮话，明智的人说实在话”，特别能体现哈萨克族“以诚相待、谦虚向善”的做人准则。

其居所毡房的建制反映了哈萨克族重视亲情的伦理观念。同一父系的哈萨克族血亲的毡房一般搭建在一起，组成一组，称为“阿吾勒”，这种以血缘为纽带的组织形式是哈萨克族部落社会的基本单元，它将同一“阿吾勒”的人们在经济、精神以及社会关系上紧密地联结在一起，成为共同体。

简单的毡房，内部布置得井井有条、温馨大方，既实用，又充满艺术气息。毡房内的起居、待客的坐卧区，满铺美丽鲜艳的花毡。右上方是主人的床位，有的毡房还设有特制的床，但晚辈不允许在上面坐卧。

哈萨克妇女吃苦耐劳，个个都是家务能手，床毡、地毯、挂毯、床幔、箱套、门帘、挂袋，以及毡房外围的主带上，缀满鲜活夺目的图案，编织着哈萨克人对美好生活的憧憬，充满了草原文化气息。

（二）热爱生活，邻里无间

传统的农耕文化和游牧文化十分重视人与人之间和谐的人际关系，同时，辽阔的地域，壮美的自然，使新疆各族人民养成了亲近大自然的天性，普遍性格直爽、真挚诚恳、待客热情。少数民族大多能歌善舞，每逢欢庆聚会，男女老少尽情欢乐，气氛热烈非常。在特殊的气候条件下，新疆传统建筑常常呈现封闭内向型的空间形态，而在日常生活活动中，十分重视人与人之间的交流、交往、共享与互助，体现出亲密无间的邻里关系。

因此，传统民居建筑中必不可少亲朋聚会、邻里交往的活动空间，其中以维吾尔族、汉族和哈萨克族的传统民居最有代表性。生活起居、邻里交往空间是新疆传统建筑特别是民居聚落中从人性出发、创造美好生活的原生性典型空间（表7-3-3）。

1. 维吾尔族

新疆地理环境特殊，地广人稀。由于受大漠戈壁的阻隔，维吾尔族聚居的传统村落环境大多交通不便，较为封闭。因此形成了以村落为中心和以情为重、亲爱近邻的人际关系特点。

其民间谚语中说：“房子像麸子一样便宜，邻居比金子贵重。”维吾尔族对邻里关系十分重视，在生活中相互依靠、相互帮助，共同分享彼此的苦乐，亲密如兄弟。每至节假日或家逢喜事，能歌善舞的维吾尔族就要举行宴请、欢聚活动。

新疆维吾尔族传统民居聚落中的邻里交往空间　表7-3-3

空间类型	空间名称	空间特征
公共交往空间	小型广场（图7-3-8）	多位于聚落中心和入口、街道转角或一侧，与每户住宅保持适宜的步行距离，具有较好的围合性，规模尺度与所在聚落相适宜，广场周边建筑物有良好的视觉、空间和尺度的连续性
	街巷（图7-3-9）	以有机的连续性串起聚落各个空间，封而不闭、围而不死
户内交往空间	阿以旺	周边围绕静态空间，设置用于坐、卧的土台或大床，铺设地毯，中间空出较大的空间，以满足宴请时歌舞欢庆的动态活动需要
	庭院	在檐廊、高棚架或葡萄架下设置土台或大床，铺设地毯，用于起居、待客、休憩、家务劳作。庭院内绿化优美，该空间作为歌唱舞蹈、共享生活的主要场所

喀什高台民居入口广场　　喀什噶尔古城街巷一侧的休闲广场

喀什噶尔古城街巷一侧的绿化休闲广场

喀什噶尔古城街巷转角的邻里交往小广场

图7-3-8　新疆传统民居聚落中的公共交往空间——小广场（来源：范欣 摄）

图7-3-9　新疆传统民居聚落中的公共交往空间——街巷（来源：范欣 摄）

2. 汉族

在社会生活中，汉族十分强调人的社会性和人际关系的融洽，人与人之间的相处中渗透着浓厚的人情味。

汉族非常注重邻里关系的培养，以四合院为单元，通过串联形成街坊，从而建立起邻里交往的网络。在日常生活中，邻里间彼此相望、鸡犬相闻，一家有难八方相助，邻里关系亲厚，正所谓“远亲不如近邻”。

正房居于四合院中轴线上，中间的堂屋是整座住宅规格最高的房间，作为接待宾客的重要场所，充分体现了汉族注重礼仪的传统。

在有限的经济条件下，往往是几户人家共居一个四合院。天、地、人，阳光、清风和绿植，人们朝夕相处，互助互帮，如唇齿相依，围合的院落里和气团团，凝聚着剪不断的大杂院情结。

3. 哈萨克族

长期的游牧生活赋予了哈萨克族人勇敢坚韧的精神。在一望无际的草原上，他们以相互团结为纽带，建立起了民族内部紧密的人际关系。

他们鄙视自私自利，提倡扶贫济危和互助互爱。哈萨克族谚语中说：“如果在太阳下山时放走了客人，就是跳到水里也洗不清的耻辱”“只要进入哈萨克草原，哪怕你走一年，也不会挨饿”。即使是素不相识的人，一旦求助，也定会尽全力予以帮助。逢有驼队经过毡房，女主人都要热情出迎，送上酸奶等以示慰问。在搭建毡房、擀毡、剪羊毛、修筑羊圈等缺少劳动力时，同一“阿吾勒”的邻居都会前来义务帮忙。

哈萨克族在日常生活中十分注重礼仪礼节，对待宾客诚挚热情，不会有丝毫怠慢。客人进毡房时，由主人揭帘相让；进入毡房后，后部起居区正中的主位请客人落座，主人则在其下位作陪。

第四节 浪漫如诗——新疆传统建筑的艺术审美

在严酷的自然生态环境下，新疆人民亲近自然，崇尚真善美，在平凡中不断创造着奇迹，书写着浪漫如诗的生活。

一、光影中的情致

幽静迷人的金色街巷，空气中弥漫着桑果的甜蜜，微风吹过，白杨树闪着点点银光。曾经多少次怦然心动，梦里千回，看见那红裙飘舞，斜阳沉静。

新疆长年日照充足，利用光影的流动变幻营造情致盎然的视觉印象，是新疆传统建筑的又一突出特色。另外，新疆夏季气候干热，高密度的建筑聚落产生了大量的阴影，只要在背阴处，即会感到十分凉爽舒适。

（一）街巷光影

新疆传统街巷尺度宜人，两侧建筑外墙色彩单纯统一，多为涂料刷白或是生土色。阳光为其晕染上迷人的光色，丰富的光影变幻使整个街巷别具魅力。

架空的过街楼产生的阴影赋予狭长街巷空间音乐般的间奏性明暗变化。随机伸向街巷的半街楼、叠合交错的空间体块以及入户大门凹进的洞口等，产生出丰富灵动的光影，为街巷两侧平直的界面平添了许多的趣味和活力。

夏季，从民居院落中伸展出的浓密枝叶，在街巷两侧的院墙上投下斑驳的美丽树影，为街巷带来片片绿荫。人行其间，心旷神怡，如梦如幻（表7-4-1、图7-4-1）。

新疆传统街巷光影的创造方式和要素 表7-4-1

序号	传统街巷光影的创造方式和要素（图7-4-2）	艺术效果
1	阳光的晨昏变换	千变万化的立面光色
2	过街楼	增加街巷明暗间奏变化，打破空间单调感

续表

序号	传统街巷光影的创造方式和要素（图7-4-2）	艺术效果
3	伸向街巷的半街楼	平直连续的街巷界面上的跳动音符
4	民居庭院大门、外窗洞口	曼妙的色彩、立体的光影，街巷中亮丽的视觉焦点
5	树木枝叶	斑驳美丽，如诗如画

图7-4-1 梦幻般的街巷光影（来源：范欣 摄）

晨昏变换

过街楼的明暗间奏

光影中的交错

斑驳如画

图7-4-2 新疆传统街巷光影的创造方式和要素（来源：范欣 摄）

（二）院落光影

建筑几何体块自由有机的生长，通过搭接、叠合、穿插等形成非常立体的整体形态，阳光为其增添了艺术表现力（表7-4-2）。

檐廊、葡萄架下的阴影在丰富建筑层次感的同时，也给炎炎夏日带来凉意，成为最适合一家人起居活动的场所。

夏、秋季院落里树影婆娑，阳光穿过枝叶跳跃着点点斑驳，人们在树下热情地弹唱、起舞，品尝瓜果，尽享人欢乐。

新疆传统民居庭院光影的创造方式和要素　表7-4-2

序号	传统民居庭院光影的创造方式和要素	艺术效果
1	阳光的晨昏变化	千变万化的建筑立面光色
2	建筑几何形体搭接、叠合、穿插	光移影动，变化的建筑立面
3	檐廊	过渡明暗空间，增加建筑光影变化和空间层次感
4	葡萄架、植物枝叶	斑驳美丽，如诗如画

二、色彩里的憧憬

新疆各民族对生活的热爱和憧憬，最直接地反映在对色彩的独特理解和运用上。

这里的人们天性热情奔放，他们喜爱用鲜艳、明亮的色彩装点生活、美化建筑，即便在恶劣的环境中，也会尽可能地去发现美、创造美，努力打破生活中的单调与黯淡。

（一）自然之色——蓝色、绿色、生土色

无际的戈壁，高远的蓝天，苍茫大地间顽强地生长着生命之绿。新疆之美，是纵横天地的无羁和豪迈，是永恒之大美。

在新疆的大多数地区，干旱少雨，冬季漫长，一年中的落叶期几乎长达4～6个月。那些处于浩瀚沙漠腹地的绿洲，更是常常风沙肆虐、遮天蔽日。

生活在新疆的人们崇敬自然，珍爱生命和自由。蓝色，象征着自由高远的天空；绿色，象征生生不息的生命。蓝色和绿色是新疆传统建筑中不可或缺的典型色彩（图7-4-3）。

维吾尔族传统民居中多喜用蓝色、绿色，如门窗、柱饰、顶饰，特别是院落大门，有时建筑外墙也会采用蓝、绿色粉刷装饰。

浅蓝色是新疆游牧民族建筑的代表性色彩。纵马驰骋在广阔蓝天下的“鹰的民族”哈萨克族的毡房、马背上的民族蒙古族的蒙古包，都喜爱用象征康乐、和平和宁静的浅蓝色装点。蓝色也广泛用于游牧民族的服饰、花毡、花毯、绑带等生活物品的装饰。

汉族、回族等民族的传统建筑也常用蓝色和绿色装饰点缀（图7-4-4）。

图7-4-3　生命之色，自然之色（来源：范欣 摄）

图7-4-4 乌鲁木齐市南大寺（来源：范欣 摄）

在干旱少雨地区，很多传统建筑直接裸露生土本色（图7-4-3），朴拙醇厚之美与自然环境十分和谐。斜阳中，建筑被涂抹上浓重的金褐色，犹如一幅幅天然的油画。

（二）热情的火焰——红色、橙色

高山远脉驰万里，戈壁无边漫天际。严寒酷暑，风沙雨雪，造就了新疆人纯真豪爽、热诚直接的性格。火焰般的红色和橙色，是新疆传统建筑中常常运用的色彩。人们喜爱红色和橙色，喜爱它如太阳般的炽热和光明。人们将烈焰般的红色和橙色用于建筑装饰、服饰用具，表达自己对生活的热爱和赤诚，抒发对生命的歌颂。

维吾尔族等民族的传统建筑中一般将红色和橙色用于装饰的局部重点点缀，也有的在民居的墙面上涂饰橙色和桔色（图7-4-5）。

汉族传统建筑中一般将红色用于柱面、门窗等（图7-4-6）。

其他民族传统建筑中也大多喜用红色装饰、点缀。

鲜艳的红色也常用于地毯和花毡等。

图7-4-5 维吾尔族等民族的传统建筑中的热忱之色（来源：范欣 摄）

图7-4-6 乌鲁木齐市文庙（来源：范欣 摄）

（三）圣洁与高贵——白色、黄色、金色

蓝天中聚散依依的云朵，一覆千里的茫茫雪原，洁白神圣的慕士塔格峰，漫山遍野的羊群，纤尘不染的白桦，瑰丽的新疆拥有着世间最圣洁、最高贵的白。

素净、高雅、纯洁的白色，是新疆各民族传统建筑中普遍运用的色彩。人们用天然的白色石灰粉刷建筑墙面（图7-4-7），质朴中带有中国水墨丹青的悠长意蕴。蓝天白云之下，白色的毡房、蒙古包像一颗颗珍珠洒落在碧绿的草原上。

明快、富贵的黄色，被广泛用于新疆传统民居中的门窗和装饰点缀（图7-4-7）。

家境殷实的居民，会为建筑装饰的木雕、彩画以及院门等精心勾画金边，更显华贵与富丽（图7-4-8）。

（四）曼妙的色彩搭配

在民间的角角落落，色彩之美无处不在。用色时绝没有丝毫的小心翼翼和矫揉造作，鲜艳、大胆、强烈，却能做到与自然十分和谐。人们将心中所思、所想、所愿以及心中炽

图7-4-7 圣洁与高贵之色（来源：范欣 摄）

烈的本真，尽情绽放出来，这样的美，饱满而热烈，令人无法拒绝，其中以维吾尔族传统建筑最具代表性。

新疆维吾尔族传统建筑的装饰色彩的搭配跳跃却浑然天成，运用纯熟，格调高雅，达到了极高的艺术审美境界。几片简单的瓷片，能拼出曼妙的图案，即使是同一种颜色，也能出现无尽变幻。最典型的例子，在一个民居聚落中有上百个院门都是蓝色的，明亮的蓝、沉静的蓝，天蓝、湖蓝、海蓝、宝蓝、钴蓝、普兰、孔雀蓝……每一扇门都美丽惊艳，几乎找不出颜色完全一致的两扇门，无法想象世间竟然会有如此缤纷的蓝。人们用色彩歌唱，讲述着时光的故事，他们才是真正的艺术家！

新疆维吾尔族传统建筑色彩搭配主要有以下方式（图7-4-9）：

图7-4-8 勾画金边的院门（来源：范欣 摄）

1. 衬托

呈现出明亮、典雅的艺术效果。

2. 互补与对比

呈现出明快、亮丽的艺术效果。

3. 邻近色

呈现出轻松、和谐的艺术效果。

4. 同系色

呈现出含蓄、统一的艺术效果。

三、描画如诗生活

新疆各族人民用刻刀、凿、画笔等，一点一滴地亲手描绘着心中的大自然，装点着自己的生活。在他们的手中，花朵盛开、茎叶舒展、藤蔓漫卷，鲜活欲滴的石榴低垂着咧开嘴巴，如诗如歌，浓烈浪漫，仿佛能听见生命在脉动，宛如春风拂面。胜景似梦，却是如此真实。

生性爱美的维吾尔族人对艺术有着与生俱来的天赋，对建筑装饰的理解富于诗意。新疆维吾尔族传统建筑的装饰重点在住户院落大门、门窗、柱、梁、椽、檐口、栏杆、天花、壁龛等，精心地采用木雕、彩画、石膏花饰、磨砖拼花等进行装饰美化（图7-4-10）。装饰图案多采用植物茎

衬托

互补与对比

邻近色

同系色

图7-4-9 新疆维吾尔族传统建筑色彩搭配的主要方式（来源：范欣 摄）

叶、藤蔓、花卉、果实、几何图案等，也有采用山水风景、文字铭文等，避讳人和动物图案。

汉族传统建筑讲究庄重和仪式感，主要重点装饰院门、梁枋、檐口、门窗、顶棚、藻井等，其特点与内地汉族传统建筑相似。大部分建筑由于经济条件、建筑材料和施工水平的局限，一应从简，呈现出朴素之美。

哈萨克族用明快艳丽的刺绣品装饰毡房，这些精美的花毡、绑带等布满毡房的各个角落。绣品的图案灵感均来自生活，如羊角、弓、花草、流水等，还有各种美丽的几何和曲线图案，细腻生动，呼之欲出，其风格粗犷奔放，极富艺术感染力。

回族传统建筑与汉族传统建筑类似，重点在檐枋和撑拱部位采用雕饰，不同的是不用人和动物图案，一般采用植物花、果、叶、卷草和云纹、流水等图案，也有圆环、菱形、矩形、角状等回形纹、方胜等几何纹样。最具特色的是在屋脊上、端墙开设的洞口处以砖瓦镶拼或砌出连续生动的各式图案，装饰简洁明快。

新疆各民族传统建筑的装饰在具有各自鲜明特色的同时，彼此吸纳，充分体现了融合，例如，维吾尔族传统建筑中常用的木棂花隔断纹样中，采用的步步锦、卐字纹、回形纹、冰裂纹、画框式、双交四碗菱花等，即吸纳了汉族传统建筑文化中构图严谨的几何纹样的特点。

木雕

彩画、石膏花饰

磨砖拼花

图7-4-10 新疆维吾尔族传统建筑富于诗意的装饰（来源：范欣 摄）

第五节　新疆传统建筑的艺术和技术路线之解析

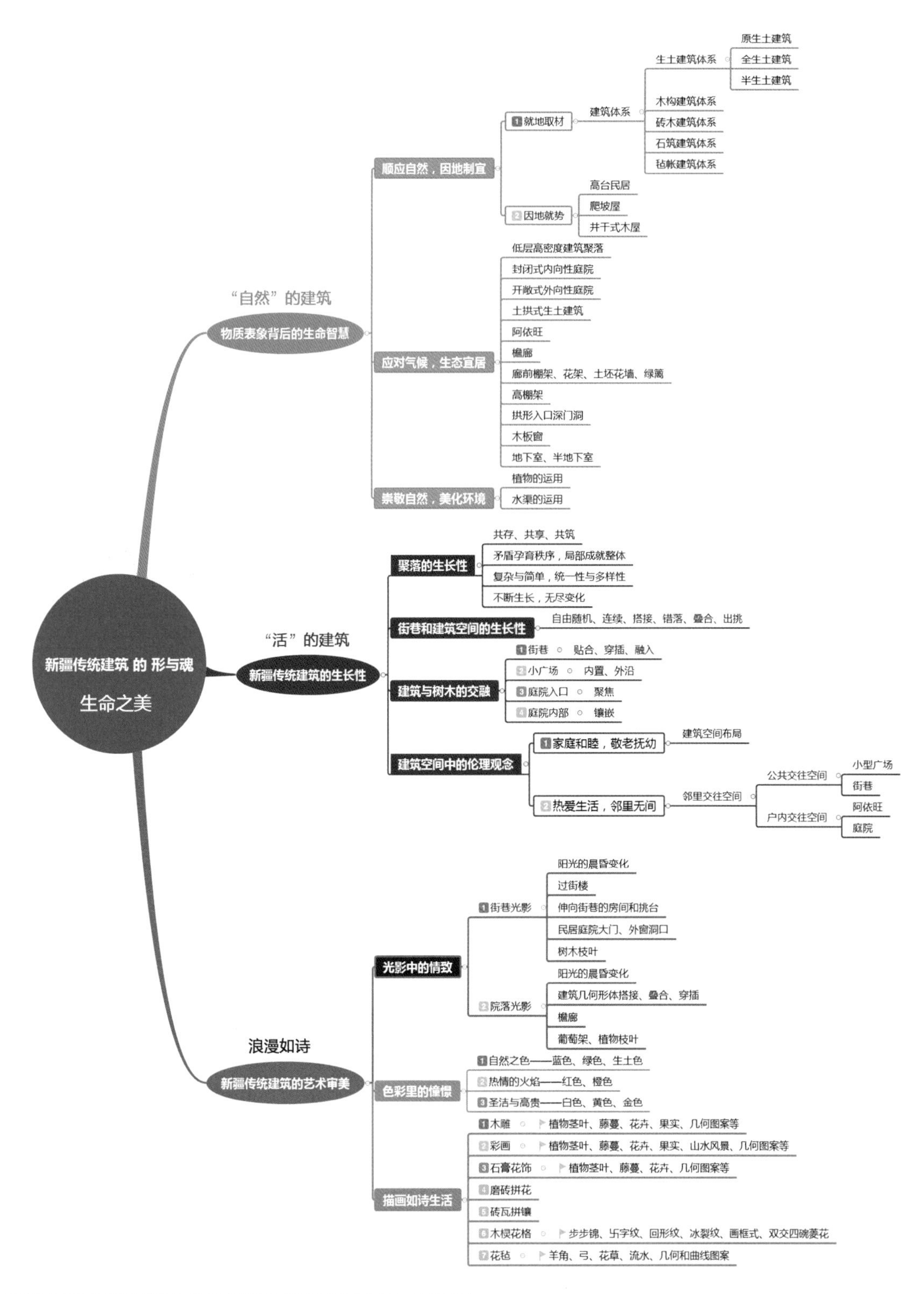

图7-5-1　新疆传统建筑的艺术和技术路线之解析思维导图（来源：范欣 绘）

下篇：多元创作的时代华章·新疆当代建筑的传承与创新

第八章　新疆当代建筑传承与创新的起步（1949~1965年）和后期（1966~1977年）

人人都说江南好
我说边疆赛江南
林带千百里
万古荒原变良田
渠水滚滚流
红旗飘处绿浪翻
机车飞奔烟尘卷
棉似海来粮如山
各民族兄弟干劲冲天
要让边疆处处赛江南
……

——袁鹰，歌曲《边疆处处赛江南》节选

新中国成立后，新疆各城市建设经历了一个从无到有的过程，解放前后众多有志青年从全国各地投身于新疆的建设，从新疆南北各个城市的传统建筑及古村落、生土建筑遗址及新疆的地域气候特点、生活习俗等多维度对适宜于新疆的建筑创作经验进行探索，从人们世代繁衍的沃土汲取灵感，创作出一大批优秀的建筑作品。在资源较为匮乏的年代，完成众多当时的重要建筑，许多建筑在今天依然承担着城市重要节点空间的重要作用，成为历经这个时代的见证者，建筑传承并延续着城市记忆。

第一节　背景回顾

建筑的发展伴随着社会发展，同时也离不开城市发展史，如果城市建设作为城市发展体的组成，并以点串接成线和面，建筑活动则贯穿于城市发展的时空线中，且因城市发展之“传”而至建筑发展之“承”。因此，将建设发展时间延伸来看，1949年以前，新疆城市建筑文化呈现出多元异质并存的特点。陕甘汉文化、地域民族文化、沙俄及苏联文化等皆在城市中并存交融，独特的地缘条件反映出新疆城市强大的兼容并蓄能力和多元化特点，这一时期的城市和建筑还不能简单地与建筑创作产生联系，也谈不上其文化意义上的传承。

中华人民共和国成立后，新疆的传统建筑传承进入了起步时期（1949～1965年），南北疆各个城市及兵团建设开始经历了城市的成长与更新，积极探索适宜于与当地气候特点、经济条件、生活习俗的建筑，即便是后来1966～1977年，城市建设在一定范围内仍然在进行。作为边疆多民族城市，形成了共存性与融合性的特点，新疆的传统建筑脉络在多元与共存的时空序列中开启了“新疆—内地一体化”的发展模式。

一、历史沿革

1949年中华人民共和国成立后，城市建设基础薄弱，社会、经济、文化及城市建设等方面均处于恢复发展的起步阶段。众多有志青年从五湖四海来到新疆，来到祖国最需要的地方，投身新疆的建设。1951年中国人民解放军驻新疆部队部分军人奉命投入了生产建设，成立“新疆军区工程处”，专事工程建设，1956年成立“建工局设计院”。在百废待兴的形势下，青年建筑师积极参与城市建设和基础设施建设，在公共建筑、住宅建筑及工业建筑等方面，均打破了原有“一穷二白”的局面。与此同时，1954年新疆生产建设兵团的创建，不仅是对历史上西部边疆实行“屯垦戍边”伟业的延续和发展，并且对新疆少数民族地区建设发展的贡献，经过几十年的发展，兵团文化应运而生，至1965年自治区人民政府成立10周年之际，涌现一批优秀的“10周年献礼工程”。

“文革”期间，社会经济、文化艺术乃至人民生活都受到了不同程度的影响。新疆遭受到与全国一样的冲击，各设计单位都存在人员被遣散、设备散失、图纸被毁的现象。由于新疆经济建设起步晚，极少量的建筑活动在“设计革命运动”的背景下仍然存在，但总体属于迟缓发展状态。

二、城市建设与发展

建筑总是在城市历史文脉中生成、更新与发展。城市中的新旧建筑共同构成了城市发展与变迁，城市建设和建筑发展与生活方式相互作用、相互影响，营造出多元、丰富的城市生活空间。新兴城市的建立，也成为了起步时期建筑发展的摇篮。

（一）城市的建立

中华人民共和国成立后随着生产的发展、经济的繁荣、人口的增长，南北疆各个城市陆续设市，喀什、伊宁于1952年设市。1955年新疆维吾尔自治区成立。克拉玛依于1958年设市。城市的建立促进了建筑的发展，为改善人民的生活提供了社会保障，同时，广大农牧区以解决生产生活为根本的乡村建设进入建设热潮。

（二）早期城市规划的编制

自1957年开始，自治区城建主管部门在国家城建部的指导下，组织专业技术人员，对乌鲁木齐、伊宁、喀什、克拉玛依等10多个城镇做了总体规划和初步规划。这些早期的城市规划对于当时城市规模的确定、建设项目的推进以及旧城镇的改造等方面都起了积极作用。这一时期，兵团屯垦戍边，以石河子市为代表开创了建设戈壁新城的城建历史。1951年王震将军带领兵团人建设石河子市，制定出石河子市第一个城市计划——《新疆维吾尔自治区石河子城市计划》，其中刘禾田先生亲手绘制的石河子总体规划方案草图在网格路的基础上加了四条放射型线，使得城市发展有向四面八方辐射发展的可能，方案结合水利工程，利用灌溉渠形成城市景观水系，城市空间丰富，功能分区明确，突出了核心中轴及子午路。

1958年石河子第二次城市总体规划，在第一版的基础上做了一定完善和修正，以建设花园城市为理念，同时突出军垦城市特色，也为兵团城市建设奠定了规划理论基础。

第二节 建筑创作特色与传承实践

中华人民共和国成立之初，国家经济发展刚刚起步，受地缘政治和苏联援建工程的影响，结合苏联建筑理论、规范标准和建筑实践的指导，逐步建立了最初的适应于新疆的建筑设计规范、抗震措施及防寒措施等，本土建筑师拥有了自主创新的契机，尝试探索如何传承地域建筑形式和风格。

作为新疆建筑设计的主力，一大批刚刚从学校毕业的大学生带着满腔热情自愿来到新疆，面对新疆解放初期城市建设的空白局面，激情澎湃地参与实践，在艰苦的条件下一步步迎来新疆建筑业的大发展。由中国人民解放军驻新疆部队组成“新疆军区工程处”，在北京和天津两个建筑设计院的帮助下，大量建筑设计专业毕业生都投入到新疆的建设中，成立新疆维吾尔自治区建筑工程局设计院，健全了设计队伍。活跃于这一时期的前辈建筑师大多接受了系统的专业教育，他们对地域与传统认真思索，勇于创新，创作出一批继承和发扬传统建筑优秀文化、融合地方特色的建筑。这段历史是空前的、开创性的，摆脱了设计上被动接受援助的局面，填补了新疆建筑自主创作的空白。

一、西方古典及苏联建筑风格的影响

20世纪50年代初，新疆建筑行业处于发展初期，工程技术人员匮乏，专业工种不齐全，设计力量及施工力量均很薄弱。一大批建筑院校毕业生来到新疆，带着西方古典建筑教育体系的学习经历及技术经验，在解放初期百废待兴的情境下，以满腔热情投入新疆的建设，创造出满足当地人们需求的建筑。另外，苏联派大量技术人员及专家作为主要设计人员，新疆的建筑师们作为实施方，解决具体的协调工作，完成了多个公共建筑及工业建筑，如石油技校、有色金属、新疆医学院等，并带来了较为完善的设计流程、建筑设计理论及规范等设计指导措施。

（一）西方古典建筑风格的影响

活跃于这一时期的前辈建筑师受到西方正统建筑学体系的专业教育，有的曾有内地著名建筑事务所的从业经历，早期实践作品多受西方古典建筑的构图及布局形式影响，这一时期建筑布局多为一字形、凹字形、山字形或“蛤蟆式”布局，立面呈三段式构图，古典通高柱廊和台基以及线脚丰富的檐口。

建于1952年的新疆大学解放楼（图8-2-1）为砖木结构，位于校园教学区中心，包括教学、图书馆及礼堂等功能，各部分之间为独立出口，呈“U”字形围合的庭院。墙体厚重，绿色铁皮屋顶，中间主入口部分为三角形山花，高于两侧，整个建筑为浅黄色，入口门廊为白色双柱式壁柱，突出入口。

建于1956年的新疆八一农学院（现新疆农业大学）2号教学楼和老行政楼（图8-2-2，图8-2-3），建筑主立面均利用通高柱子来凸显主入口，2号教学楼入口为六根承重的柱廊形式，老行政楼采用壁柱形式。

建于1954年的新疆卫生厅办公楼（图8-2-4），二层，为铁皮屋顶，设半圆形通风窗，入口立面四根塔司干柱式，柱上设山花，侧面设多立克壁柱。

新疆兵团司令部附属老办公楼（建于1954年，图8-2-5）立面呈水平三段式，中部及两端突出，檐部设有线脚，具有西方古典风格的庄重稳定特征。

建于1959年的新疆人民政府办公楼（图8-2-6）呈“回”字形内院布局，四面均有完整立面造型，交通空间位于内庭院一侧，联系便捷。主立面两端为实体，中间为三层高的柱廊，形态舒展，简洁大气，柱式采用传统建筑柱式形态。

图8-2-1　新疆大学解放楼（来源：冯娟 摄）

图8-2-2　新疆八一农学院老行政楼（来源：冯娟 摄）

图8-2-3　新疆八一农学院2号教学楼（来源：冯娟 摄）

图8-2-4　新疆卫生厅办公楼（来源：冯娟 摄）

图8-2-5　新疆兵团司令部附属老办公楼（来源：根据网络资料，冯娟改绘）

图8-2-6　新疆人民政府办公楼（来源：新疆建筑设计研究院 提供）

（二）苏联建筑风格的影响

这一时期的建筑多为厚墙、粗柱、铁皮屋顶，三段式构图，轴线对称突出中央的平面布局，入口处为大尺度内凹柱廊等，沿袭了苏联建筑风格。在建筑营造上，受限于材料及技术水平，水泥、钢材等建筑材料均由苏联运过来，施工技术及建筑图纸由苏联的建筑设计机构提供。

建于1956年的新疆医科大学老行政楼（图8-2-7）为苏联援建项目，中方辅助合作完成。入口门厅位于道路转角，为圆柱形体量，屋顶采用木挑檐支撑圆顶结构形式，人字形通风屋架，绿色铁皮屋顶，立面采用浅黄色墙身，一层为竖向长方形窗，二层为圆拱形窗，一度成为当时众多建筑的蓝本。

建于1952年的乌鲁木齐市的石油局明园住宅群（图8-2-8）为苏联建造方式建造，墙体50厘米厚，砖墙承重，内部隔墙为木屑填充的轻质隔墙，自重小且隔声效果好，两户之间厨房及卫生间均设有排风井道直通屋顶，屋顶为铁皮闷顶，防水防晒。

二、本土地域建筑探索与创新

1957年，新疆建工系统组织本土建筑师进行了大规模的新疆传统建筑调研，“敢为天下先”，足迹踏遍天山南北，先后完成了喀什香妃墓、吐鲁番交河故城、吐鲁番民居、喀什民居、和田民居、伊犁民居等优秀传统建筑的测绘，收集整理了大量文献资料。较系统地梳理了新疆传统建筑的工匠营造体系，对新疆的风土人情及生活习俗、传统建筑建造过程、建筑遗产及文物保护单位等基础资料进行了较系统地归纳，并对新疆生土建筑的适应性、构造体系进行了研究，多次在国内外生土建筑界进行学术交流。这些考察调研几乎涵盖了气候环境、民族文化、生活习性以及建筑营造、装饰特色、材料等各个方面，为后来新疆传统建筑文化传承和发展奠定了理论和实践基础，意义十分重大。

这一时期，新疆本土的建筑设计队伍已经具备承担全疆大部分项目的设计能力，建筑师开始从本土地域文化方面着手，从传统建筑中汲取灵感，创作出一批具有地方特色和创新特质的城市建筑，带来了新的设计思潮，使新疆的建筑设计水平在自治区成立之初，即居于较高的起点之上。逐步改变解放初期基本依靠内地和国外专家支援的状况，开启了因地制宜、自主创新、体现地域传统建筑风格的创作之路。

（一）融合地域建筑特色的创作与现代风格的探索

1. 融合地域建筑特色的创作探索

建筑创作实践注重优秀结合新疆的地域特色，融合新疆

图8-2-7 新疆医科大学老行政楼（来源：冯娟 摄）

图8-2-8 乌鲁木齐市石油局明园住宅楼（来源：冯娟 摄）

地方传统建筑的细部特征，创作了一批继承和发扬传统建筑优秀文化、融合地方特色的建筑。解放军军区工程处和建工局设计院均对新疆的建设发展做出了巨大贡献，如乌鲁木齐人民电影院、新疆军区八一剧场、新疆人民剧场、乌鲁木齐南门体育馆、新疆博物馆老馆（原新疆农业展览馆）、乌鲁木齐红山邮政大楼、伊犁红旗商场、伊犁绿洲电影院、乌鲁木齐二道桥百货商店、乌鲁木齐八一百货大楼等。

建于1956年的乌鲁木齐人民电影院（图8-2-9）南侧为圆形街心花坛，设计之初为了更好地与街心花坛结合，建筑主立面采用凹弧形拱廊，柱廊空间突出主入口，两翼展开，主体为影剧院大空间。拱廊继承了传统建筑特征，其尖拱、柱式为简化了的传统范式，建筑元素富有地域特色。

图8-2-9　乌鲁木齐人民电影院（来源：新疆建筑设计研究院 提供）

建于1954年的新疆军区八一剧场（图8-2-10）是新中国成立后新疆首例大型公共建筑，由新疆军区工程处设计科完成。建筑整体为对称式布局，两侧为实体，中间柱廊空间为入口，形成深厚的阴影空间。顶部为穹顶，花格门窗，密梁藻井，以仿古门簪等装饰处理手法重点装饰，突出了中华汉文化特点。

图8-2-10　新疆军区八一剧场（来源：新疆建筑设计研究院 提供）

建于1956年的新疆人民剧场（图8-2-11）位于乌鲁木齐南门广场东侧，坐东朝西，承担民族歌舞及歌舞剧的功能。入口柱廊采用民族传统建筑的拱廊、穹窿顶，窗户为尖拱窗，细部采用传统石膏花饰，体现建筑的地方特色。设计充分尊重当地人民的喜好，传承了传统文化，至今仍是乌鲁木齐的标志性建筑。平面纵向分为三个分区，即前厅、观众厅及后台。入口门厅设八角形迴廊，屋顶采用跨度为24米的钢桁架梁结构，一层门厅两侧为更衣室，二层为茶座及吸烟室，三层前厅两侧为休息室，八角形迴廊使得观众视线得到交流，同时丰富了空间。室内浮雕由美术协会及浙江美术学院毕业生参与设计，充满了浓郁的地域特色。入口两侧的歌舞人像雕塑亲切生动，广受百姓的喜爱，增强了建筑的地方性特色及文化内涵。2018年新疆人民剧场被列为第三批中国20世纪建筑遗产。

图8-2-11　新疆人民剧场（来源：新疆建筑设计研究院 提供）

建于1959年的新疆博物馆老馆（图8-2-12）正面处由

6根圆柱及扶壁柱组成入口门廊，上部为高大的檐板，正厅顶部采用穹顶，柱头以及檐头为小尖拱和小圆拱花饰，色彩古朴典雅且具有鲜明的地域特征，在两翼的侧门处以四根圆柱组成门斗，柱头用双层小拱装饰，并在各展厅的扶壁柱顶用小尖拱高出一般檐墙，形成高低起伏的变化。

建于1959年的乌鲁木齐南门体育馆（图8-2-13）为拱形屋顶，大跨度结构，古典式柱廊入口，入口檐板为密肋小方格，以现代语言表达传统中式风格的木楞窗。

建于1959年的乌鲁木齐红山邮政大楼（图8-2-14）主楼中部为四层，入口位于城市道路转角，“八”字形平面呼应街角空间，采用六根科林斯柱式的高大柱廊，主楼两侧为三层，中部高两侧低，突出主次关系。

建于1959年的伊犁绿洲电影院（图8-2-15）为砖木结构，跨度20米观众厅，可容纳1000座。建筑整体和谐，文化气氛浓郁，是伊犁大发展时期的边城人民物质生活和精神生活的见证，曾被列为自治区十大建筑之一。

2. 现代建筑风格的探索

大规模的城市建设，在“适用、经济、在可能的条件下注意美观”的建筑方针指导下，一部分项目上的繁琐装饰被简化或取消，体现出现代主义与地域风格融合的特征，如乌鲁木齐团结剧场、乌鲁木齐市人民政府办公楼、乌鲁木齐红山商场、新疆展览馆老馆、新疆昆仑宾馆主楼、伊犁图书馆等。

建于1962年的乌鲁木齐市人民政府办公楼（图 8-2-16）主立面分三段，中间部分为四层，两侧为三层。雨篷采

图8-2-12 新疆博物馆老馆（来源：新疆建筑设计研究院 提供）

图8-2-13 乌鲁木齐南门体育馆（来源：新疆建筑设计研究院 提供）

图8-2-14 乌鲁木齐红山邮政大楼（来源：新疆建筑设计研究院 提供）

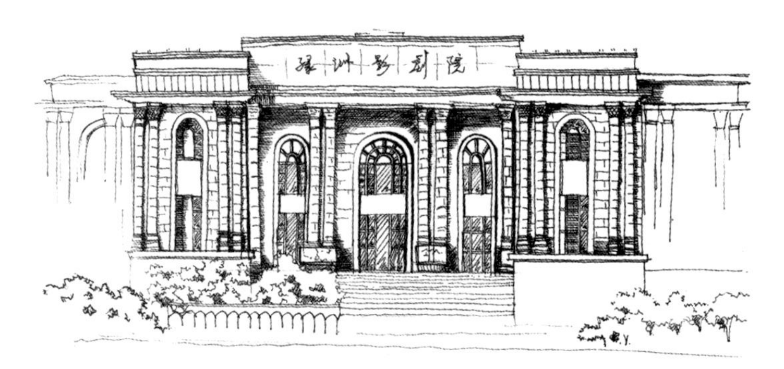

图8-2-15 伊犁绿洲电影院（来源：根据《新疆建设（1949-1989）》，马玉萍改绘）

用六根梯形柱与圆弧形立面，呈放射状布置。外墙扶壁柱直通檐廊，使建筑整体显得挺拔庄严。檐头采用高1.5米左右的檐板，在柱头顶部以细竖线条小尖拱石膏花窗装饰，造型简洁明快。

建于1959年的新疆昆仑宾馆主楼（图 8-2-17）呈东西向布局，以北京前门饭店为蓝本，框架结构，主楼中部为八层，两翼为六层，是新疆第一座高层建筑，被当地百姓喜爱的称为“八楼”，至今承载着城市记忆。主楼檐头为连续半圆拱窗，两侧为方窗加阳台，门廊为半圆拱柱廊，体现了现代风格与新疆地方特色的结合。主楼中部后方连接餐厅及礼堂，餐厅为钢筋混凝土井字梁，礼堂屋盖为跨度20米的多边形木屋架，屋顶为铁皮屋顶。

建于1965年的新疆展览馆老馆（图 8-2-18）为自治区成立十周年的五大建筑之一，位于昆仑宾馆西南方向，是当时跨度最大的公共建筑。建筑方案借鉴了当时北京十大建筑的特点，中部双塔高起增加体量感、突显主入口，两翼略低延伸开来，显得建筑大气而舒展。主入口门廊为六根两层通高的片墙式壁柱，柱头顶部为檐板，柱廊内为竖向大玻璃窗，强化入口处的竖向线条。建筑外墙为米黄色，柱廊、柱头、柱础均简化了古典花式，并将新疆传统木柱的元素应用于柱式中，细部装饰采用哈萨克族传统花纹图案，中西合璧，使得建筑既具备苏联建筑的整体气质，同时又蕴含地域建筑韵味。

以上这几座建筑整体布局及构图均采用传统的中轴对称式，体型简洁，实体感强，适合当地气候环境，立面仅做重点装饰，展现了新时代的本土建筑特色。从1965年的乌鲁木齐鸟瞰中也能感受到这一时期的城市整体风貌（图 8-2-19）。

这一时期其他地区也有很多探索与实践，尊重当地地域传统建筑特征及人们的生活习惯，尊重自然，合理利用自然条件。喀什市人民医院、塔里木农垦大学、伊犁图书馆（图8-2-20）、石河子军垦纺织品门市部等均是代表性案例。

图8-2-16　乌鲁木齐市人民政府办公楼（来源：新疆建筑设计研究院 提供）

图8-2-17　新疆昆仑宾馆主楼（来源：冯娟 摄）

图8-2-18　新疆展览馆老馆（来源：新疆建筑设计研究院 提供）

图8-2-19 20世纪60年代乌鲁木齐城市鸟瞰（来源：《新疆》1965画册）

图8-2-20 伊犁图书馆（来源：根据老照片，马玉萍 改绘）

（二）演化与更新的住宅建筑

从解放初平屋顶民居、过渡时期的“地窝子”，到土拱住宅和土坯墙、砖拱平房、大砖拱楼房，再到砖混住宅，新疆的住宅建设经历了传承与融合的演变发展过程。

1. 早期住宅建筑探索

新中国成立后，面临解决广大群众的住房问题，急需建设大量住宅建筑，设计人员结合新疆的地理、气候特点以及经济条件，因地制宜地进行建筑设计。解放初的新疆，水泥、钢材等建筑材料严重不足，建造技术水平落后，受到吐鲁番传统土拱式建筑的启发，在对新疆的自然、社会环境及生活习俗等多方面了解与熟悉的基础上，建筑师们向民间匠人学习，对土拱进行改良和探索，创造性地设计了土坯拱平房、砖拱平房和砖拱楼房。

1950年冬，乌鲁木齐步兵学校急需解决学员居住需求，建造了一批土拱建筑。由于当时的新疆严重缺乏木材、钢材、水泥等建筑材料，采用土拱结构可大量节省建材。建筑师们调研发现，很早之前乌鲁木齐就有土窑洞，为吐鲁番人建成，由于不适应乌鲁木齐的雨雪天气，均已残破。建筑师们改进了土窑洞的技术，对土块的承载力进行实验，根据土块的应力规律确定土拱曲线，将土块制作为楔形，土块尺寸为宽16厘米、长33厘米，窑洞跨度达到3米，窑洞顶部不设窗，由门上高窗提供采光。屋面防水采取特殊处理方式，即第一层为草泥抹灰，中间加松土层，外层为草泥，松土层可在雨水渗入时补充缝隙，加强防水作用，防水寿命可达20年。适应于延安以及吐鲁番的窑洞，在乌鲁木齐经过改进，使其适应了当地气候。

有了设计土窑洞的经验，新疆七一棉纺织厂的附属建筑设计了石窑洞，吸取民间传统建筑形式，平面规律，屋顶为砖拱，上填土铺方砖，具有较好的防水、隔声及耐久性。七纺窑洞应特殊时期的生存需求，因地制宜，在有限的条件下极大地解决了居住问题。

20世纪50年代中期，土木结构及土拱平房逐渐被砖木或砖混结构楼房取代，屋面从平顶逐步向双坡顶转化，并设有木质檐沟集中排水。一些仿苏联式住宅建筑，屋面使用方木人字屋架，分双坡和四坡，镀锌铁皮或黑铁皮屋面防水，铁皮檐口及铁皮落水管，这类住宅当时在伊犁地区最为常见。

2. 大砖拱多层住宅的创作与实践

砖拱住宅出现于20世纪60年代困难时期，由于土坯平房容易漏雨，急需要解决大量住房问题。砖拱住宅在新疆传统民居土拱式结构的基础上进一步优化为大砖拱，设计了多层带有采暖的砖拱住宅。

“全砖拱”楼屋盖、预制钢筋混凝土梁“小砖拱”楼屋盖、“砖肋钢筋混凝土”楼屋盖在办公楼和住宅建设中大量推广。

在住宅的创新和传承中，最具代表性之一的为20世纪60年代初设计的砖拱楼房（图8-2-21）。设计者对新疆传统民居做了充分调研后，吸取了传统民居的民间智慧，并予以创新。砖拱楼房多为两到三层。将楼梯做三部分处理：室外地坪至1.35米处为共用楼梯部分，1.35米～3.00米为每户自用部分，而楼梯下部则是一层住户的出入口。上部的楼梯栏板，既有防护功能，也具装饰性。在街坊内集中设置卫生间，每个单元由公共外廊进入各户，使用便利且互不干扰。每户均有厨房和一间起居活动室，同时兼具卧室、起居室、餐厅、书房等多种功能。户内供暖由厨房炉灶及厨房与起居室之间的隔墙内的“火墙”提供（图8-2-22）。为节约木材，楼板及屋面均为连续砖拱结构，地面为水泥面层。这组设计得到了当时社会各界的广泛好评。

图8-2-21　20世纪60年代砖拱住宅透视图（来源：孙国城 提供）

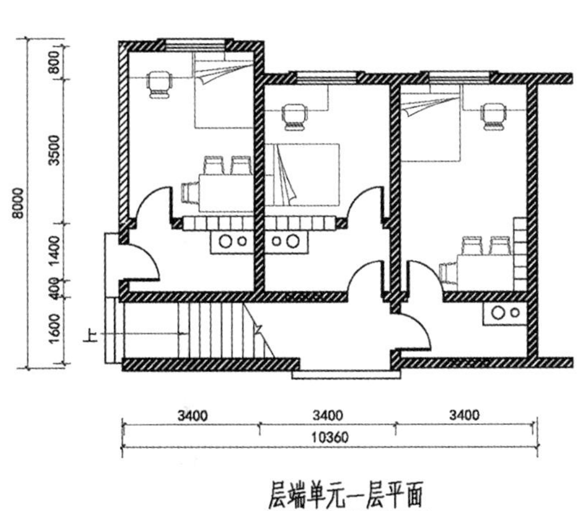

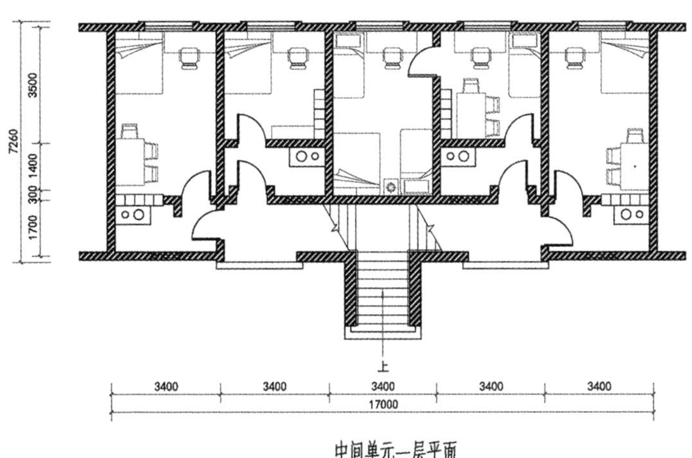

图8-2-22　20世纪60年代砖拱住宅平面图（来源：孙国城 提供，徐煜 改绘）

（三）推动结构技术创新的工业建筑

新中国成立后各地迅速发展工业，建设了大量的工业建筑。受建筑方针和苏联风格的影响，厂房采用简单的定型设计，将预制构件以工业化方式进行拼装，如建于乌鲁木齐市的十月汽车修配厂、七一棉纺织厂、八一钢铁厂、八一水泥厂、八一面粉厂等均是这时期代表性的工业建筑。

1. 工业建筑的起步

20世纪50年代初期，新疆第一座现代化工业厂房——八一面粉厂建成，厂房为五层框架结构，建筑面积3300平方米，厂房主楼高23米，是西北地区第一套采用外国面粉加工设备的面粉厂。新疆八一面粉厂的建成拉开了新疆本地勘察设计单位自主设计工业建筑的序幕。

设计于1952年的新疆七一棉纺织总厂（图8-2-23）是新疆的第一个现代化棉纺织企业，车间为沥青及混凝土地面，印染厂房的屋面板、管沟盖板、空心砖以及辅助构件混凝土三角桁架等均为预制安装。

建于1958年的新疆十月汽车修配厂，是新疆较早的工业建筑，建筑师认真调研了汽车修理流程，由驻新疆中国人民解放军筹集资金建设。

2. 工业建筑的结构创新

20世纪60年代，工业建筑逐步推广砖混结构，工业厂房主体结构为多边形桁架或钢筋混凝土梁，屋面多为大型屋面板及现浇平板，后期发展为薄腹梁、桁架和钢筋混凝土拱形屋架。钢筋混凝土薄壳结构被广泛应用于工业建筑。建于1960年的新疆机械厂金工车间，为椭圆旋转面圆形钢筋混凝土薄壳结构，薄壳屋面直径60米，顶标高17米，壳体最薄处

图8-2-23 新疆七一棉纺织厂（来源：新疆建筑设计研究院 提供）

8厘米，整个壳体混凝土浇筑仅25天就完成了。此时新疆的工业建筑在结构及建造方式上有了很大突破，也为后期建筑技术的发展奠定了基础。

（四）军垦文化的建筑实践

新疆生产建设兵团是在特殊的地理、历史背景下成立的。1954年10月，中央政府命令驻新疆人民解放军第二、第六军大部、第五军大部、第二十二兵团全部集体就地转业，组建中国人民解放军新疆军区生产建设兵团，其使命是劳武结合，屯垦戍边。兵团由此开始正规化国营农牧团场的建设，由原军队自给性生产转为企业化生产。此后，来自五湖四海的全国各地大批优秀青壮年、复转军人、知识分子、科技人员加入兵团行列，投身新疆建设，与新疆的各民族和谐共处，兵团成为内地不同区域文化与新疆当地少数民族文化的交融点。在长期的历史发展和绿洲农业生产中，依托不同的自然地理条件和地域文化，不断融合，逐步形成了以军垦为主体的兵团文化。军垦文化是在屯垦戍边的实践中产生的一种物质财富与精神财富的集结。

在兵团屯垦戍边的史册里，“地窝子”作为过渡时期的简易居所，扮演了不可或缺的角色。20世纪50年代，军垦战士面对的是人烟稀少的万里荒原，既无民房又缺帐篷，但有遍野的芦苇。战士们挖地坑，用刀砍伐芦苇，搭盖棚子，以芨芨草覆盖，抵御风沙雨雪，赖以栖居。现保存较为完好的“地窝子”位于石河子市南部军垦第一连（图8-2-24~图8-2-26）。“地窝子”，是一种从平地向下挖而产生的一种半地下生土建筑，深度2.5米，地面以上部分约1米，长6~8米，宽3~4米，四周墙体为土坯或砖瓦垒起来的矮墙，顶部铺以椽子及树枝作为檩条，其上铺麦草并覆土用以保温，表层用草泥抹面，一般采用利于排除雨水的坡屋顶。

经过几代兵团人的艰苦奋斗，住所经历了“地窝子”——干打垒——砖瓦房——新楼区的演变。“地窝子”虽已尘封在兵团人的记忆里，但那段难忘的创业史和艰苦奋斗的精神，却值得兵团人代代相传。

建于1952年的石河子市军垦第一楼（图8-2-27）为

图8-2-24 “地窝子”（来源：杨万寅 摄）

图8-2-25 “地窝子”（来源：冯娟 摄）

图8-2-26 “地窝子”室内（来源：杨万寅 摄）

典型的仿苏联风格建筑，主楼为塔式方尖，整体呈“一”字形，东西方向长110米、南北宽46米，建筑面积5600平方米。该建筑坐北朝南，中间主体部分为四层高，两侧为两层。入口门廊处为四根圆形立柱，主楼立面设计了竖向长窗，悬山坡屋顶铺红色波形瓦，屋面上设有通风功能的老虎窗，整个建筑外墙刷砖红色涂料。当时砌筑的红砖、红瓦均是垦区战士自己烧制的，红砖表面印有“22”字样，代表二十二团，是兵团自力更生、艰苦创业精神的真实写照。军垦第一楼是我国第一座以反映新中国屯垦戍边历史与成就的红色主题建筑，也是石河子市军垦创业史的见证。

始建于1953年的小李庄，位于玛纳斯县，为苏俄农庄式建筑群，是目前全国军垦旧址中保存最为完好的兵团师部建筑，也是县级重点文物保护单位。1952年新疆军区为解决粮食问题，在小李庄组建了新疆军区后勤部生产总队，1953年在此设农十师、农八师师部。小李庄职工俱乐部（图8-2-28）平面为“T”字形布局，入口处为三角山花式，中间部分凹进形成入口，两侧形成竖向牌匾，有“军区工作”、“俱乐部”等字样，人字屋架红色铁皮屋顶。礼堂（图8-2-29）入口门廊为三跨，两侧为双柱，门廊上部为三角山花，有五角星图样。中间山花处高，向两侧檐板递减，两侧女儿墙为带有线脚的檐板，形成中间高两侧低的阶梯状主立面。礼堂为半圆拱铁皮屋顶，其上有通风功能的老虎窗。

位于阜康市北部的阜北农场为新疆生产建设兵团成立后的国营农牧团场，规划涉及村庄规划、农业规划、水利规划及建筑设计等。村庄规划布点从农业出发，综合考虑了生产管理及对外联系需要，场部规划合理布局行政、生产和生活福利设施，包括场部办公楼、食堂兼礼堂、子弟学校等。由于新疆夏季干热，设明渠的蒸发量极大，因此农业灌溉采用无筋涵管输水。居住建筑采用土拱结构（图8-2-30），在当时缺少砖、石、钢材及水泥的情况下，经济地解决了住宅急缺的现实问题，节省了大量木材。在后来的设计中，对墙体进行改良，采用承重土墙结合钢筋混凝土檩条的结构形式，发挥了土墙良好的保温隔热性能，钢筋混凝土檩条耗钢量及混凝土量少，取材简便且十分经济。

图8-2-27 石河子市军垦第一楼（来源：冯娟 摄）

图8-2-28 玛纳斯县小李庄职工俱乐部（来源：杨万寅 摄）

图8-2-29 玛纳斯县小李庄礼堂（来源：杨万寅 摄）

图8-2-30 阜北农场土拱住宅（来源：《建筑学报》）

（五）“文革”后期的建筑发展

“文革”期间，新疆城乡建设整体处于迟缓发展状态，然而尽管如此，建筑活动仍在进行，设计人员努力完成设计任务，创作出了许多符合当时国情的优秀建筑作品，如建于1974年的乌鲁木齐国际机场飞机库（图8-2-31），在结构上做出了创新，其跨度为51.5米、高16.8米，采用二次抛物线落地柱面网架拱结构。此外，还有乌鲁木齐国际机场T1航站楼、新疆农科院钴60室、新疆化肥厂200床医院等，其中乌鲁木齐机场T1航站楼（图8-2-32）获得1982年国家优秀设计表扬奖，是新疆第一个自主创新的空港建筑。

乌鲁木齐T1航站楼平面布局强调机场流线，候机厅为复合式空间，旅客大厅位于夹层。立面采用玻璃幕，视野通透，乘客可看到航班到达情况，带来更好的体验感。指挥中心紧邻航站楼，打破航站楼的水平呆板感，带来了活力。建筑水平方向线条与指挥塔的垂直体量形成对比，视觉感受强烈。候机楼的窗间柱直通檐部，分割出富有韵律感的竖向窄窗，虚实相间。柱子、檐口等部位为浅灰色马赛克饰面，细部为水刷石饰面，材料质感富于变化，整体简洁明快。

图8-2-31　乌鲁木齐机场飞机库（来源：新疆建筑设计研究院 提供）

图8-2-32　乌鲁木齐机场T1航站楼（来源：新疆建筑设计研究院 提供）

这一时期的建筑不仅是适应当时国情的实际需要，同时反映出城市建设发展的大背景下建筑师在民族、地域以及现代建筑不同风格方面的探索。

第三节　空间组织及营造的传承实践与创新

从建筑空间组织及营造的角度来看，这一时期的建筑活动具有很强的城市属性，即强调城市重要空间节点的建筑表达，建筑不仅仅是独立的存在，更是构成城市交通节点、空间节点的城市视觉物质体现，对城市界面的表达、城市功能完整性的塑造等方面都起到重要作用。除单体建筑外，群体建筑的布局适应于其周围的环境特征，强调建筑群整体的仪式感及庄重性。随着经济的发展，结构技术的突破带来了建筑空间的创新，通过对建筑的大跨度空间、曲面屋顶、无柱空间等方面的探索，实现了技术与艺术的统一。

一、城市空间节点的建筑塑造

这一时期各个城市重要节点空间均有街心花坛，街心花坛内通常为雕塑、绿化等，一般位于城市核心地段的道路交叉口。如乌鲁木齐市的重要节点有人民电影院街心花坛、西大桥街心花坛、红山环岛、南门街心绿化等。城市节点空间承担着城市的公建设施及人群集散等功能，同时也是城市认知意向中的重要场所要素。这一时期的建筑师把城市空间放在首位，尊重建筑、尊重场所、尊重城市空间。

建成于1954的乌鲁木齐人民电影院位于五条道路的交叉口位置（图8-3-1），中心为圆形街心花坛。人民电影院的布局顺应环岛形态，坐北朝南，整体呈倒“T”字形，圆弧形入口门厅面向街心花坛，主体建筑为两层通高的影厅，两翼为辅助空间，屋顶为坡屋顶（图8-3-2）。

建成于1962年的乌鲁木齐市人民政府办公楼位于西大桥

街心花坛的东北角，中部为四层，两侧为三层，与相邻街道平行且呈对称布局，中间部分与花坛圆弧平行形成凹曲线平面，主入口雨篷采用六根梯形柱与圆弧形呈放射状布置。建筑的布局与桥头街心花坛呼应，建筑界面与城市界面彼此协调（图8-3-3）。

建成于1956年的新疆人民剧场（图8-3-4）是乌鲁木齐的标志建筑，坐东朝西，主立面面向南门广场和街心绿化，与周边建筑围合形成城市节点空间（图8-3-4）。入口柱廊采用传统建筑拱廊，穹窿式屋顶，尖拱窗，细部饰以石膏花饰，充分体现了本土传统建筑特色。

位于乌鲁木齐红山脚下的红山商场（图8-3-5）建成于1964年，建筑呼应红山环岛呈圆弧形布局，通高的柱子向外凸出，形成对比强烈的阴影关系，墙面为红色水刷石。乌鲁木齐红山邮政大楼建筑主立面面向红山下沉式环岛，作为城市节点空间的建筑，表达应有的场所气质，在城市道路的交叉口具有较强的辨识度及方向引导性。红山商场和红山邮政大楼共同构成红山环岛城市交通节点和城市标志性场所空间景观。

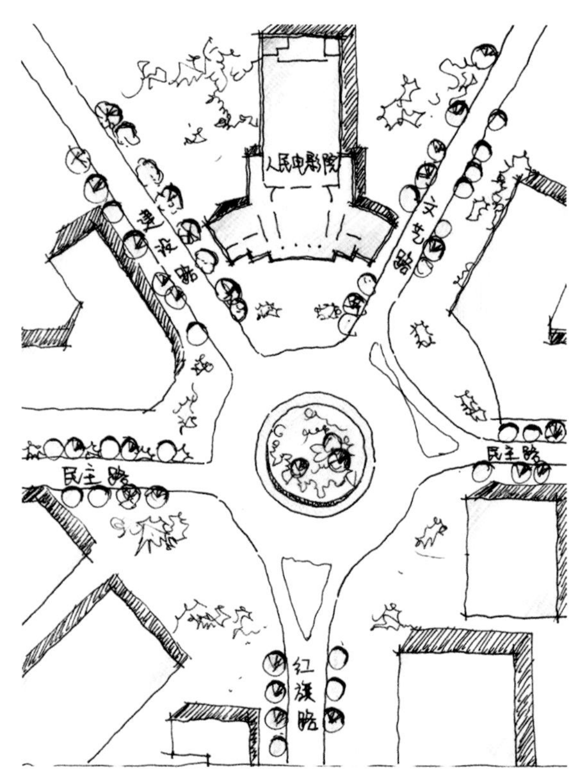

图8-3-1 乌鲁木齐人民电影院总图（来源：冯娟 绘）

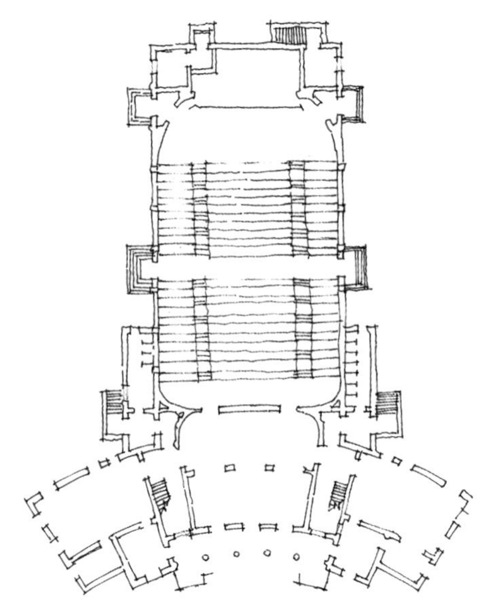
图8-3-2 乌鲁木齐人民电影院平面图（来源：根据《建筑学报》，谢云 改绘）

图8-3-3 乌鲁木齐市人民政府（来源：新疆建筑设计研究院 提供）

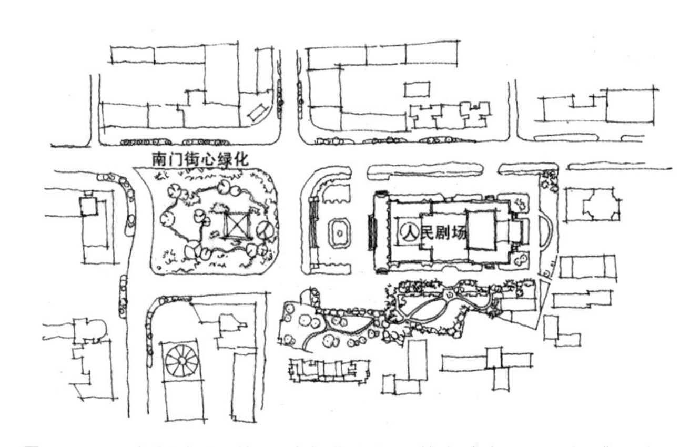

图8-3-4 新疆人民剧场及南门街心绿化节点（来源：根据《建筑学报》1957年11期，谢云 改绘）

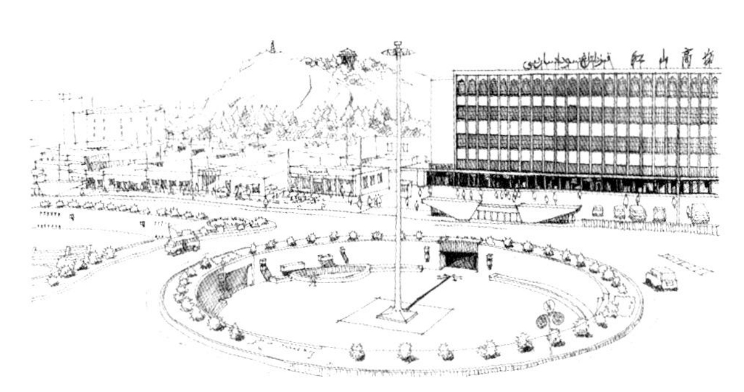

图8-3-5　乌鲁木齐红山环岛的红山商场（来源：根据《新疆建设（1949-1989）》，谢栩栩 改绘）

二、建筑群落呼应城市格局

除了重要城市空间节点外，这一时期形成了大量群组性建筑，如新疆昆仑宾馆、新疆八一农学院（现新疆农业大学）、新疆卫生厅、新疆医科大学等。多个建筑围合而成的建筑群落空间讲求空间秩序，并充分尊重城市环境。在当时，机关大院作为一种自身完整的群落，承载着人们的工作与生活，如新疆兵团司令部大院（图8-3-6），由机关办公楼、兵团司令员办公楼、后勤办公楼等围合而成，礼堂位于正中，建筑群为苏联式建筑风格。

建成于1956年的新疆八一农学院（现新疆农业大学）2号教学楼和老行政楼在总体布局上形成“八”字形，寓意八一农学院。建筑主立面均利用通高柱子凸显主入口，2号教学楼入口为6根承重圆柱的柱廊，老行政楼则采用装饰壁柱。

建成于1954年的新疆卫生厅办公楼（图8-3-7、图8-3-8）平面呈“L”形，东西楼对称布局，转角处为弧形，建筑为二层。铁皮屋顶，设半圆形通风窗。正门立面四根塔司干柱式，柱上设山花，南立面设多立克壁柱。突出入口的柱廊空间，光影变化丰富，两层通高，六柱五开间，强调入口中心性，并增强了韵律感。

新疆医科大学“苏园”（图8-3-9）为一组老建筑，现为办公楼、护理学院、马克思主义学院等。建筑为典型的苏联古典建筑风格，总体布局体现了古典建筑布局的特点。由三组“L”形、一组“王”字形及一组“T”形建筑共同围合成一个方形院落，中间为绿化、葡萄廊架等休息空间。强调入口空间，三段式对称布局。

位于玛纳斯县的小李庄军区师部大院（图8-3-10）院内有十余座建筑，俱乐部坐落于中轴之上，中轴两侧以办公楼、礼堂、宿舍建筑群围合形成两进院落。

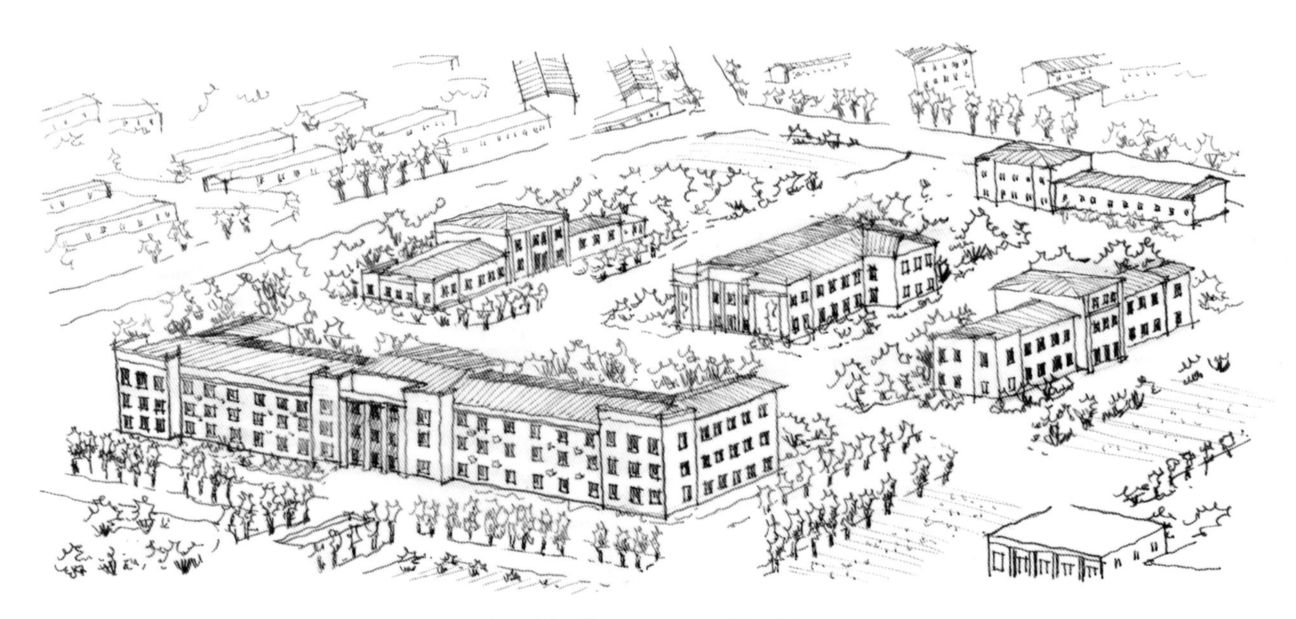

图8-3-6　20世纪60年代新疆兵团司令部大院（来源：根据《新疆》1965画册，冯娟 改绘）

图8-3-7 新疆卫生厅东楼（来源：郑羽 摄）

图8-3-8 新疆卫生厅鸟瞰（来源：冯娟 摄）

图8-3-9 新疆医科大学“苏园”鸟瞰（来源：冯娟 摄）

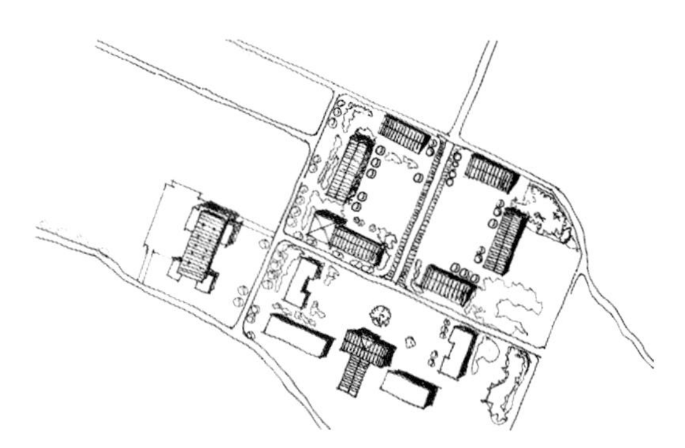
图8-3-10 玛纳斯县小李庄总图（来源：马玉萍 绘）

三、建筑体现结构之美

新中国成立后，随着经济的发展，建筑结构技术的不断突破扩展了建筑艺术审美的内涵，建筑体现结构之美，从而实现了技术与艺术的统一。薄壳结构的出现，一方面可满足建筑对大空间的需求，另一方面能够省去大量钢材，建筑师在建筑创作中大胆创作，利用结构新技术实现了大跨度无柱空间等，如新疆机械厂金工车间、乌鲁木齐机场飞机库，在满足功能的同时解决了钢材缺乏对建筑空间的制约，在当时国内建筑界产生了重要的影响。同时为解决厅堂等公共建筑大空间的需求，钢筋混凝土薄壳结构也被广泛应用于公共建筑，领先当时国内建筑界的代表性案例主要有：乌鲁木齐工人文化宫电影院20米×6米的短薄壳、乌鲁木齐东风电影院22米×28米的双曲扁壳、乌鲁木齐团结剧场24米×28米双曲扁壳等。

1965年竣工的乌鲁木齐团结剧场坐西朝东，打破传统古典建筑的对称式布局，主入口位于东南角（图8-3-11）。屋面采用双曲扁壳结构（图8-3-12），跨度为24米×28米，厚度8～12厘米，最薄处4厘米。建筑体块关系明确，立面细部体现传统地域建筑风格，女儿墙为简洁的连续小尖券。团结剧场落成后，极大地丰富了周边各族群众的精神文化生活。作为公益性的设施，团结剧场承接了很多重要演出，充分发挥了文化阵地的作用。

1963年建成的乌鲁木齐东风电影院（图8-3-13）又称建工俱乐部，观众厅可容纳1100座，配有楼座。整个建筑为

图8-3-11 乌鲁木齐团结剧场透视（来源：新疆建筑设计研究院 提供）

砖墙承重，顶部为22米×28米钢筋混凝土双曲扁壳结构，板厚7厘米，周边2米范围逐渐加厚至12厘米，采用整体浇灌法施工完成。入口门厅为连续单曲拱壳，中间高两侧低，观众厅上部屋顶为双曲扁壳，后台部分屋顶为单曲拱形壳体，观众厅两侧次入口为较矮的连续单曲拱壳，屋顶采用的多种结构形式拱壳作为结构构件的同时也具有很强的装饰性。

建成于1960年的新疆机械厂金工车间，由中国人民解放军新疆建筑工程第一师设计院设计，采用大跨度圆形薄壳屋盖，主厂房为直径60米圆形平面（图8-3-14、图8-3-15）。壳顶标高17米的椭圆旋转面圆形钢筋混凝土薄壳结构屋顶，沿周长按圆心角6°等距离设置49厘米×100厘米的砖柱，柱间设利于采光的大玻璃。壳厚最薄处8厘米，为当时亚洲同类结构之最，整个壳体混凝土浇筑仅用时25天，曲面标高及混凝土浇筑质量完全符合设计要求。

建成于1974年的乌鲁木齐国际机场飞机库（图8-3-16）的二次抛物线落地柱面网壳结构采用51.5米跨的现浇落地式钢筋混凝土联方网架，中间高两侧落地处低，内部无柱，满足了飞机维护及维修功能需求。结构构件构成菱形网格，零星布局天窗，实现了大空间顶部采光。前后两个立面为大玻璃采光面，光线充裕。

图8-3-12 乌鲁木齐团结剧场鸟瞰（来源：根据网络资料，冯娟 改绘）

图8-3-13 乌鲁木齐东风电影院鸟瞰（来源：根据《建筑学报》，叶克本·哈布迪亚 改绘）

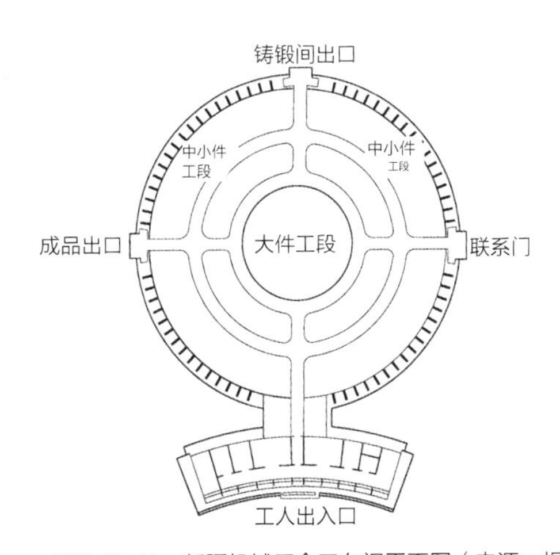

图8-3-14 新疆机械厂金工车间平面图（来源：根据《建筑学报》，徐怡云 改绘）

图8-3-15　新疆机械厂金工车间透视图（来源：根据《建筑学报》，郑羽 改绘）

图8-3-16　乌鲁木齐机场飞机库室内（来源：新疆建筑设计研究院 提供）

第四节　建筑元素及装饰特色的传承与创新

一、基于传统文化的审美表达

这一时期的新疆建筑创作融合了地域文化、中原汉文化及苏联文化等，总体上体现了古典建筑端庄典雅的风格特点，在檐口及屋顶等细部刻画上则充分吸纳地域传统建筑元素进行了再创作。

建筑屋顶造型借鉴传统建筑穹窿顶形式，演变出圆顶、扁穹顶及圆形穹顶等多种形态（图8-4-1）。1953年建造的新疆医学院老行政楼屋顶为苏联建筑风格，采用木挑檐支撑圆顶结构形式、绿色铁皮屋顶。新疆人民剧场的“拱拜”圆顶与传统形式的穹顶相比，相对扁平，檐口装饰沿用苏联建筑风格。新疆博物馆老馆穹顶由柱廊承，拱体饱满。

建筑檐口部位常采用厚重的檐板或三角山花式（图8-4-2），红色主题的建筑山花上通常带有建筑的建造年份及红五星图样。新疆博物馆老馆门廊上部宽厚的檐板古朴典雅，富于地域特色。新疆展览馆老馆檐部窄长的水平檐板轻盈灵巧。玛纳斯县小李庄礼堂檐部采用了中间高两侧低的阶梯状山花。

建筑主立面通常为两侧实墙的镜框式古典构图，如新疆人民剧场、新疆八一剧场、新疆博物馆老馆（图8-4-3）。两侧的边跨实体上通常向内增加一圈线条，形成左右两个对称的“画幅”，中间几跨向内凹入形成入口空间。

二、比例与尺度的营造

公共建筑多遵循传统法则，讲求尺度宜人的比例，通过柱廊形成韵律感，着重强调入口空间。

新疆展览馆老馆整体为两层，中间入口部分局部三层，两层通高的入口柱廊使门廊显得高耸轻盈，柱廊空间深邃，形成丰富的阴影关系。柱廊内大玻璃窗明亮清透，檐板较为轻薄，虚实对比强烈。在细部处理上对柱廊及柱子进行了简化，将传统建筑木柱的雕刻元素以及民族传统花纹图案运用于细部装饰，使建筑整体在具备古典建筑庄重气质的同时又蕴含本土地域建筑之神韵。

乌鲁木齐人民电影院主立面设计了连续三角形尖拱拱廊，柱式在传统基础上进行了简化（图8-4-4），柱廊两侧的实体墙面及柱廊内均为圆拱通高门窗。檐口层层出挑，檐下为传统小尖拱纹样装饰。改造前的柱廊上部檐板较薄，柱廊空间高大，改造后保留原有柱廊造型，将柱廊空间纳入室内，原有柱廊成为壁柱，柱廊上部檐部加高，缩小了柱廊尺

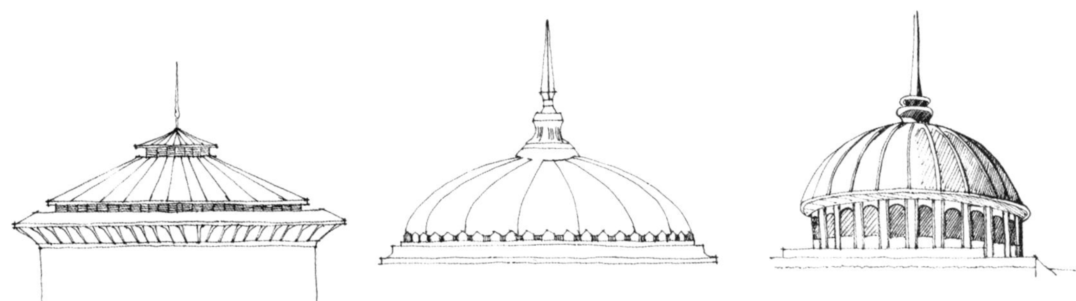

图8-4-1　穹顶对比：新疆医科大学老行政楼、新疆人民剧场、新疆博物馆老馆（来源：谢栩栩 绘）

图8-4-2　新疆博物馆老馆、新疆展览馆老馆、玛纳斯县小李庄礼堂檐部对比（来源：左图、中图新疆建筑设计研究院 提供，右图杨万寅 摄）

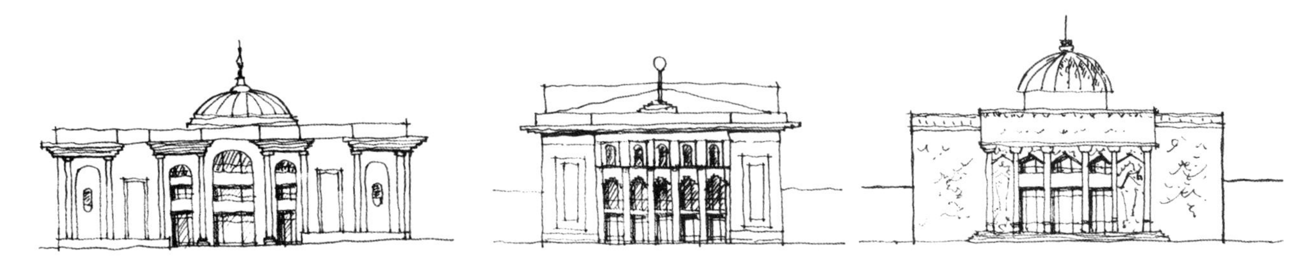

图8-4-3　镜框式古典立面构图——新疆人民剧场、新疆八一剧场、新疆博物馆老馆（来源：冯娟 绘）

图8-4-4　乌鲁木齐人民电影院柱廊局部（来源：辛翔 提供）

度。改造前后柱廊由半室外空间转变为室内空间，增加了室内使用面积，以满足新的功能需求，实现了传统建筑的时代发展（图8-4-5）。

新疆昆仑宾馆主楼入口门廊两层通高，中间为大尺度半圆拱门洞，两侧为小尺度半圆拱，顶层窗为连续半圆拱，在空间尺度上显得十分宏伟。乌鲁木齐市人民政府办公楼，强调建筑的水平性，具有亲和力，稳定感强，外墙扶壁柱直通檐廊，檐部为1.5米高的檐板，建筑外观形态挺拔端庄。

三、细节的艺术表达

门窗作为建筑不可或缺的重点细节部位，是建筑室内与

图8-4-5　乌鲁木齐人民电影院柱廊空间改造前后对比（来源：左：新疆建筑设计研究院 提供；右：冯娟 摄）

图8-4-6　新疆医科大学老行政楼门窗贴脸（来源：冯娟 摄）

图8-4-7　新疆人民剧场门窗装饰花格（来源：冯娟 摄）

室外联系最为密切的过渡空间，对建筑的结构和立面造型起到了至关重要的作用。早期的建筑门窗以防御作用为主，功能远远大于形式，一般只做一些简单的修饰，如新疆医学院老行政楼的入口，大厅采用的贴脸形式（图8-4-6）。贴脸是门窗中装饰中常用的装饰手法，既可以对门窗起到保护作用，又兼顾装饰性，通常用整块石板或以水泥抹灰线脚做成不规则或曲线形。新疆人民剧场的尖拱窗内的白色几何纹理石膏窗格来源于民间传统图案纹饰，纹理简洁且富于地域特色（图8-4-7）。

随着经济的发展，重要公共建筑的门窗设计在形式上有所突破，窗饰与门饰的组合多表现在入口处，以突出入口的重要性，使整个建筑看起来更加精致。随着建筑结构技术的进步，建筑空间更加灵活，公共建筑入口形式更加多样，出现了位于角部的入口及窗，如乌鲁木齐团结剧场打破了古典布局中入口门廊居中的形式，通过角部入口增添了城市转角空间的活力，兼顾两个方向街道的人流及城市街角建筑形象；新疆军区八一剧场的入口门廊高大，大进深，细部采用花格门窗，门廊顶部为密梁藻井、仿古门簪等装饰。

另外，还通过设置门前景观、雕塑等引导性元素，丰富并强调建筑入口空间的设计。

四、色彩与花饰纹样

城市是一个复杂的综合体，多样化的建筑给城市带来更多活力，而建筑色彩正是最为基础的城市基调。得当的色彩设计既能增强建筑的感染力，给建筑带来可识别性，同时也能为城市塑造独特的气质，间接反映城市的历史文脉，保留城市更新、成长的痕迹。

新疆本土建筑文化有着独特的、与自然融为一体的装饰色彩，蓝、绿、白、黄、红是新疆本土传统建筑的主色调，建筑师将其运用于建筑创作中，如乌鲁木齐人民电影院、新疆人民剧场均采用黄色为主色调，局部以白色、金色点缀。新疆展览馆老馆的米黄色外墙让人眼前一亮，新疆昆仑宾馆的暗赭石色则显得更为沉稳。公共建筑在建筑的色彩运用方面较为慎重，不同民族文化中对不同色彩也有各自的偏好。象征生命的绿色使建筑富有生气；人们也十分偏爱清新、亮丽的蓝天的颜色。

建筑细部的花饰纹样主要体现在檐口、镜框式建筑两侧实墙面、窗下墙等部位，多以植物纹样、几何图形及装饰壁画为主，如乌鲁木齐人民电影院檐口下的小尖券装饰纹样，新疆博物馆老馆檐部民族装饰石膏花以及柱廊两侧实墙面上的“飞天”壁画（图8-4-8），新疆医科大学老行政楼窗下墙（图8-4-9）的植物叶片图案、几何图案等。另外，在居住建筑的木门窗等部位多以木雕装饰。

图8-4-8 细部装饰纹样（来源：左：新疆建筑设计研究院 提供；右：杨万寅 摄）

图8-4-9 窗下墙装饰纹样（来源：冯娟 摄）

第五节 建筑材料运用的传承与创新

在新疆传统建筑的起步时期，建筑师们开始尝试使用多种类材料，在20世纪50年代初，新疆一般建筑饰面以清水砖墙勾缝为主。随着经济的发展，20世纪50年代开始采用水泥抹灰饰面，重要的大型公共建筑则用水刷石、斩假石、水泥砂浆抹面拉毛等处理手法。20世纪60年代开始采用干粘石饰面。水泥砂浆抹面拉毛等粗糙饰面的做法在今天依然适用，如新疆人民剧场采用了涂料粉刷外饰，门窗线条以石灰砂浆饰面，柱头采用白色涂料。1965年以后，建筑外立面开始运用石灰砂浆抹灰，并做仿石材分格。

一、材质表达体现构件特征

墙面处理：主要有抹灰、水刷石、斩假石、涂料以及清水砖墙勾缝等处理方式。

在重要建筑及大型公共建筑中，墙面处理一般采用抹灰、水刷石、斩假石等方式，如乌鲁木齐人民电影院为砖木结构，外立面采用抹灰处理，局部水刷石饰面。清水砖墙表面通常会做勾缝处理，多为平缝，为了加强阴影关系或外墙表面质感，也有采用凹缝、凸缝等处理方式，凹缝可形成立体感，凸缝线条明晰、美观，装饰效果好。也会通过不同色彩的涂料粉刷，对门窗贴脸、柱子及门廊等部位的重点刻画。水刷石墙面（图8-5-1）具有良好的防水、防风化和耐候性，色彩丰富，质感好，也可根据其冷暖、明暗变化以强调体量关系，多用于建筑勒脚或阳台、窗下墙等部位。干粘石墙面适合于创作壁画及装饰图案，可与地域传统文化相结合，突出山水、地域风情等主题，干粘石与水刷石相比，颗粒更加稀疏。在建筑基础或需特殊处理的墙面也可做水泥砂浆拉毛处理，形成粗糙的肌理效果，是一种传统的外立面装饰手法。

建筑屋顶：公共建筑屋顶与其结构形式息息相关，如人字木屋架屋顶，屋面则多为苏联风格绿色或红色铁皮屋顶（图8-5-2），间隔设置老虎窗，解决闷顶的通风。双曲扁壳或双绞拱结构屋面则为整浇混凝土面层。

图8-5-1 水刷石墙面（来源：冯娟 摄）

图8-5-2 绿色铁皮屋顶（来源：冯娟 摄）

门窗：公共建筑在门窗做重点处理，以砖拱、高标号水泥做贴脸等。有时也会采用少量砖雕，突出装饰效果，基础或檐口石砌，檐口局部水泥砂浆抹灰处理。

二、结构体系适应材料及建造方式

早期住宅建筑多为土木结构，墙体为夯土、土坯砖，墙面抹草泥，屋顶为木梁、木檩条及苇席铺设，表面以草泥抹面，在建筑的勒脚及墙角等部位，通常为砌筑转，水泥勾缝，对墙面薄弱部位重点加强。在北疆伊犁地区及南疆喀什地区，大量的土木结构民居，以土坯砖及夯土墙作为建筑围护结构。采用夯土建造技术的民居相对较矮，土坯砖砌筑的墙体则可较高，墙体表面以草泥饰面，形成古朴原生态的外墙肌理。伊犁地区的民居建筑通常会对生土墙进行各色涂料饰面。南疆喀什地区则保留其生土建筑原本的肌理。

后期普遍为砖混住宅、砖拱板住宅，外墙以水泥砂浆抹灰，涂料粉饰外立面。根据其原材料及烧结工艺会呈现不同的色彩及质地，可以清水砖作为建筑的表皮，表达本土建筑的特性，如伊犁地区居住建筑中，砖通常出现在住宅的勒脚部位，并通过砖的凹入、凸出、拼花处理等不同的砌筑方式形成丰富的肌理效果。

20世纪60年代以后，出现了多层砖拱住宅，砖作为承重结构向高度上发展，并且利用砖拱结构解决了楼地面问题。不同的建构方式使得砖在不同的部位发挥了其功能及艺术上的作用。居住建筑地面通常为红砖铺砌，水泥扫缝。

北疆汉族早期的民居建筑做法多由陕甘地区传入，如东疆奇台、吉木萨尔地区土木结构的拔廊房（图8-5-3），在建筑主体的檐下形成廊子，作为半室外的生活空间。

三、建筑装饰反映地域特征

由于新疆盛产石膏，建筑中常采用石膏作为装饰材料，如在建筑的檐部、柱头、窗下墙等部位的石膏花装饰等。石膏雕饰是新疆本土最具特色的传统建筑装饰材料之一，许多建筑的内外空间均使用富有特色的石膏雕花。新疆人民剧场的细部装饰采用石膏翻模纹样，连续贴饰，石膏花素材源于传统的几何形或花卉纹样，不同部位采用不同纹样。

木材通常表现出自然亲切的性格，结合本土建筑特色，进行木雕、凿刻等处理，结合木材的纹理及色彩，将木材作为装饰材料及装饰构建，创造不同的视觉效果。

建筑空间的营造以材料为基础进行建构，根植于地域文化土壤，在不同区域气候条件、生活方式等作用下，即使使用同样的建筑材料，由于建构方式的差异，使建筑呈现出了不同的面貌。

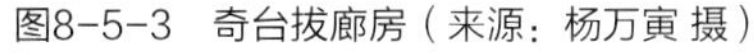

图8-5-3　奇台拔廊房（来源：杨万寅 摄）

第九章　新疆当代建筑传承与创新的活跃时期（1978~1985年）

天山给我坚强意志
塔河与我同一脉搏
草原开阔我的胸怀
瓜果甜透我的生活

如果你是那奔腾的激流
我就是你的浪花一朵
为了你翻越时代的高峰
我的生命永远为你拼搏
我爱新疆新疆爱我
我和新疆不可分割
……

——刘一光，歌曲《我爱新疆 新疆爱我》

在经历了十年迟缓发展后，伴随着改革开放与自治区成立30周年的到来，新的年轻一代心中长期积压的创作欲望被释放出来。他们纷纷抓住创作机遇，不断推陈出新，并在地域特色创新和现代营造融合方面积极探索，完成了许多具有代表性的地域建筑作品，其中不少作品获得了全国城乡建设优秀设计奖，得到了业内外的一致好评。以新疆建筑设计研究院为代表的建筑创作，获得了中华人民共和国成立以来唯一的少数民族地区建筑创作进步奖，传承了西部地区共生与交融的传统地域文化特色，诉说着承前启后的历史。

第一节　背景回顾

改革开放以来，作为国民支柱产业的建筑业得到了政府的高度重视。建筑业改革的步伐快，力度大，取得了有目共睹的成就，对推动国民经济和社会发展做出了巨大贡献。新疆城市扩增，建筑创作此起彼伏，建筑队伍不断壮大，呈现出新疆建设发展前所未有的勃勃生气。

1985年，正值新疆维吾尔自治区成立30周年，一大批献礼工程，在此期间建设完成，这在新疆乃至全国都具有很大的影响力，也是本土建筑师对地域建筑的大胆探索与尝试。

一、有序而活跃的城市建设

十一届三中全会后，城市建设、规划、管理工作开始迈入正轨。城市的综合经济实力不断增强，凝聚力与辐射力也不断扩大，城市成为了人们物质需要和精神需求的载体。1978年以前，新疆建制的城市屈指可数，仅为7个；到1979年库尔勒建市，新疆城市增加至8个。其中，仅乌鲁木齐为地级市，其余克拉玛依、石河子、伊宁、奎屯、喀什、哈密、库尔勒均为县级市。到了1983至1986年间，新疆又陆续增设了8个城市，分别是昌吉、塔城、阿勒泰、吐鲁番、阿克苏、和田、博乐、阿图什。至此，全疆16个城市也都结合自身特点和当地的气候、环境、资源、历史、现状等因素，依据国民经济和社会发展，编制了科学理性的总体规划，并促进和引导着建筑设计。

二、契合地域文脉的建筑创作

在改革的春风里，虽然信息交流频繁，艺术审美日趋相同，但在新疆这块地域文化浓厚的沃土上，本土建筑师规避了“千城一面”，坚持以地域特色为基础，以现代手法为依托的创作方向，成为这一时期新疆建筑师的共同认知，创作成果层出不穷。

除乌鲁木齐以外，在喀什、伊宁等主要地州城市也增现了许多新建建筑。这些建筑虽处在不同的城市，有着不同的地理环境差异，然而相同的是都体现了地域特色与时代气息的相辅相成。同时，这些建筑大都位于城市的主要地段，不仅形体组合完整，功能配置齐全，还不乏地域建筑的“现代式”表达。

同时期，新疆的一些兵团城市和工业城市，居民大多来自祖国的大江南北，受地域文化影响相对较小，潜移默化地形成了中原文化、江淮文化、川湘文化、南岭文化等与传统地域文化汇集的“新型交融”文化。这些城市的建筑多以简洁的现代风格为主，注重与周围环境的协调共存，如兵团城市石河子的农行石河子分行营业办公楼（图9-1-1）、工业城市克拉玛依的矿史陈列馆等等（图9-1-2）。这些建筑立面都很简洁，以带形窗或竖线条为主，通过山墙上出挑的阳台或入口厚重的雨棚，使建筑充满新疆地域建筑的雕塑感。

在当时的创作环境下，年轻的有志建筑师，创作经验有限，建筑作品还不够成熟，也恰恰是因为束缚较少，自由、开放，才能使得他们思想活跃，建筑作品往往能脱颖而出，既保留传统痕迹，又具有时代感。

图9-1-1　农行石河子分行营业办公楼（来源：《新疆建设1949~1989》）

图9-1-2 克拉玛依矿史陈列馆（来源：《新疆建设1949~1989》）

第二节 建筑创作特色与传承实践

20世纪80年代，一场改革的春风刮遍大江南北。随之，社会经济得以发展，文化信息得以交流，国外时尚前沿的建筑理论也随之而来，全国的建筑活动空前活跃，也影响至新疆本土的建筑创作，为当地创作思潮提供了自由而开放的源泉。新科技、新材料的相继出现，很大程度上冲撞着传统建造技术，建筑师们开始呼吁要尊重建筑历史、尊重文化脉络，并对其进行传承和创新。改革浪潮及种种建筑思潮的启迪，本土建筑师寻求将民族、地域以及时代相结合的新建筑探索之路。

一、地域形式与符号的直接运用

20世纪60、70年代，城市建设一度风格趋同，城市失去了原有的文化标签，新疆建筑的地域特色也在迟缓和摸索中前行。直至80年代，人们开始追溯本土文化，建筑文化的回归思潮，使得建筑的文化传承和地域特色被重新重视起来，建筑创作也开始走向传统文化和地域特色结合的探寻。创作伊始，建筑师试图找到一条捷径，使建筑能够具有浓厚的地域气质，一些地域形式与符号被直接运用到新建建筑中，以求唤起人们对地域文化的关注。

如1982年建成的乌鲁木齐维吾尔医医院病房楼立面造型特色鲜明，建筑的门廊及外檐都由重复的拱券构成。拱形洞口中配以混凝土花格漏窗，使建筑立面虚实过渡自然。建筑中部楼梯间顶端的水箱间被设计成穹顶状，具有较强的视觉冲击力，符合地域建筑的构图特点。整个建筑由外至内，都被浓郁的氛围包裹，有些局部甚至不排除地域符号的堆砌，但这一尝试，也受到各族人民喜爱，反映了当时人们对于新疆建筑的地域化创作的认知。

又如1984年设计建造的吐鲁番新宾馆，建筑充分利用檐廊、外廊以及局部高起的观景塔，塑造丰富的建筑轮廓，颇具地域建筑特点。建筑外廊运用了尖拱，不仅增加了建筑的视觉效果，也能起到很好的遮阳效果，以适应吐鲁番夏季干燥炎热的气候。另外，建筑的檐部及栏杆均镶嵌有民族风格传统花格，使整个建筑的特色更为浓厚（图9-2-1）。

再如设计于1983年建设的乌鲁木齐市青少年文化宫，暗红色的墙体、连续的尖拱以及局部典型民俗形式的运用，都加深了建筑的地域特色。整个建筑立面都沿用着经典的传统形式，只是用相较现代的手法加以组合利用，便使得这栋建筑既富有现代建筑特点，又充满了地域传统的底蕴（图9-2-2）。

图9-2-1　吐鲁番新宾馆（来源：新疆建筑设计研究院 提供）

图9-2-2　乌鲁木齐市青少年文化宫（来源：《新疆建设1949-1989》）

二、传统建筑语言的提炼升华

在经历了一番地域特色的重新“刻画”后，建筑师们纷纷认识到，单纯的将地域形式和符号直接运用，虽能使建筑充满地域特征，但过于传统的形式和相对复杂的施工工艺，似乎已经不能适应当下的审美和建造。因此，建筑师开始对传统建筑语言进行重置与提炼，避免直接照搬，升华形式语言的时代内涵让建筑呈现出新的地域特色。这种求新的创作手法和建筑特色也得到了广大建筑师的认可，涌现出一大批经典作品。

如设计于1983年的新疆友谊宾馆3号楼，从建筑形体到局部刻画都做了现代提炼（图9-2-3）。首先，建筑利用园林式的布局，将体量分散开来，形成园林建筑的特点，只在体量转折处，结合内部功能，作为构图的制高点。虽然都是简单的方形体量，但其局部高起的建筑轮廓和构图均有传统的影子。建筑立面处理也十分简练，横向的带型窗和经过提炼创造的平尖拱檐头，更显建筑传统和现代的双重气质。支撑雨棚的两个交叉尖拱，也是对传统形式进行提炼重组，宛若两个挽着手的好友，既表达出建筑的地域感，又隐喻出了新疆人民的友谊。

又如设计于1983年的昌吉工人文化宫，入口柱廊颇具特色，是将传统的二维尖拱在平面上以60度角拼接，从而形成了三维的空间曲线，不仅增加了建筑的雕塑感，而且使建筑充满艺术气质和传统特色（图9-2-4）。

再如设计于1984年的新疆迎宾馆接待楼，建筑小巧别致，利用出挑的雨棚和厚重的墙体，来增加建筑的体量感。建筑立面用片柱分隔，形成清晰的客房单元，每个客房单元的窗户也是对传统形式的一种简化提炼，一大一小的平尖拱错落有致，使建筑更为活泼。入口处的二层檐头，利用削切的手法，形成简易的拱形轮廓，更增加了建筑的地域气息（图9-2-5）。

设计于1983年的昆仑宾馆北配楼，也对传统形式进来了简化处理。首先是檐口，用简约的半圆形呼应传统的拱形，达到异曲同工之妙。立面简洁的长方形模块，又强化了檐口，使建筑具有地域特征。另外，建筑山墙外侧的楼梯，有意与主体分离，形式现代却呼应了传统建筑中的高塔构图，用极其简练的手法表现地域传统（图9-2-6）。

除此之外，设计于1984年的新疆人民会堂，更是恰到好处地将传统形式进行了提升简化。建筑师摒弃了以往的连续拱廊立面，而是在传统拱的形式基础上，进行比例和形式的修正，并将其弱化，形成一种具有几何感的三角状尖拱，拱的两边还进行了收分，增加建筑的精美感。整齐的竖线条，镶嵌着精美的尖拱，使建筑显得更为修长挺拔。建筑角部的圆柱形塔，也是对传统进行了提炼简化而成，塔身仍有三段式构图的特点，但比例和尺度进行了调整，塔底修长，占到整个高度的五分之四左右，塔顶约占五分之一，而且设计精细，能够将人的视线直接引往天空，充满仰视和崇敬之意。整个圆塔比例修长，镶嵌在主体建筑的角部，与主体似分似合，丰富建筑轮廓的同时，也增加了建筑的地域特点（图9-2-7）。对于塔顶的设计，建筑师更是考究，不但形式进行了简化，而且材料也做了更新。以往的穹顶都是以砖石为主，显示出建筑的宏伟体量，而对于人民会堂四角圆柱的塔顶，建筑师则恰恰相反，使用了不锈钢材质，金属质感的小穹顶映射着蓝天白云，仿佛折射出了新疆的旷达与漫无边际，赋予建筑强烈的地域色彩和现代感（图9-2-8）。

图9-2-3 新疆友谊宾馆3号楼（来源：新疆建筑设计研究院 提供）

图9-2-4 昌吉工人文化宫柱廊（来源：张雪兆摄）

图9-2-5　新疆迎宾馆接待楼全貌（来源：新疆建筑设计研究院 提供）

图9-2-6　昆仑宾馆北配楼（来源：新疆建筑设计研究院 提供）

图9-2-7　新疆人民会堂局部透视（来源：新疆建筑设计研究院 提供）

图9-2-8　新疆人民会堂角柱柱头（来源：根据新疆建筑设计研究院 提供资料，张雪兆 改绘）

三、结构美学下的地域表达

随着建筑的功能越来越多元，结构技术为建筑创作开辟了新的天地，对于地域的表达，不单单局限于二维符号上，更注重建筑形态本身的灵活多变。建筑师慢慢远离了呆板的几何形体，开始将自己感性浪漫的一面融入到建筑创作中，用结构的“力度”来表达传统的“厚度”，成就了建筑之美。

如设计于1983年的乌鲁木齐青山苑花木商店，圆形的平面布局，精美的结构形式，将建筑师自己的浪漫性格与创作诉求表现得淋漓尽致。该建筑西临人民公园，北与红山公园相望，位于乌鲁木齐西大桥南侧，可谓闹市中静谧的一隅。建筑师正是从优美的区位环境着手，又从“花”的设计母题切入，将花木商店的花木展销厅、工艺厅、茶厅设计成三个大小不一的圆形，有主有次，富于变化。主厅位于南侧，与青山苑小游园内的“青峰山”相对布置，以求体量平衡。屋顶是一个形似花瓣的伞状结构，轮廓起伏较大，采用全现浇结构；次厅喇叭形屋盖则相对平缓，采用部分现浇、部分预制的综合方案。纵观这组灵动的建筑，形态和而不同，出挑的伞形屋盖和有节奏的支撑构件，不仅具有盛开花朵的意向，又具有传统尖拱和檐头的影子，可谓是功能性、地域性、主题性以及建筑师浪漫色彩的完美结合（图9-2-9~图9-2-11）。

图9-2-9 乌鲁木齐青山苑花木商店（来源：新疆建筑设计研究院 提供）

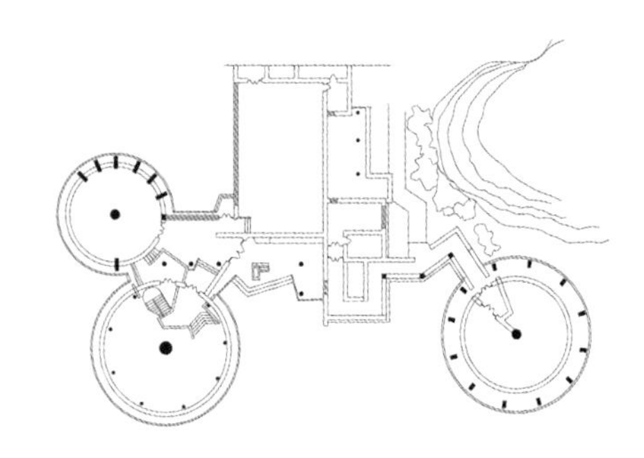
图9-2-10 乌鲁木齐青山苑花木商店平面（来源：根据《新疆建筑设计三十年》，徐毓 改绘）

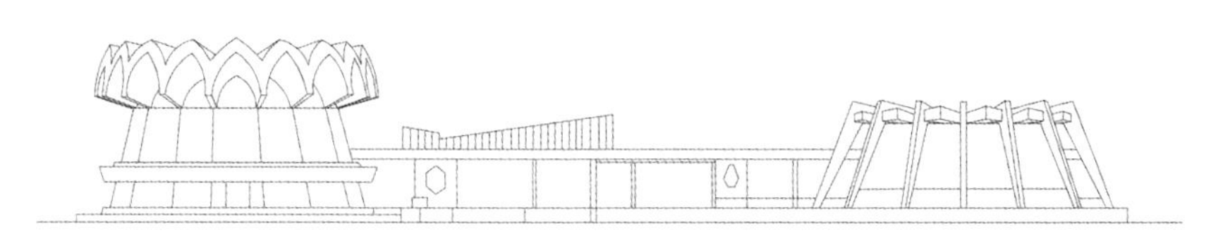
图9-2-11 乌鲁木齐青山苑花木商店立面（来源：根据《新疆建筑设计三十年》，徐毓 改绘）

又如设计于1983年的新疆昆仑宾馆北配楼的设计，将结构设计与建筑造型紧密结合，建筑采用剪力墙结构体系，成为了新疆首例全现浇剪力墙高层建筑。墙体采用大模板现浇，不但施工速度快，而且内部空间利用率高，并将这种结构特点体现在外部造型上。建筑立面方正简洁，依据客房单元，将墙体在视觉上断开，形成一个个相同的单元模块，犹如大板浇筑的感觉。这种粗犷与体积感，不仅表现出现浇结构的美学特性，还使建筑更具新疆建筑的粗放感和力量感（图9-2-12）。另外建筑的主入口，利用现代结构技术，进行大尺度的出挑，连续的半圆拱券，托起一个可容纳300人的会议厅。深凹的拱券和出挑，使建筑的视觉冲击感极强，更刻画出地域建筑的雕塑感和生命力（图9-2-13）。

再如新疆迎宾馆接待楼的水塔设计，更是结构美学与传统造型的完美结合。建筑师提取了地域建筑中一个常见的尖拱形式，并将其夸张放大，用作空调的冷却塔。整个尖拱是由两个上大下小的喇叭形塔身对拼而成，实体间又嵌以粗犷的混凝土预制花格，画龙点睛，使建筑充满浓厚的地域风情。高耸的冷却塔，优美的空间曲线，将结构美学的张力融入传统形式的表达，更加具有地域感染力（图9-2-14）。

图9-2-12 新疆昆仑宾馆北配楼山墙（来源：《西部建筑行脚》）

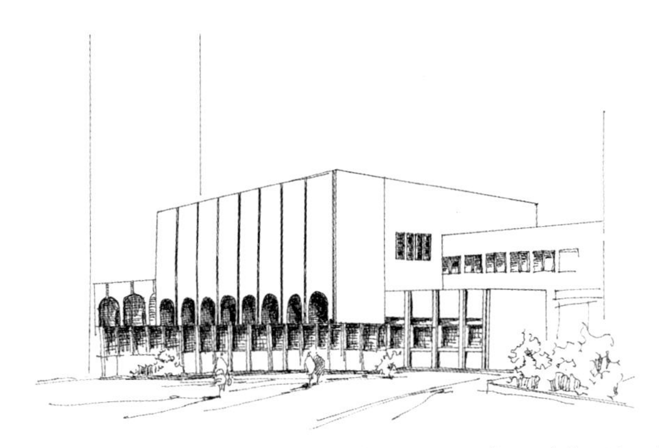

图9-2-13 新疆昆仑宾馆北配楼入口（来源：根据《新疆建筑设计研究院》，郑羽 改绘）

图9-2-14 新疆迎宾馆接待楼水塔（来源：新疆建筑设计研究院 提供）

四、传统韵律中的时代气息

不照搬传统，而是将传统与现代有机地契合，韵律是很好的创作手法之一。从传统建筑中的柱列到现代建筑中的自由节奏，二者有机统一。对于形体组合丰富的建筑，韵律能够弱化体块组合的复杂，表现出简洁朴实，同样，对于形体简单的建筑，又能彰显个性，使地域建筑换发新颜，拥有时代气息。

如设计于1979年的吐鲁番招待所新客房，为了适应当地气候，就地取材，运用了半圆落地拱形外廊的客房单元，形成地域建筑的现代韵律。建筑师从吐鲁番民居建造的历史脉络中汲取设计灵感，运用生土建造手法，摒弃使用钢筋混凝土，降低建造能耗，使建筑具有较强的感染力。虽然檐部的传统花格，墙面的锦砖拼贴以及室内绚丽多彩的地毯，使这座建筑具有浓厚鲜明的地域气质，但连续的拱形外廊，又使建筑独具特色，民俗中透着时代特色（图9-2-15）。

又如1984年建成的乌鲁木齐火车南站候车楼，立面简洁大气，没有琐碎装饰，在韵律中寻找明快的节奏。中部通透的玻璃窗与两端米黄色面砖实体墙面形成虚实对比，建筑运用韵律式的柱列使两者协调统一，让建筑造型与内部空间完美地融合在一起。建筑檐口适度放宽，平坦舒展，具有新疆本土建筑的厚实感，檐部白色的连续多跨拱券，像是洁白的雪莲花瓣一字排开，朴素淡雅，体现时代气息的同时，又不乏地方特色（图9-2-16）。

再如设计于1984年的乌鲁木齐长途汽车客运站，立面是由24个大型拱券门构成。凸显的檐部空间，穿插的横向线条，将建筑主体横向划分；一个个瘦高的拱券门，又将这种横向秩序打破，用极具韵律感的竖向肌理，与横向构图形成对比，使建筑既庄重又活泼，造型新颖大方，舒展的韵律，整齐的节奏，充分表达了新疆地域建筑的时代风貌（图9-2-17）。

图9-2-15 吐鲁番招待所新客房（来源：《西部建筑行脚》）

图9-2-16 乌鲁木齐火车南站候车楼（来源：新疆建筑设计研究院 提供）

图9-2-17 乌鲁木齐长途汽车客运站（来源：新疆建筑设计研究院 提供）

五、地域表达的意蕴暗示

传统建筑的特色传承，不只是形式语言的再现，可以通过色彩、外形、材料的质感等等给人们以提示，使人自觉地接收这种隐喻，从而感知建筑师想要表达的地域内涵，这种意蕴和暗示，使得传统无处不在，却又不言于表。

如1985年建成使用的新疆人民会堂，就是通过意蕴来表达传统内涵。新疆人民会堂作为当时自治区“十大建筑”之一，建筑于新疆维吾尔自治区成立30周年之际，作为献礼工程建设完成。在全国乃至亚洲都享有一定的知名度。不仅为满足新疆各族人民日益增长的政治、经济和文化生活需求，也为体现新疆“歌舞之乡”的特点，具有地域性和时代性的双重性格。由于其影响力和社会形象，曾一度被誉为新疆对外形象的代表之一，并在2016年入选“中国20世纪建筑遗产”名录。建筑造型结合复杂的内部功能，形成高低错落，方圆组合的建筑体量。建筑形象有别于以往厅堂建筑的厚重感，而是以大玻璃和金属构成，显得格外轻盈。立面仍采用三段式构图，但底层和中部处理相对简洁，只在顶部做细节刻画，三角尖拱的运用，檐口的收分，角部圆塔的嵌入，入口挑板式的雨棚，虽然传统形式并不多见甚至没有所谓的地域符号，但却无不透露着地域气息。修长挺拔的立面形象，又将传统表现的如此时尚，颇为生动（图9-2-18）。除此之外，新疆人民会堂在结构运用、机电设备、舞台灯光、音响视听等方面的要求和配置，在当时看来，已经超越了全国大部分类似建筑，可谓首屈一指，可称可赞（图9-2-19）。

又如1985年建成的新疆建筑设计研究院业务楼，也用了很多暗示的手法，以期许让人产生地域式的联想。首先是建筑三四层沿街面的处理，结合内部小开间办公的使用需求，形成大小不一的拱形洞口，窗户回退较深，厚重的阴影，刻画出建筑的体量感，颇有地域特色（图9-2-20）。其次，建筑山墙的处理，粗犷简洁。圆润厚重的山墙与出挑的阳台，既反应了新疆干热的气候特征，同时，韵律性的阳台，镶嵌在两片实墙中间，又产生一种佛龛的联想，表达出新疆地域中的汉文化特点（图9-2-21）。最后建筑顶层深凹的折形窗户，在阳光的照射下会形成三角尖拱形阴面，这会产生一种地域的暗示，以寻找表达传统与现代的相通性（图9-2-22）。

图9-2-18　新疆人民会堂全景（来源：新疆建筑设计研究院 提供）

图9-2-19　新疆人民会堂观众厅（来源：新疆建筑设计研究院 提供）

图9-2-20　新疆建筑设计院业务楼（来源：新疆建筑设计研究院 提供）

图9-2-21 新疆建筑设计研究院业务楼山墙（来源：张雪兆 摄）

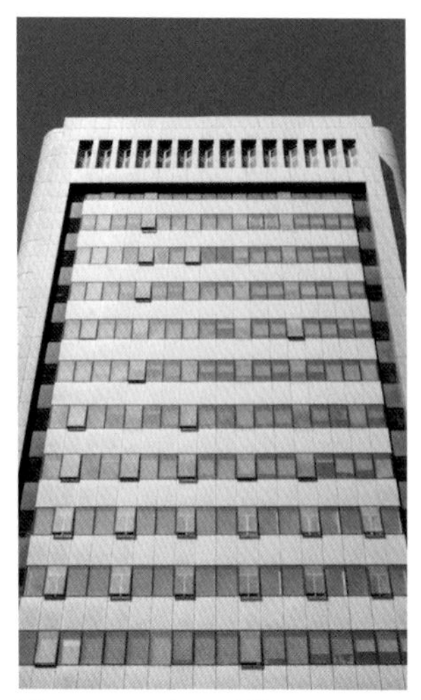

图9-2-22 新疆建筑设计研究院业务楼局部（来源：张雪兆 摄）

第三节 建筑空间组织及营造的传承与创新

新疆夏季炎热，冬季寒冷，早晚温差较大。为了抵御这种温度波动较大的气候环境，建筑造型大都简洁明快，以功能模块的直接组合代替迂回复杂的形体，避免能源浪费，只在入口等部位重点刻画。与此同时，建筑师们在简洁的外部造型下，尽量创造建筑内部空间的别开生面，将阿以旺及庭院引入建筑内部，使现代简洁的建筑，却依旧散发着地域特色的传承表达。

一、入口空间的地域塑造

现代建筑反对大篇幅的地域元素堆砌，往往将地域特色画龙点睛般地表现在建筑的入口空间。尽管建筑立面充满了时代感，甚至没有一丝地域元素的影子，但入口空间的地域塑造，依旧使人们深深地感受到了传统的存在和延续。

如设计于1982年新疆人大常委会办公楼的入口空间。雨棚出挑深远，厚重大气的入口形象与办公楼气势磅礴的立面形成呼应。雨棚上方6个的拱券，纤细挺拔，虚实对比，使建筑充满现代感和地域特色。另外，雨棚上方还兼做重大节日的检阅台，门头两侧设活动观礼台，这一设计可谓是将有限的用地发挥到了极致，入口的空间组织可谓巧妙地解决了各方矛盾（图9-3-1、图9-3-2）。

又如设计于1982年的新疆科技馆的入口空间组织，颇具现代气质，又不乏地域传统的延续。入口打破常规，以坡道代替踏步，当人们缓缓从两旁坡道拾步而上，可以以不同角度欣赏入口前的音乐喷泉及水池中的雕塑景观。这种处理，巧妙别致，没有正对建筑的踏步，是一种绕行的进入方式，也许暗示了科技面前，我们的谦虚姿态与严谨精神。再看入口上方，三个相互分离的大雨棚从门厅中伸出，倒挂在各自的拱形门架之下，这种受力又是一次打破常规，正如科学技术，也是一次次地创新尝试，有所突破。高高的尖拱门架倒挂着出挑雨棚，既有地域创新，也使得入口空间尺度适宜，充满现代感（图9-3-3）。

图9-3-1 新疆人大常委会办公楼全貌（来源：新疆建筑设计研究院 提供）

图9-3-2 新疆人大常委会办公楼局部（来源：张雪兆 摄）

图9-3-3 新疆科技馆入口（来源：根据新疆建筑设计研究院 提供资料，袁佳琪 改绘）

图9-3-4 昌吉工人文化宫正透视（来源：根据《新疆建筑设计三十年》，杨万寅 改绘）

再如设计于1983年建设的昌吉工人文化宫，其入口空间颇为讲究，从构图、比例、尺度和基本元素着手，描绘出一个富有时代气息的地域建筑。主入口为三段式布局，基座利用剧场观众厅视线的升起，将整个建筑置于一个大的台基之上；屋身则是由经过提炼的地域式拱券构成，显得挺拔简洁；顶部为三维拱券在空中画出一道道曲线，连同落在拱券上的阴影，增加了檐部的空间感。基座、大台阶、瘦高的拱廊、入口大玻璃门窗等增加了建筑的层次感和体量感，使得主体建筑看上去比相同高度的建筑更为高大，充满了中国传统建筑的宏伟气质。入口柱廊成三维状，步入其中空间丰富，不但使室内外过渡自然，又使建筑具有浓重的地域特征，散发出强烈的现代地域风采（图9-3-4）。

二、传统庭院的巧妙运用

庭院的融入，一直是中国传统建筑常用的构图手法，以庭院组织空间，分隔功能。新疆建筑师也尝试利用庭院，来丰富室内空间，对景、小游园、空间的渗透以及那种惬意的专属感，都使新疆的地域建筑折射出一种相较保守而自敛的东方性格。

如设计于1982年的新疆科技馆，其内部的空间就是围绕内庭来组织的。将人流较为集中的电影厅布置在内庭左侧，并设置单独出入口，便于独立使用和大量瞬时人流的快速疏散；展廊、展厅用作电影厅与主楼之间的过渡空间，成为通过性的休闲空间，分散人流；报告厅人流也比较集中，故而设计一部弧形楼梯，引导人流直接上到二层报告厅前厅，其他楼层人流则直入楼电梯厅，互不干扰。茶厅避开主要流线，设置在门厅一侧，寻求闹庭中的一份静谧，别具格调。为了体现建筑的科技属性，建筑师尽量使内庭空间富有变化。从盘旋而上的弧形楼梯开始，不同标高的空间层层叠叠。茶厅、报告厅、挑台以及二层的休息廊伸挑入内庭，使内庭变得丰富灵活充满动感，像是各种科技的碰撞汇聚。更有趣的是大厅地面上采用了两种颜色的大理石拼贴成图案，既有地域特点又起着流线导向作用，指引游客进入展厅及电梯厅。这种做法与喀什高台民居巷道中的道路铺装如出一辙，用不同的花纹来提示巷道是通路还是尽端路（图9-3-5）。

又如设计于1983年的昌吉工人文化宫，其剧场北侧的游艺厅，围绕中心庭院由四个部分围合而成。游艺部分序厅采光天窗，运用新疆民居中的阿以旺及龟兹石窟藻井的形式，四角还以沥粉丙烯彩画装饰，使室内空间意境盎然。游艺厅的四边檐廊高高低低，环抱着庭院，并配以地域性的镂空雕花柱式。中心庭院将新疆地域文化艺术与中国传统园林艺术相结合，虚虚实实、繁简有致，合着院中假山石雕、小桥流水，颇有一番情趣（图9-3-6）。

再如设计于1984年的新疆迎宾馆接待楼，室内柱廊及庭院的运用，使宾客有投身自然的体验。庭院中设有水池、山石、连廊、休闲茶座等，细节处理又充满浓郁的地域特色，一种置身中国西部边陲的切实感受涌上心头（图9-3-7）。

设计于1983年的新疆友谊宾馆3号楼，在建筑内部引入了三个不同特色的庭院。一个是由两排客房和连廊组成的半封闭庭院，庭院方整开阔，院中花木繁茂，水系萦绕，具有中国传统庭院的特质；另一个是由门厅及餐厅组成的室内庭院，餐厅出挑至水面上，看水中游鱼窜动，又是另一番情趣；第三个是环绕着风味餐厅的庭院，由哈萨克毡帐和葡萄架构成的，圆形的帐篷和葱葱郁郁的葡萄枝蔓，既生态又具有地域元素特征。三个风格迥异的庭院，就好比多种文化在新疆汇聚一样，显示出新疆的包容、汇聚。建筑利用原有地形，形成高低错落的室内外空间，不仅空间丰富，也是新疆建筑贴合大地的有生命力的显现（图9-3-8）。

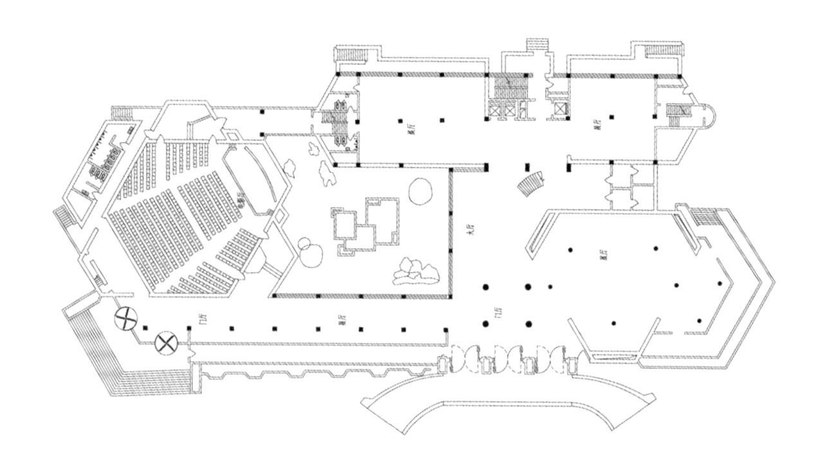

图9-3-5 新疆科技馆首层平面图（来源：根据《新疆建筑设计三十年》，谢栩栩 改绘）

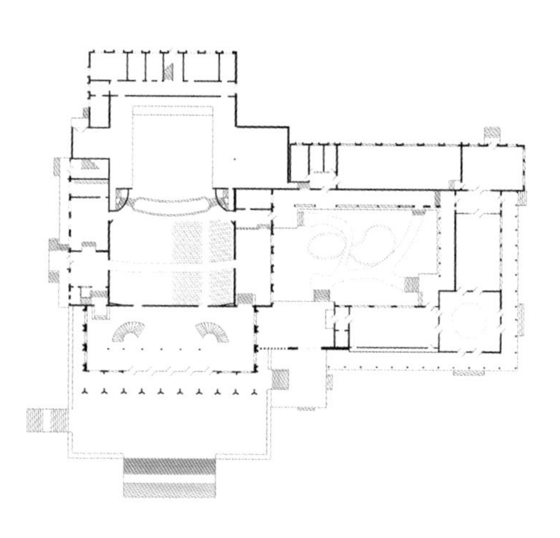

图9-3-6 昌吉工人文化宫首层平面图（来源：根据《新疆建筑设计三十年》，徐怡云 改绘）

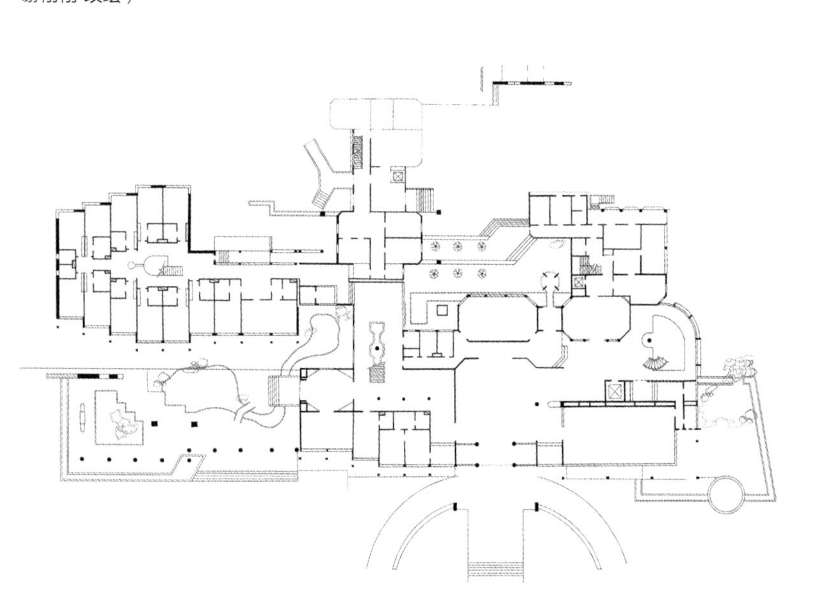

图9-3-7 新疆迎宾馆接待楼首层平面图（来源：根据《新疆建筑设计三十年》，谢栩栩 改绘）

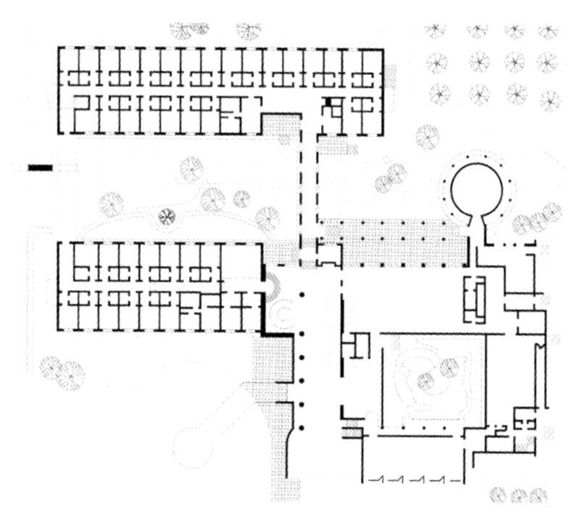

图9-3-8 新疆友谊宾馆3号楼首层平面图（来源：根据《新疆建筑设计三十年》，谢栩栩 改绘）

图9-3-9　乌鲁木齐友好商场中庭（来源：张雪兆 摄）

除此之外，中庭也被新疆建筑师恰当地植入了现代建筑中，以提升内部的空间品质。如设计于1985年的乌鲁木齐友好商场，是新疆首个具有中庭的现代化商场。在那个经济匮乏、自动扶梯还是稀有物的年代里，为了平衡各个楼层的商业价值与顾客体验需求之间的矛盾，建筑师“模糊”了层的划分，以中庭组织各个购物空间。围绕中庭，使四个错层空间得以连通，将商业价值均匀分散在一个缓缓上升的体验空间里，成为当时商业建筑空间组织之首创，既实现了商业价值的最大化，又为室内赢得了体验式的购物环境（图9-3-9）。

三、对话场所的城市空间完善

对于特殊地段的建筑，建筑师不仅仅关注着建筑本身的诉求，还关注着用地场所乃至区域性的城市空间布局。希望新建建筑，能够与周边环境产生对话，协调共存，进而使城市空间趋于完善。

如设计于1982的新疆科技馆，力求重塑城市形象与区域性的天际轮廓线。科技馆地处北京路最南端，场地视野开阔，四周无高耸建筑。在那个年代，北京路是由机场进入市区的必经之路，因而科技馆就显得尤为重要，承担起塑造城市名片的重任。为了改变北京路平淡的天际线，形成端景焦点，建筑师使用相对集中的布局手法，避免分散，将建筑体量做高做大，为进入市区的宾客遥遥递出乌鲁木齐的时代名片。主楼后退道路较远，让出宽敞的前广场空间，配置有绿化、喷泉及雕塑小景，既有效阻隔了道路交叉口的噪声干扰，又为市民提供了良好的视觉距离。建筑周围设环道，主楼背后的道路适当放宽，兼做停车之用，可谓便捷高效（图9-3-10）。

又如1984年设计的新疆人民会堂，就在试图整合友好路两侧的城市空间布局。用地西北紧靠乌鲁木齐市北艺公园（今儿童公园），南临新疆展览馆，东与新疆昆仑宾馆隔路相望，周边城市环境相对成熟，设计讲求与周边城市空间的对话。新疆昆仑宾馆老楼为东西向，与友好路平行，具有轴线对称的形象，后建北配楼，改变了原有严格对称的格局。虽然建筑重心北移，但严肃中略带活泼的布局，更加突出老楼。新疆人民会堂设计时，建筑师巧妙地呼应了这一格局，首先将主体建筑放在与昆仑宾馆老楼相对的轴线上，寻求对称，严谨而具有气

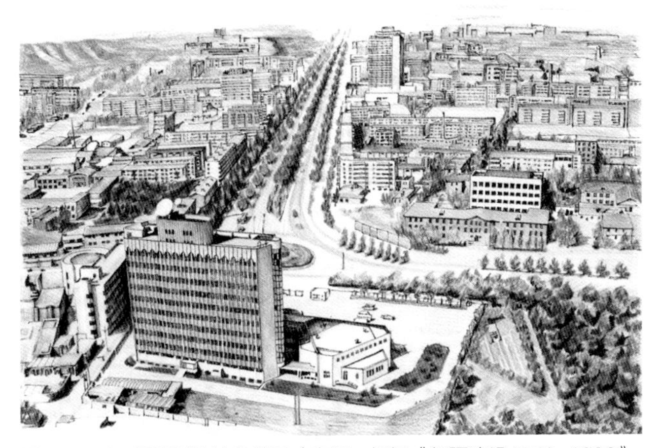

图9-3-10　新疆科技馆鸟瞰图（来源：根据《新疆建设1949~1989》，袁佳琪 改绘）

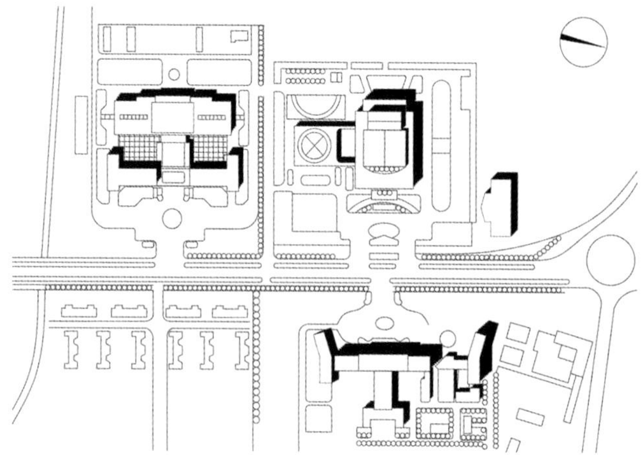
图9-3-11　新疆人民会堂片区总平面图（来源：根据《新疆建筑设计三十年》，徐怡云 改绘）

势；然后将附属的多功能圆形会议厅放在主体建筑南侧，刻意平衡对称带来的严肃感，如此“一北一南”的重心偏移，使得友好路两侧的建筑彼此呼应，相得益彰。向南生长的圆形多功能会议厅又处于自治区展览馆的南北虚轴上，可谓很好地兼顾了东南两个方向的既有建筑，整合了城市空间格局，后期建造的新疆昆仑宾馆南配楼及自治区人大办公楼进一步完善了这一区域的建筑群落关系（图9-3-11）。

第四节　建筑元素及装饰特色的传承与创新

进入改革开放后，各种思潮和建筑流派不断涌现，新疆建筑创作在空前的热情中蔓延开来。虽然新疆在时间节点上会滞后于内地沿海城市，但就其发展及创作无不充满着“逾越现象”。本土建筑创作在保留地域元素和中国传统文化的基础上，也尝试融入新的建筑元素。此时的许多优秀建筑作品，其建筑元素及装饰特色都带有特定时空下的深深烙印。

一、地域元素的装饰性沿用与创新

传统建筑中的经典的元素往往被沿用到新建筑中，以求获得地域文化的延续。建筑师也在传统中寻求变化，使地域元素随着时代发展，不断演变更新，以适应时代的审美和建造，让地域文化在创新中走得更高更远。

拱，最初并不是一个符号象征，而是一种结构受力形式表达。在经济物质匮乏的年代，充满智慧的工匠，为了获得更大的跨度，用发券的方式得以实现。随着技术不断发展，又加之地域文化的呼声，拱被保留了下来，地域式的拱的运用成为一种地域文化和时代印记。这一时期的创作，大都融入了这一元素，檐部处理多以尖拱、两心拱、四心拱、平拱、半圆拱等，或简化或抽象，力求使建筑看上去具有识别性和地域性，如新疆昆仑宾馆的半圆拱檐头、新疆人大常委办公楼的十字拱檐头、新疆科技馆的尖拱檐头、新疆友谊宾馆3号楼的平尖拱檐头、喀什民贸商场的圆拱形檐头等等。建筑师以重复使用的手法，弱化了拱券本身的个性所在，以充满韵律的外挂檐头和出挑，形成室内外过渡的灰空间而融入整体的建筑构图之中（图9-4-1）。

又如设计于1984年的乌鲁木齐博格达宾馆入口雨棚延续立面横向的肌理，顺势延伸出一块大的挑板，两侧以同样的形式，不同尺度的小挑板一字排开，底部做拱形花架装饰，既增加了建筑构图层次，又便于地域特色的刻画（图9-4-2）。配楼为解决夏季炎热的气候环境，将突出墙面的尖拱檐头与立面的竖向遮阳片结合在一起，从上到下浑然一体，实现了地域装饰与实用功能的完美契合（图9-4-3）。

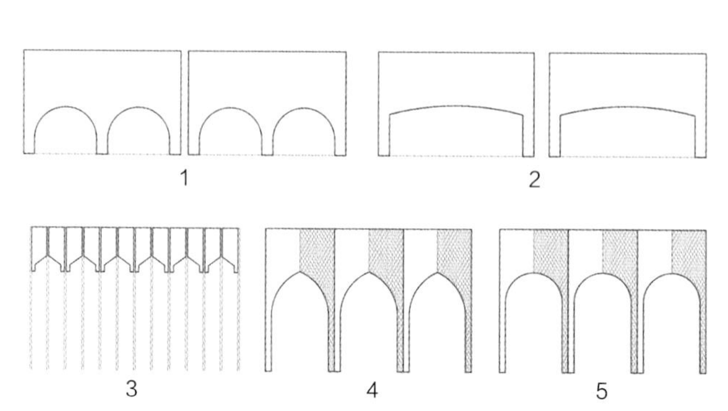

图9-4-1　建筑檐头的不同拱形：1.新疆昆仑宾馆北配楼；2.新疆友谊宾馆3号楼；3.新疆科技馆；4.新疆人大常委办公楼；5.喀什民贸商场（来源：张雪兆 绘）

图9-4-2　乌鲁木齐博格达宾馆全景（来源：新疆建筑设计研究院 提供）

图9-4-3　乌鲁木齐博格达宾馆配楼局部（来源：张雪兆 摄）

图9-4-4　乌鲁木齐友好商场（来源：新疆建筑设计研究院 提供）

图9-4-5　新疆昆仑宾馆北配楼餐厅（来源：《西部建筑行脚》）

图9-4-6　新疆昆仑宾馆北配楼抽象化的艾德莱斯绸（来源：根据《新疆建筑设计三十年》，张雪兆 改绘）

再如设计于1985年的乌鲁木齐友好商场，其楼梯间的设计，形式源自新疆苏公塔造型，并与功能紧密结合。楼梯间以“柱外柱”的外观造型，利用楼梯间平台处的窗户做成斜网格采光带，檐头将“外柱”斜切，形成意向尖拱。楼梯间连同立面“圆润”的窗上檐，使得非常现代化的商场，有了地域风格的延伸（图9-4-4）。

另外，在一些室内装修中，地域元素也常常被变化沿用，以求创新，如乌鲁木齐火车南站的室内，建筑师以浅绿色水磨石做地面，天蓝色石膏做吊顶，“绿地蓝天”之间，再以拱形有机玻璃做墙面装饰，并配以地域特色的花纹图案。一时间，仿佛置身于新疆的蓝天白云之下，碧野茫茫，毡帐皑皑，这是新疆色彩的抽象，还如新疆昆仑宾馆北配楼的室内装饰，建筑师选取了著名的艾德莱丝绸作为设计源点。根据图案特点，提取精华所在，以像素化的处理方式，进行简化，然后用青花瓷砖拼贴而成（图9-4-5、图9-4-6）。新材料新形式下的艾德莱丝绸，被大量用在了餐厅的墙面、入口弧形墙体以及顶棚的装饰中，这种新颖的地域风格表达，或许才是传统能够继续传承的尝试之路。比起刻板照抄，变且契合当代，才更有未知的可能与惊喜。

这一时期，建筑师负责工程的全过程，对于室内设计的探索和设计完成度、全局观，对当下仍有十分重要的意义。

二、多元文化的地域融合

受之于新疆独特的地理位置、自然环境以及多元文化并存的影响，新疆建筑首先是在适应气候环境中做出积极回应，比如深凹的门窗洞口、厚重的墙体等等；其次，对于建筑装饰，新疆建筑不再是单一的地域形式，往往表现出地域与汉文化的交织融合。

如设计于1983年的昌吉工人文化宫，其东立面有汉文化与新疆地域文化的融合。建筑以地域式的圆尖拱，构成主要形象，中部月亮门的加入，使建筑既有地域特点，又体现了新疆建筑的多元融合（图9-4-7）。

又如设计于1984的新疆友谊宾馆3号楼西餐厅及咖啡厅的外立面，将传统的中式花格映衬在地域式的尖拱窗内，两种元素的直接对话，也是一种地域文化融合汉文化的尝试（图9-4-8）。

1985年建成的新疆人民会堂，更是充满了地域特征和东方汉文化的意蕴。建筑构图及细节处理，都非常有地域性。然而建筑檐头却巧妙地采用了金色琉璃砖，这不仅使建筑更具观演建筑的高雅气质，也透漏出中国古建筑的宏伟华贵，落地的茶色大玻璃更是一种时尚的标签。整个建筑表现出地域文化与汉文化的交织，成为中国的新疆建筑（图9-4-9）。

三、突出建筑属性的装饰表达

对于特定功能的建筑，建筑师往往通过设计主题的提炼确立，来强化建筑属性。功能的独特性，也使得建筑具有鲜明的特征，建筑各个部分也常常表现出一定的关联性，以求与所表现的概念相辅相成。

如设计于1982年的新疆科技馆，在设计时，建筑师根据建筑特有的位置及重要的功能属性，力求突出“科技

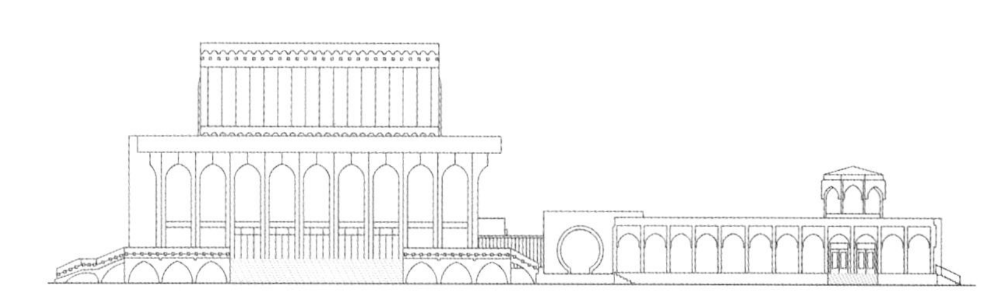

图9-4-7　昌吉工人文化宫东立面（来源：根据《新疆建筑设计三十年》，徐怡云 改绘）

图9-4-8　新疆友谊宾馆3号楼西餐厅及咖啡厅外立面（来源：《西部建筑行脚》）

图9-4-9　新疆人民会堂（来源：新疆建筑设计研究院 提供）

感”。首先，建筑外观简练且具有秩序感，片柱廊、竖线条等韵律的排布，像是暗示着科学技术的严谨和某种规律。排除浓妆艳抹，建筑以一种清新朴素的格调，矗立于人们的视野。其次，建筑用色也十分考究，避免繁杂，以纯色饰之。建筑以白色为基调，以和谐的跳色搭配。主墙面为白色及奶黄色面砖，中间搭配绿色玻璃马赛克，清新淡雅，活而不死（图9-4-10）。在2004年的改扩建中，依然延续了原有建筑的气质，立面简洁现代（图9-4-11）。此外，建筑师还运用精巧的构件及装饰进一步强化人们关于科技的联想。外部的竖向线条虽在檐头有所变化，有所缓和，但笔直挺拔的线条，向上生长的趋势，仿佛科技的永无止境和人们奋发向上的科学精神。悬挂于室内的“分子结构”大吊灯，银光闪闪的电镀联杆及每个节点上的茶色球罩，又为室内增添了几分神秘色彩和现代化气息（图9-4-12）。地面的花岗石块铺装，是对新疆特有的艾德莱斯丝绸图案的建筑化表达。

又如新疆邮电枢纽大楼，利用位于十字路口转角优势，凸显建筑体量。立面线条及檐头用白色面砖，干净整齐，一气呵成。建筑主体以墨绿色面砖，连同楼顶高耸的通信塔，表达出邮电建筑的特质（图9-4-13）。

再如1985年建成的新疆人民会堂，气势恢宏的建筑体量，错落有致的体块组合，以及胶囊状的玻璃窗，檐部的琉璃瓦饰面，都使建筑更加具有观演建筑的特点。华贵优雅，与高雅的艺术气质相通（图9-4-14）。

图9-4-10　新疆科技馆改造前（来源：新疆建筑设计研究院 提供）

图9-4-11　新疆科技馆改造后（来源：张雪兆 摄）

图9-4-12　新疆科技馆内景（来源：新疆建筑设计研究院 提供）

图9-4-13　新疆邮电枢纽大楼（来源：《新疆建设1949-1989》）

图9-4-14　高贵典雅的新疆人民会堂（来源：新疆建筑设计研究院 提供）

第五节　建筑材料运用的传承与创新

随着新疆建筑创作的日趋繁荣，传统与现代创新的矛盾再一次被激化，引起业界关注。建筑材料随着社会经济飞速发展，传统材料被现代材料代替似乎已成为必然。如果一个建筑师恪守传统材料，摒弃接收新材料，并把一些传统形式的新材料、新工艺视为“假古董”“假传统”，是不可理喻的。我们视传统为那时那地的智慧结晶，但它应该是传承的、变化发展的。一味地寻真问底，宣扬其好，好到不能够破坏，不能够介入创新，那是古建筑遗迹保护的范畴，而非建筑创作的领域。我们要站在今天的视角来看待传统的“不足”，然后用新的手段去弥补，而不是遵循固守。所以一个勇于革新，大胆尝试新材料和新方法的建筑师才是难能可贵的。

这时期住宅建筑的材料主要分两个阶段，在1978年至1985年间，以清水墙勾缝为主，只在檐口、女儿墙、窗套、勒脚等局部以水泥砂浆抹面处理；到80年代中后期，以抹灰、粉刷为主。对于公共建筑，由于改革开放经济发展及受日本和台湾地区建筑的影响，80年代的公共建筑主要运用装饰块材，面砖及马赛克等大量应用于建筑的外墙装饰。

一、传统材料的沿用与革新

20世纪80年代初，建筑立面饰材及装修沿用的传统材料，随着技术的不断更新，在其原有基础上，得以提升。一些新的花色和品种不断出现，装修要求也越来越高，塑料制品及陶瓷面砖逐渐被用于民用和工业建筑。

住宅建筑外墙大量采用各色涂料，可以根据需要弹涂成单色墙面或者彩色墙面。内部装修多以油漆做墙裙，天棚及墙面仍做涂料弹涂。少数住宅中的厕所与厨房开始采用瓷砖墙裙，陶瓷锦砖地面或艺术水磨石地面；起居室、客厅、进厅等开始出现彩色瓷砖地面；个别住宅内墙已经开始采用墙纸贴面装饰。

公共建筑除采用现浇和预制水磨石地面外，一些磨光石料，如大理石、花岗石等开始被用于地面装修，如新疆人民会堂进厅用磨光花岗石（图9-5-1）。除此之外，陶瓷锦砖地面也日渐增多。

图9-5-1　新疆人民会堂大厅（来源：新疆建筑设计研究院 提供）

二、新材料的尝试与应用

受经济条件制约，一些装饰性较强、时尚、高级的装饰面材，如玻璃马赛克、面砖及大玻璃等等，仅仅被用于一些公共建筑的公共部位，起到画龙点睛的装饰效果。

国际上的一些新型材料随着改革开放的到来，逐渐在祖国的大江南北风靡开来，玻璃马赛克就是这个时期流行且进入新疆的。质轻、坚固、耐水、耐腐、耐磨、防火、颜色众多且经久不变，有着很强的实用性能和装饰效果。另外，玻璃马赛克便于工业化的大批量生产，施工劳动强度也较传统材料要低。常常作为一种高级贴面材料被用作建筑外墙装饰，使建筑换发生命活力。玻璃马赛克集众多优点于一身，一时间成为了颇具魅力的新型建筑材料，深受建筑师喜爱。

在新疆友谊宾馆3号楼的运用中，建筑师将新疆传统的石榴花图案进行变体创造，然后用玻璃马赛克镶嵌到墙面中去，使传统赋予新生，能够融入当今时代（图9-5-2）。另外，新疆人民会堂前厅正面有两副巨大的壁画，长24米，高5.6米。壁画由马赛克镶嵌而成，在花岗石地面与室内喷泉的映衬下，珠璧交辉，富丽堂皇。再者，昌吉工人文化宫除选用水刷石及面砖外，还以明亮色调的马赛克做建筑装饰，从而赋予建筑新的艺术体验。

对于公共建筑的外墙一般多采用各色面砖，如位于乌鲁木齐的红旗路百货商店、百花村饭店、地质陈列馆等等。在一些改扩建活动中，面砖也被积极采用，如乌鲁木齐红山商场在加建时，以红色面砖替换原有水刷石饰面。除此之外，对于面砖的运用，不仅停留在单一化的贴饰上，还往往被组合成各种图案，如乌鲁木齐准噶尔大厦的山墙用驼色面砖拼贴成反应“丝绸之路”的壁画（图9-5-3）；乌鲁木齐群艺馆以黑色面砖组成民族舞蹈的图案；华侨宾馆底层用黄色面砖构成地域传统花纹，上层采用新型胶粘砂饰面，以求丰富建筑外墙。

20世纪80年代，技术进步及新材料，将建筑带入一个全新的世界。混凝土技术、钢、玻璃、金属、塑料等等开始出现。公共门厅及交通建筑的大厅空间普遍使用铝合金及大玻璃。精美的构件，通透的视野，大大改善了室内空间环境，使得内外联系更为紧密，相渗相融。

如昌吉工人文化宫，入口的大平台、大台阶强化了建筑

图9-5-2　新疆友谊宾馆3号楼马赛克石榴花图案（来源：根据《新疆建筑设计三十年》，张雪兆 改绘）

图9-5-3　乌鲁木齐准噶尔大厦（来源：张雪兆 摄）

体量，厚重雄伟。而大片玻璃门窗的运用，弱化了建筑实体感。玻璃映衬着竖向的拱廊，增加了建筑层次感和高度感，使建筑更为亲人、近人（图9-5-4）。

又如乌鲁木齐火车南站、乌鲁木齐长途汽车站、乌鲁木齐博格达宾馆、新疆人民会堂等等，带形长窗及大玻璃的运用，使建筑有生长之趋势，要么高耸、要么舒展，室内空间也更为宽敞明亮（图9-5-5）。

再如乌鲁木齐华侨宾馆及新疆人民医院入口门厅，都增设了一面大镜子，以寻求视野开阔，起到“放大”空间的效果。位于乌鲁木齐的新疆教育学院大门、电教馆以及中山路农业银行、民族药店等入口的装饰处理，往往以石材配合铝合金装饰板，寻求时代之感。

由此看来，关于传统的表达，不用局限在传统材料之上，金属、玻璃等新材料的巧妙运用，不但不会削弱建筑的传统气质，反而使之增色，还能显现出别的气质，比如现代、比如时尚。不主张追求新奇的、昂贵的建筑材料，但在经济、环境等一系列条件允许的范畴，敢于尝试新型材料，才能使建筑随着时代发展，不断获得新生。

图9-5-4　昌吉工人文化宫（来源：新疆建筑设计研究院 提供）

图9-5-5　博格达宾馆主楼（来源：张雪兆 摄）

第十章　新疆当代建筑传承与创新的蓬勃时期（1986~1999年）

喝的是冰山的清泉
睡的是草原的摇篮
长一副山鹰和骏马的翅膀
牧歌把蓝天追赶
沙漠里铺出了天上的彩虹
戈壁上盛开人间的花园
栽下了阳光的灿烂
收获着瓜果的香甜
开垦出相亲相爱的土地
让和睦世代流传
……

——赵思恩，歌曲《天山儿女》节选

1986年至1999年期间，新疆的建筑文化思潮经历了传统与现代之间的犹豫与彷徨的文化反思期、地方特色与中外建筑之间的比较与创新的多元探索期以及传统建筑文化的延续与超越的走向整合期。在这期间，新疆建筑师不断积极探索着新疆本土建筑创作的出路，出现了许多具有代表性的地域性原创建筑。

第一节　背景回顾

改革开放促进了城市的发展，自治区成立30周年后，新疆建设行业逐渐由计划经济转化为市场经济。

大量原版外文建筑专业图书的流入，为本土建筑师借鉴西方最新设计理念提供了便利条件。无论是建筑技术的先进性还是建筑创作的丰富性，都超过了从前。20世纪80年代的新疆建筑创作，思想比以前更加解放，创作路子宽了，吸收了许多国内外先进经验，但同时抄袭移植的痕迹也较重。20世纪80年代末期至90年代新疆步入城市大建设、大发展的时期，建筑创作迎来了前所未有的机遇。随着中国沿海城市的房地产业热不断升温，新疆不少建筑师“孔雀东南飞”，内地建筑师也纷纷进入新疆施展拳脚，新疆的建筑设计领域百花齐放，焕发出蓬勃生机。

随着建筑创作理论的日趋成熟，日渐形成了一种共识，即功能、环境和技术是建筑本体存在的要件。不管在何种文化背景下，充分考虑和满足使用者的功能要求，合理利用基地所提供的各种可能性，充分发挥材料的特性，这些都是基于建筑本质的建筑设计的显著特征。地域文化的传承和传统创新更趋向理性，对建筑本质的理性重建被提升至更为重要的地位。

一、本时期新疆社会经济及城市建设的发展

这一时期，新疆经历了诸多大事件：1989年，塔里木石油开发勘探指挥部成立；1991年，哈密石油勘探开发指挥部成立；1995年，塔里木沙漠公路全线贯通；1996年，国家“九五”重点项目——南疆铁路库尔勒至喀什段开始兴建；1998年，吐乌大高等级公路正式通车；1999年，十五届四中全会决定实施西部大开发战略。

建筑业的发展，离不开社会经济的支撑、公路与铁路的开通以及石油城的建设等，都对新疆的城市建设和发展起到了积极的推动作用。

1986年至1999年间，新疆相继设立了阜康、米泉、乌苏等城市。涌现了大批金融、酒店、写字楼等类型的建筑，建筑类型丰富、规模大，向高层、超高层发展。大规模的建设量促进了建筑技术的进步，建筑业有了迅猛的发展。计算机信息技术在建筑业得到普及和应用，施工技术水平有了显著提高。20世纪90年代也是建筑业走向法制化的时期，政府先后颁布了《中华人民共和国规划法》《中华人民共和国建筑法》《建筑工程质量管理条例》及部分配套规章文件等，初步完成了建设法规体系框架，建筑市场运行有法可依的局面逐步形成。

二、建筑创作思潮的主要特征

在20世纪80年代中后期，随着改革开放的推进，促进了新疆与内地的交流，加上科学技术的飞速进步，建筑创作观念发生了很大变化。90年代市场经济逐渐走向完善。随着经济的繁荣和政府对科技与创新前所未有的重视，学术界及建筑创作界的文化思想领域环境更为宽松，建筑作品的禁忌少了，独立性强了，一批有思想性的原创建筑在新疆拔地而起。在改革的春风的沐浴下，一批毕业于20世纪80年代中后期和90年代初的建筑学子加入到建筑创作队伍中，他们有思想、充满激情，在前辈的带领下，这些年轻的建筑师们迅速投入到火热的城市建设大潮中。他们很快成长为新疆各大设计院的骨干力量，并创作出了一批具有代表性的地域建筑作品。

这一时期新疆的建筑创作思潮主要有以下特征：

（一）形式追随功能

“适用”是建筑设计的基本原则，这一时期功能不再追随形式，建筑师有了更多源于生活的思考。从使用功能出发，如何通过对功能所需空间体量的深入分析，善加组织各功能空间，创造丰富的建筑形态，使建筑形式反映出其功能空间的基本特征，是建筑师重点关注的问题。

（二）技术服务于创作

建筑规模的增长、建筑功能的多样化以及空间尺度的扩大，促进了建筑技术的飞速进步，高层建筑、超高层建筑及大跨度结构体系等均得到了很大发展，建筑创作手段更加多元。同时，国家更新和出台了一大批设计规范、标准和规程，如抗震、防火、节能等；建筑设计更加注重技术性。另外，计算机辅助设计手段的应用极大提高了建筑设计效率，减轻了技术人员的劳动强度，缩短了设计周期，促进了设计标准化的发展。20世纪90年代中后期，人们越来越认识到计算机辅助设计的优越性，建筑师们逐渐告别了图板、丁字尺和针管笔。

（三）建筑反映文化属性，建筑服从于环境

建筑反映地域的文化，散发出由内而外、似有形亦无形的气韵，让人们产生亲切感和归属感，延续了历史文脉和人们的情感记忆。

越来越多的建筑师开始关注环境的设计，从消极的三废处理，到重视自然环境的保护和利用，体现了对人的关怀及对自然的尊重。

第二节 建筑创作特色与传承实践

新疆地域广博，众多民族在此聚居。由于受到地域气候、地形地貌、自然材料、生活习俗以及审美观念等的影响，加上各地匠人的建造工艺、技法的差异，新疆传统建筑呈现出多姿多彩、千变万化的面貌，因而它的民间个性和地域特色就显得更为强烈、更为鲜明。

这一时期，建筑设计理论逐渐构建起来。在大规模的各类建筑创作中，新疆建筑师不断借鉴国内外各创作流派理论，为建筑设计寻找理论支撑点，同时充分吸纳内地前沿城市的先进设计理念，这也符合当时新疆城市建设和发展的要求。新疆建筑师立足本土，创造出许多体现时代及地域特色建筑作品。

20世纪90年代是中国社会经济由计划经济向市场经济的转型期，市场机制也时时影响着建筑业。在国内生产总值构成中，建筑业所占比重加大，其在国民经济中地位日渐凸显。建筑业自身得到了快速的发展，为建筑创作提供了有利条件。

建筑设计思想百花齐放，这一时期的地域性建筑创作与传承实践主要有如下特点：

一、简洁现代的造型与地域文化元素相结合

简约主义最早出现在20世纪50至60年代，是指通过减少设计师在建筑作品中的自我表现而使设计作品更为单纯并更具逻辑性。20世纪80年代后期至90年代初，新疆的建筑创作受深圳等地的影响较多，而到了90年代中后期，则更多地借鉴了上海浦东等地新建筑的设计手法。

庄子所言“既雕既琢，复归于朴”以及齐白石谈到的“艺术创作宜简不宜繁，宜藏不宜露”，精辟地剖析了简洁、朴素的艺术价值观。新疆建筑师在创作中摒弃了繁琐与浮华，运用新材料、新技术和新手法，不断适应时代的新思想和新观念。

设计于1987年的新疆环球大酒店（图10-2-1），是当时新疆规模最大、档次最高的酒店，也是新疆首座涉外旅游的星级酒店之一。酒店环境幽雅、功能齐全，拥有客房400余间，顶部设计了可俯瞰乌鲁木齐市容的旋转餐厅。其立面造型和色彩在现代风格中融入了地域特色，成为当时乌鲁木齐城市亮丽的风景线。酒店采用高层客房主楼与低层公共裙房的组合方式，建筑布局充分结合平面功能。环球大酒店建筑平面借鉴了新疆传统六角形的构图手法，主入口处的构架上方运用柔和的曲线造型，抽象自新疆传统建筑中的拱券，也隐含了“丝绸之路”的寓意。建筑色彩则采用了新疆传统建筑中常用的白、绿、橙、紫等。

图10-2-1 新疆环球大酒店（来源：新疆建筑设计研究院 提供）

二、应对自然气候和生态的地域文化传承

新疆地区有一半以上面积是戈壁沙漠，夏季气候干热少雨，冬季寒冷漫长，日照时间长，太阳辐射强度大。特殊的环境使新疆传统建筑具有独特的个性，人们在长期生产生活活动中不断探索，创造了适应环境的生态建筑。这一特点集中体现在建筑的空间组合、材料和构造以及审美取向等方面。

新疆各民族传统建筑装饰艺术有着独特的风格，具有很强的艺术感染力。新疆建筑师顺应时代新理念、运用新技术的同时，立足本土，挖掘传统建筑中的精华，勇于创新，在实践中不断努力尝试以寻求新的突破。这一时期的一些建筑作品反映了对自然生态和地域传统文化的尊重。正如王小东院士曾说过的那样："建筑创作不是设计舞台背景，也不是搞民俗展览会，它要在建筑创作的过程中孕育、发展成一个有个性、有建筑味的建筑空间"。

设计于1991年的库车龟兹宾馆（图10-2-2），充分体现了上述创作理念。该项目所处的库车县，是古代丝绸之路北道重镇和西域的政治、军事、文化中心，也是佛教东传的第一站。龟兹宾馆的建筑空间和平面总体布局吸取了当地传统民居的诸多特色，将院落式以及中亚一带生土建筑"细胞繁殖式"的基本格局应用其中，设计了各种大小的庭院和葡萄架下的歌舞场所。在建筑的形体、细部、色彩等方面力图将佛教石窟与当地维吾尔族传统建筑特色相融合。为使"龟兹"的特色更加突出，在创作中特意采用了一些"重要提示"手法，例如将朴实的方格形木花格元素运用于建筑室内外空间中（图10-2-3）。室外墙面上，设计了一组石窟母题的白色玻璃钢浮雕（图10-2-4），其主题和形象为龟兹舞乐图。门厅、餐厅的屋顶形式，吸取了维吾尔族传统建筑中"阿以旺"空间特色，在屋顶中央加设通风天窗。典型的地方特色传统图案，被重复运用于地面、灯具、室外小品中。龟兹宾馆的设计手法是现代的，没有简单地模仿传统建筑，而是力图运用现代建筑的观念创作出一个"新"建筑，体现了应对自然气候和生态的地域文化传承的理念。

设计于1997年的吐鲁番宾馆新楼（图10-2-5）位于吐鲁番市中心葡萄街路，原有建筑由单层具有当地特色的连续拱式客房以及具有浓郁地方色彩的二层布景式客房楼组成，基地中部是供游人歇息及演出民族舞蹈的布满葡萄架的室外公共活动区。规划设计将宾馆放置在中部，南北两侧为扩建之用，东边利用原有葡萄园形成特色绿化中心，西侧用于宾客集散，这样既兼顾到宾馆西晒问题，又自然形成了两个别致的院落。考虑到当地风沙大、干旱炎热、辐射强烈的因素，同时吸取维吾尔族传统民居"阿以旺"的精华，客房呈"II"字型布置，中部为通过天窗自然采光的共享大厅，这样既杜绝了大进深导致的自然光线照度不足和不均的弊病，又节省了建筑面积，减少了能源损失。建筑体形每层进行退台错落处理，自然形成了富有地区特点的屋顶平台。傍晚，人们在不同标高的露台上休闲，俯看富有民族特色的篝火晚会，畅饮啤酒，颇具西域独特的人文气息。

图10-2-2　库车龟兹宾馆（来源：王小东 提供）

图10-2-3　库车龟兹宾馆内景（来源：王小东 提供）

图10-2-4　库车龟兹宾馆局部（来源：王小东 提供）

图10-2-5　吐鲁番宾馆新楼（来源：刘谞 提供）

三、新古典主义美学手法的运用

新古典主义的风格在传统建筑的基础上，摒弃过于复杂的装饰等，融合现代元素，形成适应时代需求的建筑风格。建筑师运用现代材料和技术手段来反映地域特征，注重尺度和比例的协调使建筑呈现出古典而简约的新风貌。建筑师将怀古的浪漫情怀与现代人对生活的需求相结合，兼容华贵典雅与时尚现代，既反映出后工业时代个性化的美学观念和文化品位，也充分体现出对传统地域文化的传承。

设计于1994年的新疆银星大酒店（图10-2-6），由新疆棉麻公司筹建，其创作灵感源自“棉花”，采用内凹弧形建筑平面，构成了柔和、自然、流畅、层次丰富的建筑形体，同时注重细节，以圆形、弧形作统一的收边处理。建筑外部所有造型、线条等均由建筑师一次设计到位，设计完成度高，更完整、准确地体现了建筑创作的构想。外部干挂石材幕墙采用新疆地产“马兰红”花岗石板，干挂石材运用于弧形墙面，在新疆当属首次。主入口内凹弧形拱廊灵感源自新疆地域传统建筑，柱脚、柱头、拱的上方细致刻划，在传统形式的基础上加以提炼和创新，赋之予时代气息。酒店大堂外部的玻璃幕墙高度通达三层，由于受风力影响很大，特在新疆首次设计了拉索点式低辐射中空玻璃幕墙（图10-2-7），达到了剔透轻盈的理想效果。高层建筑顶部结合游泳池空间，设计了韵律排列的拱形通高玻璃幕墙，与建筑底部的拱廊相互呼应。主楼顶部别致的皇冠造型，配合灯光设计，夜晚遥遥可见，熠熠生辉，寓意“银星”，同时也取“棉叶托棉桃”的形象，既展现了酒店的非凡气质，又体现了新疆棉麻公司的行业特征。

作为新疆重要文化建筑的自治区展览馆由新馆与老馆组成（图10-2-8、图10-2-9）。始于1964年建设的老展览馆受当时“古为今用、洋为中用”“推陈出新”的创作思想

图10-2-6 新疆银星大酒店外景（来源：范欣 提供）

图10-2-7 新疆银星大酒店大堂外围护点式玻璃幕墙（来源：范欣 摄）

图10-2-8 自治区展览馆老馆与新馆鸟瞰（来源：孙国城 提供）

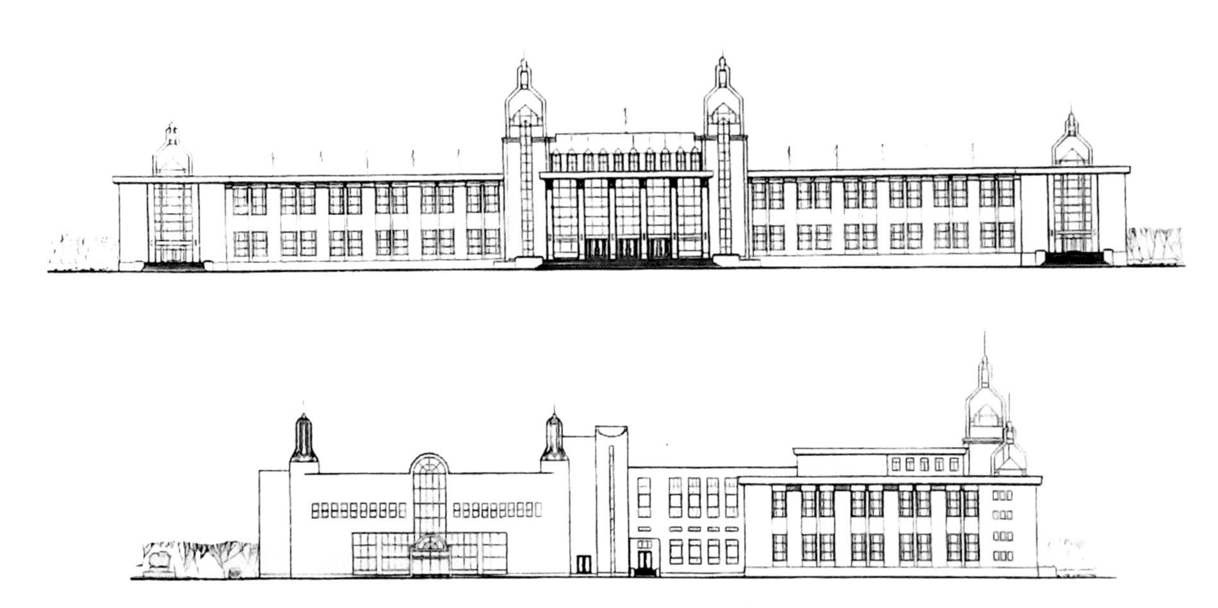

图10-2-9　自治区展览馆立面 上：老馆立面 下：新馆与老馆侧立面（来源：孙国城 提供）

和中原传统文化的影响较深，设计中体现中式风格，同时结合了地方特色（如出檐短、檐口厚、柱廊等），这座端庄、全对称建筑，立面尺度经过精心计算，富有韵律美感。而30年后的新疆国际博览中心新馆（设计年代1993年），则是有意侧重展现地域特色。新馆四角设计了抽象的构筑物，既不是中式传统琉璃瓦角亭，也不是具象的地方民族传统建筑元素，体现了融合的意蕴。建筑造型细部上，因新疆干旱少雨，屋面挑檐较内地传统建筑出挑短，同时应对严寒多雪的地方气候，具有北方建筑厚挑檐的特征。建筑中部檐口挑出尺寸增大，设计了对传统进行提炼创新后的柱廊。设计新馆的建筑师在老馆改造中，于老馆顶部增加了与新馆呼应的抽象构筑物，以加强新旧建筑的对话。2015年后，老馆、新馆均被拆除，这段重要的城市记忆不复存在了。

设计于1995年的中国银行新疆分行中银广场（图10-2-10）位于乌鲁木齐市传统商业中心的黄金地段，建筑高度148米，是当时新疆最高的建筑物。中银广场在立面设计上具有明显的基座、塔身及顶部的古典三段式构图特征，大面积的暖灰色干挂石材墙面从基座贯穿至顶部，与蓝色的金属质感的玻璃形成了鲜明对比。整座建筑比例和谐、尺度恰当，裙房与收顶部分着重处理，中部塔身采用竖向线条，显

图10-2-10　新疆中银广场（来源：孙国城 摄）

得简洁明快、轻盈修长。建筑师对创作手法大胆革新，通过吸取西方高层建筑的古典神韵，并结合银行建筑特征，塑造了具有新古典风格的新疆地域建筑形象。大面积的实墙面端庄典雅，也十分适应新疆的气候，达到了建筑节能的要求。该建筑是新疆首座通体干挂石材的超高层建筑。

四、高技派与地域性的结合

由于时代的发展，建筑呈现纷繁多样的类型，建筑功能日渐丰富，建筑空间尺度为适应功能的需要不断增大，建筑新技术为此提供了实现的可能性。

改革开放后，高技派和现代主义、后现代主义等西方建筑思潮被引入中国。高技派在国内的传播是有历史和现实基础的。它着重突出当代工业技术成就，并被运用于建筑形体和室内环境设计中，人们崇尚“机械美”，在室内暴露梁板、网架等结构构件，创造了新时代的建筑形象。强调工艺技术与时代感，是高技派的典型特征。

20世纪90年代，新疆的建筑师将高技派与地域性相结合，新疆的建筑设计领域出现了诸多技术创举，如中银广场首次在超高层建筑中通体干挂花岗石，并采用转换桁架，实现了主楼标准层19.8米的室内无柱大空间；银星大酒店首次将干挂花岗石板运用于弧形建筑外墙外饰，为适应风力和太阳辐射的影响，首次设计了拉索、点式低辐射中空玻璃幕墙；海德酒店首次采用蜂窝铝板，等等。在当时的技术条件下，无论从设计、选材还是施工，都达到了极高的水准，即使以今天的视角看，这些建筑仍堪称当之无愧的经典之作。

乌鲁木齐地窝堡国际机场是国家一级机场，设计于1998年的乌鲁木齐T2航站楼（图10-2-11），作为大跨度空港建筑，结构的选型举足轻重，其设计更加着重于高新技术的运用。结构作为重要的设计元素运用到现代机场建筑造型设计中，除了承担基本结构功能外，也体现出建筑结构之美（图10-2-12）。T2航站楼屋面结构采用合理的“飞雁”式金属屋盖，在形式上隐喻了新疆民航“天鹅明月”航徽中的天鹅展翅，实现了建筑美学与结构美学的有机结合。当地干旱的大陆性气候导致了昼夜大温差，而飞机的起降又讲究气流平稳，因此，集中于早晨与傍晚的“早出晚归”和“大出大进”也是新疆民航机场的地区性特点。兼具立面造型上和功能性的风塔以及起承重作用的蘑菇柱都是体现结构之美的建筑美学典型范例（图10-2-13）。

图10-2-11 乌鲁木齐T2航站楼（来源：孙国城 提供）

图10-2-12 乌鲁木齐T2航站楼内景（来源：王海平 摄）

图10-2-13 乌鲁木齐T2航站楼陆侧主入口（来源：王海平 摄）

第三节 建筑空间组织及营造的传承与创新

建筑形体是构成建筑空间的要素，正如意大利著名建筑理论家布鲁诺·塞维在他的名著《建筑空间论》中强调的那样："空间"即空的部分应当是建筑的"主角"。建筑的目的就是创造供人们从事各种活动的物质和精神空间。可见，空间在建筑中的重要地位和作用。

一、传统建筑空间语言的再诠释

新疆传统建筑中的空间组织是人们在长期的生产、生活中，不断适应自然气候，发挥聪明才智，而创造出的智慧结晶。传统建筑空间语言为新疆建筑师提供了丰富的创作素材，是建筑地域性表达的无尽源泉。

图10-3-1 吐鲁番宾馆新楼（来源：刘谞 提供）

吐鲁番宾馆新楼（设计年代1997年，图10-3-1）的外部空间设计从传统建筑空间组合方式中汲取灵感，建筑通过层层退台，创造了富于变化的空间层次感。大退大进的简洁几何形体，正是新疆干热地区传统建筑的典型地域性特征。建筑艺术表现中运用"留白"的手法，为人们留下了丰富的想象空间。

乌鲁木齐T2航站楼（设计年代1998年）通过陆侧正立面的风塔与十三根蘑菇柱造型，将传统建筑语言的再诠释与现代功能空间相结合。蘑菇柱的造型是利用上层离港厅和下层进港厅的进深差别，将一排突出3米的承重柱设计成遮阳伞作用的蘑菇状，柱顶大部分为格栅，兼做出入口雨棚（图10-3-2、图10-3-3）。冬季由于日照角平缓，阳光可以进入厅内。这些蘑菇柱增加了建筑正立面大面积点式玻璃幕墙的空间视觉层次感。在阳光的照射下，十三根蘑菇柱产生了丰富的光影变化效果，美妙浪漫。设计者对蘑菇柱的坡度角分别进行了60°、55°、50°三次分析调整，方才定型施工，可见其比例尺度和角度对建筑的重要性。新疆传统建筑面对沙漠干热气候时，利用热压效应获得自然通风，通过气流循环达到降温的目的。设计者在航站楼的两端设计了风塔，内设两根1.6米直径的排烟管，平时作为室内正常排气，火灾时则作为消防排烟管进行机械排烟，实现了功能与形式完美统一。

图10-3-2 乌鲁木齐T2航站楼风塔与蘑菇柱（来源：王海平 摄）

图10-3-3 乌鲁木齐T2航站楼进港与出港上下两层的蘑菇柱（来源：王海平 摄）

二、建筑与环境友好相处，营造空间场势

建筑不能脱离所处环境而孤立存在，建筑与环境之间形成的空间是人们进行公共活动、交流交往的重要场所，也会产生不同的心理暗示，带给身处其间的人们以精神感受。建筑与环境的友好相处，对提升城市公共空间品质具有十分重要的价值。

设计于1994年的新疆银星大酒店以自然、流畅的弧形平面，使整座建筑充满音乐般的动感。内凹弧形建筑形态面临城市道路形成了拥抱、欢迎之势，与城市取得了良好的对话。建筑高低错落的形体不仅丰富了天际轮廓，更是为了减少对北侧小区内高层住宅的采光遮挡。建筑端部的圆柱式处理与下部门廊两侧的圆柱构成了层次丰富的形体变化。底部三层通高的拱形柱廊“灰空间”柔化了室内外空间的边界，主入口前半圆形广场将城市空间与建筑空间自然地交融在一起（图10-3-4）。西面山体成为建筑的衬景，丰富了景观层次。

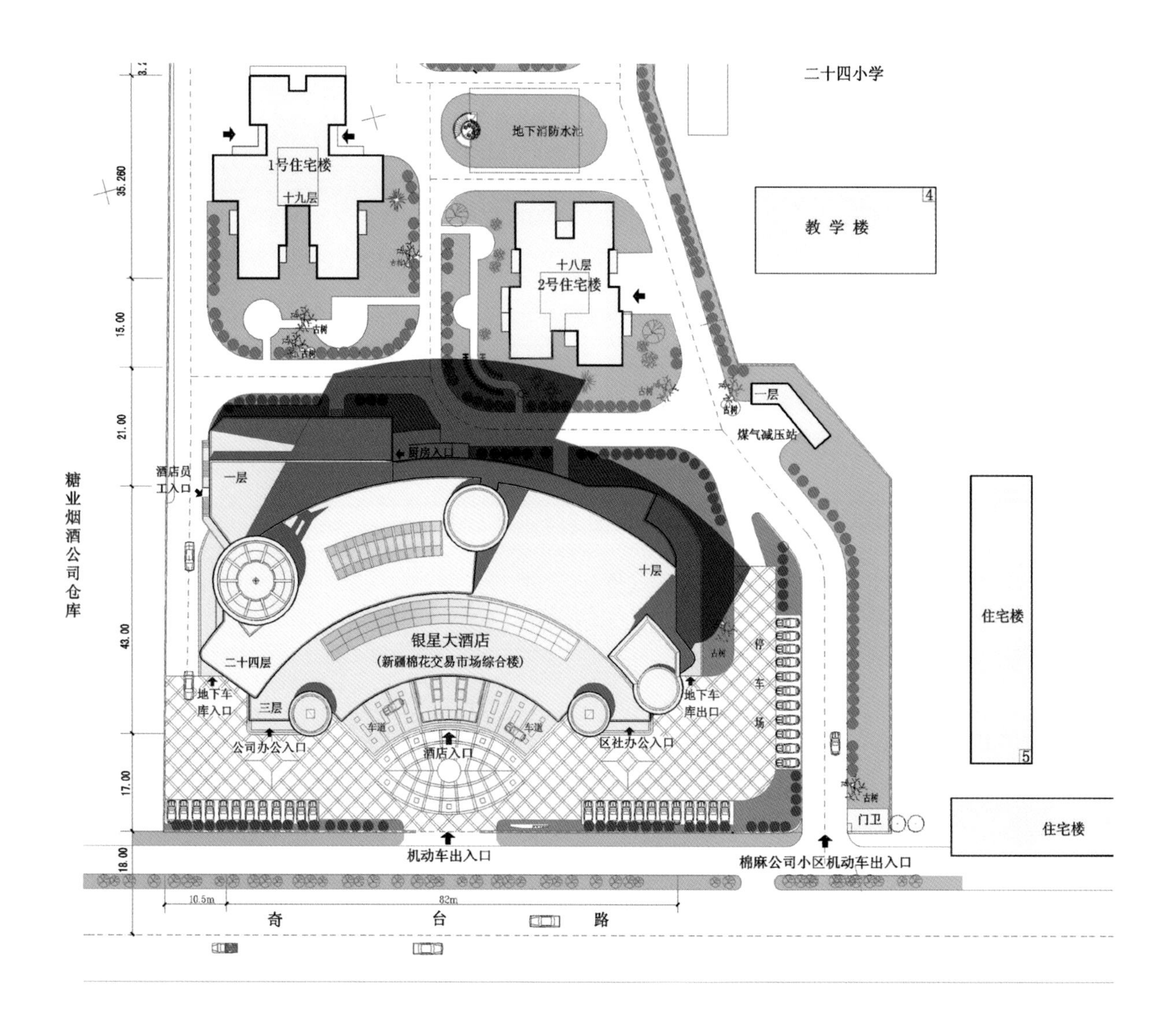

图10-3-4 新疆银星大酒店总图（来源：范欣 绘）

第四节　建筑元素及装饰特色的传承与创新

建筑元素及装饰是比较易于辨识且能反映地域文化特色的建筑表征，通常反映在细部、构件或结构方面。在新疆多民族地区传统建筑中则表现得更为突出，如檐廊及外窗造型、建筑色彩、花饰等都是新疆传统建筑中典型的特色。

1986年至1999年这一时期的建筑元素及装饰特色的传承与创新方面主要有以下特点：

一、将传统建筑元素与时代性相结合

建筑元素及装饰是建筑表达文化情感的重要途径，同时也是人们易于感知和理解的建筑语言，通常能够看到其与建筑所在地域的千丝万缕的联系。20世纪80年代后期和90年代的许多建筑延续并发展了地域传统建筑元素及装饰的特点，赋予建筑以人性温情。

设计于1996年的乌鲁木齐南郊客运站（图10-4-1），是首府乌鲁木齐发往新疆各地（主要为南疆）客运汽车的主要交通枢纽。93米长的建筑，立面元素太有规律未免单调，而细节过多至造型臃肿反而使形象受损。南郊客运站按功能将建筑分为若干个相互呼应的、雕塑感强的体块，立面设计提取了传统建筑元素，连续十组窗按上、下弧叠合在一起，充满了韵律的美感，蓝色镀膜玻璃与白色面砖墙面形成反差和对比，风格简洁、富有地域特色的建筑立面创造了别具风情的街道景观。这座简洁优美的建筑物，给停留在此的游客留下了心旷神怡的城市第一印象。

设计于1994年的新疆银星大酒店正立面三层通高的拱廊提取了新疆传统建筑中的檐廊元素（图10-4-2），主楼顶部三层通高的拱顶竖条窗与拱廊相互呼应，将传统建筑元素与时代性完美地结合在一起（图10-4-3）。

图10-4-1　乌鲁木齐南郊汽车客运站（来源：新疆建筑设计研究院 提供）

图10-4-2 新疆银星大酒店主入口拱廊（来源：范欣 摄）

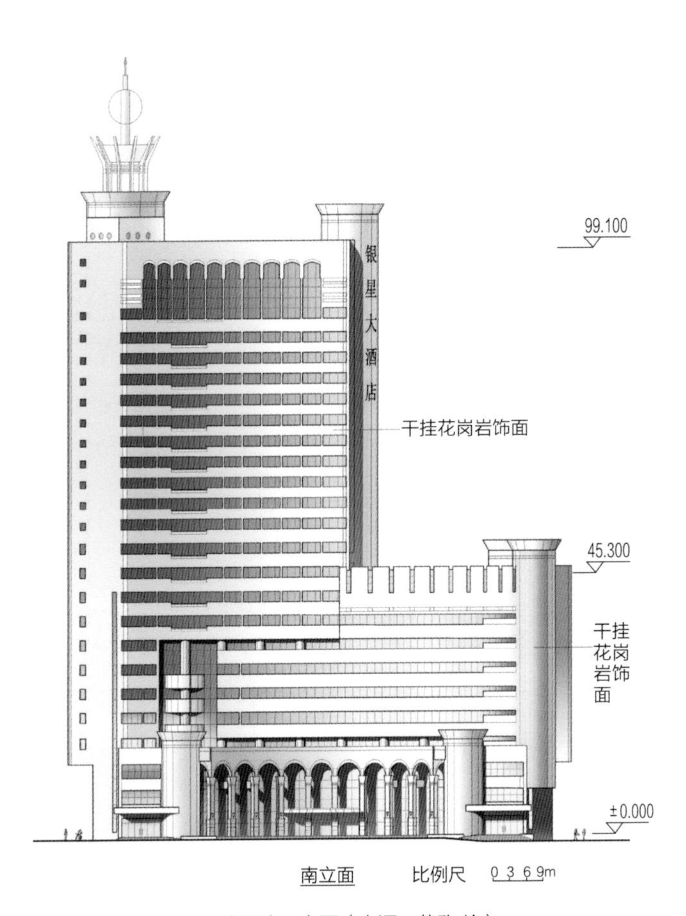

图10-4-3 新疆银星大酒店正立面（来源：范欣 绘）

二、建筑元素与装饰和自然气候相结合

新疆传统建筑的外部形态反映出自然气候作用下的显著特征，如简洁的形体、大实墙小窗洞、浅色的外饰色彩等等，这一特征是新疆传统建筑地域性表达的重要来源。

设计于1995年的鄯善石油基地文化中心（图10-4-4）是一座风格简约的纯白色的建筑。建筑设计应对了鄯善炎热干燥的气候，除出入口处为大面积玻璃外，其余均开设有利于节能的竖向窄窗，与大面积实墙形成虚实对比。除此之外，墙面再无多余装饰，纯白色的涂料，能最大限度地反射太阳辐射。利用南侧墙面上的装饰洞口兼作通风的风口。这座设计简洁的建筑是尊重自然、顺应自然的产物。

图10-4-4 鄯善石油基地文化中心（来源：新疆建筑设计研究院 提供）

图10-4-5 石河子工人文化宫（来源：新疆建筑设计研究院 提供）

图10-4-6 新疆工会大厦（来源：刘谞 提供）

三、建筑元素的象征性

在设计中建筑师常通过对客观实体的描摹来表达建筑的象征性意义。象形作为一种基本的设计手法，在日常生活中随处可见，比如书报亭、图书馆等书本状的建筑外形，再如水边的船形建筑等。而这一时期的青少年宫、工人文化宫等文化类建筑往往利用顶部造型或是建筑形体的组合和建筑构件形式，来隐喻某种象征性的含义。

设计于1998年的石河子市工人文化宫（图10-4-5）是集工会服务、技能培训、会展展示、文化休闲为一体的多功能复合型文化建筑。石河子工人文化宫顶部球体造型为天文馆，是典型的功能性与象征性结合的建筑形态。立面上以8组石柱形成的柱廊隐喻生产建设兵团农八师的创业精神，飞挑的外檐似腾飞的翅膀展示着新城蓬勃的经济建设新气象。远远望去，中心直径18米的球形玻璃天顶犹如一颗明亮的宝珠放在一双巨手中，展现了石河子这颗“戈壁明珠”的城市形象。

设计于1987年的新疆工会大厦（图10-4-6）是代表新疆维吾尔自治区工会的橱窗，是工会蓬勃发展的标志。为此，在23米见方的矩形平面的四角，设计了半径为2.1米的圆柱，以突出工人阶级高大伟岸、顶天立地、团结一致的坚定有力的形象，展现了其新时代的精神面貌。建筑师没有运用过多的建筑符号，以避免产生堆砌的繁杂感。建筑主体运用大面积实墙和小方窗，反映了干旱炎热地区的气候特征，同时也赋予建筑以强烈的雕塑感。

第五节 建筑材料运用的传承与创新

建筑材料的特性包括形态、色彩、质地和肌理等方面，通过对其充分的认识和了解，有助于建筑设计语言的丰富性和建筑个性的表达。

20世纪80年代中后期至90年代末，随着科技的进步，促进了建筑技术手段的蓬勃发展，建筑材料更加丰富多彩。同时，在工业化与信息化逐步完善、装饰与施工的产业集群化发展的趋势作用下，建筑材料也逐渐转向传统与现代技术相结合。

一、陶瓷马赛克的运用

20世纪80年代后期，陶瓷马赛克占据了建筑外墙装饰材料的主导地位。陶瓷马赛克与同时期的面砖相比，既具备陶的质朴厚重，又不乏瓷的细腻润泽，非常适用于新疆地域建筑风格的表达。

设计于1991年的库车龟兹宾馆，采用浅驼色陶瓷马赛克贴面，配合建筑小圆弧转角的处理，细腻纯朴，富有历史感，贴切地表达出龟兹文化的独特意韵。

二、面砖的运用

20世纪80年代末至90年代，面砖在建筑外墙装饰中得到了广泛运用。这种材料光洁、细腻，易清洁维护，色彩选择范围较大，因此受到建筑师的喜爱。

设计于1988年的新疆假日大酒店（图10-5-1），是新疆最早的涉外旅游星级酒店之一，建筑采用“Y”字形平面，比例尺度得体宜人，外观简约现代，典雅亲切，因此深受百姓的喜爱，成为了当时乌鲁木齐市的标志性城市景观。假日大酒店外墙饰面采用了小规格的白色金属钛面砖，在阳光映照下散发出柔和迷人的光泽，与建筑的整体气质十分贴合。新疆假日大酒店是新疆建筑中运用金属钛面砖作为外墙饰面的唯一案例。

设计于1995年的新疆新融大厦（图10-5-2）主楼最初设计为34层的超高层建筑，后由于种种原因减至27层，主楼东侧为17层的配楼。经过多次的试样比选，以及对气候适应性的分析，建筑外墙饰面最终确定采用40毫米×90毫米小规格的浅驼色仿石面砖。这种仿石面砖在当时较为少见，面砖肌理与天然石材接近，表面有凹凸立体感，装饰效果自然、柔和，质感细腻。二十年过去了，新融大厦的外墙饰面砖依然完好无损。

设计于1995年的乌鲁木齐火炬大厦（图10-5-3）与众不同地采用了暗红色的方形小面砖作为建筑外饰材料，反映了时代性与地域性的结合，也寓意了新疆独特的大漠风情。

图10-5-1 新疆假日大酒店（来源：新疆建筑设计研究院 提供）

图10-5-2 新疆新融大厦（来源：孙国城 摄）

图10-5-3 乌鲁木齐火炬大厦（来源：刘谞 提供）

三、干挂石材、铝板幕墙与玻璃幕墙的运用

进入20世纪90年代，各类新的建筑材料为新疆建筑师的创作提供更多的选择空间，也让建筑有了更多元化的表达语言。干挂石材、铝板幕墙与玻璃幕墙外装饰面的整体性好、品质佳，平整细腻的表面体现了鲜明时代感，因而得到广泛运用。

设计于1995年的中银广场（图10-5-4）是新疆首次尝试在高度近150米的超高层建筑外墙外饰中通体干挂石材。为保证安全性，中银广场采用了石材和玻璃组合的单元式幕墙。石材选择了北京人民大会堂所采用的锈石花岗石板，暖色石材的天然色差为建筑外观增添了艺术性，至今仍魅力不减。

设计于1995年的海德酒店（图10-5-4）是新疆最早的超高层建筑，也是新疆首次采用干挂蜂窝铝板，同时配合了灰绿色的玻璃幕墙。无论是材料的色泽、品质，还是施工技术，都经过了严格筛选，可谓是建筑中难得的“上乘之作”。经过了二十年的风雨考验，依然保持着当年的风采。

四、玻璃钢浮雕的运用

玻璃钢浮雕作为一种成品雕塑，具有质轻、耐腐蚀、成本相对较低的特点，它是采用合成树脂的基体材料以及玻璃纤维制品的增强材料复合制成的建筑材料。

设计于1991年的库车龟兹宾馆的外墙装饰中，建筑师运用了一组白色玻璃钢浮雕，主题内容是设计者通过调研后认定的龟兹舞乐图（图10-5-5）。这些龟兹的古老民族和库车的现代居民有不可分离的渊源，这幅浮雕作品令人不禁浮想联翩，仿佛回到了“歌舞之乡”古老的历史时空之中。

图10-5-4　中银广场和海德酒店（来源：孙国城 摄）

图10-5-5　龟兹宾馆玻璃钢浮雕（来源：新疆建筑设计研究院 提供）

五、钢筋混凝土在构筑语言中的运用

20世纪90年代的建筑师有意识地在一些构筑物上尝试新的造型设计。这些设计与地域建筑文化相关，与功能紧密结合。

设计于1994年的乌鲁木齐水上乐园景观长廊（图10-5-6、图10-5-7）位于乌鲁木齐市南郊水上乐园入口湖面堤坝的最高处，在此可一览清澈的湖面。虽然只是一组长廊，但它的建成，为原本寂静无声的水域增添了生气。景观长廊共有三层，一层为柱廊，二层为观景平台，三层为混凝土结构的遮阳棚廊。长廊共198米长，端头是由两个半弧形组成的象征天鹅展翅的造型，其余部分则是由两组连续的尖券拱架设而成的长廊。整体造型飘逸、轻巧，比例优美，丝毫没有混凝土材料的沉重感，长廊在蓝天背景的映衬下，宛若天成。每逢节假日，长廊下游人如织，湖面上小船悠悠，一切是那么祥和美好。

图10-5-6 乌鲁木齐水上乐园景观长廊（来源：王海平 摄）

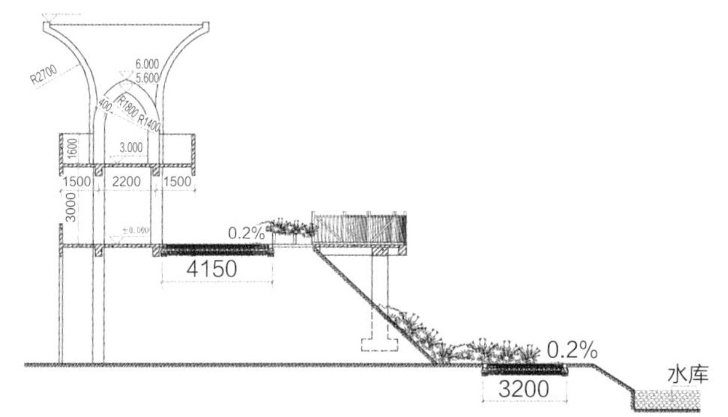

图10-5-7 乌鲁木齐水上乐园景观长廊剖面（来源：王海平 绘）

第十一章　新疆当代建筑传承与创新的升华时期（2000~2018年）

梦中的丝绸之路出现在眼前

繁荣在我们的岁月

大漠之间　绿洲边缘

昆仑山脚下

回荡着清脆的驼铃声

这就是梦开始的起点

如今岁月变迁

却从未改变那灿烂的诗篇

……

——艾尼瓦尔江，歌曲《丝绸之路》节选

随着城镇发展的快速推进，新疆城镇建设领域迎来了繁荣的春天。这一时期新疆建筑师的创作观念更加开放和多元，从多维度积极探索和尝试地域建筑创作实践，不断扩展和提升对地域文化内涵的认知。此时的新疆地域建筑创作站在前人的肩膀上，生根于传统建筑深厚的沃土，厚积薄发，不断升华，以更高更远的全球视角迈入新的千年，开启了传统建筑传承与创新的崭新篇章。

第一节　背景回顾

20世纪面临着前所未有的发展机遇，是城市大建设的时代，科技进步使一个个富有超常想象力的建筑设计成为可能，造就了伟大的建筑和伟大的建筑师。然而，这也是一个对自然和文化遗产大破坏的时代，城市和建筑在发展和创新中日渐迷失本原，“建设性”破坏屡见不鲜。

一、开启城镇化发展新篇章

社会经济发展是城镇建设发展的基石和保障。

1999年底，中央实施西部大开发战略，加快中西部地区发展。次年，新疆召开“西部大开发与新疆经济发展战略研讨会”，提出以重点城镇带动多层次发展的战略。

2013年9月和10月习近平总书记提出建设“一带一路”合作倡议，共同打造政治互信、经济融合、文化包容的利益共同体、命运共同体和责任共同体。几千年来，融合、包容正是新疆人民唇齿相依、共谋生存和发展的永恒之路。处于亚太与欧洲两大经济圈的重要节点和枢纽的新疆，将成为丝绸之路经济带的核心区。

在我国西部大开发的经济战略和“一带一路”战略适应世界经济全球化的发展中，新疆特有的地理区位优势逐步显现出国际经济贸易与合作的重要作用。随着社会经济的快速发展，新疆城镇化水平显著提高，不断促进以现代化文化为引领的多元一体文化的繁荣发展。

步入21世纪，新疆进一步加速城镇化进程，设立了五家渠、阿拉尔、图木舒克、北屯、铁门关、昆玉、双河等一批新的军垦城市，以及霍尔果斯、可克达拉市等新建市；另外，还将设立胡杨河市、小白杨市、北亭市、红星市等军垦城市，以及和什托洛盖市、准东市。新疆城镇发展深入推进，迎来了城镇建设和地域建筑创作的又一个繁荣的春天。

二、风格幻化与新奇特打造

热钱的聚集催生了建筑创作的风格幻化，建筑被看作“时髦品”，建筑学开始逐渐偏离其科学和艺术的本质特性。

盛行于20世纪90年代的“欧陆风”刮遍全国，进入新千年风头仍劲，新疆也未能幸免，很多人甚至认为它特别符合新疆的地域特色。“欧陆风”对新疆的城镇特色产生了较大的负面影响，甚至遍及城镇的角角落落，至今余音犹存。

近年所谓的西班牙式、Art Deco（新古典）风潮等建筑风格幻化运动席卷全国的同时也波及新疆，尤其是Art Deco（新古典）堪称一股狂潮，其风之劲，不亚于当年的“欧陆风”，几年刮下来，城市已随处可见单栋或成片的所谓Art Deco（新古典）建筑。建筑师之殇，市民之殇，更是城市之殇！始作俑者，也包括建筑师自己。

山寨抄袭、新奇特打造等，把建筑创作当作流行去追风，甚至以丑为美，不仅有违建筑创作的严肃性，而且忽视了建筑的本质内容，背离了建筑设计的基本原则，最终导致了千城一面，甚至光怪陆离。2014 年 10 月，习近平总书记在文艺工作座谈会中提出不要搞“奇奇怪怪”的建筑，恰逢其时。让建筑设计回归基本原则，审美回归健康的价值取向，不仅十分必要，而且迫在眉睫。

三、自然生态和百姓生境之殇

随着城市化步入高速进程，城市追求形象出新，规模盲目贪大，功利色彩较重。一些规模较大的新建住宅小区或公建项目，对现存自然环境缺乏基本珍视。城市新区的建设，不少广场、植被、景观体现除“旧”迎“新”，自然地表在人造表皮的吞噬下正在丧失本来面目。

今日的城镇，两侧树木躬首相连的林荫道渐渐成为稀缺的风景；曾经尺度亲切宜人的街道多已是高楼林立；割据的围墙推远了人与人的距离……传统社会文化意象日渐远去。

应该看到，大城市并非人类发展的最终目标，保障生存环境品质才是关键。要避免城市建设成为机械化、标准化的制造过程。人们需要宜居的、充满活力的城市与社区，而不是缺少生机的纪念碑。

2015年12月，中央城乡工作会议中提出“尊重自然、顺应自然、保护自然、改善城市生态环境”，着力提高城市发展的可持续性和宜居性。

四、城市记忆面临断裂

2016年9月29日，由中国文物学会、中国建筑学会联合发布“首批中国20世纪建筑遗产”名录，在亚洲和全国享有一定知名度的新疆人民会堂入选。然而，就在公布前不久，这座始建于1984年、凝聚着新疆老一辈建筑师集体心血的经典之作刚刚经历了改头换面。还有不少建筑也面临相同的命运！这些寄托着几代人情感的城市记忆就此远去了。

城市记忆承载着一座城市的历史，孕育着城市的生命力，给生活其间的人们以归属感和身份认同感。可以说，它是一座城市的灵魂。

五、呼唤本土创作的地域性回归

1999年，被公认为指导21世纪建筑发展的重要纲领《北京宪章》的提出，将21世纪的建筑学体系扩展为“广义建筑学”。“广义建筑学”的核心思想之一是将建筑看作一个循环的生命体，建筑的根本是创造适宜人类居住的环境。其二是提出了技术的多层次融合运用，建筑学应与城市规划学、风景园林学三位一体。其三，强调文化多元性、地域性的重要性，建筑应与环境艺术、雕塑、绘画、工艺、手工劳动等重新结合为一个整体。

在全球趋同的大背景下，人们重获文化认同与自信的愿望日益强烈，呼唤本土创作的地域性回归。

第二节　地域建筑创作特色与传承实践

跨入新千年，新疆建筑师积极不懈地尝试、探索，涌现出一批可圈可点的地域建筑作品。虽然为数不多，但特色鲜明，体现了勇于创新的精神和丰富的文化内涵，新疆传统建筑传承和创新步入了升华时期。

本章所列举的建筑作品案例反映了升华时期（2000~2018年）的地域性建筑创作的思想方向和发展脉络，是该时期新疆地域建筑传承与创新实践的缩影。当然，这些各具特色的建筑作品并非完美，难免各存短长。

一、以多维度建筑空间赋予建筑深刻的地域性内涵

从建筑的符号语言转向对地域特色文化的深入挖掘，从对传统建筑“形”的模仿和复制，转向对建筑空间形态、表皮肌理等的多维度创造，更加贴近建筑设计的基本原则，建筑创作观念体现了开放性和多元化，日渐成熟。

新疆首府乌鲁木齐市的地标建筑中天广场（图11-2-1），

图11-2-1　乌鲁木齐市地标——中天广场（来源：范欣 摄）

从现代超高层建筑基本特征出发，建筑平面布局规整平衡，对结构的抗震性十分有利。建筑形体匀称轻盈、颀长典雅，主楼玻璃“钻石顶”灵感源于天山主峰博格达的层层雪峰，将地域性与超高层建筑特征及结构性能较完美地结合在一起。

博尔塔拉宾馆（图11-2-2）的建筑造型融入当地的人文特色，从蒙古族传统建筑中汲取元素，主入口大厅顶部呈阶梯状升起的采光顶源自蒙古包顶部的拱形天窗（图11-2-3）。

新疆历史文化名城乌什县游客服务中心（图11-2-4）从地方历史文化中获取了建筑元素，采用简朴浑厚的建筑形态和粗糙的外表皮处理，建筑个性鲜明、风格突出，充分体现了汉代边塞烽燧文化的历史渊源。

图11-2-2　博尔塔拉宾馆建筑外观（来源：王新 提供）

图11-2-3　博尔塔拉宾馆主入口大厅顶部采光天窗（来源：王新 提供）

图11-2-4　乌什县游客服务中心（来源：范欣 摄）

二、扩展和提升对建筑地域性的认知范畴

客观审视新疆的历史，对建筑地域特色的理解进一步提升，跳出过去局限于某个民族或是某种宗教的狭隘认识，体现了多元一体文化的特征。认识到地方气候适应性是建筑地域特色的基点，将建筑功能需求和人文关怀作为建筑设计的重要目标，对民间智慧的价值和建筑的地域性有了更深层次的认知。

新疆吐鲁番机场航站楼（设计于2009年，图11-2-5）和喀纳斯机场航站楼（设计于2006年，图11-2-6），一个地处夏季极度干热少雨的东疆，另一个位于冬季严寒多雪的北疆，建筑设计从地域气候出发，因地制宜，建筑所呈现的样貌是对当地气候条件最直接的反映和尊重，因此特别具有生命力和感染力。

设计于2015年的新疆研科大厦（图11-2-7）的建筑风格和设计主题反映了中国哲学思想的精髓——“天地人和”以及新疆多元一体文化的特征。建筑师并未采用惯用的传统中式建筑的造型手法，而是结合地域气候、建筑功能和建筑地形、朝向等要素条件，运用简约的手法，以景墙、月亮门以及竹林意向等建筑元素，采用灰色、中国红、绿色等传统色彩，使建筑蕴含悠远的“中国意”，渗透出中国传统文化的韵味。

设计于2005年的吐鲁番博物馆（图11-2-8）以主体建筑大面积的生土色实体墙及公众文化广场的大面积绿化，反映出“火洲”吐鲁番所在的绿洲特色和当地的建筑特征，建筑形态有利于建筑的节能。博物馆主体建筑入口的室外平台形成新风走廊，创造了较为宜人的室外环境。

图11-2-5　吐鲁番机场航站楼（来源：孙国城 摄）

图11-2-6　喀纳斯机场航站楼（来源：孙国城 摄）

图11-2-7 新疆研科大厦（来源：范欣 提供）

图11-2-8 吐鲁番博物馆（来源：阎新民 提供）

三、建筑创作反映时代精神

建筑反映了一定历史时期的社会政治、经济、文化生活、艺术审美等的特征，镌刻着时代的烙印，在奔流不息的时间长河中，凝固为一个个节点和坐标，延续着历史的记忆。

设计于2005年的新疆机场集团公司天缘酒店一期（图11-2-9）为五星级涉外旅游酒店。由于位于乌鲁木齐国际机场特殊的区域环境中，建筑平面设计以舒展的弧形为母题，协调并弱化了周边呈不同角度和形态的现状建筑间的冲突，巧妙地融入了环境。建筑师以现代语言将地域特色注入设计中，建筑两翼造型富于岩石般的雕塑感，酒店主楼客房外的弧形阳台好似洁白的羽毛，整座建筑犹如展翅的天鹅，优雅、柔和，同时也反映了空港酒店的时代特征。该建筑充分体现了建筑师对环境和地域文化的尊重，诠释了“此时、此地、此建筑”的创作观念。

设计于2000年的新疆体育中心（图11-2-10）在解决如何将地域文化特色与现代体育场馆建筑的功能相结合的方面做出了努力尝试和创新。体育馆屋盖造型的设计立意为“盛开的雪莲花”，也象征着新疆各民族团结之花。高高托起的圣洁花瓣、富于雕塑感的建筑形态，具有时代感和个性，留给人深刻的印象。

四、建筑对话城市

人类超大规模的建筑活动，始于城市。较之传统建筑聚落来说，城市规模更大，人口更众多，各要素之间相互依存、相互联系、相互作用，共同构成了一个内部脉络错综复杂的庞大系统。因此，建筑设计的广义性就显得十分重要，忽视了群体之间的关联，建筑单体的存在是孤立和没有意义的。从这个角度上讲，对话环境和城市，减少建筑对环境和城市的负面影响，其中的重要性远大于彰显建筑个体本身。

建筑主要从以下几方面实现与城市的对话。

（一）对话“传统”，延续城市记忆

建筑是城市的坐标，记录着城市的历史和传承。被人们称为“八楼”的昆仑宾馆（市级文物保护单位）建成于1959年，是当时乌鲁木齐市最高的建筑物。1985年建成并启用了北配楼。2007年又规划建设了南配楼（图11-2-11），于2009年建成投入使用。至此，形成了跨越近半个

图11-2-9　新疆机场集团公司天缘酒店一期（来源：新疆机场集团公司 提供）

图11-2-10　新疆体育中心体育馆（来源：孙国城 提供）

世纪的昆仑宾馆建筑群（图11-2-12）。南、北配楼充分尊重昆仑宾馆主楼，与“传统”和谐对话，延续了城市的历史"记忆。

喀什市中心广场（图11-2-13）通过新建商业建筑与传统建筑的和谐对话，形成了片区整体性风貌特色，同时辐射并联系了广场西侧的两条传统商业街区。广场上供人休憩的台阶以及周边的林荫道（图11-2-14），为市民创造了宜人的公共活动场所空间，漫步的鸽子、穿流的人群，生活气息浓郁，充满了活力。

图11-2-11　昆仑宾馆南配楼与主楼（来源：孙国城 摄）

图11-2-12　昆仑宾馆建筑群（来源：吴嵩 提供）

图11-2-13　喀什市中心广场（来源：范欣 摄）

图11-2-14　喀什市中心广场一侧林荫道（来源：范欣 摄）

（二）对话“环境”，与环境要素之间形成和谐的整体关系

建筑存在的意义不是如何彰显自我的存在，更重要的是如何与城市友好相处，与周围环境建立良性的衔接关系。乌鲁木齐市帅府大厦（设计于2015年，图11-2-15）面临的就是这样的难题。异形的用地、周边复杂的城市道路走向，与现状环境无痕融合是设计的要旨。建筑较好地实现了嵌入环境，不突兀、不冲突，不寻求突出自我，而是以城市整体性作为最终的设计目标。

设计于2000年的新疆环球大酒店会展中心（图11-2-16、图11-2-17）基地地形十分特殊和有限，它处于新疆环球大酒店西北角的三角形用地，且紧邻城市主干道。建筑师提取了环球大酒店的六边形平面肌理，不仅使两座建筑浑然一体、相得益彰，同时创新地设计了浅进深的六边形千人多功能会展大厅，并采用可移动座席，很好地满足了会场声学功能及平时的展览需求。

图11-2-15　乌鲁木齐市帅府大厦鸟瞰效果（来源：范欣 提供）

图11-2-16　会展中心（左）与环球大酒店（来源：范欣 摄）

图11-2-17　环球大酒店会展中心千人会议厅（来源：孙国城 摄）

（三）对话“人”，为城市嵌入新的活态

城市让生活更美好，而缺少了生活的城市是没有生命力的。乌鲁木齐棚户区改造纪念馆坐落于乌鲁木齐市黑甲山棚户区改造片区一个三角形的狭小地块，周边被近30层的高层住宅群包围。建筑总体布局从现状地形和周边环境出发，以建筑围合成半开放的内向型市民公共广场，建筑各入口开向广场，闹中取静，避开了周围高层建筑造成的压抑感和车流干扰，为周边居民创造了邻里交往的活力空间场所，为城市嵌入了活态（图11-2-18）。

图11-2-18 乌鲁木齐棚户区改造纪念馆（来源：范欣 提供）

第三节 总体布局的传统与创新

大部分建筑的选址，建筑师是无权决定的，但是，这并不妨碍我们积极地提出利于城市建设项目选址的合理化建议。至少，在建筑总体规划布局上可以做到充分尊重自然和环境现状，因地制宜，最大限度地降低建筑活动对自然和现状环境造成的负面影响。

一、反映地形和环境特色

地形和环境本身就是一种鲜明的局部地域性特征，建筑契合地形，与环境相融合，是建筑设计的基本原则，但在实践中常会出现一些显而易见的失误。

为了追求政绩、土地经济和房地产利益等，砍伐树木、铲平山丘，逢山开路，遇水架桥、生态环境为人让路，破坏自然的例子屡见不鲜。在具体的项目设计中，我们常常会遇到这样的情况，项目的地形坡差大，甚至呈现典型的山地特征，设计者一方面绞尽脑汁地探索地域性，另一方面却将最基本的地形和环境随意地进行大肆改造，以至于破坏了土地的原有形态格局和平衡，对自然生态造成了干扰。

大自然本身是由许多复杂因素相互作用、相互制约继而循环往复而形成的一种平衡，因此说，城市化进程中的建筑等人工活动在一定程度上都是对大自然的破坏。当然，这并不等于说我们就要因噎废食，如何在规划和建筑活动中将其对自然和环境的负面影响降至最低，是亟需引起重视的问题。

尊重自然环境现状，良好地契合地形，即我们通常所说的“此时、此地、此建筑”，建筑也会因此获得个性和特色。这一特色具有鲜明的客观性属性，与从主观出发打造的特色有着显著的区别，在新疆传统建筑中表现得十分突出。

关于上述总体布局的规划策略，在一些建筑设计实践中得到了充分体现。

（一）建筑通过与山、坡地的竖向嵌入，创造贴合自然地形的新地景

由于地广人稀，新疆的城镇聚居区多选择建设于地势平坦的场地，少有山、坡地。人们习惯了一马平川的辽阔，当遇到山、坡地时，常会削平山头，以挡土墙作为项目用地边界的界定方式，割裂了基地与城市的关系，破坏了城市景观界面的连续性和整体性，也使建筑群或单个建筑成为城市孤岛，反而丧失了难得的场域个性。

在乌鲁木齐棚户区改造纪念馆（设计年代2016年）项目的设计中，建筑师遇到了十分特殊的地形和周边环境条件。

这块位于乌鲁木齐市天山区黑甲山棚户区改造片区的用地，呈不规则三角形。用地西侧、北侧和东侧与城市道路相邻，南侧为住宅小区和现状清真寺，地势东高西低，东西地形高差达5米。建筑设计充分结合用地地形，沿用地边界曲尺形布局，围合成内向性室外广场。建筑外围的室外场地设计标高完全顺应城市道路，除东侧的建筑入口外，其他建筑入口均开向广场。利用建筑实体巧妙地衔接和过渡了中心广场与城市道路及相邻用地之间的高差，使建筑实现了与现状环境的无缝贴合。变不利地形为个性特色，创造了充满活力和趣味性的城市共享空间（图11-3-1）。原本十分不利的地形条件反而造就了突出的个性特色，建筑被环境接纳，成为了新地景（图11-3-2）。

乌鲁木齐康普空中花园（设计年代2003年）位于乌鲁木齐东大梁的一个狭长、坡度变化很大的地段。东西高差30米，南北向是30°~40°的山坡。因此以“空中花园”作为设计主题，规划布局充分利用地形条件，贴合在山体上，形成了非常有特色的山地地域建筑景观（图11-3-3）。

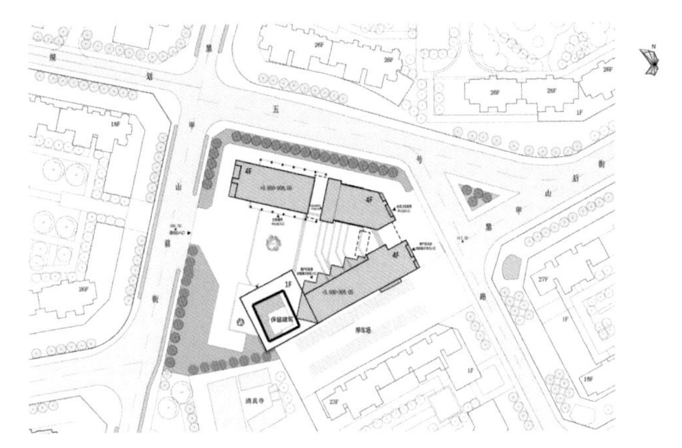

图11-3-1　乌鲁木齐棚户区改造纪念馆总平面图（来源：谷圣浩 绘）

图11-3-2　乌鲁木齐棚户区改造纪念馆鸟瞰图（来源：范欣 提供）

图11-3-3 乌鲁木齐康普空中花园效果图（来源：王小东 提供）

（二）建筑与异形平面的地形相融合，友好地对话环境

在城市建设中，常常会由于土地权属的历史原因，或是城市规划、市政管线等因素，形成异形平面的建设用地。这一类的用地，不仅令项目业主头痛不已，也给建筑师出了很大的难题。利用不好，建筑内部空间多异形，不周正，面积利用率低；反之，如果善加利用，则是很难得的特色条件。因此，设计初始深入分析地形，找准切入点是第一要务。

位于乌鲁木齐市高新区北区工业园的新疆研科大厦（设计年代2015年）项目基地北侧和东侧与城市道路相邻，呈直角三角形，东侧锐角不足30°，加之城市上位规划要求的建筑退界，使原本就不大的用地更显局促，项目业主几欲放弃这块用地。建筑师认为，建筑应该首先尊重自然、环境和人，不喧嚣，不张扬，不炫耀，应与环境友好。设计将“天地人·合”作为主题，蕴含了中国传统的“天人合一”的哲学思想，设计主题“天地人·合”中的“地”，就体现了建筑设计充分契合用地地形和场势，与周边环境和谐呼应。九层的办公主楼呈梯形布局于基地西侧，面向城市道路交叉口形成迎势。三层的实验楼布置于场地东侧。整个建筑群形态张弛有度、舒展平衡，外部空间活跃生动，具有趣味性和丰富的景观层次。直角三角形的用地，看似不利，但通过建筑师的巧妙利用，加上新中式的建筑演绎，反而彰显出建筑独特的气质和个性（图11-3-4~图11-3-6）。

图11-3-4 新疆研科大厦正面效果图（来源：范欣 提供）

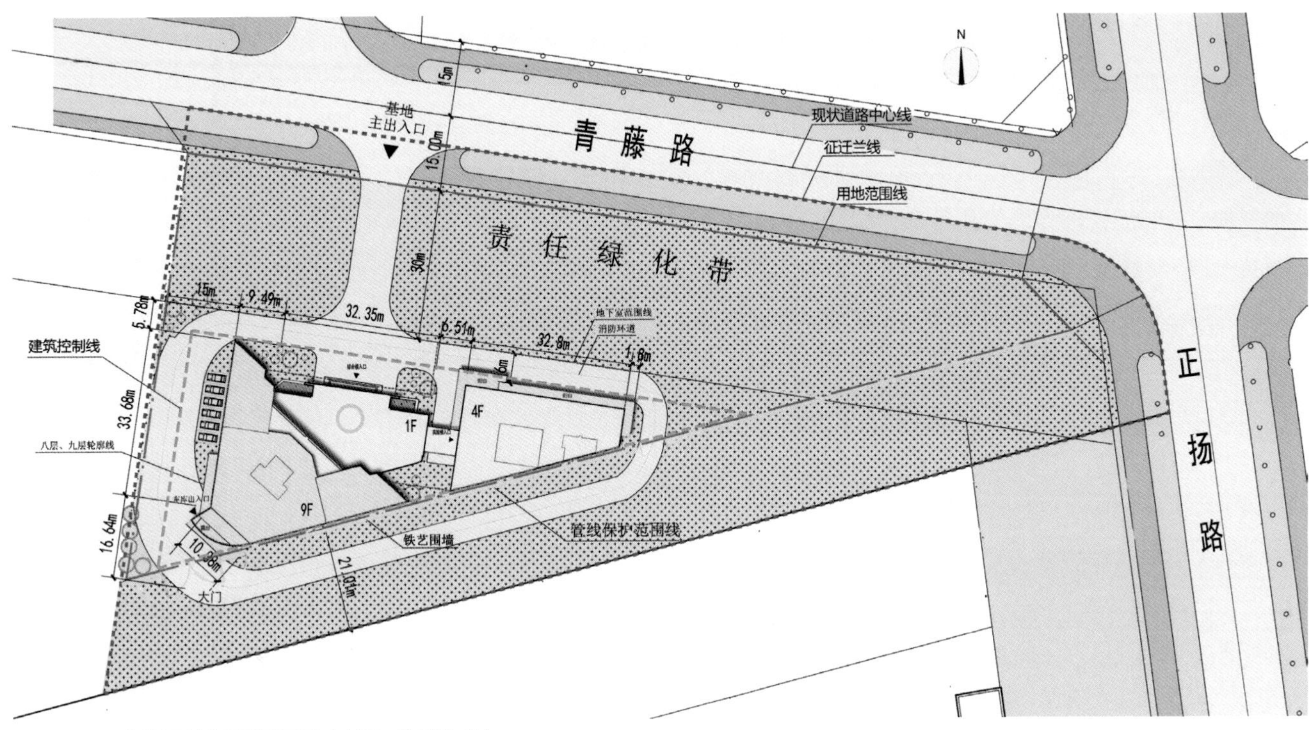

图11-3-5　新疆研科大厦总平面图（来源：谷圣浩 绘）

图11-3-6　新疆研科大厦鸟瞰效果图（来源：范欣 提供）

二、利用自然生态景观形成特色

新疆气候干燥，降水量远小于蒸发量，属于缺水地区，加之冬季漫长，树木生长较慢。如果说，自然植被是新疆人民的保护神，一点也不为过。特别是在南疆地区多风沙，自然植被有利于防护风沙和固土固沙。植物在夏季可以降温调湿，又可美化环境，树荫下凉爽舒适。因此在新疆自然植被十分珍贵，开发建设中应善加保护。

再者，自然生态景观本身也是城市的地域特色所在，是构成城市形态的要素，和建筑一样，是城市的基因和记忆，延续着城市居民的情感。设计时需要深入分析建筑所处的自然基地特征，对自然植被、水体等珍贵的生态资源善加保护，并加以精心组织和利用。在城市化推进的进程中，无法逆转的毁灭性开发建设方式，应引以为戒。

设计于2003年的新疆迎宾馆9号楼项目所处地段背靠山丘，地形狭长，用地内有不少古树散落。建筑师多次尝试各种建筑布局方案，不是因为客房朝向不妥、布局太分散，便是视野不佳或砍古树太多，均被否定。经对古树位置详细测量后，方案最大限度地保留了古树，建筑很好地融入了自然环境（图11-3-7），同时利用南向空地和已有水系，开挖小面积人工水面。透明的酒店大堂，前后透绿。透过屋顶天窗，可一览蓝天。大堂中潺潺流水，生机盎然。

随着时代的发展，城镇居民对生活品质的诉求日益提高，很多老旧住区房屋存在抗震安全隐患和市政设施不完善等问题，加之危旧住房年久失修，已不能适应居民的生活基本要求。各地政府通过棚户区改造的民心工程，极大改善了百姓的生活居住条件。但是，在具体实施过程中，对于延续城市历史、保留城市记忆以及保护现状植被等问题的重要性和必要性往往认识不足，在生态保护和人文关怀方面的意识亟需加强。

图11-3-7 新疆迎宾馆9号楼外观（来源：孙国城 摄）

位于新疆历史文化名城乌什县中心城区的英买里社区，由于房屋老旧，市政设施（如上下水、燃气等）十分缺乏，生活条件亟待改善，被列为棚户区改造的范围。英买里社区内多树木，主要有桑、榆、白杨、柳、杏、梨、无花果、葡萄等，枝叶丰茂舒展。通过对现场详细踏勘，约有60多棵树为30厘米及以上胸径，最大胸径约为1.2 米；有数株植于民居院落中的葡萄藤蔓居然有碗口粗细，十分罕见。这些树木形态自然优美，非常具有保留价值。它们有的伫立于街巷转角，有的紧偎院墙，甚至与院墙长为一体，有的则从院落中远远探出，在街巷两侧的白色院墙上投下树影斑驳。人行其间，惬意非常。建筑、树木彼此交融，情景十分动人（图11-3-8～图11-3-10）。拆迁任务在即，经过挽救性的现场详细踏勘后，建筑师提出了保留着60余棵现状树木的建议，并绘制了拟保留的树木总平面图。非常幸运，该建议得到了当地政府的支持。在一周后的拆迁中这些树木避免了夷为平地的命运，终得以保留（图11-3-11）。建筑师在此规划设计了地域性体验商业街区——英买里时光（设计年代2017年），意在留存此地的历史记忆。建筑师放弃了最初的总体平面方案，根据这60余棵树木的位置，重新将建筑巧妙地穿插其间进行布局，不仅使自然植被得以保护，同时通过建筑与树木的相互掩映，延续了片区的记忆，创造了自然、融合、优美的整体空间环境（图11-3-12）。这样的空间环境，是百姓十分熟悉并且喜闻乐见的。

图11-3-8　树与墙相互依偎（来源：范欣 摄）

图11-3-9　探出院落的树（来源：范欣 摄）

图11-3-10　树与院墙长成一体（来源：范欣 摄）

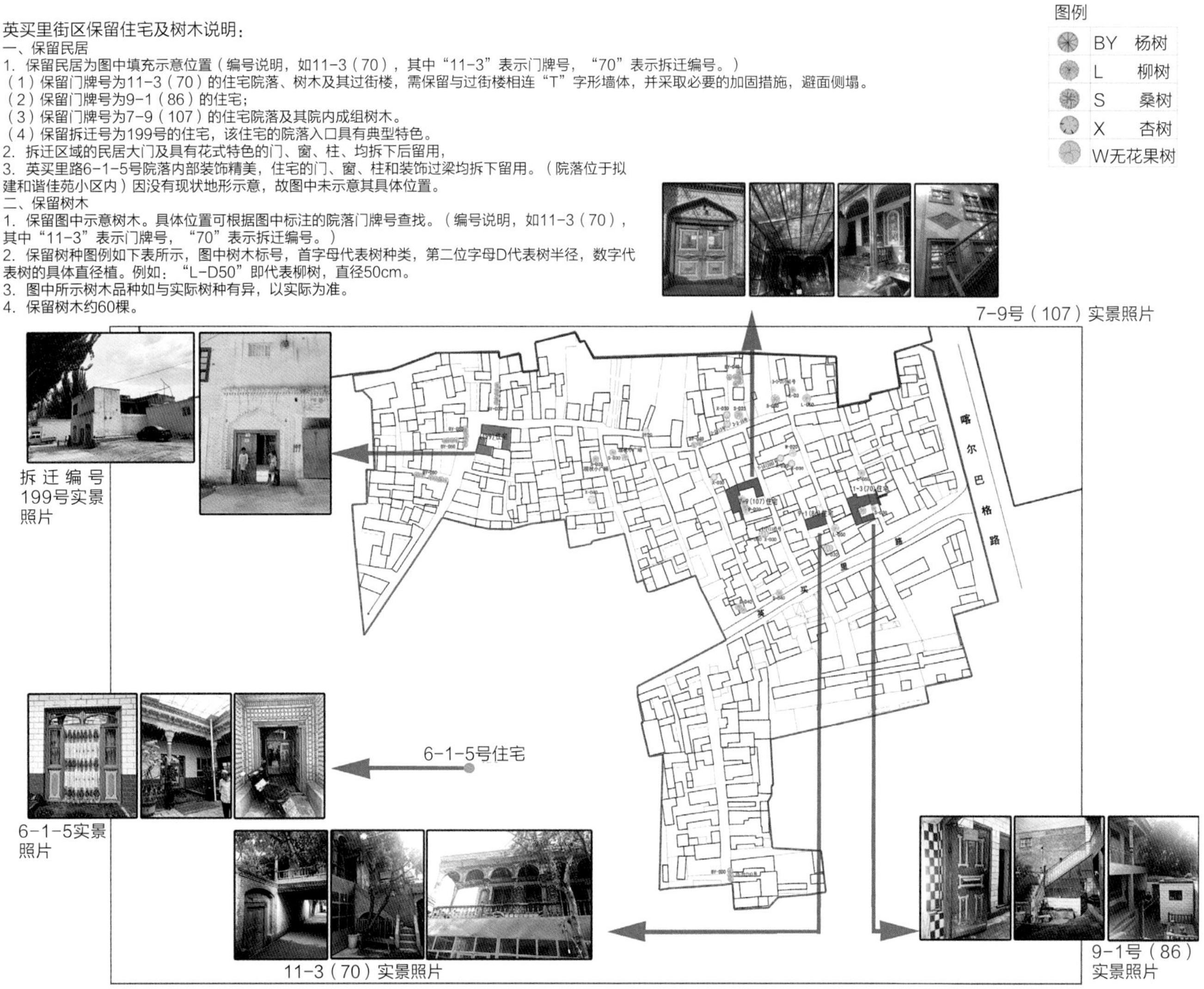

英买里街区保留住宅及树木说明：
一、保留民居
1. 保留民居为图中填充示意位置（编号说明，如11-3（70），其中“11-3”表示门牌号，“70”表示拆迁编号。）
（1）保留门牌号为11-3（70）的住宅院落、树木及其过街楼，需保留与过街楼相连“T”字形墙体，并采取必要的加固措施，避面侧塌。
（2）保留门牌号为9-1（86）的住宅；
（3）保留门牌号为7-9（107）的住宅院落及其院内成组树木。
（4）保留拆迁号为199号的住宅，该住宅的院落入口具有典型特色。
2. 拆迁区域的民居大门及具有花式特色的门、窗、柱、均拆下后留用，
3. 英买里路6-1-5号院落内部装饰精美，住宅的门、窗、柱和装饰过梁均拆下留用。（院落位于拟建和谐佳苑小区内）因没有现状地形示意，故图中未示意其具体位置。
二、保留树木
1. 保留图中示意树木。具体位置可根据图中标注的院落门牌号查找。（编号说明，如11-3（70），其中“11-3”表示门牌号，“70”表示拆迁编号。）
2. 保留树种图例如下表所示，图中树木标号，首字母代表树种类，第二位字母D代表树半径，数字代表树的具体直径植。例如：“L-D50”即代表柳树，直径50cm。
3. 图中所示树木品种如与实际树种有异，以实际为准。
4. 保留树木约60棵。
图例
BY 杨树
L 柳树
S 桑树
X 杏树
W无花果树
7-9号（107）实景照片
拆迁编号199号实景照片
喀尔巴格路
6-1-5号住宅
6-1-5实景照片
11-3（70）实景照片
9-1号（86）实景照片

图11-3-11 英买里保留树木及保留传统民居示意图（来源：杜鹃 绘）

2017年7月3日 第一轮概念方案
2017年8月3日 第二轮概念方案

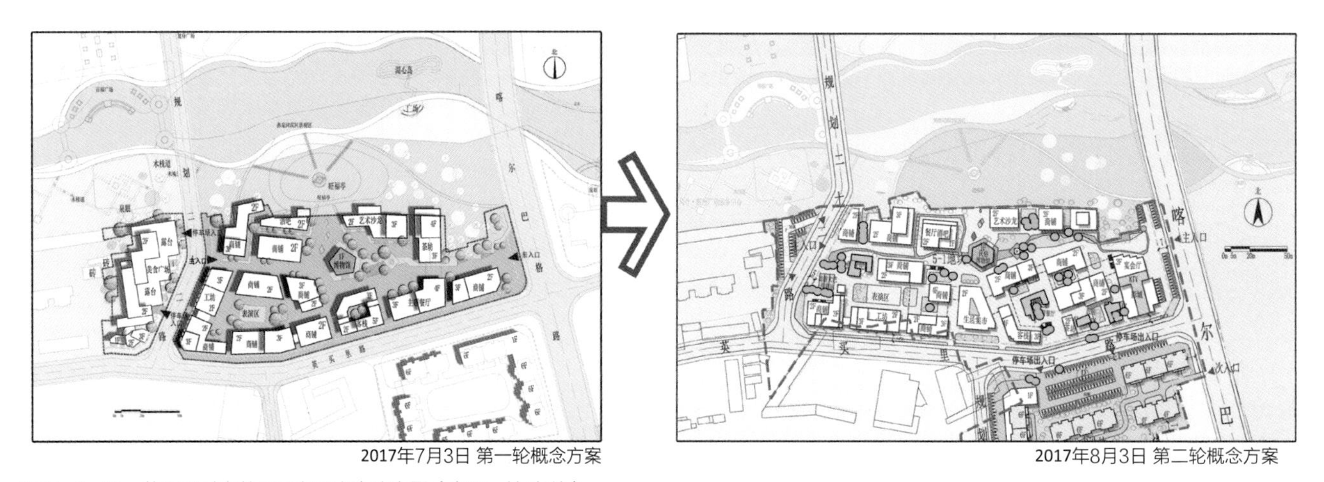

图11-3-12 英买里时光总平面布局方案演变图（来源：杜鹃 绘）

第四节　建筑空间组织及营造的传承与创新

人们往往被新疆传统建筑绚丽的外表所吸引，而因此忽视了一点，那就是建筑空间才是新疆传统建筑中的精髓和灵魂，也是新疆劳动人民最具创造性的智慧所在。

新疆传统建筑的空间组织无不与“自然环境、气候、人”息息相关，人们总是想方设法营造更加适应气候、宜居的室内外空间，同时不断追求美，尽可能呵护自然，美化自己生活的环境。

一、建筑样态呈现地方气候的自然特征

新疆的冬季和夏季呈两极气候，冬季漫长干冷，夏季干热，这种气候的极端和多变的特点，使得气候适应性常被作为建筑设计考虑的首要因素，既要满足人使用的舒适、健康的诉求，又要兼顾到节能，是新疆建筑师必须要面对的地域性问题。

建筑师总是为如何使设计更具地域特色而绞尽脑汁，实际上，冬季需要保温，而夏季又需要隔热，体形紧凑、实墙小窗是最适宜的建筑形式。这样的建筑形式从气候出发，本身就会呈现出鲜明的地域特色，并不一定非要贴上某些固化的符号。在新千年后的新疆地域建筑传承与创新实践中不乏这样的典型案例。

喀纳斯机场航站楼（设计年代2006年）位于距阿勒泰地区喀纳斯景区60公里的海流滩，用地平坦。在这里修建现代化的航空港可以减少对喀纳斯景区的破坏，但仍要尽量减少对海流滩当地自然环境的干扰。阿勒泰地区气候严寒多雪，建筑设计结合这一气候特点，将航站楼与航管楼合二为一，充分利用航站楼高大空间中的安检、值机等功能用房的上部多余空间，使建筑更为紧凑，既利于节能，也使建筑外部形态更加丰富。建筑立面设计采用喀纳斯图瓦人传统木屋的形式。外墙外饰以淡黄色和浅灰色仿石漆结合细横条，源自当地传统建筑中的圆木墙横向肌理。45°的陡坡屋顶借鉴了图瓦人的传统井干式木屋的屋顶形式，主要是为了减少冬季屋面的积雪。桔红色的坡屋顶在草原、青山、白云的衬托下，既融入了环境，又为环境增添了亮丽的色彩（图11-4-1）。建筑的坡屋顶上开设有天窗，不仅充分利用了自然采

图11-4-1　喀纳斯机场航站楼2011年扩建后空侧全景（来源：孙国城 摄）

光，而且将头顶上方的蓝天白云尽收眼底（图11-4-2）。

设计于2009年的吐鲁番机场航站楼同样也将应对自然气候作为设计切入点。吐鲁番地处盆地，全年高于40℃的酷热天数平均为28天，年降水量仅有16.9毫米，风大，最大瞬间风速达40米/秒。航站楼建筑设计按照生态的原则，将夏季隔热作为设计重点。建筑结构型式采用更能适应吐鲁番温度变化的混凝土框架结构。外墙体大部分外挂有透空图案的石材幕墙，大部分屋顶设置了通风隔热的架空屋面。由于建筑本体采用了大面积遮掩、隔热的措施，有效减少了夏天酷日的热辐射，创造了冬暖夏凉的建筑室内热环境，降低了夏季空调和冬季采暖的费用。建筑外围护均选择当地常用的传统材料，有效应对了“飞沙走石”的气候以及狂风的破坏，将维护成本降至最低。航站楼的建筑形象运用了当地元素，并未采用当前众多机场普遍出现的飘逸、飞翔等固化模式。浑厚又不乏细部，在传统建筑的基础上有所创新，同时体现了现代建筑特征（图11-4-3、图11-4-4）。

设计于2014年的克拉玛依南部商业区万兴商业中心的建筑，较好地体现了对冬季严寒、夏季干热、多风的当地气候之应对。建筑外围护以实墙配合窄高窗，既结合了现代商业建筑的要求，又传承了新疆传统建筑大面实墙辅以小窗洞的特点，呈现出地方气候下的自然特征。同时，建筑风格简约时尚，富于活力，营造了浓郁的商业氛围（图11-4-5）。值得一提的是，该建筑在传统建筑空间形态方面的传承与创新。建筑一至三层为商业空间，四至五层为公寓、快捷酒

图11-4-2　喀纳斯机场航站楼室内天窗（来源：孙国城 摄）

图11-4-3　吐鲁番机场航站楼陆侧近景（来源：孙国城 摄）

图11-4-4　吐鲁番机场航站楼正面效果（来源：孙国城 摄）

图11-4-5　克拉玛依万兴商业中心外观效果图（来源：范欣 提供）

店。项目基地呈平行四边形，由于规划限高，建筑师大胆摒弃一般的主楼加裙楼的设计方式，将四至五层的公寓和快捷酒店部分以两个对扣的“L”形体块沿周边围合布置，使建筑成为紧凑的整体。不仅非常利于节能，同时也在三层屋面形成了一个内向性的庭院，冬季可避开西北风的侵扰，夏季通过南、北缺口获得自然流动的室外风，为四至五层的使用者提供了舒适宜人的室外公共交流与休闲的场所，这一空间最初的设计灵感来源于新疆传统民居的庭院（图11-4-6）。

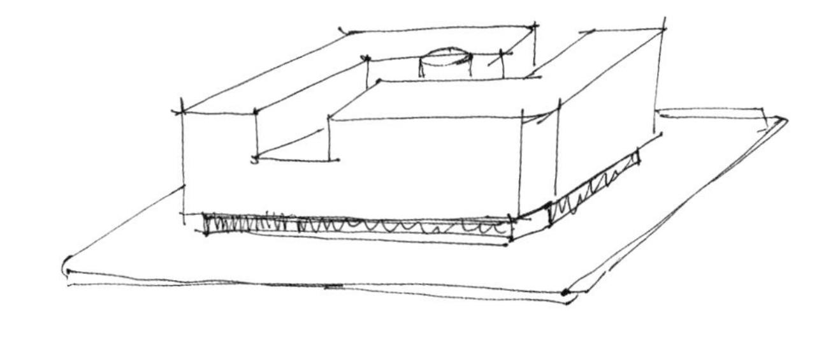
图11-4-6　克拉玛依万兴商业中心方案草图（来源：范欣 绘）

二、创造宜居的建筑室内空间环境

在新疆冬季严寒、寒冷以及夏季干热的独特气候下，不仅冬季需要保温，减少建筑物室内热量的散失，引入有益的太阳辐射热量，同时，还要兼顾夏季的隔热和遮阳，减少阳光直射导致室内空调电耗的增加。与南方多雨地区的潮湿不同，新疆全年空气干燥，如果增加空气湿度则有利于改善室内环境的舒适性。

新疆研科大厦（设计年代2015年）在设计之初，即以二星级绿色建筑作为生态设计目标。其最为突出的生态策略亮点是：充分结合地方气候特点，通过因地制宜地采用简单易行、生态效果好的建筑设计，从而达到室内环境质量的目标，而不是以附加昂贵的高科技手段为主。建筑师巧妙地将艺术和技术相结合，创造了宜人、富有中国韵味的活力空间。建筑主入口大厅设计为“没有冬季的庭院”——四季厅，充分利用南向局部玻璃幕墙引入阳光，而北向的主入口侧处理为实墙为主的中国传统园林式景墙。四季厅内种植植物，既可调节室内空气湿度，也利于降低夏季的室内温度，有效减少了空调的电耗。四季厅室内景观充分体现了中国古典园林的韵致（图11-4-7）。四季厅正中地面正方形铺装

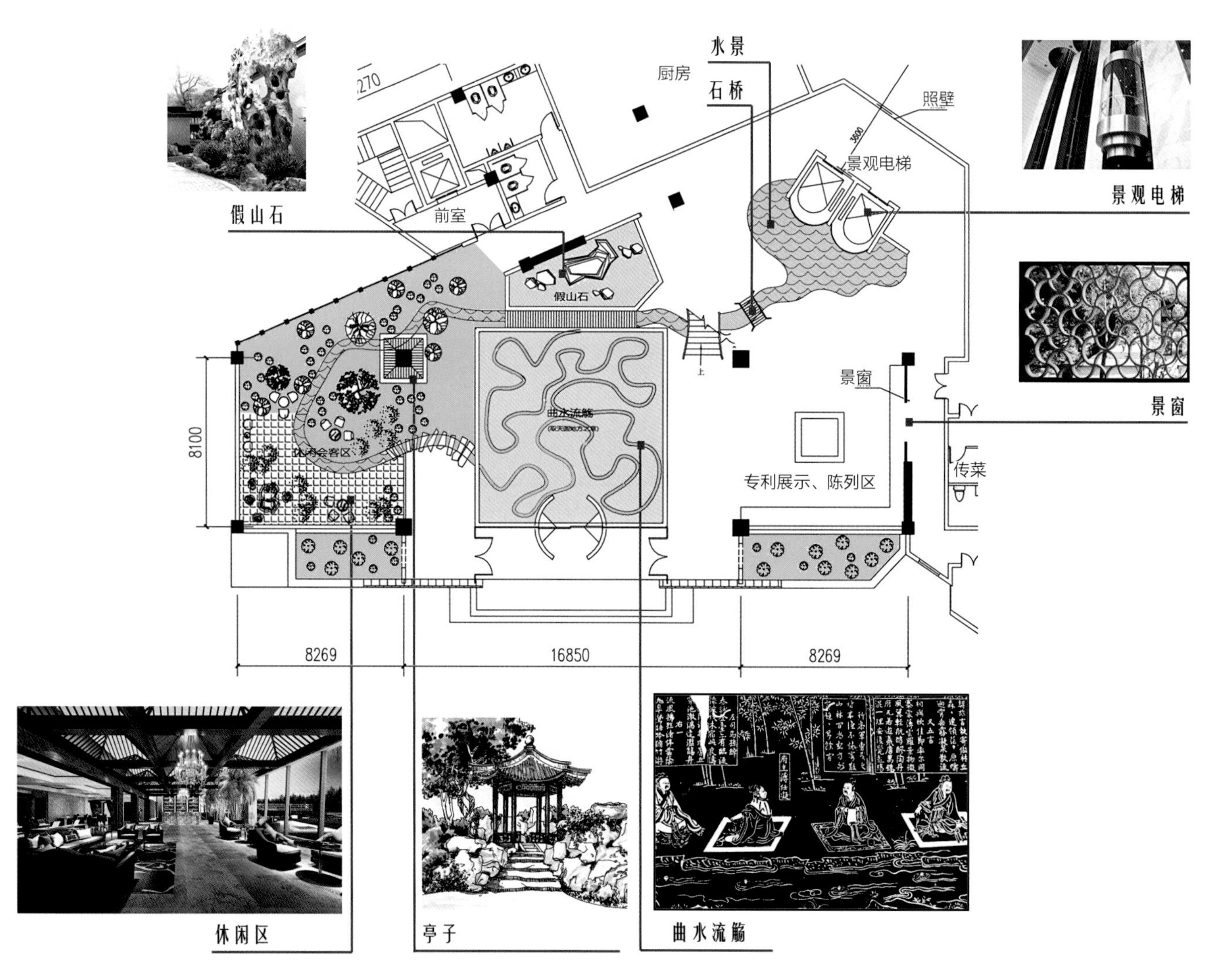

图11-4-7 新疆研科大厦四季厅平面图（来源：范欣、谷圣浩 绘）

内“曲水流觞”，寓意吉祥如意。王羲之《兰亭集序》云：“此地有崇山峻岭，茂林修竹，又有清流激湍，映带左右，引以为流觞曲水，列坐其次，虽无丝竹管弦之盛，觞一咏，亦足以畅叙幽情。”四季厅为来访的客人提供了商业洽谈和畅叙友情的幽静雅致场所。夏日，四季厅内蜿蜒的流水为室内带来阵阵凉意，对增加室内空气湿度也起到了辅助作用。

阳光，在新疆是非常宝贵的自然资源，人们喜欢拥抱阳光，偏爱朝阳的房间。新疆研科大厦九层主楼建筑的主要功能房间全部可以照到阳光，有利于提升室内环境的卫生品质。建筑师在主楼的四至六层、七至八层各设计了一个生态中庭，种植绿植，调节室内小气候，为员工营造了环境优美、舒适宜人的公共休憩、交流空间，提升室内环境品质的同时也有利于激发员工的创造力（图11-4-8）。

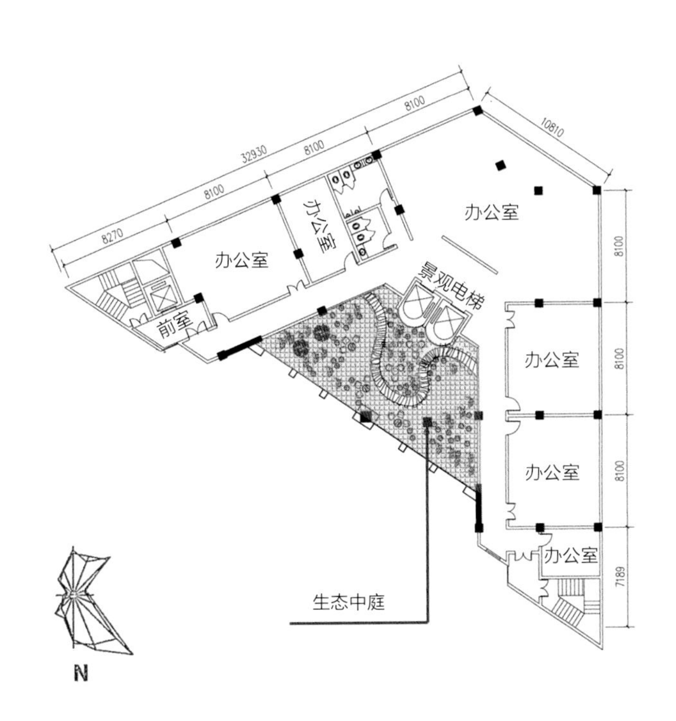

图11-4-8 新疆研科大厦主楼生态中庭平面图
（来源：范欣、谷圣浩 绘）

三、规划格局延续传统脉络

新疆的传统建筑聚落看似自由随意，实际上具有十分有机的整体秩序性和相互关联性，呈现较高的集聚度，从传统建筑聚落中我们可以得到诸多启示。

（一）建筑空间形态设计遵循聚落整体性和关联性的原则

1. 建筑设计及其相关空间环境的形成，不但在于成就自身的完整性，而且在于其是否能对所在地段产生积极的环境影响。

2. 注重建筑物与相邻建筑物之间关系的处理，建筑内外部空间、交通流线、人流活动区域和公共区域（如街巷、广场等）景观界面等，均应与特定的地段环境及历史文脉呼应协调。

3. 什么是完美的建筑物？建筑设计不应唯我独尊，而应与周边的环境或街景共同构成整体的环境特色。城市建筑的空间形态应是“多样复合”和“有机秩序”的统一。

（二）建筑聚落的地域特色发展的技术策略

1. 坚持地域特色的发展路线，提取传统聚落及空间的肌理和要素，加强建筑聚落的地域性特征以及空间肌理的有机性和艺术表现力。

新疆传统建筑聚落的构成方法和艺术手法独到，通过建筑聚落紧凑有致的关联性，形成完整的建筑聚落风貌。在呼应协调中又有所变化，以避免建筑千篇一律、过度趋同而造成建筑聚落景观的单调和识别性丧失。

2. 地域文化的传承不是简单的复制传统和复古，是“魂”的表达，而非“形”的模仿。建筑空间的设计应与时代生活紧密关联。

3. 街巷格局和空间布局肌理保持较高的集聚度，街道宽度和建筑高度、面宽的尺度宜人，避免过度空旷或压抑。

4. 建筑物及其基地的内外部空间、交通流线、人流活动区域和公共区域（如街巷、广场等）景观界面等，均应与所在地段的环境及周边的建筑物相协调，并适当反映历史文脉的延续。

5. 建筑物与环境之间应是嵌入和相互融合的关系，避免规划、建筑、景观等的“背靠背”设计，须加强沟通和协调，统一风格，实现无痕衔接。

上述建筑聚落的地域特色发展的原则和技术策略在新疆历史文化名城乌什县的地域性体验商业街区——英买里时光（设计年代2017年）项目中得到了充分的体现。建筑师提取了项目用地所处的英买里住区的传统聚落肌理（图11-4-9），设计注入了现代生活空间的特征（图11-4-10）。同时，从传统街巷与建筑界面的尺度关系中获得空间灵感，空间尺度宁静、亲切，视觉上有紧凑感，建筑聚落具有较强的集聚度，创造了百姓熟悉的空间，延续了历史记忆，体现了建筑聚落的持续生长性。

图11-4-9 英买里街区传统建筑聚落肌理（来源：杜鹃 绘）

图11-4-10 新设计的英买里时光的建筑聚落肌理（来源：杜鹃 绘）

四、以公共空间激活城市活力

（一）生活让城市更美好，百姓生活是城市的活力之源

“以人为本”不是个新话题，近年国家提出建设“宜居城市”，其实就是要体现对普通人的关怀。在城市这个“舞台”上，谁是城市的主角？决策者？开发商？都不是，普通居民才是真正的主角。追求现代文明和城市美感，如果无视老百姓的生活状态，那样的美是苍白的。Civilization（文明）的词根civil的释义为“市民的、文化的、与市民相关的”，城市建设和现代文明离不开对普通市民生活的尊重和关注。

城市中大大小小的广场和宽窄各异的街道是最为典型的公共空间，承载着市民的生活，释放着城市的活力。

居民生活活动与城市空间能否形成有机的互动，是创造良好的城市活力空间形态的必要因素，这在新疆传统建筑聚落中有很多可借鉴的实例，例如南疆的“地毯式”传统街坊中的公共空间就非常有代表性。当然，单纯的模仿和复制传统街区中的公共空间并不可取，应在人文、艺术、技术等各层面有所提升和创新，适应当代人口规模、城市化现状和发展，满足百姓的生活诉求。

（二）公共空间的传承和规划设计策略

1. 重视历史文化脉络的延续，尊重百姓的情感记忆。处理好新旧建筑的空间对话关系，与周边建筑和环境的呼应协调，使区域空间具有整体性。

2. 公共空间的功能和主题相对明确，同时体现功能的包容性和多元性，将艺术性、娱乐性和休闲性等兼容并蓄。

3. 公共空间的规模和尺度，除了与其功能结合外，要与周边建筑和环境的尺度相协调，体现对人们精神和心理的关怀，营造愉悦、轻松的氛围。

4. 公共空间的核心是公众共享，应保持开放性、可达性和安全性，以及与周边建筑及城市设施在使用上的连续性。

上述四条策略相互关联，在具体的建筑设计中需要综合运用、兼修并蓄，彼此间不能割裂开来。

乌鲁木齐棚户区改造纪念馆（设计年代2016年）是一个十分特殊的项目，三角形的基地周圈被城市道路以及二十六、二十七层的高层安置住宅所包围，空间压抑、缺乏安全感。建筑师深度关切片区百姓的公共生活空间和心灵感受，通过建筑的围合处理，创造了一个闹中取静、外闭内空的室外公共活动空间。建筑设计的核心灵魂是为百姓创造一个能够交流、交往、放松身心的城市共享空间——半开放、半围合的中心广场。其设计灵感源自新疆传统民居庭院空间，并在其基础上结合现代生活和时代发展进一步创新。中心广场为人们提供了全步行的安全区域，作为百姓日常交流交往的公共活动场所。在东侧和北侧通过建筑底层架空的过街步行通道，连接城市道路和广场。充分利用东西现状的5米高差，在广场上设置宽大的折线形台阶，活化了空间，使之更具趣味性，人们可以坐于台阶上休憩、谈心，放松身心。建筑师将“开放、共享、安全”作为设计基本要素，广场与建筑的空间尺度、比例处理得当，十分宜人，充分体现了“服务于民”的设计主旨，使建筑更具生命力和活力（图11-4-11）。

同样地处棚户区改造片区的新疆历史文化名城乌什县地域性体验商业街区——英买里时光（设计年代2017年）项目的基地在拆除前是英买里传统住区，聚落、街巷、建筑与庭院呈现南疆典型的密集型布局，充满浓厚的生活氛围和人文气息。建筑师在重新规划设计时，将其定位为地域性体验商业街区，

图11-4-11　乌鲁木齐棚户区改造纪念馆鸟瞰图（来源：范欣 提供）

项目以“英买里时光”命名，希望尽可能保留这里的历史记忆，留住那些温暖的时光。在原有公共空间（图11-4-12）的位置设计了文化广场，广场以小型的民俗博物馆为中心，建筑周圈设浅水池，池边可作为座凳。围绕广场的建筑较博物馆高起，营造了向心性聚合的空间群落和百姓所熟悉的传统公共交往空间。同时由于保留了原有的树木，人们会自然联想起曾经的记忆，从而产生强烈的归属感和认同感。另外，利用建筑的围合设计了具有浓郁地方传统特色的手工艺表演区，以文化活态呈现活的历史、真的生活，焕发传统文化的生命力。同时建筑师结合保留树木和建筑群体组合，设计了各种不同尺度、功能和多元主题的公共活动共享空间，将艺术性、娱乐性和休闲性巧妙地融合在一起（图11-4-13）。

图11-4-12　乌什县英买里传统建筑聚落中的公共空间（来源：范欣 摄）

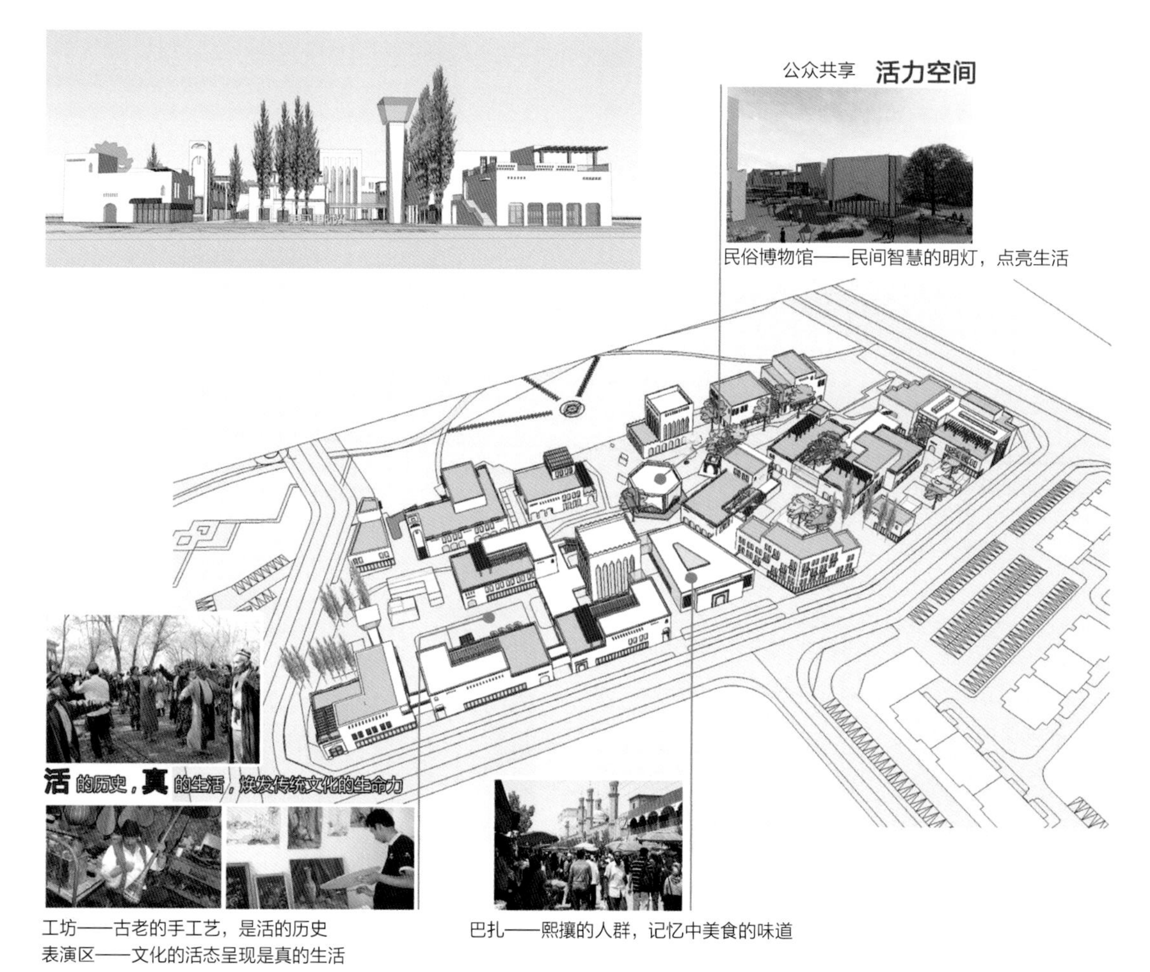

图11-4-13　新设计的乌什县地域性体验商业街区——英买里时光的多样性公共空间塑造（来源：杜鹃 绘）

五、建筑空间的传承、延续和创新

空间，是新疆传统建筑的“魂”。同时，新疆传统建筑的空间是整体性的群体关系，单个建筑须依托群体而存在，以简单方正的几何体块，通过高与低、虚与实、前与后、大与小、光与影以及相互穿插、彼此过渡等方式，创造出丰富多变的群体空间形态。

对建筑空间的传承应立足时代，在继承的基础上予以发扬和创新。新疆传统建筑空间的传承、延续和创新方面的设计策略主要体现在三个方面：其一，重视建筑群体空间关系，从传统建筑聚落肌理中汲取特色；其二，在整体风貌协调的基础上，通过建筑空间组合和光影取得丰富的变化，表现干热气候下的地域建筑特色；其三，融入时代诉求，将时代性和地域性相结合，赋予传统建筑空间以新生。

2000年后，随着新疆的旅游业发展，在传统建筑空间的传承、延续和创新方面涌现了一些优秀的案例。

坐落于新疆首府乌鲁木齐市二道桥片区的新疆国际大巴扎（设计年代2002年），建筑群落充分体现了地域风俗和人文特征，反映了鲜明的地域特色，其建筑空间形态源于新疆传统建筑。大巴扎由两座商业楼、一座餐饮娱乐中心、一座拆迁返还的清真寺和一座景观塔组成（图11-4-14、图11-4-15）。商业楼主要为巴扎（意为“集市、市场”）的摊位式商铺，大部分沿街商铺面向人行道开门。两座商业楼之间和商业楼二层设计了半露天巴扎（图11-4-16）。另外，新疆国际大巴扎还设有一个能容纳上千人的广场供文艺演出使用（图11-4-17），广场中布置雕塑、喷水池、草地、花池，屋顶上种植绿化。那种人头攒动、商品琳琅满目、叫卖风趣等的独特传统经商方式，灌注于二道桥国际大巴扎的每一个空间，淋漓尽致地显露了地域特色。建筑设计遵循了新疆传统建筑的空间组合特点，以简单的几何形体组合出丰富多变的空间，建筑体块错落有致，光影效果明显，雕塑感很强。

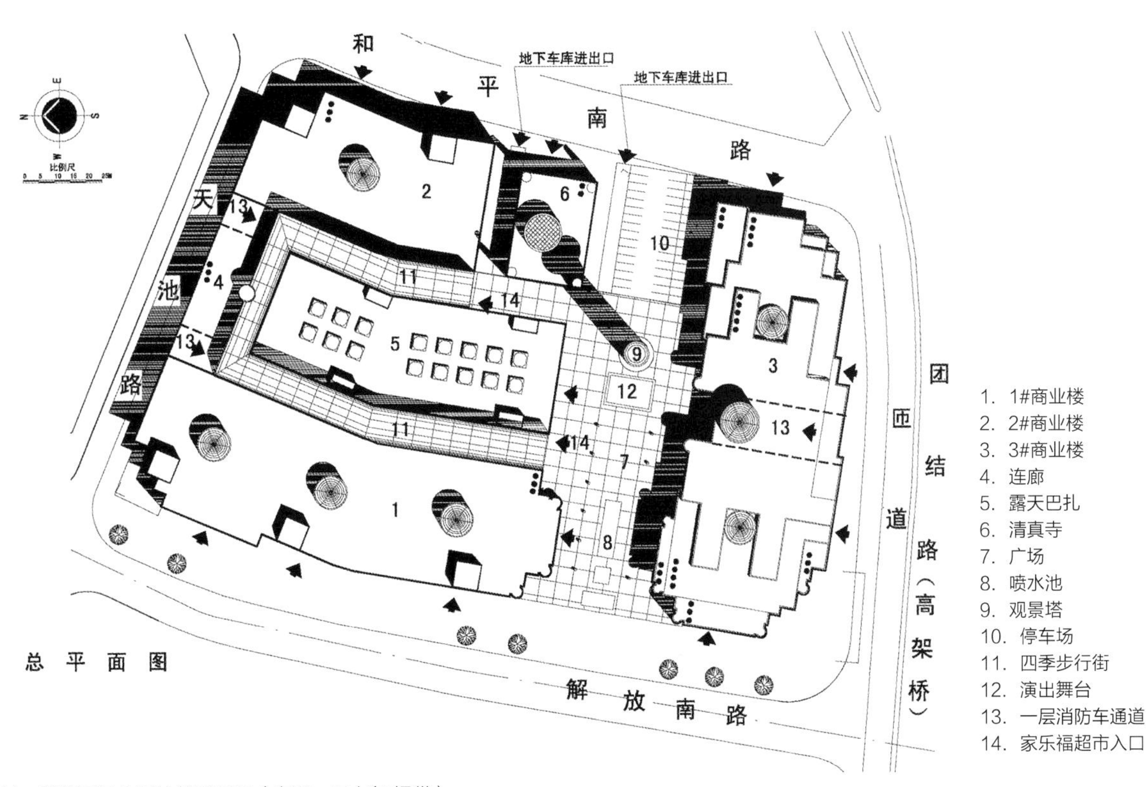

图11-4-14　新疆国际大巴扎总平面图（来源：王小东 提供）

图11-4-15　新疆国际大巴扎夜景（来源：王小东 提供）

图11-4-16　新疆国际大巴扎步行街（来源：王小东 提供）

图11-4-17　新疆国际大巴扎演艺广场（来源：王小东 提供）

喀什吐曼河休闲度假中心（设计年代2008年）是喀什市最大的休闲度假中心，汇集了160米高的观光塔、青年馆舍、商饮建筑群、中亚国际巴扎、演艺剧场、美术馆、博物馆、行政管理楼以及广场、大型停车场、水面、绿地园林等齐全的各类建筑与设施（图11-4-18）。由于项目位于市中心，毗邻老城区和高台民居，建筑空间的构建应该和老城区的道路及建筑布局血脉相连，规划设计尽量形成从老城区繁殖、延续而成的关系。这是对喀什传统文化的尊重，也是形成休闲度假中心特色的重要基因。喀什传统民居充分利用地形，因地制宜，空间跟着功能走，形体自由、光影丰富，细部处理生活气氛浓郁，既有统一的风格，又有各自的特色。尤其街巷曲折变化和家家户户的内庭院，精彩动人。这些形成城市和建筑的原理，也是当代建筑理念所推崇的。只是由于受历史条件的制约，在建筑结构、材料、设备等方面落后了，而且也无法满足现今不断增长与变化的需求。建筑师运用现代的技术材料，结合功能需求和优秀传统理念，尊重历史和文脉，创造出新生的“喀什的建筑”，赋予了传统建筑空间以新的生命（图11-4-19）。

历史悠久的和田是举世闻名的玉石之乡，各种文化在此交融碰撞，和田玉都大巴扎（设计年代2015年）在建筑创作中没有表现特定的符号与装饰，而是用丰富的建筑空间、光影以及具有地域特色的材质和肌理表现整个建筑群，尤其是室内外公共空间的设计突出反映了传统空间的延续和时代的需求，较成功地营造了商业活力氛围。建筑设计风格将现代性和地域性相结合，创造了既现代又明显有地域特色的大巴扎建筑群，30多幢建筑在空间整体风格的统一中寻求变化，形成了具有魅力和震撼力的建筑群（图11-4-20）。“阿以旺”是南疆尤其是和田地区建筑的最大特色，防风沙的同时，又起到了自然通风采光和空间联系的作用，所以在设计中广泛运用了中厅、高侧窗采光通风的绿色手段，未采用昂贵的机械式排风设施。结合商业建筑大空间的特点还增加了部分大玻璃采光窗。出屋面的楼梯间兼顾了夏季通风的作用。使得“阿以旺”这种传统的建筑空间获得新的生命力，同时赋予了建筑浓厚的地域特色。

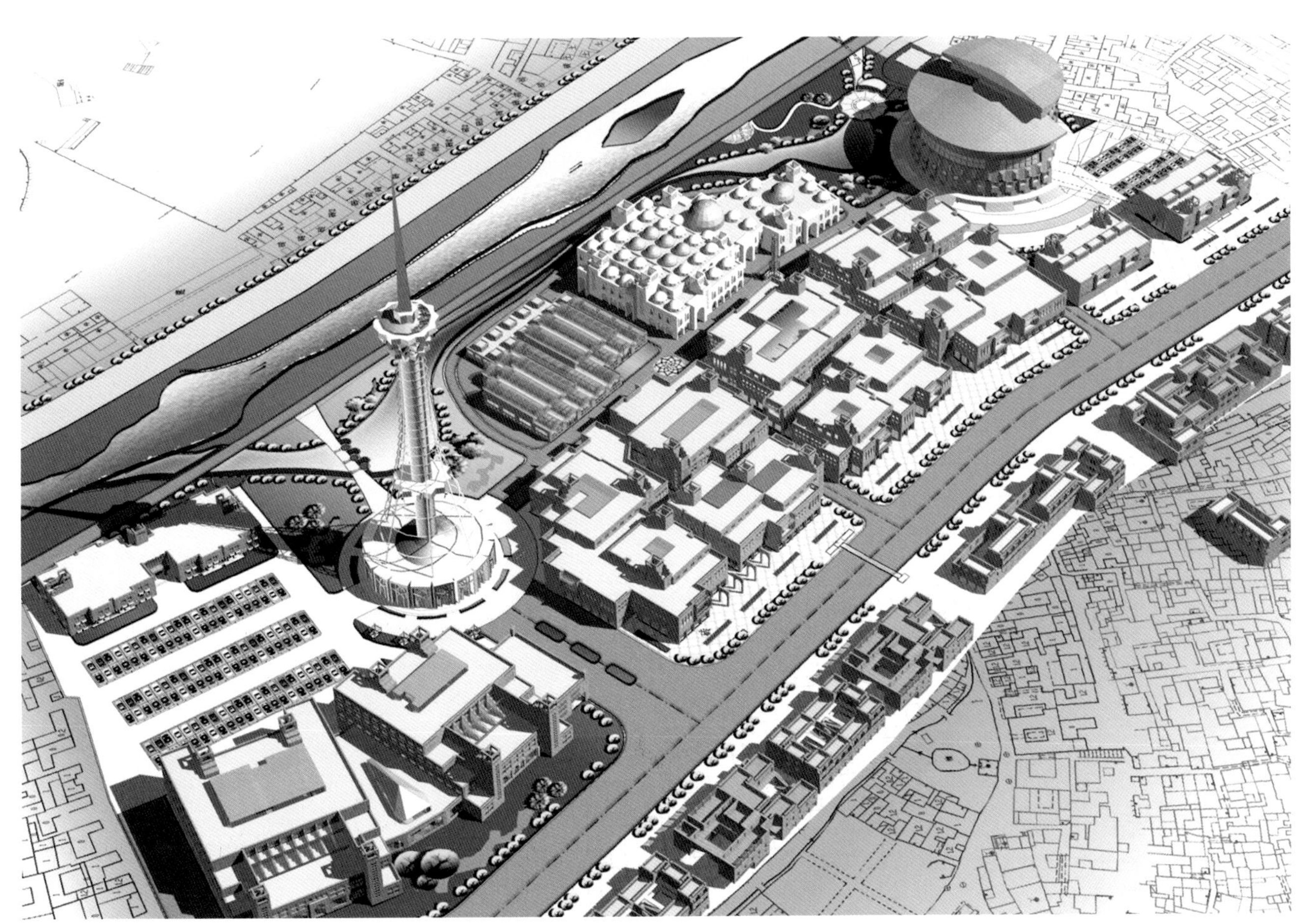

图11-4-18　喀什吐曼河休闲度假中心鸟瞰图（来源：王小东 提供）

图11-4-19 喀什吐曼河休闲度假中心实景（上图）和方案效果图（下图）（来源：王小东 提供）

图11-4-20 和田玉都大巴扎鸟瞰图（来源：王小东 提供）

第五节　建筑元素及装饰特色的传承与创新

长久以来，人们对新疆建筑的地域特色元素的普遍认识较多地局限于拱券、穹顶等形式上，忽视了自然、人文和艺术的多元性，同时较少体现多种文化之间的交融与并存。

实际上，拱券、穹顶等最早的缘起一是由于人们对建筑空间尺度的使用需求，二是受当时的建筑结构技术所限。当建筑技术不断进步，拱券、穹顶等也逐渐失去了原本的客观性，常被作为一种主观上的装饰元素而呈现。

新疆有着壮美的自然、悠久的历史、瑰丽的文化，几千年的深厚积淀，为地域建筑创作提供了丰富的表现题材。

一、以独特的自然地貌作为建筑形态表达元素

祖国六分之一版图的新疆，尺度大到足以用永恒来形容。不论是蓝天高远沙海苍茫，还是青山静卧纵马长风，云行云止，聚散间，尽是一望无际的铺陈。壮阔雄浑的自然，广袤大地的物性与诗性，赋予这永恒完美的真实感。

新疆的自然之美，美得明亮、有力，美得直接，没有琐碎、纷杂和艳俗，宽广、纯粹、沉静深远，也因此特别能体现新疆人特有的情怀和精神。

新疆的山川、河流和沙漠，赋予自然地貌以磅礴优雅的形态和平衡完美的比例，极富有诗性和独特性，是取之不尽的建筑创作源泉。

新疆首府乌鲁木齐市的地标建筑——新疆中天广场（设计年代2000年）以“天山冰峰”作为设计主题，它是中国500强企业新疆广汇集团的总部所在地。基地东临新华北路，西临首府南北交通大动脉河滩快速路，与西侧的人民公园一路之隔，是目前新疆的第一高楼，建筑共56层，高度211.5米，塔尖高度229米。已有134年历史的人民公园原名“鉴湖公园”，因有湖清澈如镜，故此得名。人民公园是首府乌鲁木齐市重要的人文景观，留下了许多城市情感记忆，在广大市民心中占有特殊的地位。中天广场的项目用地与公园距离较近，从人民公园的多个角度均可以看见，因此建筑设计必须要考虑建筑对人民公园内的视线景观及天际线的影响。建筑设计为40米见方的塔楼，形体修长挺拔，建筑元素简约现代。最具特色的是建筑顶部造型，为逐层斜向内收的尖塔，形如钻石，晶莹剔透，其设计灵感源自天山山脉的主峰博格达峰，同时也寓意着新疆广汇集团蒸蒸日上的事业，将现代感和地域性完美地结合在一起（图11-5-1）。中天广场的建成，不仅没有破坏人民公园内的景观视线，反而为其增添了新的动人景致。在人民公园中，中天广场作为背景，与园内的树木、湖水相映成趣，叠合成丰富的景观层次。建筑在高大的树木掩映下构成框景，优美如画；大厦倒影于鉴湖波平如镜的水面上，沉静中蕴藏着蓬勃的力量，如梦如幻，令人陶醉不已，此处已成为人们十分钟爱的留影胜地（图11-5-2）。

新疆中天广场以北不远的红山塔是乌鲁木齐市的象征。

图11-5-1　新疆中天广场夜景（来源：李向东 提供）

图11-5-2 新疆中天广场鉴湖倒影（来源：范欣 摄）

图11-5-3 新疆中天广场与红山塔（来源：范欣 摄）

从乌鲁木齐市华凌立交桥南望，红山塔与中天广场的立面恰好重叠在一个中轴线上，堪称“文章本天成，妙手偶得之”。塔与“冰峰”相映生辉，跨越历史的时空，一今一古两相遥望，隔空对话（图11-5-3）。

博格达峰终年冰雪覆盖，是乌鲁木齐市最具特色的自然景观。新疆中天广场顶部冰峰造型丰富了乌鲁木齐市的城市天际线，如博格达峰一样，在市内很多地方均可遥望，以其独特典雅的造型成为了首府最具辨识度和标志性的建筑景观（图11-5-4）。

乌鲁木齐甘泉堡新丝路文化酒店基地（设计年代2014年）建筑设计主要表达了两个意象。其一是“舞动的丝绸”，寓意新丝路经济带背景下文化创意产业的发展和繁荣；其二，建筑形态以极具艺术感的曲线为母题，寓意雄浑壮美的新疆大地的山脉、河流和沙漠，象征建设者们坚韧不拔、勇于奋斗的新疆精神，同时契合了项目的文化创意主题（图11-5-5、图11-5-6）。内部空间灵动自由，适用性强。建筑色彩采用新疆永恒的大地之色——自然生土色。

图11-5-4 新疆中天广场与博格达峰（来源：范欣 摄）

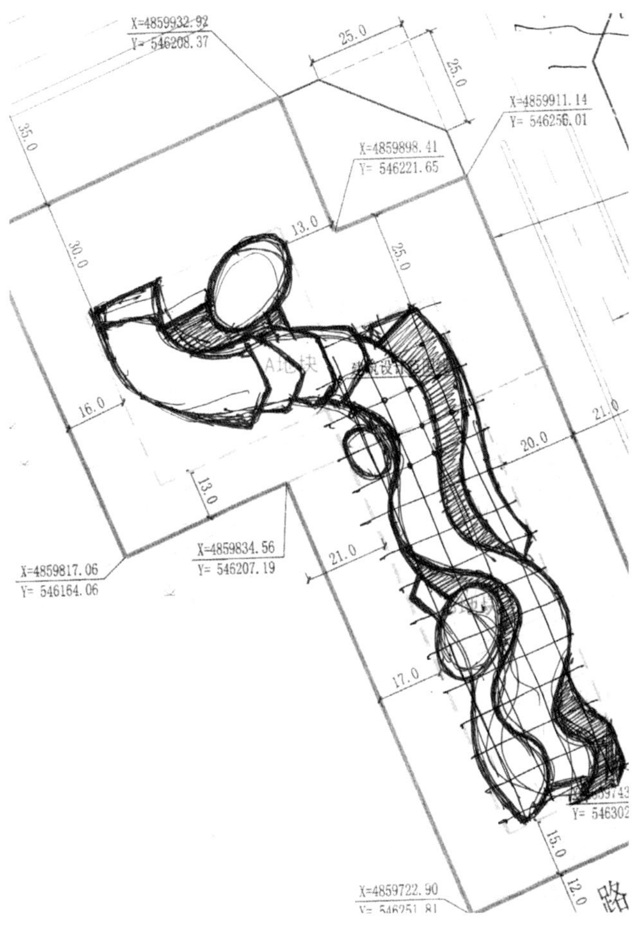

图11-5-5　乌鲁木齐甘泉堡丝路会展中心方案草图（来源：范欣 绘）

图11-5-6　乌鲁木齐甘泉堡丝路会展中心鸟瞰效果图（来源：范欣 提供）

乌鲁木齐甘泉堡丝路会展中心设计于2012年。新疆民族众多，拥有多元一体的文化，与中华传统文化一脉相承，这个建筑应体现中华传统文化的精神内涵。那么，该以何种形式的建筑语言来描绘呢？传统飞檐？粉墙黛瓦？显然，这类形式不能很好反映现代建筑风貌，也不适应新疆特殊的多元文化背景。建筑师将“中国意”作为创作灵魂，“山、水、竹”之意象基于对中国传统水墨丹青的高度凝练。中国水墨山水运用飞白、浓淡和笔墨不确定性等营造画面空间感，表现广阔、悠远的气韵，较“画”而言，更突出“写”。建筑元素浸润着“写意山水，意象水墨”的设计理念，整体建筑渗透出“悠远中国意，气韵凝丹青”的设计意境。传统中国画讲求传神含意，不拘泥于固有形式，因此建筑师选择不在建筑构件及装饰图案等方面体现具象的中国建筑元素，而是追求神与意的表达。以层叠的波浪形表现“山水意象”，以极少的笔墨写意出峰峦叠嶂、碧波浩渺的画面感，与新疆山脉连绵的大美意象也十分契合。建筑底部采用金属构件抽象的竹林诠释“竹之意象”。建筑基座以浅水面、“竹林”等虚化处理，使“山体”飘浮其上，类似水墨画中飞白的手法。建筑形态简约凝练，黑、白、灰传统中式建筑色彩的运用，以现代的手法“写”出中国韵味，实现传统与现代的时空对话（图11-5-7）。内部空间则中正规整，可灵活划分，适用性强。

位于阿勒泰地区富蕴县的可可托海地质博物馆（设计年代2010年，图11-5-8）背依静卧的群山，建设场地平坦开阔。如果以独立的建筑形态存在，与场域的冲突难以化解。建筑师巧妙地采用分散功能空间、覆土等手法，创造了自由起伏的“地被”景观，以舒展流畅的“大地褶皱”与自然地貌呼应对话，融为一体，最大限度地减少了对原有自然景观的干扰影响。

二、建筑形式语言、装饰元素和色彩的传承与创新

建筑形式语言、装饰元素和色彩是反映地域性特色的重要

图11-5-7 乌鲁木齐甘泉堡丝路会展中心（来源：范欣 提供）

图11-5-8 可可托海地质博物馆（来源：新疆建筑设计研究院 提供）

基因。新疆建筑师根据项目所处的地段和建筑性质等的差异，采取不同的处理手法。既要蕴含地域特色，又要融入环境；既要具有地域识别性，又要把握好建筑语言运用的度，反映新疆各民族的多元文化长期相依、相融和共存的特点。传承传统建筑形式语言、装饰元素和色彩的同时，时代创新同样重要。

（一）建筑语言较直接地借鉴传统建筑的形式和符号

新疆自古以来就是多民族居住、多种宗教并存、多种文化交汇的地方，新疆的多元一体文化，具有明显的地域性和国际性特点。

新疆博物馆新馆（设计年代2001年）设计的创作思路正是基于这一文化背景下，建筑师认为新馆应表达的文化内涵不能以某个民族、某种宗教或某个历史时期简单的界定，而应反映一种更宽广、更深厚的“西域时空”文脉，这样更适合于新馆的建筑个性，更能包容浑厚的历史时空。建筑师尝试对其进行了全新诠释（图11-5-9、图11-5-10）。

新疆国际大巴扎（设计年代2002年）的设计中，建筑师采用传统建筑空间形成的独特手法，如利用廊和简洁的墙面几何体的巧妙转换等形成建筑特点，而没有滥用符号。朴素、苍劲的风格，有气势、有魅力，是建筑师想要表达的意象（图11-5-11）。

图11-5-9　新疆博物馆新馆外景（来源：王小东 提供）

图11-5-10　新疆博物馆新馆外景局部（来源：王小东 提供）

图11-5-11 新疆国际大巴扎外景（来源：王小东 提供）

新疆地质矿产博物馆（设计年代2000年）建筑正面三层高的龛式门洞洞口结晶立方体的蜂窝状装修，源自新疆维吾尔族传统建筑中“以旺”入口上的“福克纳斯”（图11-5-12）。这座建筑在具有原创性和现代感的同时，又富于地域的韵味。

图11-5-12 新疆地质矿产博物馆外景局部（来源：王小东 提供）

新疆木卡姆艺术团文化中心设计于2011年。十二木卡姆作为联合国教科文组织授予的“人类口头和非物质文化遗产”，其表演艺术形式和传承方式极具原生意境。建筑师从维吾尔族传统建筑空间语言、装饰元素和色彩中汲取灵感，运用院、廊、拱券等创造了丰富灵动的建筑空间形态(图11-5-13)。演艺广场以“艾德莱斯绸”为设计主题，弧形背景

图11-5-13 新疆木卡姆艺术团文化中心正面效果（来源：马文帝 提供）

墙面的肌理犹如美丽的艾德莱斯绸，与高塔、拱廊共同搭建了一个艺术展示的舞台。十二根维吾尔族传统柱式，再现了木卡姆艺术的原生意境（图11-5-14、图11-5-15）。建筑色彩采用象征热情与纯洁的土红色和白色。整个建筑群形似一幅展开的音乐画卷，展现了万方乐奏的盛景。

（二）建筑语言在传统形式基础上提炼和创新

随着社会经济的发展，人民生活水平不断提高，建筑规模、类型等均有较大的变化。新疆建筑师努力尝试在传统形式基础上提炼和创新，以时代的语言表达地域性意蕴。

新疆体育中心体育馆（设计年代2001年）以现代的视角赋予了传统建筑语言、装饰元素和色彩以新的诠释，在现代化超大型建筑中较好地表达了对传统的传承与创新。整个体育馆屋顶设计为一朵盛开的雪莲花，寓意着新疆多民族的团结。尤其在空视时，效果十分震撼（图11-5-16）。体育馆内天棚的三角形网架结构肌理完全暴露，为了避免声聚焦，顶上分布有数以千计的超细玻璃棉吸声条，组成格栅，蓝底白条，图案极具地域特点，将功能与装饰合二为一（图11-5-17）。

图11-5-14　新疆木卡姆艺术团文化中心演艺广场（来源：马文帝 提供）

图11-5-15　新疆木卡姆艺术团文化中心演艺广场（来源：马文帝 提供）

图11-5-16　新疆体育中心体育馆鸟瞰（来源：孙国城 提供）

图11-5-17　新疆体育中心体育馆室内（来源：孙国城 提供）

新疆迎宾馆9号楼（设计年代2003年）所在地远离市区，过去称为“野营地”。因有水渠、坡、山丘、古树，夏天绿树成荫，历来为夏日野营避暑的好去处。通过尊重环境形成建筑设计立意，也是地域性的体现。这里有茂密的古树林，东南西北无论哪方的窗口视野都很丰富、生动。新疆迎宾馆9号楼尊重周边原有建筑朴实无华的风格，既不“欧式”又非浓郁的民族风格，而是突出体块，强调墙面“土黄色砖”的肌理，高耸突出的电梯机房形式源自地域传统建筑语言。建筑东段的屋顶设计为微拱形，意象取自“郊游帐篷”，也沿袭了新疆传统建筑中拱廊的形式，将园林风格与地域风格巧妙融合（图11-5-18）。宴会厅天棚花瓣造型意象源于新疆维吾尔族传统建筑中的装饰元素（图11-5-19）。

2017年在新疆历史文化名城乌什县特色风貌规划设计之初，建筑师提出“植根本土，注重风貌原生性、艺术性”的原则，以及“创造百姓熟悉、喜爱和有归属感的建筑空间”的设计目标。通过对乌什县南关历史文化片区和英买里传统住区的深入调研，建筑师从传统建筑中汲取了设计灵感源泉，提炼出当地传统建筑典型元素，如过街楼、阳台、山墙及檐口、檐廊、门、窗、出椽、楼梯等，以现代的设计手法予以再创造（图11-5-20，图片中将传统建筑与新设计的建筑相对应，可以清晰地看到其传承基因）。还有一点十分重要，就是尽可能保留现状树木，使街巷、建筑与树木彼此交融，尊重百姓情感，留住传统记忆的同时，也反映了建筑的时代性和延续性。

三、装饰技艺的传承与创新

新疆传统建筑的装饰技艺纷繁多样，砖饰艺术是最具代表性的技艺之一。现代建筑中较多采用的砖饰艺术形式主要为两类，一类是利用暖色砖构成建筑表皮或是砌筑镂空花格等，另一类是采用艺术花砖磨切成形后拼花。这两类方式通常会在一个建筑中混合运用。

（一）传统装饰技艺在新建筑中的传承运用

新疆国际大巴扎（设计年代2002年）采用新疆地产的耐火砖作为建筑外墙外饰面。其建筑装饰细部，充分借鉴了传统建筑砖砌拼花的图案和施工技艺，建筑外表皮的图案肌理细腻，统一中又变化丰富，在现代建筑中表现了新疆传统建筑的神韵（图11-5-21）。

吐鲁番坎儿井博物馆（设计年代2001年）位于距市中心约6公里的牙尔乡，馆内有一条现在还在使用的坎儿井，周边居民生活用水也取自于此。坎儿井是世界上最独特的水力设施之一，被誉为我国古代水利工程的奇迹，它由地下暗渠和取水竖井组成，天山雪水融化从暗渠流向低处，孕育了绿洲。建筑背立面采用当地葡萄干晾房式的镂空花墙，清水平铺错缝施工工法，由乡土艺人手工砌筑，建筑顶部造型上的图案为吐鲁番传统建筑常用的方套方花格（图11-5-22、图11-5-23）。

图11-5-18 新疆迎宾馆9号楼外景（来源：孙国城 摄）

图11-5-19 新疆迎宾馆9号楼宴会厅来源：孙国城 摄）

图11-5-20　新疆历史文化名城乌什县特色风貌规划设计（来源：范欣 提供）

图11-5-21　新疆国际大巴扎建筑装饰细部（来源：王小东 提供）

图11-5-22　吐鲁番坎儿井博物馆外景（来源：张斌 提供）

（二）传统装饰技艺在民间的传承运用

在新疆民间的很多建筑装饰并非建筑师设计，而是由民间工匠们设计并手工施工的，其中包括一些传统建筑改造项目，以及民族特色商业项目、民族餐厅、特色酒店的装修等。主要采用的传统装饰技艺有艺术磨砖拼花、彩色瓷片、彩绘玻璃、石膏花饰、木雕、彩绘以及仿草泥墙面外饰表皮等，装饰效果或绚丽夺目，或朴拙厚重，引人入胜，具有浓郁的地域风格（图11-5-24、图11-5-25）。

图11-5-23　吐鲁番坎儿井博物馆内景（来源：张斌 提供）

图11-5-24　喀什历史街区传统筑改造（来源：范欣 摄）

图11-5-25　伊宁市中亚之门建筑局部（来源：范欣 摄）

第六节　建筑材料运用的传承与创新

一、地方材料和他山之石

新疆传统建筑的结构多为土木结构、砖木结构，有石块的地方则以石块筑墙，山区多木的地方则搭建井干式木屋，因地制宜就地取材，建筑形态简单实用。但是，受地方自然材料资源条件的限制，建筑的耐久性受到了一定的影响。加之新疆属地震多发区，建筑的结构安全性是重中之重。

随着社会经济的发展和建筑技术的进步，人们对建筑品质的要求不断提高，与内地的交流往来日益频繁，交通运输更为便捷，建筑材料不仅限于乡土材料，更加多样化了。在新疆，陶粒混凝土、空心黏土砖、地产花岗石等是现代建筑中常被采用的地方性材料。这些材料坚固、耐久性好、经济适用，是较为理想的建筑材料。新疆地产的卡拉麦里金花岗石板由于颜色和质感自然、典雅高贵，性价比高，不仅在疆内广受欢迎，还远销疆外。

（一）花岗石板材的运用

在新疆地质矿产博物馆的设计中，建筑师为表现宇宙、地球、矿山、地层、岩石、结晶等隐喻意象，外墙以粗犷的花岗石板为主，横向以水平的玻璃幕墙强调了岩层的感觉，可以说它是从“地矿”的含意上生长起来的建筑。建筑师把岩石、玻璃、金属组织在一起成为建筑的外表，再加上覆斗状主体和体量变化，以及为增加岁月感而附加在建筑上的竖向槽沟，门楣上和外墙上古生物化石的浮雕，恰如其分地表现了“新疆地质矿产博物馆”应有的形象（图11-6-1）。

设计于2005年的新疆机场集团公司天缘酒店一期位于乌鲁木齐国际机场核心区，与T2航站楼遥相呼应。建筑平面形态呈舒展的弧形，外墙外饰采用暖灰色的花岗石板，柔和典雅，充分展现了酒店建筑和现代空港建筑的风貌（图11-6-2）。

图11-6-1　新疆地质矿产博物馆外景（来源：王小东 提供）

图11-6-2　新疆机场集团公司天缘酒店一期外观（来源：范欣 摄）

（二）饰面砖的运用

在人造的饰面材料中，饰面砖由于其色泽柔和、肌理细腻且质感较接近于天然材料，因而得到较广泛的应用。

新疆迎宾馆9号楼的建筑外墙装饰材料大部分采用了饰面砖，建筑师注重了饰面砖与建筑体形、尺度比例、风格及周边环境的协调，取得了朴素自然的建筑装饰效果（图11-6-3）。

自2002年实施建筑节能设计标准后，由于新疆地处严寒、寒冷地区，建筑外需包裹很厚的保温层，考虑饰面层与轻质外保温层的构造问题，饰面砖逐渐淡出了建筑师的选择视野。

（三）陶土砖的运用

陶土砖作为一种以天然原料为主要成分的装饰材料，色彩、质感、肌理自然粗犷，所呈现出的气质十分适合新疆的自然风貌和文化特征，表现力较强，受到建筑师的喜爱。

阿克苏地区乌什县游客服务中心运用了陶土砖作为建筑的外饰材料，较好地表达了乌什县烽燧文化和汉风文化的历史主题（图11-6-4）。

（四）木材的应用

在一些山区，仍然会采用天然厚木作为建筑材料，一是取材方便，二是对环境的污染较小，三是居住舒适。建筑外表直接裸露天然原木的形状、纹理和色彩，自然朴实，与环境十分和谐。多用于少量的景区服务类建筑（图11-6-5），在城市里较少采用。

图11-6-3 新疆迎宾馆9号楼外观（来源：孙国城 摄）

图11-6-4 乌什县游客服务中心（来源：范欣 摄）

图11-6-5 乌鲁木齐南郊山区小型酒店（来源：范欣 摄）

二、传统材料再利用

（一）耐火砖的应用

耐火砖本来是用于砌筑砖窑等建、构筑物的结构性材料，其表面肌理粗细适度，色彩呈现明亮的金黄色或土红色，每一块色差微妙，具有一种自然、人文的质感，用于建筑装饰时无论是视觉效果还是触感都极佳。

新疆国际大巴扎首次尝试在建筑外饰层采用土红色的耐火砖。经反复试制、砌筑取得了理想的效果（图11-6-6）。在西亚、中亚的古代建筑中，砖是人们最熟悉、对其性能发挥得最好的外墙材料，一块块普通的砖在工匠的手中仿佛被赋予了生命，随处可以看到砖砌建筑的风采。在新疆国际大巴扎的设计中，建筑师对砖的质地、色彩进行了改进之后，外饰层的耐久性得到了显著提高。

（二）空心黏土砖的应用

禁止使用实心黏土砖之后，空心黏土砖广泛应用于砖混结构建筑，除了用于建筑承重结构外，也被用于建筑的室外装饰材料。

在吐鲁番的许多地方特色建筑中，砖砌镂空花格是常用的建筑元素（图11-6-7）。

和田玉都大巴扎建筑外墙装饰材料本着就地取材的原则，大量采用了稍作加工的地产红砖（空心黏土砖），并辅助以现代的材料如花岗石、玻璃幕墙、金属板、混凝土预制装饰板等，建筑群体丰富多变，时代性与地域性并存（图11-6-8）。

图11-6-6　新疆国际大巴扎外观局部（来源：王小东 提供）

图11-6-7　吐鲁番民族风情街建筑（来源：范欣 摄）

图11-6-8　和田玉都大巴扎外观局部（来源：王小东 提供）

三、地方新材料利用

近年，随着建筑节能、绿色建筑的发展，新疆的建材企业利用地方原料，研发生产了一些地方性的新型建筑材料，并运用于实际工程项目中，取得了较理想的效果。

（一）页岩多孔空心砖

在新疆的特殊气候下，冬季保温、夏季隔热是必须关注的要素。同时，新疆是地震多发区，对建筑结构设计也有特殊的要求。如何让建筑外观具有表现力，同时又能保证结构安全以及外饰层与外墙外保温层的可靠连接？这是实施建筑节能设计标准十多年来新疆建筑师创作中面临的现实难题。

页岩多孔空心保温砖是采用新疆地产的页岩石块为原料烧制而成的，可以作为建筑外填充墙使用。在新疆的气候条件下，由于其具有自保温的性能特点，可以适当减薄外墙轻质外保温材料的厚度。另外，经高温烧制后砌块呈现出非常自然的暖色，可以进行艺术拼砌，用于建筑外饰面材料、围墙等（图11-6-9、图11-6-10），独具特色。

乌鲁木齐棚户区改造纪念馆坐落于乌鲁木齐市黑甲山棚户区，近年，政府对该区域进行了整体改造。因此，纪念馆的建筑外饰材料的选择须考虑诸多历史文化要素。在延续本土建筑基因、体现历史文化脉络和地域风貌的同时，注重尊重人们的情感记忆，满足人们的精神期待，赋予建筑以鲜活的生命力。建筑最初确定了采用暖金色大地色系的页岩多孔空心砖作为外饰层（图11-6-11）。厂方多次烧制样块进行色彩比照试验，以期达到建筑师设计要求的效果。遗憾的是实施时，因种种原因改为了花岗石板，但这一尝试对建筑地域性表达的积极意义还是十分值得肯定的。

（二）EF轻质隔墙板

EF轻质隔墙板是以农业秸秆废料为原材料制成的建材，具有质轻和隔声、防火性能优越的特点。它可拆卸再利用，属于一种绿色环保、可循环利用的功能性（平衡室内湿度）隔墙材料。目前已逐渐运用于各类公共建筑中。新疆首个获二星级绿色建筑设计及运行标识的公共建筑乌鲁木齐北新大厦（图11-6-12），积极响应“节材与材料资源利用”绿色技术策略，采用了EF轻质隔墙板作为建筑的内隔墙。

图11-6-9 页岩多孔空心砖用于建筑外饰（来源：王辉 提供）

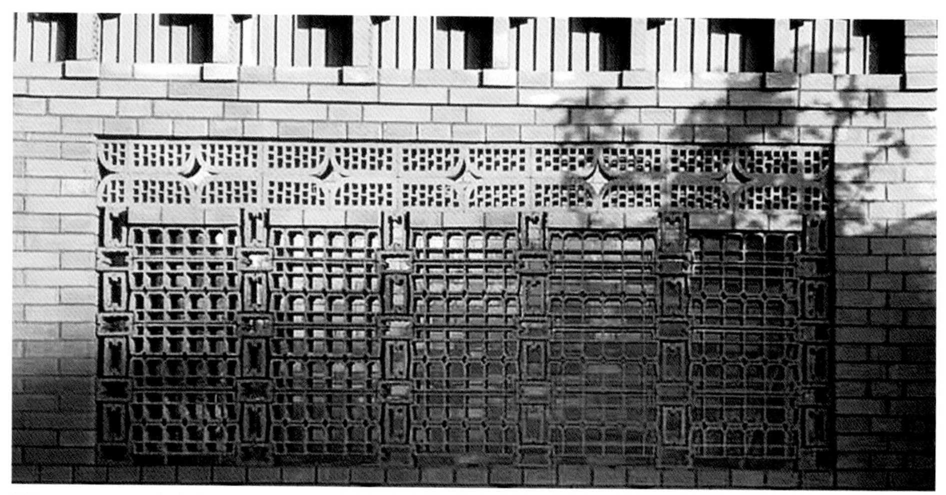

图11-6-10 页岩多孔空心砖砌筑的院墙（来源：王辉 提供）

图11-6-11 乌鲁木齐棚户区改造纪念馆外观效果（来源：范欣 提供）

图11-6-12 乌鲁木齐北新大厦外观效果图（来源：焦春燕 提供）

第十二章　结语

几千年来，绵延数万里的丝绸之路大动脉将欧亚大陆联系起来，这条路见证了历史上无数国家和民族的兴衰以及东西方文化的不断交流和碰撞。

雄踞丝路要冲的新疆，以广袤的地域、跌宕起伏的历史和瑰丽多彩的人文，向世界展现了其独一无二的魅力与神奇。

一、新疆是祖国不可分割的重要组成部分

如果没有这条横亘新疆的丝绸之路，中国今天的物质和精神的生活以及文化脉络，可能会呈现出另外的样子。如果忽视了新疆的历史，我们对中华文明的认识将会出现很多盲区。

新疆在中国历史上占有举足轻重的地位，为中国历史文化宝库书写了独特的绚丽篇章。新疆历来是祖国不可分割的一部分。

二、新疆的神奇大地孕育了璀璨多元的传统建筑文化

在新疆浩瀚广袤的神奇土地上，各族人民世代繁衍生息，彼此包容、和谐共处，扎根于中华文化的沃土，孕育了新疆灿烂多彩的传统建筑文化。今天，在很多的新疆传统建筑中都可以看到多元一体文化的实证。

新疆历来就是多民族共同生存聚居的新疆。特殊的地理位置、人文构成和历史变迁，造就了新疆包罗万象、多元一体的文化体系，充分体现了中华文明的和谐包容及博大精深。也正是因为这一点，新疆传统建筑才如此独特和充满魅力。

三、对新疆建筑地域性和传统建筑文化的正确理解与广义诠释

（一）新疆建筑的地域性应反映多元文化的并存，体现多民族的共同生存聚居，你中有我、我中有你

新疆传统建筑的地域特色，来源于所在地域特殊的自然条件和气候、独特的历史渊源以及多元一体的文化传统、当地特有的生活习俗等，不是某一个单一民族的建筑特色所能代表的。彼此交织，你中有我、我中有你，多元并存，正是新疆地域性建筑的独特性所在。

（二）地域建筑特色不是时髦和猎奇，它是一个地域的可视物质表现和内在精神的反映

建筑，从一个侧面记录着人类发展的历程，是人类历史的缩影，我们今天对历史的认知和解读线索很多都来自于建筑。

建筑特色是人类社会所创造的物质和精神成果的外在表现，通过地理、历史、社会、经济、文化、生态、环境等因素表现出综合的个性特征。地域特色是自然景观和人文景观及其所承载的历史文化和社会生活内涵的总和。

美国学者加纳姆（Garnham）认为，一个地方的特色是否鲜明，给予人的感受是否强烈，取决于建筑风格、气候、独特的自然环境、记忆与隐喻、地方材料的使用、技艺、重要的建筑和构筑物的选址、文化差异与历史、人的价值观、高质量的公共环境、日常性和季节性的全城活动等方面。

从这一点上讲，建筑是一个地域的生活、生产与历史文化等的活态反映，承载着物质和精神功能以及人文艺术等内涵。人们对所处环境的情感寄托和记忆，借助物质环境特征得以体现。因此，地域建筑特色不应是肤浅追求物质表象的时髦和猎奇，更不是某一个建筑师的纪念碑。

（三）传统建筑特色的传承不是穿“服装”、贴“符号”，应是形魂兼备，饱含情感，注入生命的力量

建筑，应充分尊重历史记忆和广大人民情感，使生于斯、长于斯的人们获得归属感和认同感，进而获得自豪感。因此，地域特色是不能简单地复制、套用、甚至移植的。

历史在推进，时代在发展，继承传统的意义不在于制造一个又一个徒有外表“皮囊”的标本，照猫画虎裹着老衣服。建筑应具有鲜活的生命力，它应与人性息息相关，与生活紧密联系。

建筑的地域特色既不是简单的符号堆砌，也不应仅仅是“穿衣戴帽”那么随意。建筑的地域性应体现其本质，即充分尊重当地的自然环境，与自然环境高度融合、和谐共生，

普照阳光、呼吸空气，应对当地气候，关注百姓情感，满足人们追求美好生活的愿望，蕴含人文精神，且能被当地人民所接受和喜爱。

（四）建筑特色要适应时代发展，体现时代精神

随着时代的发展进步和城市化进程的加快，城镇规模日益扩大，现代生产生活方式和家庭人口构成在不断变化，城镇居民的聚居模式、生活习惯和方式也随之发生转化，当代建筑聚落、建筑功能空间的形式和尺度、建筑材料、建造方式等均与传统建筑存在诸多不同，传统聚落的街巷空间尺度和建筑格局等已不能适应新的生活诉求。因此，对传统建筑的传承不应局限于简单“形”的复制，而应注重原理、方法的总结和文化意韵的吸纳。

四、对新疆传统建筑传承的思考

（一）对文明的理解和反思

1．敬畏自然、尊重自然、珍视自然，生态文明是一切文明的根本

“印第安人拒绝使用钢犁，因为它会伤害大地母亲的胸脯。在春天耕作时要摘下马掌，免得伤害怀孕的大地。”在海德格尔的描述中，人与自然的关系曾是这样诗性的。160年的工业革命彻底变革了人类的生活方式，但同时破坏了自然界的平衡，让地球付出了沉重的环境代价！

如火如荼的城市化进程中，中国许多农村被荒弃。与美国和西欧不同，中国的人口趋向在工业化完成之前便已扭转，这使乡村的消失和衰败来得更为突然。充斥着自我表现建筑的城市，自然地表在人造表皮吞噬下迅速失去本来面目。与此同时，交通问题、环境问题、资源浪费问题等日渐凸显。

面对这一切，我们有必要深刻自省，人类文明应以敬畏自然、尊重自然和珍视自然作为基点，生态文明是一切文明的根本。

2．文明是社会物质和精神双重层面的体现，应反映对普通人生存状态的深切关怀

城镇和建筑是百姓物质生活和精神情感的重要载体，延续着特定地域的历史和记忆。应该强调的是，精神情感层面的价值和意义并不亚于物质功能层面，甚至直接影响到城镇居民的幸福感。

中国曾拥有世界上最美丽的城市和乡村。但今天，规划短视、行政干预、建设周期紧缩、设计专业素养缺乏、浮夸躁动等，使城市建筑主动或被动地偏离历史、人文、艺术和理性。城市记忆面临断裂，人们似乎更醉心于嘉年华式的舞台布景，“极尽能事”成为主流的创作习惯，美学观念已然偏颇，建筑创作背离“美”的基本原则。城市运动轰轰烈烈，城镇规模盲目贪大，空间尺度、建筑体量越来越超常，街道成为汽车的天堂，邻里间传统的交往方式已日渐难以维持。城市的生长背离了对市民的生活诉求和情感的关注，逐渐丧失了特色和生命力。而在乡村，盲目模仿城市建设大广场、宽马路的趋势已现端倪。

“以人为本”应是从百姓出发，关注百姓生态和生境，尊重百姓的生活方式，满足百姓的基本生活诉求，这是建设宜居城市、保持城市活力和生命力的关键和前提。一个真正进步的社会应拥有人本主义的“软件”，让每一个普通人都能享受到平等与公正的社会公共资源。

（二）新疆传统建筑传承的物性和诗性

应该认识到，地域建筑文化的传承不是简单的复制和复古，应重视“魂”的表达，而非“形”的简单模仿。新疆人民在特殊的自然环境中，努力创造着宜居的生存环境，诗性地栖居，与大自然和睦相处。将物性和诗性完美结合，是新疆传统建筑中的精髓和灵魂。

1．关注人性，与生活紧密联系，激发鲜活的生命力

1）充分尊重百姓情感，关注百姓生态，将自上而下与自下而上的规划方式相结合，满足百姓的物质和精神愿望。

2）培育有利于人们彼此交流、邻里交往和有归属感的人性化公共空间，建立具有吸引力的街道活力空间。

3）了解百姓诉求，体会百姓情感。重视地域特色的原生性，而不是简单的“高大上”理念和符号化形式植入。应多吸纳民间的艺术元素和审美意趣，突出地方原生性特色，创造充满生活气息和百姓喜闻乐见的地域建筑。

2. 创造诗性的自然之美和人文生活

1）建筑设计应充分结合地方气候，反映地域自然条件和环境特征，营造舒适的室内外环境，尽量避免对自然造成负面影响。

2）注重绿化环境，让房子镶嵌于绿色之中，创造健康、宜居、美丽的人居环境，实现城乡健康、永续的发展。

3）尊重自然，爱护自然，显山、露水、保护植被，将建筑设计与园林景观设计等相融合。

4）建立从城市整体视角出发的建筑设计观，离开聚落整体性，单体建筑的存在是没有意义的。应提高土地集约利用率和建筑群体的集约度，加强建筑聚落空间布局肌理的有机性和艺术表现力。协调建筑的风格和色彩，加强建筑之间的关联性和整体性。

5）建筑特色不仅限于静态的建筑外观，赋予建筑空间以内在活力，使其能够容纳和包容那些活生生的生活，呈现出动态的建筑特色，让建筑更加具有生命力和魅力。

6）结合城乡的整体风格，选择适度的建筑风格和建筑语言（造型、符号、表皮、装饰元素、色彩等）。

7）传统建筑的改造再利用应本着渐进式可持续发展的原则，保护历史信息和记忆的原真性，嵌入文化活态，为传统文化注入时代生命力。

五、回望历史，立足当代，放眼未来

斗转星移，历史在时空中轮回变幻。时间维度是历史的重要线索，今天是昨天的未来，也将成为明天的历史。

我们回顾历史的目的，是为了更好地理解历史、借古论今，进而延续历史、传承传统。但是，继承传统并非意味着抱着传统因循守旧，僵化地一成不变。解析和借鉴传统更深远的意义，在于其对今天的指导和对未来的启迪。因此，在回望历史的同时，更应立足当代，进而放眼未来。对传统心怀敬畏的同时，要勇于推陈出新，敢于创造、善于创造。

人类文明发展至今，科技空前的进步，人们与自然的关系不再如从前那样亲密和谐。随着城市化进程不断深入，导致气候变化，资源和能源短缺，生态环境破坏日益加剧。

目前，在“尊重自然、顺应自然、保护自然”的绿色发展观的新时代背景下，解析和传承传统建筑恰逢其时。新疆传统建筑从自然生态出发，在几千年的发展、演化和积淀中凝聚成的智慧结晶，是我们取之不尽的宝贵财富，新疆传统建筑的传承和绿色发展拥有深厚的土壤和广阔的前景。

生态文明是一切文明的根本，“关系人们福祉，关乎民族未来”，只有可持续发展才是人类文明进步的经久之路。

六、传承传统是历史赋予我们的责任和未来对我们的期许

历史和时代背景是传承的重要坐标。书写好今天，是吾辈对历史肩负的责任！

历史长河向前奔流，留下浩如烟海的传统文化宝藏。厚重的历史足音，时刻提醒着我们保持对传统的敬畏和珍视，担当起中华传统文化传承之重任。

新的时代，古老丝路焕发了新的生机。站在历史的十字路口，我们需要审慎地思考：何为建筑的地域性？传承的意义何在？该如何去传承？有必要站在时代的角度，从全新的、更深远的视野去解析和理解地域性的广义内涵。

“文章千古事，得失寸心知。”正如新疆住房和城乡建设厅全河副厅长在《新疆卷》中期评审会总结讲话时所言：“过去，新疆曾经是四大文明的交汇地，多元文化荟萃；现在，新疆是丝绸之路经济带的核心区，发展潜力巨大。新疆建筑是什么？从哪里来？往何处去？这是一个十分重要的课题！这本书不仅仅是中国住房和城乡建设部下达的一项工作

任务，更是我们这一代新疆建设者必须承担的历史责任！责无旁贷、意义重大、使命光荣！文以载道，不忘初心，方得始终。为此，我们必须勇于担当、有所作为，要努力做到无愧于心、无愧于历史、无愧于人民！”

“希望这本书，能够有高度、有深度、有广度、有温度，能够像一粒粒种子，落地生根、发芽、开花、结果，从－丛丛小枝小桠的幼苗，成长为一棵棵参天挺立的大树！”

“希望这本书，能够启发有识之士去深入思考、探索并回答新疆建筑的来去问题，澄清谬误、纠正方向、回归本质，深刻长久并有效地影响我们这一代人乃至未来相当长的一段时间。”

“希望这本书，能够成为建筑行业学习和领会《关于新疆若干历史问题研究座谈纪要》精神的实际行动，进一步统一思想、深化认识、凝聚共识，为实现新疆社会稳定和长治久安贡献力量。”

“建筑是凝固的历史，是文化的载体，是精神的家园。我们对新疆建筑的未来充满期许，新疆的建设者要努力为天山南北、为各族人民、为千秋后世留下传承经典、历久弥新、为人称道的建筑精品！”

附录1

新疆的全国重点文物保护单位及自治区级文物保护单位（建筑类）一览表

序号	名称	年代	类别	所在地	备注
1	苏公塔	清	古建筑	吐鲁番市	全国重点文物保护单位
2	伊犁将军府	清	古建筑	伊宁市	
3	昭苏圣佑庙	清	古建筑	昭苏县	
4	艾提尕尔清真寺	明	古建筑	喀什市	
5	靖远寺	清	古建筑	察布查尔锡伯自治县	
6	坎尔井地下水利工程	清	近现代重要史迹及代表性建筑	吐鲁番市	
7	塔城红楼	清至中华民国	近现代重要史迹及代表性建筑	塔城市	
8	三区革命政府政治文化活动中心旧址	中华民国	近现代重要史迹及代表性建筑	伊宁市	
9	巴仑台黄庙古建筑群	清	古建筑	和静县	
10	拜吐拉清真寺宣礼塔	清	古建筑	伊宁市	
11	哈纳喀及赛提喀玛勒清真寺宣礼塔	清	古建筑	塔城市	
12	惠远钟鼓楼	清	古建筑	霍城县	
13	库车大寺	清	古建筑	库车县	
14	纳达齐牛录关帝庙	清	古建筑	察布查尔县	
15	莎车加满清真寺	清	古建筑	莎车县	
16	伊宁陕西大寺	清	古建筑	伊宁市	
17	乌鲁木齐陕西大寺大殿	清	古建筑	乌鲁木齐市	
18	新疆第一口油井	1909 年	近现代重要史迹及代表性建筑	独山子区	
19	于田艾提卡清真寺	中华民国	近现代重要史迹及代表性建筑	于田县	
20	满汗王府	1919 年	近现代重要史迹及代表性建筑	巴和静县	
21	八路军驻新疆办事处旧址	1937-1942 年	近现代重要史迹及代表性建筑	乌鲁木齐市	
22	三区革命政府旧址	1944-1949 年	近现代重要史迹及代表性建筑	伊宁市	
23	小李庄军垦旧址	1953 年	近现代重要史迹及代表性建筑	玛纳斯县	
24	克拉玛依一号井	1955 年	近现代重要史迹及代表性建筑	克拉玛依区	
25	新疆人民剧场	1956 年	近现代重要史迹及代表性建筑	乌鲁木齐市	
26	红山核武器试爆指挥中心旧址	1966 年	近现代重要史迹及代表性建筑	和硕县	
27	中国工农红军总支队干部大队旧址	1937-1940 年	近现代重要史迹及代表性建筑	乌鲁木齐市	自治区级文物保护单位
28	毛泽民烈士办公室及宿舍故址	1938-1941 年	近现代重要史迹及代表性建筑	乌鲁木齐市	
29	尼勒克三区革命遗址	1944 年	近现代重要史迹及代表性建筑	尼勒克县	
30	革命烈士陵园	1956 年	近现代重要史迹及代表性建筑	乌鲁木齐市	
31	新疆各族人民烈士纪念碑	1956 年	近现代重要史迹及代表性建筑	乌鲁木齐市	
32	阿合买提江等烈士陵园	1959 年	近现代重要史迹及代表性建筑	伊宁市	

续表

序号	名称	年代	类别	所在地	备注
33	达立力汗·苏古尔巴也夫墓	1959年	近现代重要史迹及代表性建筑	阿勒泰市	自治区级文物保护单位
34	和田加满清真寺	清	古建筑	和田市	
35	鄯善东大寺	清	古建筑	鄯善县	
36	东大地庙	清	古建筑	奇台县	
37	五运清真寺	清	古建筑	阜康市	
38	土墩子清真寺	清	古建筑	阜康市	
39	伊山赛提清真寺	清	古建筑	塔城市	
40	仙姑庙	清	古建筑	巴里坤哈萨克自治县	
41	地藏王菩萨寺	清	古建筑	巴里坤哈萨克自治县	
42	钟鼓楼	清	古建筑	乌什县	
43	欧达西清真寺	清	古建筑	喀什市	
44	阿孜尼米契提清真寺	清	古建筑	莎车县	
45	托乎拉克庄园	中华民国	近现代重要史迹及代表性建筑	且末县	
46	吾木尔台墓	1934年	近现代重要史迹及代表性建筑	布尔津县	
47	盖斯麻札	1945年重建	近现代重要史迹及代表性建筑	哈密市	
48	40天保卫战旧址	1950年	近现代重要史迹及代表性建筑	伊吾县	
49	扎库齐牛录娘娘庙	清	古建筑	察布查尔锡伯自治县	
50	孙扎齐牛录关帝庙	清	古建筑	察布查尔锡伯自治县	
51	水定陕西大寺	清	古建筑	霍城县	
52	巴音沟承化寺	清	古建筑	乌苏市	
53	朝阳阁	1918年	古建筑	乌鲁木齐市	
54	鲁克沁王府	清	古建筑	鄯善县	
55	陕西寺	清	古建筑	哈密市	
56	新麦德尔斯经文学堂	1905年	近现代重要史迹及代表性建筑	哈密市	
57	陕西会馆	清	古建筑	玛纳斯县	
58	林基路烈士纪念馆	近代	近现代重要史迹及代表性建筑	库车县	
59	汗勒克经学院	清	古建筑	喀什市	
60	乌珠牛录关帝庙	清	古建筑	察布查尔锡伯自治县	
61	依拉齐牛录关帝庙	清	古建筑	察布查尔锡伯自治县	
62	王府旧址	清	古建筑	和布克赛尔蒙古自治县	
63	老粮仓	清	古建筑	昌吉市	
64	药王庙	清	古建筑	奇台县	
65	甘省会馆	清	古建筑	奇台县	
66	犁铧尖关帝庙	清	古建筑	奇台县	
67	巴格希恩随木喇嘛庙	清	古建筑	博湖县	

续表

序号	名称	年代	类别	所在地	备注
68	叶城加满清真寺	清	古建筑	叶城县	自治区级文物保护单位
69	乌拉泊水电站	1952年	近现代史迹及代表性建筑	乌鲁木齐市	
70	达坂城木拱桥	1940年	近现代史迹及代表性建筑	乌鲁木齐市	
71	五星路2号四合院	中华民国	近现代史迹及代表性建筑	乌鲁木齐市	
72	可可托海地质三号矿坑	1940年	近现代史迹及代表性建筑	富蕴县	
73	青河县三区革命旧址	1949年	近现代史迹及代表性建筑	青河县	
74	哈密民航站	1939年	近现代史迹及代表性建筑	哈密市	
75	原218国道砖砌路段	1966年	近现代史迹及代表性建筑	若羌县	
76	三区革命骑兵团纪念石刻	1946年	近现代史迹及代表性建筑	昭苏县	
77	独山子石油工人俱乐部	1955年	近现代史迹及代表性建筑	克拉玛依市	
78	中苏石油股份公司独山子职工子弟学校旧址	1952年	近现代史迹及代表性建筑	克拉玛依市	
79	中苏石油股份公司旧址	1950年	近现代史迹及代表性建筑	克拉玛依市	
80	英雄193井	1958年	近现代史迹及代表性建筑	克拉玛依市	
81	巴里坤清代粮仓	清代	古建筑	巴里坤哈萨克自治县	
82	吐鲁番老粮仓	清代	古建筑	吐鲁番市	
83	第一女子师范学校旧址	中华民国	近现代重要史迹及代表性建筑	库车县	
84	衣不拉依木二道卡子	中华民国	近现代重要史迹及代表性建筑	乌什县	
85	可可托海影剧院	20世纪50年代	近现代重要史迹及代表性建筑	富蕴县	
86	达布逊军事设施遗址	中华民国	近现代重要史迹及代表性建筑	青河县	
87	吉木乃县中哈国门	1950年	近现代重要史迹及代表性建筑	吉木乃县	
88	阿拉尔水利水电工程处老办公楼	1962年	近现代重要史迹及代表性建筑	阿拉尔市	
89	五团玉儿滚俱乐部	1971年	近现代重要史迹及代表性建筑	阿拉尔市	
90	三团老团部办公室	1958年	近现代重要史迹及代表性建筑	阿拉尔市	
91	塔里木大学旧建筑群	1962年	近现代重要史迹及代表性建筑	阿拉尔市	
92	阿拉山口瞭望哨	1964年	近现代重要史迹及代表性建筑	博乐市	
93	阿拉山口边防一连旧址	1962年	近现代重要史迹及代表性建筑	博乐市	
94	黑山头军事要塞	1963年	近现代重要史迹及代表性建筑	精河县	
95	昌吉坎儿井	清晚期—20世纪70年代	近现代重要史迹及代表性建筑	木垒哈萨克自治县	
96	屯庄村屯庄	1945年	近现代重要史迹及代表性建筑	阜康市	
97	芳草湖三场碉堡粮仓	20世纪60—70年代	近现代重要史迹及代表性建筑	呼图壁县	
98	五工台屯庄	中华民国至新中国成立初期	近现代重要史迹及代表性建筑	呼图壁县	

续表

序号	名称	年代	类别	所在地	备注
99	张家村子屯庄遗址	中华民国至新中国成立初期	近现代重要史迹及代表性建筑	呼图壁县	自治区级文物保护单位
100	平原林场老场部	1954 年	近现代重要史迹及代表性建筑	玛纳斯县	
101	新疆林校原玛纳斯校址	1965 年	近现代重要史迹及代表性建筑	玛纳斯县	
102	奇台直隶会馆	1914 年	近现代重要史迹及代表性建筑	奇台县	
103	哈密坎儿井	近现代	近现代重要史迹及代表性建筑	哈密市	
104	巴里坤老油坊	清末	近现代重要史迹及代表性建筑	巴里坤哈萨克自治县	
105	伊吾四十天保卫战烈士陵园	1979 年	近现代重要史迹及代表性建筑	伊吾县	
106	叶城县烈士陵园	1965 年	近现代重要史迹及代表性建筑	叶城县	
107	康苏苏式建筑群	20 世纪 50 年代	近现代重要史迹及代表性建筑	乌恰县	
108	石河子垦区第一口水井旧址	1950 年	近现代重要史迹及代表性建筑	石河子市	
109	周恩来纪念碑	1977 年	近现代重要史迹及代表性建筑	石河子市	
110	二十二兵团机关办公楼旧址	1952 年	近现代重要史迹及代表性建筑	石河子市	
111	陶峙岳、张仲瀚办公居住旧址	1952 年	近现代重要史迹及代表性建筑	石河子市	
112	原俄国驻塔城领事馆水塔	清末	近现代重要史迹及代表性建筑	塔城市	
113	乌鲁木齐文庙	清末民初	近现代重要史迹及代表性建筑	乌鲁木齐市	
114	南花园小洋房	1940 年	近现代重要史迹及代表性建筑	乌鲁木齐市	
115	八一剧场	1953—1954 年	近现代重要史迹及代表性建筑	乌鲁木齐市	
116	新疆维吾尔自治区银行故址	1943 年	近现代重要史迹及代表性建筑	乌鲁木齐市	
117	原农六师司令部办公楼	1954 年	近现代重要史迹及代表性建筑	五家渠市	
118	惠远东大街俄式建筑	清末	近现代重要史迹及代表性建筑	霍城县	
119	阿力麻里边防站老营房	1963 年	近现代重要史迹及代表性建筑	霍城县	
120	屈勒图木坎布喇嘛塔	1920 年	近现代重要史迹及代表性建筑	尼勒克县	
121	伊犁师范学院旧教学楼	1954 年	近现代重要史迹及代表性建筑	伊宁市	
122	塔塔尔学校旧址	中华民国	近现代重要史迹及代表性建筑	伊宁市	
123	依格孜亚乡冶炼遗址	1958 年	近现代重要史迹及代表性建筑	英吉沙县	
124	101 窑洞房	1964 年	近现代重要史迹及代表性建筑	克拉玛依市	
125	克拉玛依黑油山地窖	1955 年	近现代重要史迹及代表性建筑	克拉玛依市	
126	工业遗产保护区（机械制造总公司、物资供应总公司厂区）	1951 年	近现代重要史迹及代表性建筑	克拉玛依市	
127	红星电厂旧址	1966 年	近现代重要史迹及代表性建筑	吐鲁番市	

附录2

新疆的中国20世纪建筑遗产一览表

名称	建设年代	所在地
新疆人民会堂	1985年	乌鲁木齐市
新疆人民剧场	1956年	乌鲁木齐市

注：

1. 2016年9月29日，由中国文物学会和中国建筑学会联合发布“首批中国20世纪建筑遗产”名录，在亚洲和全国享有一定知名度的新疆人民会堂入选。
2. 2018年11月24日，由中国文物学会和中国建筑学会联合发布“第三批中国20世纪建筑遗产”名录，新疆人民剧场入选。

人民剧场（来源：新疆建筑设计研究院 提供）

新疆人民会堂（来源：新疆建筑设计研究院 提供）

参考文献

Reference

[1] 张胜仪. 新疆传统建筑艺术［M］. 乌鲁木齐：新疆科技卫生出版社，1999.5.

[2] 陈震东. 新疆民居［M］. 北京：中国建筑工业出版社，2009.12.

[3] 严大椿. 新疆民居［M］. 北京：中国建筑工业出版社，1995.8.

[4] （英）奥里尔·斯坦因. 斯坦因西域考古记［M］. 向达，译. 乌鲁木齐：新疆人民出版社，2010.4.

[5] （日）原广司. 世界聚落的教示100［M］. 于天伟，等，译. 北京：中国建筑工业出版社，2003.1.

[6] 刘逊，刘迪. 新疆两千年［M］. 乌鲁木齐：新疆青少年出版社，2006.6.

[7] 黄剑华. 丝路上的文明古国［M］. 成都：四川人民出版社，2001. 12.

[8] 黄秉生，袁鼎生. 民族生态审美学［M］. 北京：民族出版社，2004.11.

[9] （英）彼得·弗兰科潘. 丝绸之路：一部全新的世界史［M］. 邵旭东，孙芳，译. 杭州：浙江大学出版社，2016.11.

[10] 王振复. 中华建筑的文化历程：东方独特的大地文化［M］. 上海：上海人民出版社，2006.7.

[11] 眭谦. 四面围合：中国建筑·院落［M］. 沈阳：辽宁人民出版社，2006.6.

[12] 陈建军. 大壮·适形：中国建筑·匠意［M］. 沈阳. 辽宁人民出版社，2006.6.

[13] 王建国. 城市设计（第三版）［M］. 南京：东南大学出版社，2011.

[14] 李肖. 交河故城的形制布局［M］. 北京：文物出版社，2003.11.

[15] 新疆维吾尔自治区地方志编纂委员会. 新疆通志·民族志［M］. 乌鲁木齐：新疆人民出版社，2005.9.

[16] 田卫疆，许建英. 中国新疆民族民俗知识丛书［M］. 乌鲁木齐：新疆美术摄影出版社，1996.9.

[17] 续西发. 新疆民族概览［M］. 乌鲁木齐：新疆人民出版社，2015.5.

[18] 贾合甫·米尔扎汗，魏萼. 新疆民族经济文化发展研究［M］. 乌鲁木齐：新疆人民出版社，1997.8.

[19] 加·奥其尔巴特·吐娜. 新疆察哈尔蒙古历史与文化［M］. 乌鲁木齐：新疆人民出版社，2001.11.

[20] 佟克力. 新疆锡伯族历史与文化［M］. 乌鲁木齐：新疆人民出版社，1989.9.

[21] 田卫疆. 蒙古时代维吾尔人的社会生活［M］. 乌鲁木齐：新疆美术摄影出版社，1995.11.

[22] 姜丹. 新疆和田河流域传统村镇聚落演化研究［M］. 北京：中国建筑工业出版社，2016.11.

[23] 乌布里·买买提艾力. 丝绸之路新疆段建筑研究［M］. 北京：科学出版社，2015.9.

[24] 闫飞. 民族地区传统聚落人居文化溯源研究——以新疆吐鲁番地区为例［J］. 甘肃社会科学，2012年第06期.

[25] 侯爱萍. 新疆吐鲁番地区民族聚落形态的研究［J］. 山西建筑，2014年26期.

[26] 栾福明，王芳，熊黑钢. 伊犁河谷文化遗址时空分布及地

理背景研究［J］．干旱区地理，2017，40（1）．

［27］涂钧勇，安尼瓦尔．简述新疆石窟［J］．文博，1991年01期．

［28］新疆维吾尔自治区文物古迹保护中心．新疆近现代代表性建筑调查报告[R]．新疆维吾尔自治区文物古迹保护中心．

［29］刘谞．非既定引发的创作理念——吐哈油田购物中心设计［J］．建筑学报，2000（3）．

［30］孙国城．探求现代空港建筑设计中的地域性——乌鲁木齐地窝堡国际机场航站楼设计随笔［J］．新建筑，2003（3）．

［31］新疆维吾尔自治区地方志编纂委员会．新疆年鉴［M］．新疆金版印务有限公司印刷，2005.9.

［32］中国建筑学会主编．建筑设计资料集·第1分册《建筑总论》［M］．北京：中国建筑工业出版社，2017.7.

［33］［美］布朗，德凯．太阳辐射·风·自然光［M］．常志刚，刘毅军，朱宏涛，译．北京：中国建筑工业出版社，2006.

［34］范霄鹏．新疆古建筑［M］．北京：中国建筑工业出版社，2015.

［35］张胜仪，王小东．中国民族建筑（第二卷）［M］．南京：江苏科学技术出版社，1998.

［36］中国建筑学会主编．建筑设计资料集［M］．北京：中国建筑工业出版社，2017.

［37］夏征农．辞海（缩印本）［M］．上海：上海辞书出版社，2000.

［38］新疆维吾尔自治区地方志编纂委员会．新疆通志（53卷，建筑工程志）［M］．乌鲁木齐：新疆人民出版社，2005.

［39］新疆维吾尔自治区地方志编纂委员会．新疆通志（52卷，城乡建设志）［M］．乌鲁木齐：新疆人民出版社，1995.

［40］石河子市城市建设志编纂委员会．石河子市城市建设志（1950-2000）［M］．乌鲁木齐：新疆人民出版社，2003.

［41］乌鲁木齐市党史地方志编纂委员会．乌鲁木齐市志（第二卷，城市建设）［M］．乌鲁木齐：新疆人民出版社，1995：168-172.

［42］刘宇暟．边疆与枢纽：近现代新疆城市发展研究（1884-1949）［D］．西安：西北大学，2013.4.1.

［43］王倩．城市记忆与建筑信码——以乌鲁木齐为例［D］．乌鲁木齐：新疆大学，2017.5.20.

［44］汤沄．文革建筑的象征性与矛盾性研究［D］．长沙：湖南大学，2017.5.20.

［45］周会祚．新疆人民剧院［J］．建筑学报．1957年11期.

［46］新疆建设兵团设计处．乌鲁木齐人民电影院［J］．建筑学报．1959（04）．

［47］新疆维吾尔自治区建筑工程局设计院．新疆维吾尔自治区砖拱楼房住宅设计方案［J］．建筑学报．1960年03期.

［48］赖炽金，茅晓峯，范仲暄，刘集贤．60米直径圆形薄壳屋盖金工车间［J］．建筑学报．1962，（4）．

［49］刘禾田．双曲扁壳观众厅俱乐部［J］．建筑学报．1963，（6）．

［50］金祖怡，吴盛泰．新疆国营阜北农场规划与建筑设计［J］．建筑学报．1964，（3）．

［51］新疆维吾尔自治区建工局设计院．乌鲁木齐机场候机楼［J］．建筑学报．1975，（1）．

［52］王小东．变化中的城市观念［J］．建筑学报．1999年08期.

［53］徐琮本，王小东等．新疆建筑设计三十年［M］．新疆城乡建设设计行业开发基金会，［1985］．

［54］新疆维吾尔自治区城乡建设环境保护厅编．新疆建设（1949-4989）［M］．新疆：中国城市经济社会出版社，1989.12.

［55］王小东．西部建筑行脚：一个西部建筑师的建筑创作和论述［M］．北京：中国建筑工业出版社，2007，（3）．

［56］马广田，胡应先．石河子的环境与建筑“个性”［J］．西北建筑工程学院学报，1992，（Z1）．

［57］王小东．新疆伊斯兰建筑的定位［J］．建筑学报，1994，（3）．

［58］胡望社，王蓉．建筑视觉造型元素设计初探［J］．建筑知识，2005，（4）．

新疆维吾尔自治区传统建筑解析与传承分析表

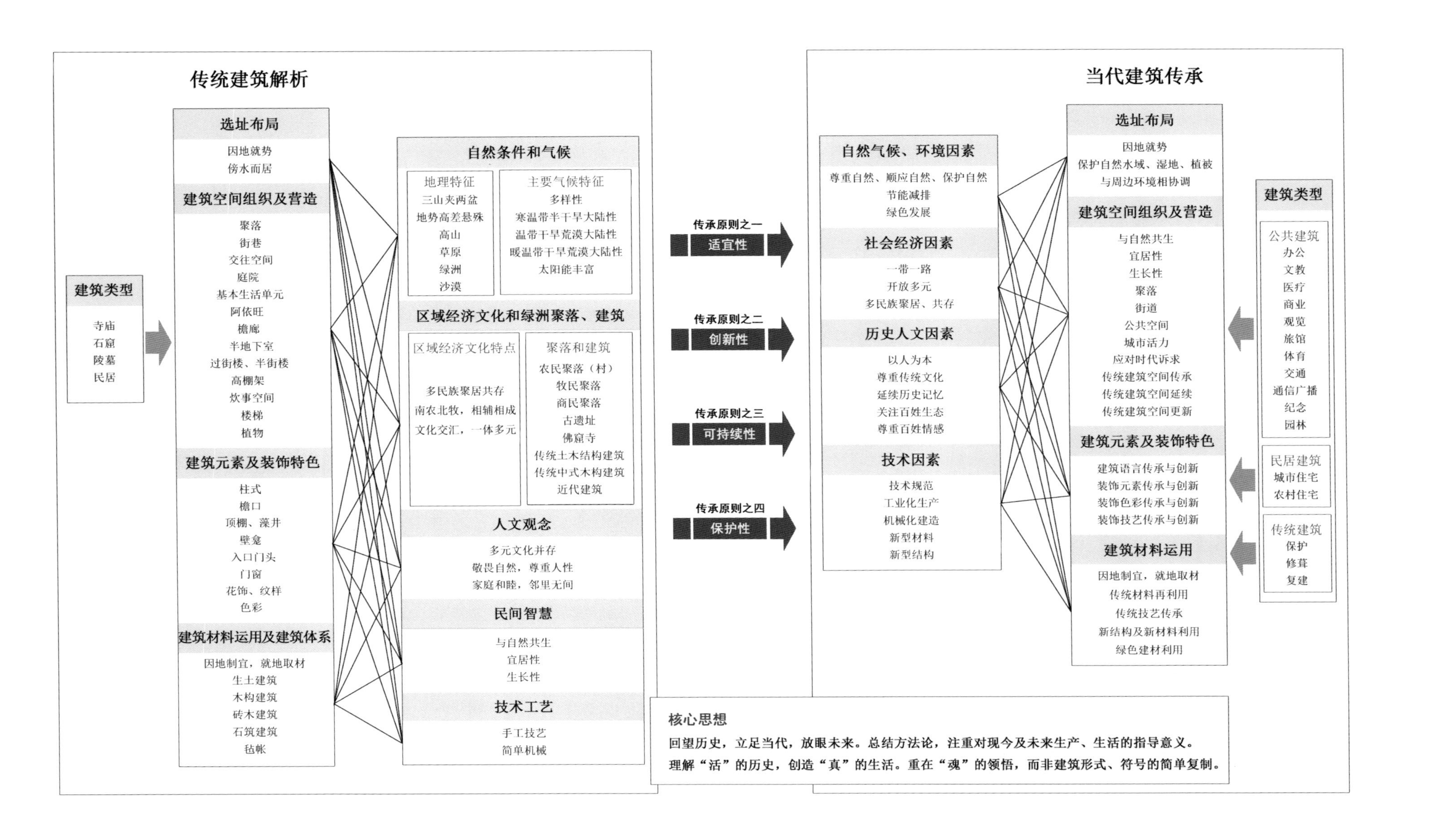

后　记

Postscript

很高兴能在此与读者们分享《中国传统建筑解析与传承　新疆卷》（以下简称《新疆卷》）的诞生历程。于撰写者而言，从中获益良多，更备感所肩负的历史责任。这是一段充满艰辛又璀璨奇妙的旅程，热烈而美好。

希望本书所呈现的冰山一角，能让您领略新疆的神奇和包容，感受到新疆传统建筑文化的温度、情怀和独特魅力。又或者，由此了解新疆、爱上新疆，对建筑萌生兴趣，继而成为中国传统建筑文化的传承者和守护人。

《新疆卷》撰写大纲的诞生

在《新疆卷》前期筹备工作会上，主编范欣提出，能否不按常规大部头史书的写法，而是立足时代，尝试从全新的视角去解析新疆传统建筑。在历史长河中，新疆人民经历战争、迁徙，多元的文化在此交融，加之地广人稀、气候特殊，传统建筑的演变与内地其他省份有很大差异。其中的灵魂、精华集中体现在新疆人民应对自然气候、渴望美好生活、与自然和谐共生的传统建筑聚落组织和生活空间创造等方面，其蕴含的生态智慧，对现今乃至未来具有重要的借鉴价值和启迪意义，这也正是新疆传统建筑的独特性所在。再者，这里历来是众多民族共同生活聚居的地方，新疆传统建筑是各族人民在长期共处中产生出的智慧结晶，也因此具有了地域特有的建筑文化特征，故不应过于强调某一地区、某一民族的文化，应凸显地域性文化的多元并存，从碎片化的纷繁线索中理出脉络，找到地域性建筑的本原。因此，不宜简单地按照地区、民族划分章节结构；要改变通常将建筑形式、符号、花饰等作为主线进行陈列式描述的方式；不能就建筑谈建筑，而是应从新疆的地域特点出发，以自然生态为基点，提炼总结其中的方法论，从本质上挖掘新疆传统建筑的时代传承价值。

诚然，这一思路比较大胆，并无先例，与常规的传统建筑解析模式截然不同，因此是步险棋。与会专家认为不妥，还是应按地区和民族划分整书架构、逐一描述。思考再三，主编范欣决定坚持大纲原有思路。

2018年1月16日，《新疆卷》撰写大纲顺利通过了在北京举行的专家评审会。与会专家充分肯定了大纲的总体思路和整体架构，对大纲的思想性、创新性以及对传统建筑时代传承的指导意义深表赞赏，并就下一步撰写内容提出了指导性建议。专家们的评价给予我们很大的鼓舞，令我们放下了心中的忐忑，树立了信心，更坚定了《新疆卷》最初的总体撰写思路。

《新疆卷》的撰写历程

《新疆卷》的撰写历程艰辛而又难忘，时间紧，人手不足，特别是能够承担起执笔任务的人才十分缺乏，因此，一开始很多人都认为这是一件不可能完成的任务。

在新疆住房城乡建设厅全河副厅长的亲自推进下，2018年2月5日《新疆卷》撰写启动会在新疆乌鲁木齐市召开。

2018年4月23日《新疆卷》初稿研讨会在新疆乌鲁木齐市召开。会议邀请了新疆社会各界的知名学者和专家共七人，分别涉及建筑、社会人文科学、文物保护、文学、绘画等领域。专家学者们充分肯定了《新疆卷》初稿的创新思路，认为本书以应对气候为切入点、围绕绿色生态环保为重点、走可持续发展道路的撰写思路是准确的，初稿的整体架构令人耳目一新。同时，专家学者们对中期稿的撰写提出了指导性的修改完善意见。

2018年7月9日《新疆卷》中期稿评审座谈会在新疆乌鲁木齐市召开。与会的八名专家学者充分肯定了《新疆卷》中期稿的成果，认为中期稿在深厚的生活和历史积淀的基础上，通过田野调查，有了新的感受、体会和认识，整体结构很好，主题突出；本书开宗明义，不以地域和民族归类，对整体宗旨把握得非常好，符合当前的新形势、新理念、新要求；总体思路具有科学性，分析角度很丰富，有活力和生命力，思考深入、见解鲜明，较好地处理了人与自然、独特性与共存性、新疆传统建筑与内地传统建筑、农耕社会与农牧社会、历史传统与传承等几大关系，将新疆碎片化的传统建筑遗存通过“栖居”这条主线粘合起来，较系统、准确地回答了新疆传统建筑的特点和内涵；传承部分内容充分；语言运用生动、感人、引人入胜，自始至终充满激情，将传统建筑激活了，而不是放在历史博物馆里。同时，专家们也从不同角度提出了诸多颇具见地的建议，为终期稿的提升给予了非常大的助益。

2018年9月10日，新疆住房和城乡建设厅党组刘会军书记、李宏斌厅长等领导听取了课题专题汇报，对课题成果给予了高度评价，同时指出《新疆卷》对传承传统建筑文化以及引领新疆未来建筑发展具有划时代的重要意义，并就课题成果进一步提升提出了具体要求和意见。

2018年9月27日，《新疆卷》终稿评审会在新疆乌鲁木齐市召开。评审会特邀了西安建筑科技大学城市规划设计研究院周庆华院长、《陕西卷》副主编李立敏教授以及新疆建筑、社会人文科学、文史、文物保护等七名疆内外知名学者专家。与会专家学者高度评价《新疆卷》终稿成果，认为终稿具有创新性和思想性，以“人和自然和谐共生”为红线，将广袤新疆碎片化的传统建筑基因予以串联，形成了逻辑较为严密的有机整体，抓住了地域传统建筑的共性和本质，体现了新疆各族人民的团结共处和文化的多元一体，这条红线既有形，也有魂。不仅纠正了对新疆传统建筑符号化的认识，也全面、系统、准确揭示了新疆地域建筑的特点和内涵，为新疆传统建筑传承指出了方向、提供了路径。书稿文笔独特，语言诗意，文字亲切流畅、生动感人、表述准确，浪漫色彩与新疆的地域特点和传统文化很吻合，也符合新疆的地广人稀和壮美大自然的特质，图片烘托贴切。书稿体现了对新疆的深入了解，用情至深，既有物质层面的可视效果，又有精神层面的哲学思考；既有严谨的研究论证，又有生动活泼的形象描绘。可视可思，可读耐读，有温度、接地气，在新疆、也许在国内均可称为一部填补空白的、严谨的学术著作。同时，专家学者们从传统建筑的历史成因及演变等方面提出了中肯的建议，同时提出，希望此书能成为普通人喜欢读的读物以及建筑师可遵循的基本理论依据，同时能有助于领导者和决策者做好文化的传承和创新工作。

2019年2月，《新疆卷》撰写工作基本结束。在一年的时间里，撰写组夜以继日，无私付出，克服了各种意想不到的困难。《新疆卷》浸润着每个成员的心血和汗水，凝聚着我们对新疆这片土地的深情和挚爱。

新疆传统建筑调研

由于新疆地缘广阔，境内交通距离遥远，加之撰写时间紧、任务重，给调研工作增加了不少难度。经过细致梳理和筛选，我们选择了南疆、东疆、北疆的典型地区。

2018年5月至6月间，在全河副厅长的亲自带领下，撰写组先后奔赴吐鲁番、奇台、乌鲁木齐等地进行了调研；2018年7月撰写组前往伊犁、喀什调研。

40多摄氏度的高温酷暑和旅途劳顿，未能阻挡我们的工作热情；连续20多个小时的奔波未眠，大家丝毫没有怨言。吐鲁番传统建筑鲜明的地域性和吐峪沟传统民居的鲜活，喀什传统建筑聚落的生长活态，新疆汉文化代表地区奇台深厚的历史文化底蕴，塞外江南伊犁传统民居的灵秀和惠远古城的独特历史，乌鲁木齐传统建筑的精妙……撰写组的成员们被新疆传统建筑所承载的厚重历史深深震撼，为其所蕴含的民间智慧吸引和折服，为生活其间的鲜活生命而感动，也更加意识到写好《新疆卷》之责任重大和意义深远。

2018年9月底，全河副厅长亲自带队，再赴吐鲁番，对交河故城等进行实地调研。

通过调研工作，进一步加深了我们对新疆传统建筑的理解和情感，极大丰富了本书的思想内容，从民间取得的第一手资料对提升《新疆卷》的学术性和撰写质量起到了至关重要的作用。

《新疆卷》撰写组分工

《新疆卷》撰写组共由15名成员组成。

主编范欣拟定了《新疆卷》的撰写大纲以及新疆传统建筑解析与传承分析表，负责本书总体思路和结构脉络等的整体把控以及全面组织协调工作，根据各章文稿情况对终稿亲自修改或提出具体的修改意见，并执笔撰写第一章、第二章、第四章（一至七节、十三节、十四节）、第七章、第十一章、

第十二章以及后记；特邀新疆社会科学研究院原副院长、著名社会人文科学学者陈延琪研究员撰写了第三章一至四节；路霞、彭杰负责撰写第三章第五节；王海平负责撰写第四章八至十二节、第十章；左涛、穆振华负责撰写第五章；吴征、龚睿负责撰写第六章；薛绍睿、冯娟、张雪兆、杨万寅负责撰写第八章、第九章。

马丽娜负责协助主编组织协调、各阶段合稿以及第三章一至四节文稿打印、协助各章节终稿电子版修改以及统一文稿格式等工作；谷圣浩负责解析章节的黑白插图的资料扫描、绘制、改绘组织以及协助合稿等工作。

参加传统建筑调研工作的有：范欣、王海平、穆振华、薛绍睿、吴征、马丽娜、龚睿、张雪兆、冯娟、杨万寅、帕孜来提。

《新疆卷》专家评审组组成

大纲评议专家组成员：常青、陈同滨、孙大章、朱光亚、周庆华、肖伟、余压芳、华霞虹、陆琦、何韶瑶。

初稿评审专家组成员：

孙国城、金祖怡、陈延琪、张雷震、刘亮程、车维淼、辛翔。

中期稿评审专家组成员：

孙国城、金祖怡、陈延琪、管守新、张雷震、李军、车维淼、辛翔。

终稿评审专家组成员：

周庆华、李立敏、孙国城、金祖怡、陈延琪、盛春寿、张可让、马永民。

特别致谢

感谢历次汇报会中的专家、学者给予的指导和鼓励！

孙国城、金祖怡、陈延琪三位老前辈在本书撰写过程中给予了我们无私的帮助。特邀中国勘察设计大师、新疆建筑设计研究院名誉总工程师孙国城为《新疆卷》撰写了前言。尤为感动的是，年近九旬的金祖怡前辈亲述新疆1950～1955年这段开创性的历史，并提供了珍贵的资料。陈延琪前辈对我们多次登门讨扰请教，不厌其烦地进行指导，不仅提出了诸多颇具见地的建议，也在精神上给予了我们许多支持和温暖。三位老前辈饱含深情、爱疆敬业的精神带给撰写组极大的鼓舞和鞭策，在此谨献上我们由衷的敬意和诚挚的感谢！

西安建筑科技大学城市规划设计研究院周庆华院长、《中国传统建筑解析与传承　陕西卷》副主编李立敏教授在《新疆卷》大纲和终稿评审中均提出了十分中肯的建议，同时李立敏教授为《新疆卷》撰写工作提供了许多具体的支持和帮助，在此一并致谢！

在整个撰写过程中，新疆住房城乡建设厅领导予以了高度关注，全河副厅长亲自督战，全力支持，保证了《新疆卷》撰写工作的顺利推进，他提出的理念，带给撰写组诸多启发。其间，离不开新疆住房城乡建设厅村镇处高峰处长、邓旭副处长和李文世副处长的大力支持。

吐鲁番市规划局、昌吉州住房城乡建设局、乌鲁木齐市文物局、伊犁州建筑勘察设计研究院、喀什地区住房城乡建设局等各地州相关单位在调研工作中给予了诸多帮助。新疆文物局提供的照片充实了本书的图片资料。新疆自然资源厅提供的地图作为本书第二章的重要插图，丰富了该章节的内容。

还有未能一一提及的、一直关心和支持本书的单位和个人，在此一并致以深深的谢意！

《新疆卷》终于面世了，其中历经的艰辛无以言表，是新疆这片神奇的沃土和生活其间的人们激励着我们一路坚持下来。值得欣慰的是，我们能有机会为中国传统建筑传承、为祖国大家庭一员的新疆尽一份绵薄之力。感谢《新疆卷》带给我们永远难忘的记忆！

我们努力让这本书亲切可读，深刻耐读，希望它能够成为广大建筑师、规划师、城乡规划决策者手中的工具书，同时也能对更多的普通人、特别是年轻人有所启发，让传统活起来，走入每个人的心中。

历史的足音犹在耳畔回响，不觉间，已步入了崭新的时代。希望这部书化作涓涓清流，沁润新疆166万平方公里的广袤土地，沿着源远流长的新丝路，汇入中华传统文化传承的历史长河，奔向新的征程。

祝愿中国传统建筑之树常青！祝愿新疆传统建筑焕发新的活力！

由于时间所限、能力所及，本书难免存在欠缺，不足之处恳请慧识者指正。